C语言程序设计

（第2版）

李俊萩 张晴晖 强振平 主 编
徐伟恒 陈 旭 钟丽辉 副主编

清华大学出版社
北 京

内容简介

作者在多年从事计算机程序设计课程教学的基础上，根据实际教学经验，精心组织编写了本教材。书中通过大量实例，深入浅出地介绍了C语言的基础知识，以及用C语言解决实际问题的程序设计方法与技巧；对于初学者常见错误进行重点剖析，引入计算思维教学方法，例题解析体现提出问题、分析问题、解决问题的思维模式；大量采用比较式教学法，对初学者易混知识点及重点、难点进行分析，帮助初学者快速掌握C语言的语法知识及编程技巧。书中所有实例都在Code::Blocks环境下验证通过并有运行结果的截图。

本教材以提高编程能力为主线，循序渐进，知识结构合理，具有一定的深度，针对大学教学要求进行编写，涵盖了全国计算机等级考试二级C语言的全部知识点。本教材十分适合高等院校本科、专科、成人教育、函授、高职高专计算机及相关专业教学使用，也可作为C语言各类认证考试的参考书，还可供计算机工程技术人员参考。

本教材为教师配有电子课件以及全部例题的源代码，可从清华大学出版社网站 http://www.tup.com.cn 下载。

图书在版编目(CIP)数据

深入浅出C语言程序设计/李俊萩，张晴晖，强振平主编. —2版. —北京：清华大学出版社，2015(2019.8重印)

深入浅出系列规划教材

ISBN 978-7-302-39179-1

Ⅰ. ①深… Ⅱ. ①李… ②张… ③强… Ⅲ. ①C语言－程序设计－高等学校－教材 Ⅳ. ①TP312

中国版本图书馆CIP数据核字(2015)第017699号

责任编辑：白立军
封面设计：傅瑞学
责任校对：时翠兰
责任印制：宋 林

出版发行：清华大学出版社
网 址：http://www.tup.com.cn，http://www.wqbook.com
地 址：北京清华大学学研大厦A座 邮 编：100084
社 总 机：010-62770175 邮 购：010-62786544
投稿与读者服务：010-62776969，c-service@tup.tsinghua.edu.cn
质量反馈：010-62772015，zhiliang@tup.tsinghua.edu.cn
课件下载：http://www.tup.com.cn,010-62795954
印 装 者：三河市铭诚印务有限公司
经 销：全国新华书店
开 本：185mm×260mm 印 张：24.5 字 数：565千字
版 次：2010年8月第1版 2015年3月第2版 印 次：2019年8月第3次印刷
定 价：45.00元

产品编号：060029-01

丛书序

为什么开发深入浅出系列丛书？

目的是从读者角度写书，开发出高质量的、适合阅读的图书。

“不积跬步，无以至千里；不积小流，无以成江海。”知识的学习是一个逐渐积累的过程，只有坚持系统地学习知识，深入浅出，坚持不懈，持之以恒，才能把一类技术学习好。坚持的动力源于所学内容的趣味性和讲法的新颖性。

计算机课程的学习也有一条隐含的主线，那就是“提出问题→分析问题→建立数学模型→建立计算模型→通过各种平台和工具得到最终正确的结果”，培养计算机专业学生的核心能力是“面向问题求解的能力”。由于目前大学计算机本科生培养计划的特点，以及受教学计划和课程设置的原因，计算机科学与技术专业的本科生很难精通掌握一门程序设计语言或者相关课程。各门课程设置比较孤立，培养的学生综合运用各方面的知识能力方面有欠缺。传统的教学模式以传授知识为主要目的，能力培养没有得到充分的重视。很多教材受教学模式的影响，在编写过程中，偏重概念讲解比较多，而忽略了能力培养。为了突出内容的案例性、解惑性、可读性、自学性，本套书努力在以下方面做好工作。

1. 案例性

所举案例突出与本课程的关系，并且能恰当反映当前知识点。例如，在计算机专业中，很多高校都开设了高等数学、线性代数、概率论，不言而喻，这些课程对于计算机专业的学生来说是非常重要的，但就目前对不少高校而言，这些课程都是由数学系的老师讲授，教材也是由数学系的老师编写，由于学科背景不同和看待问题的角度不同，在这些教材中基本都是纯数学方面的案例，作为计算机系的学生来说，学习这样的教材缺少源动力并且比较乏味，究其原因，很多学生不清楚这些课程与计算机专业的关系是什么。基于此，在编写这方面的教材时，可以把计算机上的案例加入其中，例如，可以把计算机图形学中的三维空间物体图像在屏幕上的伸缩变换、平移变换和旋转变换在矩阵运算中进行举例；可以把双机热备份的案例融入到马尔科夫链的讲解；把密码学的案例融入到大数分解中等。

2. 解惑性

很多教材中的知识讲解注重定义的介绍，而忽略因果性、解释性介绍，往往造成知其然而不知其所以然。下面列举两个例子。

(1) 读者可能对 OSI 参考模型与 TCP/IP 参考模型的概念产生混淆，因为两种模型之间有很多相似之处。其实,OSI参考模型是在其协议开发之前设计出来的,也就是说,它不是针对某个协议族设计的,因而更具有通用性。而TCP/IP模型是在TCP/IP协议栈出现后出现的,也就是说,TCP/IP模型是针对TCP/IP协议栈的,并且与TCP/IP协议栈非常吻合。但是必须注意,TCP/IP模型描述其他协议栈并不合适,因为它具有很强的针对性。说到这里读者可能更迷惑了,既然OSI参考模型没有在数据通信中占有主导地位,那为什么还花费这么大的篇幅来描述它呢?其实,虽然OSI参考模型在协议实现方面存在很多不足,但是,OSI参考模型在计算机网络的发展过程中起到了非常重要的作用,并且,它对未来计算机网络的标准化、规范化的发展有很重要的指导意义。

(2) 再例如,在介绍原码、反码和补码时,往往只给出其定义和举例表示,而对最后为什么在计算机中采取补码表示数值?浮点数在计算机中是如何表示的?字节类型、短整型、整型、长整型、浮点数的范围是如何确定的?下面我们来回答这些问题(以8位数为例),原码不能直接运算,并且0的原码有+0和-0两种形式,即00000000和10000000,这样肯定是不行的,如果根据原码计算设计相应的门电路,由于要判断符号位,设计的复杂度会大大增加,不合算;为了解决原码不能直接运算的缺点,人们提出了反码的概念,但是0的反码还是有+0和-0两种形式,即00000000和11111111,这样是不行的,因为计算机在计算过程中,不能判断遇到0是+0还是-0;而补码解决了0表示的唯一性问题,即不会存在+0和-0,因为+0是00000000,它的补码是00000000,-0是10000000,它的反码是11111111,再加1就得到其补码是100000000,舍去溢出量就是00000000。知道了计算机中数用补码表示和0的唯一性问题后,就可以确定数据类型表示的取值范围了,仍以字节类型为例,一个字节共8位,有00000000~11111111共256种结果,由于1位表示符号位,7位表示数据位,正数的补码好说,其范围从00000000~011111111,即0~127;负数的补码为10000000~11111111,其中,11111111为-1的补码,10000001为-127的补码,那么到底10000000表示什么最合适呢?8位二进制数中,最小数的补码形式为10000000;它的数值绝对值应该是各位取反再加1,即为01111111+1=10000000=128,又因为是负数,所以是-128,即其取值范围是-128~127。

3. 可读性

图书的内容要深入浅出,使人爱看、易懂。一本书要做到可读性好,必须做到"善用比喻,实例为王"。什么是深入浅出?就是把复杂的事物简单地描述明白。把简单事情复杂化的是哲学家,而把复杂的问题简单化的是科学家。编写教材时要以科学家的眼光去编写,把难懂的定义,要通过图形或者举例进行解释,这样能达到事半功倍的效果。例如,在数据库中,第一范式、第二范式、第三范式、BC范式的概念非常抽象,很难理解,但是,如果以一个教务系统中的学生表、课程表、教师表之间的关系为例进行讲解,从而引出范式的概念,学生会比较容易接受。再例如,在生物学中,如果纯粹地讲解各个器官的功能会比较乏味,但是如果提出一个问题,如人的体温为什么是37℃?以此为引子引出各个器官的功能效果要好得多。再例如,在讲解数据结构课程时,由于定义多,表示抽象,这样达不到很好的教学效果,可以考虑在讲解数据结构及其操作时用程序给予实现,让学生看到直接的操作结果,如压栈和出栈操作,可以把PUSH()和POP()操作实现,这样效果会好

很多，并且会激发学生的学习兴趣。

4. 自学性

一本书如果适合自学学习，对其语言要求比较高。写作风格不能枯燥无味，让人看一眼就拒人千里之外，而应该是风趣、幽默，重要知识点多举实际应用的案例，说明它们在实际生活中的应用，应该有画龙点睛的说明和知识背景介绍，对其应用需要注意哪些问题等都要有提示等。

一书在手，从第一页开始的起点到最后一页的终点，如何使读者能快乐地阅读下去并获得知识？这是非常重要的问题。在数学上，两点之间的最短距离是直线。但在知识的传播中，使读者感到“阻力最小”的书才是好书。如同自然界中没有直流的河流一样，河水在重力的作用下一定沿着阻力最小的路径向前进。知识的传播与此相同，最有效的传播方式是传播起来损耗最小，阅读起来没有阻力。

是为序。

欢迎老师投稿：bailj@tup.tsinghua.edu.cn。

2014 年 12 月 15 日

前 言

“C语言程序设计”是计算机专业及各理工科专业一门重要的基础课程。C语言既有高级语言的强大功能，又有很多直接操作计算机硬件的功能，因此，C语言通常称为中级语言。学习和掌握C语言，既可增进对于计算机底层工作机制的了解，又可为进一步学习其他高级语言打下坚实基础。

本课程的教学目的是引导初学者掌握C语言的基本语法，锻炼实际动手能力和逻辑思维能力，并能将理论知识应用于解决各种实际问题。作者根据多年的教学经验，在分析国内外多种同类教材的基础上，编写了本书。

本书内容深入浅出、循序渐进，采用大量实例帮助初学者快速掌握C语言的语法知识，书中所有实例都在Code::Blocks环境下验证通过并有运行结果的截图。例题的选择基于以下几点考虑。

(1) 例题分为基础型和应用型两种。基础型例题主要演示C语言基本语法的使用格式及应用场合；应用型例题融会贯通了前后知识点，帮助初学者理解并掌握解决各类实际问题的编程方法。

(2) 为从多角度扩展读者的思路，部分有代表性的例题在解决同一问题时给出了多种编程方法。

(3) 一些例题的讲解采用了“比较式教学法”，既给出正确的程序，又给出错误的程序，引导读者深入分析问题，学会判断错误。

(4) 例题的讲解引入计算思维的教学理念，体现提出问题、分析问题、解决问题的思维方式，首先给出编程思路，然后给出源代码，并对源代码中的重点、难点进行剖析，最后提出思考问题，激发学生的创新思考。

本书与国内同类教材最大的一个不同点是，对初学者容易出现的各类常见错误进行重点分析。很多同类教材只讲对的，不讲错的，对于一个编程者来说，如果不能了解和认识错误，就不可能真正懂得编程。因此，本书采用各种对比手法及大量表格为初学者剖析容易混淆的各种基本概念。实践表明，人们从错误中学到的东西往往比从正确中学到的东西多得多，懂得错误并能识别错误才能真正掌握程序设计的方法。

本书共由3部分组成，分为14章，内容编排由浅入深。第一部分介绍基础知识，包括第1～3章；第二部分介绍程序设计的3种基本结构，包括第4～6章；第三部分是程序设计的提高与进阶，包括第7～14章。

第一部分介绍基础知识，其中第1章介绍C语言的发展、程序设计的步骤及原理、C语言开发环境等内容；第2章主要介绍结构化程序设计的方法，通过流程图为初学者建立程序设计的基本框架；第3章介绍C语言的数据类型、运算符及表达式，为后面的程序设计奠定基础。通过这一部分的学习，读者应认识程序设计的一般步骤，能够书写简单表达式语句，能够用流程图对简单算法的结构化程序进行描述。

第二部分介绍程序设计的3种基本结构(顺序结构、选择结构、循环结构)。其中第4章是顺序结构程序设计，重点介绍程序设计中使用最多的输入输出函数；第5章是选择结构程序设计，介绍构成选择结构的语句及运算符；第6章是循环结构程序设计，介绍构成循环结构的3种语句，以及用在循环结构中使用的非结构化语句。通过这部分的学习，读者应掌握结构化程序设计的方法，学会设计简单的算法，并依据算法编写程序解决问题。

第三部分介绍多种程序设计的方法。其中第7章介绍一维数组、二维数组的知识；第8章和第10章介绍指针相关的知识，由于指针是C语言的精华及难点，因此将指针的基础与提高分两章进行介绍；第9章是函数，函数是C程序的基本组成单位，体现了模块化设计的思想；第11章是字符串，主要介绍数组与指针操作字符串的方法，以及常用字符串处理函数；第12章是结构体与共用体，介绍构造类型用于处理大量复杂类型数据的方法；第13章是文件，介绍C语言对文件的操作，重点是文件常用函数的使用方法；第14章是位运算，本章体现了C语言不同于其他高级语言，能够对计算机硬件直接操作的特点。通过这些章节的学习，读者应掌握程序的模块化设计方法及更多的编程手段，采用计算思维的方法分析问题，灵活运用数组、指针、结构体、链表等手段解决问题，培养创新思维和解决问题的能力。

本书特色如下。

(1) 对初学者各类常见错误进行重点剖析，帮助初学者快速掌握C语言语法知识。

对初学者来说，学习编程的第一步是掌握程序设计语言的语法知识，但是学习过程中往往会出现各种各样的语法错误，使得程序编写难以达到预期结果，很多初学者常常纠结于各种语法错误，从而丧失对程序设计语言学习的兴趣与信心。作者根据多年的实际教学经验，总结了初学者常见的各类语法错误和逻辑错误，在教材中采用大量表格及各种比较手段剖析这些错误，以帮助初学者能够识别并避免各类错误，尽快迈过语法关。

(2) 引入计算思维的教学方式，例题讲解遵循提出问题、分析问题、解决问题的思维模式。

本课程的教学目的是培养学生分析问题和解决问题的能力，最终能够将C语言应用于解决各类实际问题。为了达到这一目的，例题的分析与讲解是关键。书中很多例题的代码配有流程图，以帮助初学者更好地建立编程思维。例题的讲解通常是首先给出编程思路，然后给出源代码，并对源代码中的重点和难点问题进行剖析，最后进行总结，并提出思考问题，引导读者深入理解用C语言编写程序解决实际问题的方法和步骤，提升读者的学习兴趣。

(3) 本书主要知识点的讲解贯穿了“比较教学模式”，主要体现在以下几个方面。

① 对容易混淆的基本概念进行比较，例如用表格对初学者最易混淆的运算符==和=进行比较，以帮助初学者正确掌握这两个运算符的使用方法。

② 对同一问题的解决给出多种方法，帮助读者融会贯通所学知识、扩展思路、从中体会哪种方法解决问题更为便捷。例如，用指针引用数组元素既可以用下标法，也可以用指

针法，在一个程序中同时采用多种方法，以帮助读者深刻理解各种方法的特点。

③ 对一个复杂问题的讲解采用由易到难多步骤进行，通过对每个步骤源代码的比较，读者便在潜移默化中掌握了复杂问题的编程方法。例如，在讲解循环嵌套的知识点时，按照由易到难的步骤，依次讲解输出矩形、直角三角形、正三角形的方法，通过比较输出这几种图形的源代码，读者可以逐步掌握循环嵌套的编程方法。

本书可以作为普通高等院校计算机专业及理工类专业的本科教材，也可作为各类C语言认证考试的复习参考书，以及作为计算机工程技术人员的参考书。

本书由李俊萩、张晴晖、强振平任主编，徐伟恒、陈旭、钟丽辉任副主编。

本书第4章、第9章、第10章由李俊萩编写，第7章、第11章、第14章由张晴晖编写，第1章、第2章、第8章由强振平编写，第6章和第13章由徐伟恒编写，第12章由陈旭编写，第3章和第5章由钟丽辉编写。

由于作者水平有限，书中难免有不当之处，恳请广大读者批评指正。

如果需要书中的程序源代码或教学课件，可与作者联系：li_junqiu@sohu.com。

作者

2015年1月

目录

第1章 程序设计入门

“程者,物之准也。”“序,东西墙也。”程序一词自古即用于约定事情进行的先后次序与工作步骤。计算机出现之后,在我国大陆地区将计算机科学、计算机工程、电子工程等领域中的英文术语 program 译为“程序”。

程序设计即为程序开发人员以某种程序设计语言为工具,设计出解决特定问题程序的过程,整个过程包括对问题的分析、解决方法的设计、程序语言的编码、测试及排错等阶段。

本章介绍计算机及程序设计语言,读者将了解到计算机与程序语言的关系、C 语言的发展和 C 语言的开发环境。通过本章的学习,读者能够感觉到程序设计的魅力。

1.1 计算机与程序设计语言

1.1.1 计算机的基本原理简介

计算机(Computer)俗称电脑,是一种用于高速计算的电子计算机器,既可以进行数值计算,又可以进行逻辑计算,还具有存储记忆功能。

在“时间就是胜利”的战争年代,为了满足美国军方对导弹的研制进行技术鉴定,美国陆军军械部在马里兰州的阿伯丁设立了“弹道研究实验室”,该实验室每天为陆军导弹部队提供 6 张火力表。事实上每张火力表都要计算几百条弹道,每条弹道都是一组非常复杂的非线性方程组,按当时的计算工具,实验室即使雇用 200 多名计算员加班加点工作也大约需要两个多月的时间才能算完一张火力表。为了改变这种不利的状况,当时任职宾夕法尼亚大学莫尔电机工程学院的莫希利(John Mauchly)于 1942 年提出了试制第一台电子计算机的初始设想——“高速电子管计算装置的使用”,期望用电子管代替继电器以提高机器的计算速度。当时任弹道研究所顾问、正在参加美国第一颗原子弹研制工作的数学家冯·诺依曼(见图 1-1)带着原子弹研制(1944 年)过程中遇到的大量计算问题,在研制过程中期加入了研制小组。原本的电子数字积分计算机(Electronic Numerical Integrator And Computer,ENIAC)存在两个问题,即没有存储器且它用布线接板进行控制,甚至要搭接几天,计算速度也就被这一工作抵消了。1945 年,冯·诺依曼和他的研制小组在共同讨论的基础上,发表了一个全新的“存储程序通用电子计算机方案”,在此过程中他对计算机的许多关键性问题的解决做出了重要贡献,特别是确定计算机的结构,采用存储程序以及二进制编码等,至今仍为电子计算机设计者所遵循。

图1-1 冯·诺依曼和第一台电子计算机ENIAC

按照冯·诺依曼原理,计算机在运行时,先从内存中取出第一条指令,通过控制器的译码,按指令的要求,从存储器中取出数据进行指定的运算和逻辑操作等加工,然后再按地址把结果送到内存中去。接下来,再取出第二条指令,在控制器的指挥下完成规定操作。依此进行下去,直至遇到停止指令。程序与数据一样存储,按程序编排的顺序,一步一步地取出指令,自动地完成指令规定的操作。这一过程即计算机最基本的工作原理。

1.1.2 计算机语言

计算机语言既是指用于人与计算机之间通信的语言,又是人与计算机之间传递信息的媒介。计算机系统的最大特征是指令通过一种语言传达给机器。为了使电子计算机进行各种工作,就需要有一套用以编写计算机程序的数字、字符和语法规则,由这些字符和语法规则组成计算机各种指令(或各种语句)。这些就是计算机能接受的语言。

计算机语言的种类非常多,从其发展过程,经历了机器语言、汇编语言到高级语言的历程。

1. 机器语言

在计算机发展的早期,程序员们使用机器语言来编写程序。机器语言是使用数字表示的机器代码来进行操作的,也就是0和1。

用机器语言编写程序,编程人员必须要熟记所用计算机的全部指令代码和代码的含义。程序员得自己处理每条指令和每一数据的存储分配及输入输出,还得记住编程过程中每步所使用的工作单元处在何种状态。这是一件十分烦琐的工作。编写程序花费的时间往往是实际运行时间的几十倍或几百倍。而且,编出的程序全是些0和1的指令代码,直观性差,还容易出错。除了计算机生产厂家的专业人员外,绝大多数的程序员已经不再去学习机器语言了。

2. 汇编语言

汇编语言(Assembly Language)是面向机器的程序设计语言。在汇编语言中,用助

记符(Memoni)代替机器指令的操作码,用地址符号(Symbol)或标号(Label)代替指令或操作数的地址,如此就增强了程序的可读性并且降低了编写难度,这样符号化的程序设计语言就是汇编语言,因此也称为符号语言。使用汇编语言编写的程序,机器不能直接识别,还要由汇编程序或者叫汇编语言编译器转换成机器指令。汇编语言的目标代码简短,占用内存少,执行速度快,是高效的程序设计语言,经常与高级语言配合使用,以改善程序的执行速度和效率,弥补高级语言在硬件控制方面的不足,应用十分广泛。

3. 高级语言

由于汇编语言依赖于硬件体系,且助记符量大难记,于是人们又发明了更加易用的高级语言。在这种语言下,其语法和结构更类似汉字或者普通英文,且由于远离对硬件的直接操作,使得一般人经过学习之后都可以编程。

高级语言并不是特指某一种具体的语言,而是包括很多编程语言,如我们这门课程所讲授的 C 语言就是其中之一,此外还包括目前流行的 Java、C++、C#、Pascal、Python、Lisp、Prolog、FoxPro 等,这些语言的语法、命令格式都不相同。

高级语言与计算机的硬件结构及指令系统无关,它有更强的表达能力,可方便地表示数据的运算和程序的控制结构,能更好地描述各种算法,而且容易学习掌握。但高级语言编译生成的程序代码一般比用汇编程序语言设计的程序代码要长,执行的速度也慢。所以汇编语言适合编写一些对速度和代码长度要求高的程序和无须直接控制硬件的程序。

机器语言、汇编语言和高级语言的特点汇总如表 1-1 所示,举例说明如表 1-2 所示。

表 1-1　三类语言特点的比较

名称		组成	特点
低级语言	机器语言	机器指令(由 0 和 1 组成),机器可直接执行	难学、难记;依赖机器的类型
	汇编语言	用助记符代替机器指令,用地址符号代替各类地址	克服记忆的难点;依赖机器的类型
高级语言		类似数学语言,接近自然语言	具有通用性和可移植性;不依赖具体的计算机类型

表 1-2　三类语言程序举例

<table>
<tr><th>机器指令</th><th>汇编语言指令</th><th>指令功能</th><th>高级语言(C 语言)</th></tr>
<tr><td>10110000 00001000</td><td>MOV AL,3</td><td>把 3 送到累加器 AL 中</td><td rowspan="3">#include <stdio.h>
int main()　　//完成 3+2 的运算
{
　　int a=3,b=2,c;
　　c=a+b;
　　printf("a+b=%d\n",c);
　　return 0;
}</td></tr>
<tr><td>00000100 00000001</td><td>ADD AL,2</td><td>2 与累加器 AL 中的内容相加(即完成 2+3 的运算),结果仍存在 AL 中</td></tr>
<tr><td>11110100</td><td>HLT</td><td>停止操作</td></tr>
</table>

1.2 C语言的历史及优缺点

1.2.1 C语言的发展历史

C语言是一种广泛使用的计算机程序设计语言,它既有高级语言的特点,又有低级语言的特点。本节将对C语言的历史进行简单的回顾。

1. C语言的起源

C语言是贝尔实验室Ken Thompson、Dennis Ritchie(见图1-2)等人开发的UNIX操作系统的"副产品"。Thompson独自编写出了UNIX操作系统的最初版本。

与同时代的其他操作系统一样,UNIX系统最初也是用汇编语言编写的。用汇编语言编写的程序往往难于调试和改进,UNIX系统也不例外。Thompson意识到需要用一种更加高级的编程语言来完成UNIX系统未来的发展,于是他设计了一个小型的B语言。

图1-2 Thompson(左)和Ritchie(右)1999年接受前美国总统克林顿授予国家技术勋章

不久,Ritchie也加入到UNIX项目中,并且开始着手用B语言编写程序。1970年,贝尔实验室为UNIX项目争取到一台PDP-11计算机。当B语言经过改进并能够在PDP-11计算机上成功运行后,Thompson用B语言重新编写了部分UNIX代码。到了1971年,B语言已经明显不适合PDP-11计算机了,于是Ritchie着手开发B语言的升级版。最初,他将新开发的语言命名为NB语言(意为New B),但是后来新语言越来越偏离B语言,于是他将其改名为C语言。到了1973年,C语言已经足够稳定,可以用来重新编写UNIX系统了。改用C语言编写程序有一个非常重要的好处:可移植性。只要为贝尔实验室的其他计算机编写C语言编译器,他们的团队就能让UNIX系统也运行在这些机器上。

2. C语言的标准化

C语言在20世纪70年代(特别是1977年到1979年之间)持续发展。这一时期出现

了第一本有关C语言的书。Brian Kernighan 和 Dennis Ritchie 合作编写的《The C Programming Language》一书于1978年出版，并迅速成为C程序员必读的书目。由于当时没有C语言的正式标准，所以这本书就成为了事实上的标准，编程爱好者把它称为K&R或者“白皮书”。

随着C语言的迅速普及，一系列问题也接踵而来。编写新的C语言编译器的程序员都用K&R作为参考。但是遗憾的是，K&R对一些语言特性的描述非常模糊，以至于不同的编译器常常会对这些特性做出不同的处理。而且，K&R也没有对属于C语言的特性和属于UNIX系统的特性进行明确区分。

1983年，在美国国家标准协会（ANSI）的推动下，美国开始制定本国的C语言标准。经过多次修订，C语言标准于1988年完成并在1989年12月正式通过，成为ANSI标准X3.159-1989。1990年，国际标准化组织（ISO）通过了此项标准，将其作为ISO/IEC 9899：1990国际标准。一般把这一C语言版本称为C89或C90，以区别于原始的C语言版本（经典C）。

1995年，C语言发生了一些改变。1999年通过的ISO/IEC 9899：1999新标准中包含了一些更重要的改变，这一标准所描述的语言通常称为C99。

2011年12月8日，ISO正式公布C语言新的国际标准，命名为ISO/IEC 9899：2011，俗称C11标准。

C99主要增加了基本数据类型、关键字和一些系统函数等。C11主要是对以前的标准的修订，对于初学阶段C89、C99和C11的区别是不易察觉，而且当前依然需要维护数百万（甚至数十亿）行的旧版本（C89）的C代码，因此，本教材中用的C是C89标准的。

1.2.2　C语言的优缺点

与其他任何编程语言一样，C语言也有自己的优缺点。这些优缺点都源于该语言的最初用途（编写操作系统和其他系统软件）和它自身的基础理论体系。

C语言的优点如下。

(1) 简洁紧凑、灵活方便。

C语言一共只有32个关键字，9种控制语句，程序书写形式自由，区分大小写。把高级语言的基本结构和语句与低级语言的实用性结合起来。

(2) 运算符丰富。

C语言的运算符包含的范围很广泛，共有34种运算符。运算类型极其丰富，表达式类型多样化。灵活使用各种运算符可以实现在其他高级语言中难以实现的运算。

(3) 数据类型丰富，表达力强。

C语言的数据类型有整型、实型、字符型、数组类型、指针类型、结构体类型、共用体类型等。能用来实现各种复杂的数据结构的运算。并引入了指针概念，使程序效率更高。

(4) 表达方式灵活实用。

C语言提供多种运算符和表达式值的方法，对问题的表达可通过多种途径获得，其程序设计更主动、灵活。

(5) 允许直接访问物理地址,对硬件进行操作。

由于C语言允许直接访问物理地址,可以直接对硬件进行操作,因此它既具有高级语言的功能,又具有低级语言的许多功能,能够像汇编语言一样对位(b)、字节(B)和地址进行操作,而这三者是计算机最基本的工作单元,可用来写系统软件。

(6) 程序执行效率高。

C语言描述问题比汇编语言迅速,工作量小,可读性好,易于调试、修改和移植,而代码质量与汇编语言相当。C语言一般只比汇编程序生成的目标代码效率低10%～20%。

(7) 可移植性好。

C语言在不同机器上的C编译程序,86%的代码是公共的,所以C语言的编译程序便于移植。

C语言的缺点如下。

(1) C语言的缺点主要表现在数据的封装性上,这一点使得C语言在数据的安全性上有很大缺陷,这也是C和C++的一大区别。

(2) C语言的语法限制不太严格,对变量的类型约束不严格,影响程序的安全性,对数组下标越界不做检查等。从应用的角度,C语言比其他高级语言较难掌握。也就是说,对用C语言的人,要求对程序设计更熟练一些。

1.3 C语言程序设计的工作原理

1.3.1 C语言程序的编译运行过程

通过本章1.1节,我们知道遵守冯·诺依曼体系结构的计算机只能识别0和1组成的机器语言,所以汇编语言和高级语言都需要翻译成机器语言才能执行。C语言程序的执行过程也是一样,C语言程序的执行过程称为“编译运行”,C语言的高性能在很大的程度上也归功于编译。编译运行过程是最经典、最高效的一种执行方式。各类编程语言解决特定问题所要经历的一般过程是编辑、编译、链接和运行4个步骤。

第一步:编辑(Edit) 就是用程序设计语言编写源代码(Source Code)。这个过程是一个创造艺术品的过程,设计者的思维、能力、知识都体现在这个过程。本教程后续章节讲的都是怎样将这个过程做好。该步骤创建的文件称为源文件(后缀为c)。

第二步:编译(Compile) 就是把高级语言编写的程序变成计算机可以识别的二进制语言的过程,一般通过用户发出编译指令,由编译器(Complier)完成。这里的编译器就是把源代码转换成目标代码(Object Code)的软件。编译后形成的文件称为目标文件(后缀为obj)。

编译过程是非常复杂的,具体的内容可以在“编译原理”课程中学习,对于侧重程序设计的用户,可以不管具体的编译过程。编译器主要对源代码进行语法检测,如果有错误就报告error或者warning,并停止编译。一些聪明的编译器还会对程序的逻辑问题和安全问题进行检测。当遇到编译器给出的错误或者警告提示时,要分析出错原因,修改代码,再重新编译。如此反复直到编译成功为止。

第三步：链接(Link)　过程对于初学程序设计的人员很难体会到，所以很多人习惯将链接作为编译的一部分，链接主要是对复杂的程序，特别是存在许多模块的程序，实现各模块之间传递参数和控制命令，并把它们组成一个可执行的整体。很多情况下是程序设计人员编写的程序需要依赖其他程序，链接的过程是“合成”的过程。链接后形成的文件称为可执行文件(Windows平台下后缀为exe)。可执行文件里面是机器语言代码。

由于在实际操作中一般通过编译器的生成(Build)过程从源程序产生可执行程序，可能有人就会置疑：为何要将源程序翻译成可执行文件的过程分为编译和链接两个独立的步骤，不是多此一举吗？之所以这样做，主要是因为在一个较大的复杂项目中，有很多人共同完成一个项目(每个人可能承担其中一部分模块)，其中有的模块可能是用汇编语言写的，有的模块可能是用C语言写的，有的模块可能是用Basic语言写的，有的模块可能是购买(不是源程序模块而是目标代码)或已有的标准库模块，因此，各类源程序都需要先各自编译成目标程序文件，再通过链接程序将这些目标程序文件链接装配成可执行文件。

第四步：运行(Run)　过程就是计算机执行机器代码的过程。到这一步，也不能保证程序正确，运行过程中程序也会出错，开发者必须捕获这些错误，并通过修改源代码解决这些错误，一般采用调试(Debug)的方法完成，即通过编译器逐条执行代码，查看程序的中间结果以判定出错原因。这里还有一个小故事，说的是哈佛的一位女数学家格蕾丝·莫雷·赫伯为IBM公司生产的首台自动按序控制计算器马克1号(1944年完成研制，比ENIAC要早)编写程序，有一天，她在调试程序时出现故障，拆开继电器后，发现有只飞蛾被夹扁在触点中间，从而“卡”住了机器的运行。于是，赫伯诙谐的把程序故障统称为“臭虫(Bug)”，把排除程序故障叫Debug，而这奇怪的“称呼”，后来成为计算机领域的专业行话，从而Debug意为程序除错的意思。编译运行程序的开发过程如图1-3所示。

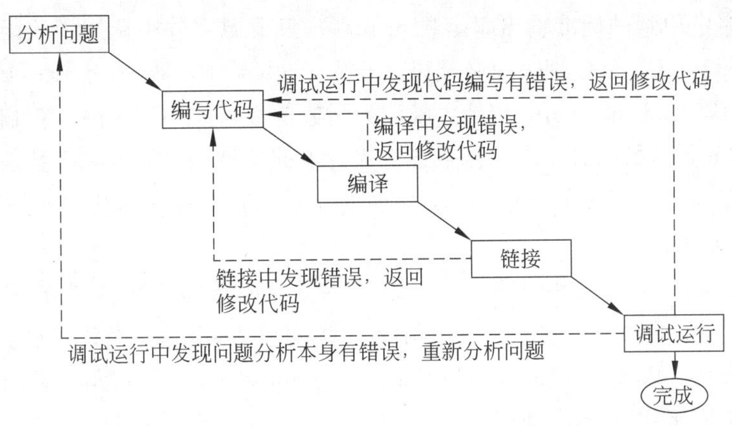

图1-3　编译执行程序的开发过程

1.3.2　简单的C语言例子

编程语言的世界里可谓是江山代有人才出，可唯独C语言引领风骚达数十年，时至今日,C语言依然是世界上最流行的语言之一。正如《C, The Beautiful Language》所言,"在C语言里,能让你看到他的心跳,就像是足球在场地上奔跑移动。简单的语法,浅显的关键词,这是对通用冯·诺伊曼机器最精彩的描述。C语言里,程序的灵魂直接向人们开放。人们看到了、感觉到了,所以我说——C语言,美丽的语言。"下面先从一个简单的例子开始C语言的学习。

【例1-1】 编写程序,输出一条双关语"To C, or not to C:that is the question."。

```
1. #include <stdio.h>                                    //编译预处理命令
2. int main()                                             //程序的主函数
3. {
4.     printf("To C, or not to C: that is the question.\n");  //输出语句
5.     return 0;
6. }
```

程序运行结果如图1-4所示。

图1-4 例1-1的运行结果

以下是对该程序的说明。

(1) 程序第1行"＃include ＜stdio. h＞"是编译预处理命令,对每个C程序来说必不可少。其功能是包含标准输入输出头文件(Standard Input & Output Header),该头文件中声明了程序中用到的标准输出库函数printf(),只要源文件中调用了该函数,都必须要包含头文件stdio. h。预处理命令必须以＃开头,交由预处理器(Preprocessor)处理。

(2) 程序第2行"int main()"是主函数的函数首部,每个C程序中有且仅有一个主函数。其中main是函数名;int表示函数运行完后返回给调用环境的一个数值,可以用返回0表示成功,返回"非0"表示出错;main后面的一对圆括号必不可少,用于括起函数的参数,此例函数无参。

(3) 程序第3～6行用一对花括号{ }括起的是主函数的函数体,左括号{表示函数的起点,右括号}表示函数的终点。函数体由若干语句组成,本例的函数体中仅有两条语句。

(4) "printf("To C, or not to C: that is the question. \n");"是一条语句,其功能是调用标准输出库函数printf()输出一串信息,printf()函数的使用见4.2节。语句末尾必须加分号。

(5) "return 0;"也是一条语句,表示程序执行到此处结束,并向操作系统返回0。

(6) 程序中以//开头的是注释信息,仅能注释一行,称为行注释。还有一种注释方法,用/＊ ＊/括起被注释的信息,可以注释多行,称为块注释。

下面再举一个带简单运算的例子。

【例 1-2】 给定两个整数,计算它们的和并输出。

```
1. #include <stdio.h>
2. int main()
3. {
4.     int a=4,b=5,c;                        //定义变量,并为变量 a 和 b 赋初值
5.     c=a+b;                                //计算 a 与 b 的和,并赋值给变量 c
6.     printf("%d+%d=%d\n",a,b,c);           //输出结果
7.     return 0;
8. }
```

程序运行结果如图 1-5 所示。

图 1-5　例 1-2 的运行结果

以下是对该程序的说明。

(1) 程序第 4 行“int a=4, b=5, c;”定义了 3 个变量,对变量 a 和 b 进行初始化操作。

(2) 程序第 5 行“c=a+b;”是一条赋值语句。这里的=号称为赋值号,表示将右侧的值赋给左侧的变量。

(3) 程序第 6 行“printf("%d+%d=%d\n", a, b, c);”是调用 printf()函数输出结果。

通过以上两个实例,可简单总结出 **C 程序的基本结构**。

(1) C 程序的基本组成单位是“函数”,其中有且仅有一个主函数 main(),且程序从 main()函数开始执行,在 main()函数中结束。

(2) 函数由函数首部和函数体组成。函数首部又由返回值类型、函数名、参数列表组成;函数体用花括号“{}”括起来。有关函数的知识参看第 9 章。

(3) 函数体内是若干语句,每条语句必须以分号结束。变量定义应放在函数体的最前面。

(4) C 语句严格区分大小写。例如,a 和 A 就是两个截然不同的变量。

(5) C 程序书写格式自由,可以多条语句写在一行,也可以每条语句单独写一行。但是强烈建议每条语句单独写一行,以增加程序的可读性。

(6) 程序中若调用了标准库函数,必须用预处理名#include 包含对应的头文件。

1.4　C 语言开发环境介绍

随着 C 语言的发展,涌出了许多开发环境,有些仅仅是编译工具(如 GCC),有些则把编辑工具、编译工具、调试工具及软件管理工程工具等支持开发的所有工具集成在一起

(如 Turbo C、Microsoft Visual C++、Code::Blocks 等),形成集成开发环境(Integrated Development Environment,IDE)。考虑到使用的广泛性和搭建环境的简单性,本节主要以 Code::Blocks 和 GCC 为例介绍 C 语言的开发环境,同时考虑 Microsoft Visual C++ 6.0 依然是很多开发者选用的开发环境,特别是全国计算机等级考试的指定环境,这里也一同介绍。

1.4.1 Code::Blocks

Code::Blocks 是一个开放源码的全功能的跨平台 C/C++集成开发环境,由纯粹的 C++语言开发完成。它使用了著名的图形界面库 wxWidgets,可以在其中编辑、编译、链接、运行、调试 C 程序。而且避免了大多数集成开发环境过于庞大造成的系统缓慢,而且无须支付任何费用即可使用。以下我们将在 Windows 操作系统下介绍 Code::Blocks 的开发过程。

1. 安装 Code::Blocks

可以从 Code::Blocks 的官网 http://www.codeblocks.org/下载该软件。当前最新版本为 2013 年 11 月底发布的 13.12。对于 C 语言的初学者建议下载 codeblocks-13.12mingw-setup.exe 安装文件,其中已经包括了 GCC 编译器及 GDB 调试器。安装后不需要进行编译器及调试器的配置。如果对于已经安装了其他基础开发环境的用户,可以下载 codeblocks-13.12-setup.exe 安装文件,进一步配置编译器即可完成开发环境的搭建。安装完成后,启动 Code::Blocks,其初始界面如图 1-6 所示。

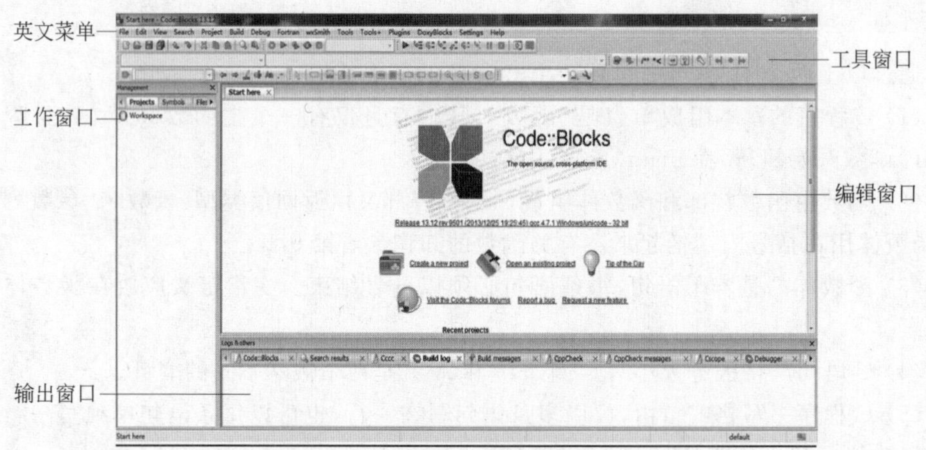

图 1-6 Code::Blocks 的主窗口

2. 新建 C 程序工程文件

首先在本地硬盘上新建一个工作目录,作为 C 程序文件存放目录,这里为 D:\c_program。

简单的 C 程序只包含一个源文件。选择 File→New→Project 选项,单击如图 1-7 所示的 Projects 标签，选中 Console application。

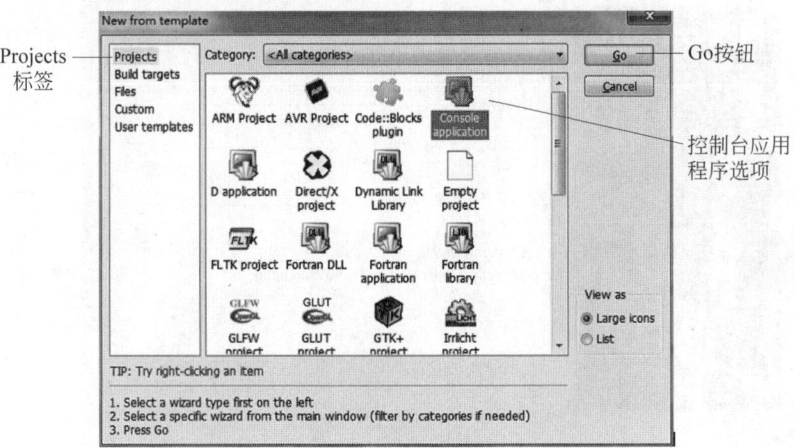

图 1-7　新建 C 语言控制台应用程序

单击图 1-7 所示的 Go 按钮，在生成向导的 C/C++语言选择页选择 C 语言，如图 1-8 所示(Code∷Blocks 默认为 C++语言)。

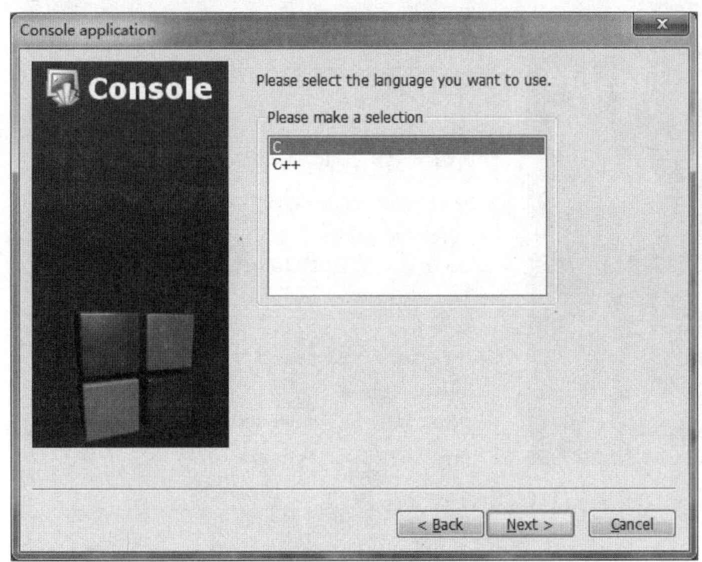

图 1-8　C/C++语言选择页面

单击图 1-8 中的 Next 按钮，在接下来向导页面的 Project title 下的输入框中输入项目名称，Code∷Blocks 中默认 C 语言项目即为输出"Hello World!"项目，这里输入 HelloWorld 作为项目名，通过单击[...]按钮浏览选择项目的存储位置，这里选择已经建好的存储目录 D:\c_program，如图 1-9 所示。

最后设定编译器，如果安装了带 GCC 编译器和 GDB 调试器的 Code∷Blocks，如图 1-10 选择 GUN GCC Compiler(该选项为默认选项)，或者可以选择安装 Code∷Blocks 计算机上的其他编译器。最后单击 Finish 按钮完成新建项目。

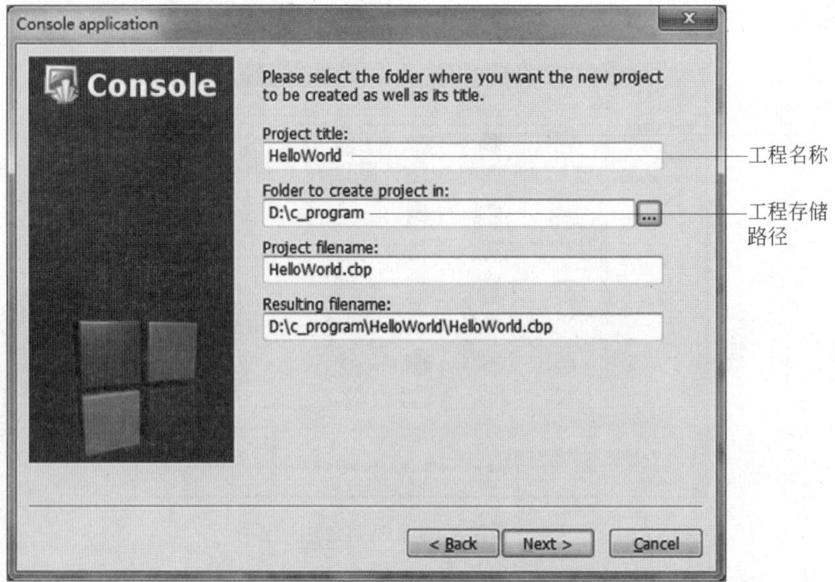

图 1-9 项目名、项目存储位置设置页面

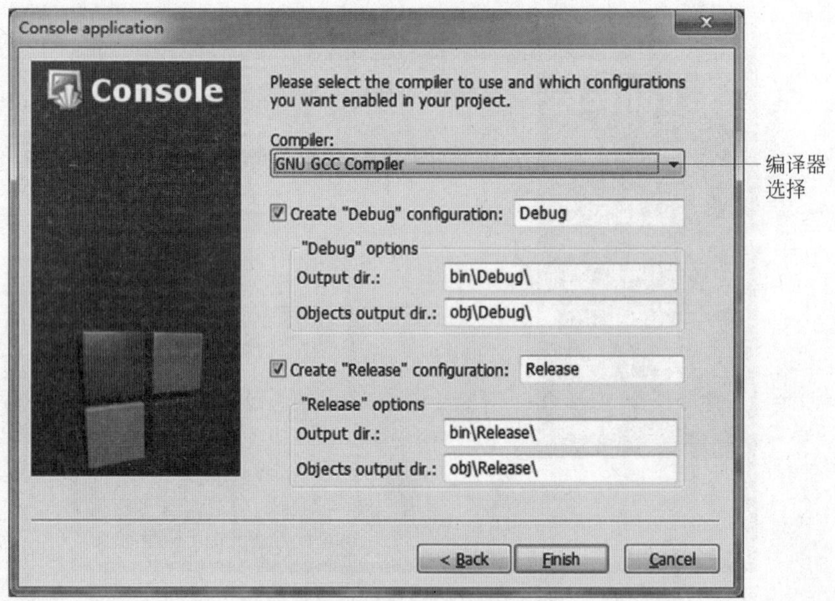

图 1-10 编译器设置页面

通过向导完成C语言控制台应用程序后，Code::Blocks默认生成了输出"Hello world!"的项目，程序代码在main.c文件中(通过右击工作窗口的main.c文件可以方便地进行文件的重命名)，如图1-11所示。

3. 编译链接程序

通过Build菜单和Build工具栏都可以方便地完成程序的编译、链接和运行。如

图 1-11　Code::Blocks 向导生成的 HelloWorld 项目

图 1-12 所示，打开 Build 菜单，选择 Build 菜单项或 Compile current file 菜单项对 main.c 进行编译链接或编译，或单击编译工具栏的 Build 按钮进行。

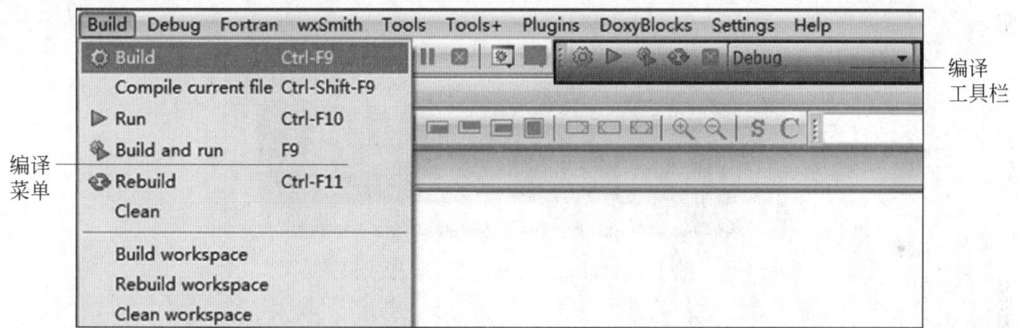

图 1-12　编译菜单和编译工具栏

注意：Build＝Compile＋Link。

Code::Blocks 中 Build 菜单部分功能描述如表 1-3 所示。

表 1-3　Code::Blocks 中 Build 菜单部分功能描述

菜单项	功能描述
Build	查看项目中的所有文件，并对最近修改过的文件进行编译和链接，生成.o 和.exe 文件
Compile	编译源代码窗口中的活动源文件，生成.o 文件
Run	运行应用程序
Build and run	编译、链接并且运行应用程序
Rebuild	对项目中的所有文件全部进行重新编译和链接
Clean	删除项目相关的所有目标文件(.o 文件)

编译工具栏的各个工具按钮功能如图 1-13 所示。

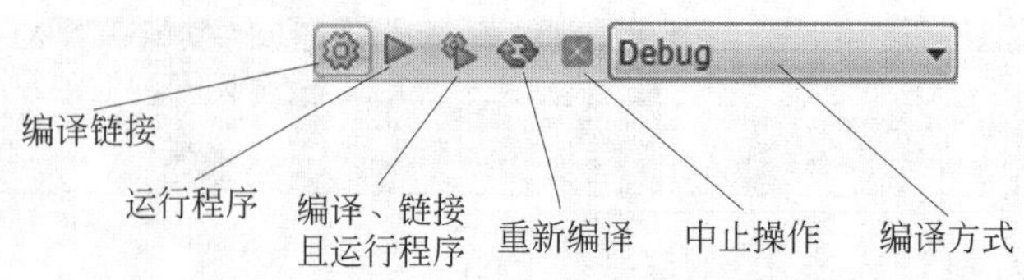

图 1-13　编译工具栏的工具按钮功能

注意：这里有一个编译方式的选择列表，其中包括 Debug 和 Release 两个选项，通过它们设定了不同的编译选项完成不同的编译，其中 Debug 通常称为调试版本，它包含调试信息，并且不做任何优化，便于程序员调试程序。Release 称为发布版本，它往往是进行了各种优化，使得程序在代码大小和运行速度上都是最优的，以便用户很好地使用。

4. 运行程序

如果在编译链接过程中显示"0 error(s)，0 warning(s)"，说明程序没有语法错误，接下来便可以单击 Build 菜单的下 Run 菜单项或编译工具栏的▶按钮运行当前程序，Code∷Blocks 将打开一个控制台窗口，在其中显示运行结果。运行结果如图 1-14 所示。

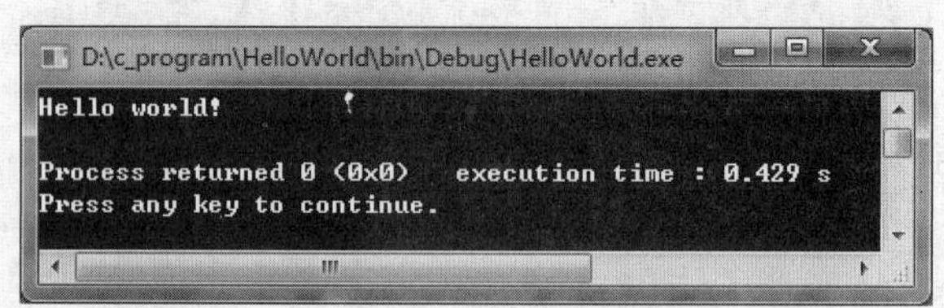

图 1-14　HelloWorld 项目运行效果图

说明：

(1) "Hello world!"是程序输出的内容。

(2) "Process returned 0"是程序执行的返回值。

(3) "execution time ：0.429 s"是程序执行的时间。

(4) "Press any key to continue"表示按任意键便可关闭运行窗口。

(5) 如果离开 Code∷Blocks 编程环境而直接运行编译后的可执行程序 HelloWorld.exe，则运行结果将一闪而过，不会停下来让人们观察。为了解决这个问题，可以在语句"return 0;"前加一个输入语句"getch();"，具体输入输出语句详细见第 4 章。

5. 调试程序

调试是指在被编译了的程序中判定执行错误的过程。运行一个带有调试程序的程序与直接执行不同，这是因为调试过程中保存着所有的或大多数源代码信息。它还可以在预先指定的位置(称为断点(breakpoint))暂停执行，并提供有关已调用的函数以及变量的当前值的信息。

编写程序难免会出现错误，程序调试是非常重要的。

6. 关闭工作区

选择 File 菜单中的 Close project 菜单项关闭当前编译的项目，此时会关闭工作区中所有已打开的文件。

7. 打开现有 C 程序文件

打开 C 程序项目有多种方法，本书介绍最常用的两种。

方法一：如果用户保存了. c 文件和. cbp 等文件，可以使用 File 菜单的 Open 打开 C 程序文件或项目工程文件，在弹出的对话框中进行浏览，双击后缀为 cbp 的文件就能打开上次编译时产生的工作区（项目），如图 1-15 所示。工作区打开后，可对上次编写的程序进行修改、编译、链接、运行和调试。

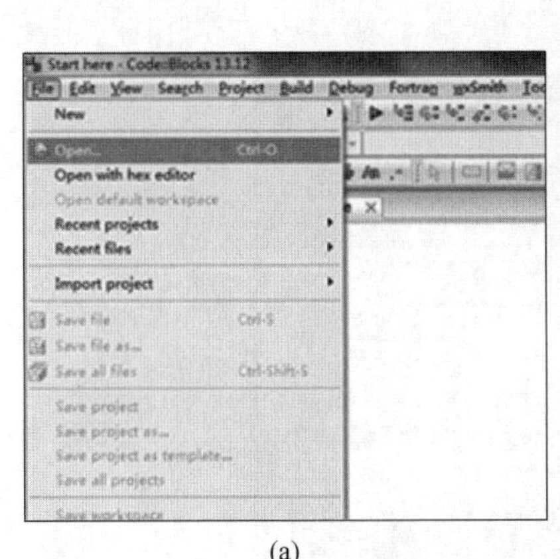

(a)

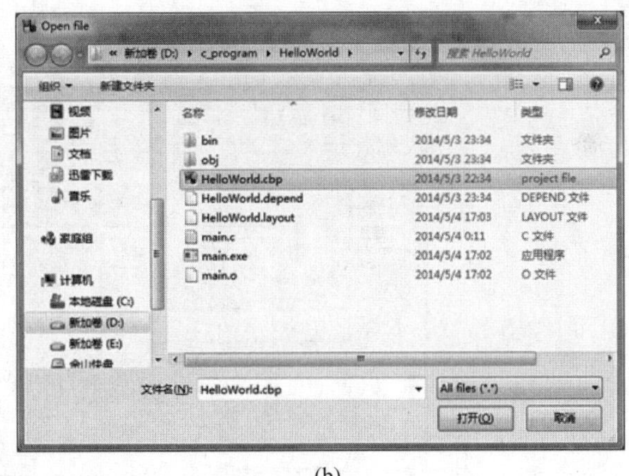

(b)

图 1-15　打开 C 程序文件或项目

方法二：如果上次编程用户仅保留了. c 文件，就不能用方法一打开。如果此时已打开了工作区则应先关闭，然后用 File 菜单的打开文件功能打开. c 文件，同样可对上次写的程序进行修改、编译、链接、运行和调试。

一个打开的工作区中可以新建（或添加）多个. c、. h 等文件（通过 File→New 菜单），但所有文件中只能有一个主函数 main()。如果有多个主函数将产生错误，如图 1-16 所示。解决办法是把其中一个文件从工作区中移除。为此右击需要移除的文件，选择 Remove file from project 命令，则该文件就从工作区中移除（注意：文件不会真的被删除）。

如果需要向工作区添加已存在的文件，可右击工作区的项目名称（这里为 HelloWorld），选择添加文件到工程，如图 1-17 所示。在弹出的对话框中浏览并打开相应文件，即可添加成功。

注意：向工作区添加的所有文件都将参与编译。而在工作区打开之后，通过文件菜单打开的文件不会参与编译，但可进行修改。

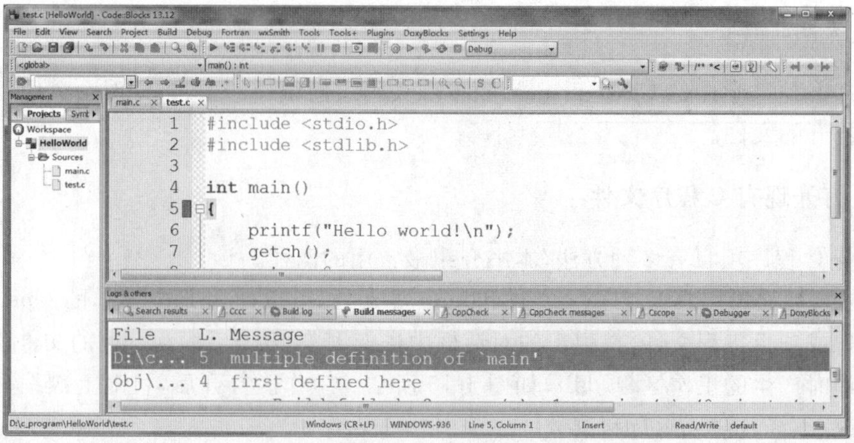

图 1-16 两个主函数引起的错误

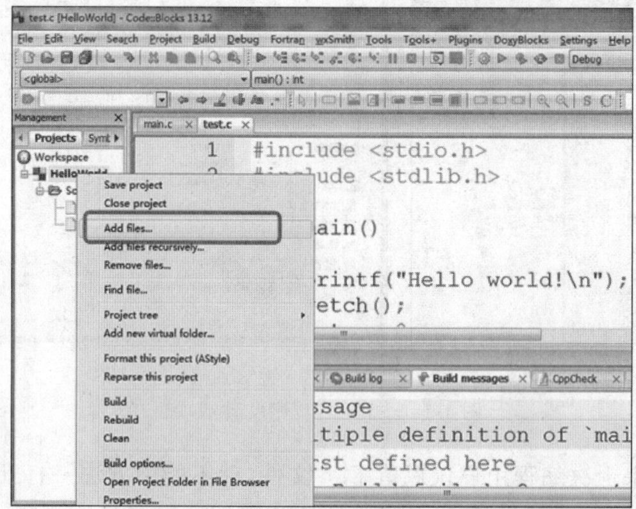

图 1-17 向工作区添加现有文件

1.4.2 Microsoft Visual C++ 6.0

Microsoft Visual C++ 6.0 开发环境与 Code::Blocks 开发环境非常类似，是 Microsoft 公司开发的基于 Windows 平台的 C/C++可视化集成开发工具，这里依然通过“Hello World!”的例子介绍其中编辑、编译、链接、运行和调试 C 程序的过程。

1. Visual C++ 6.0 的窗口

Visual C++ 6.0 主窗口如图 1-18 所示。

2. 新建 C 程序文件

首先在本地硬盘上新建一个工作目录，这里是 C:\c_program。因为编译 C 程序会生

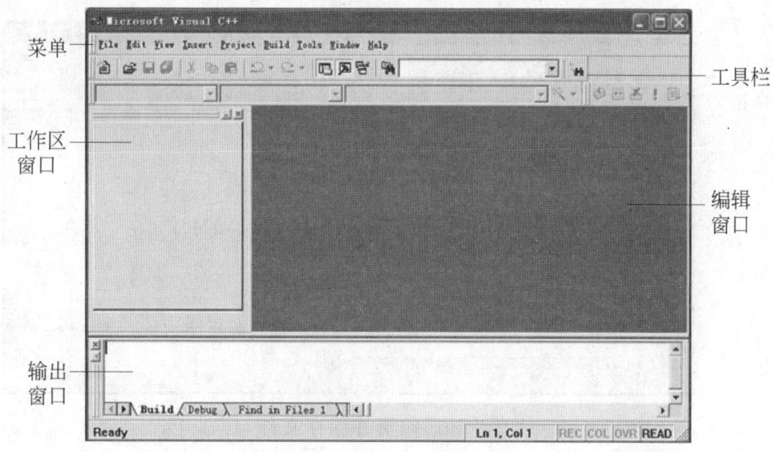

图 1-18　Visual C++ 6.0 主窗口

成很多文件,如工程文件 *.dsw、执行文件 *.exe 等,因此新建程序时先建立一个子目录,这里建立 HelloWorld。

选择 File 菜单的 New 菜单项,单击如图 1-19 所示的 Files 选项卡,选择 C++ Source File。然后在 File 文本框中输入文件名,如图为 HelloWorld.c,注意 C 程序后缀名.c 不能省略。在 Location 文本框中浏览选择文件存放位置,这里为 C:\c_program\HelloWorld。设置完毕后单击 OK 按钮,便新建了 HelloWorld.c 文件,同时打开在 Visual C++ 6.0 下的源代码编辑窗口。

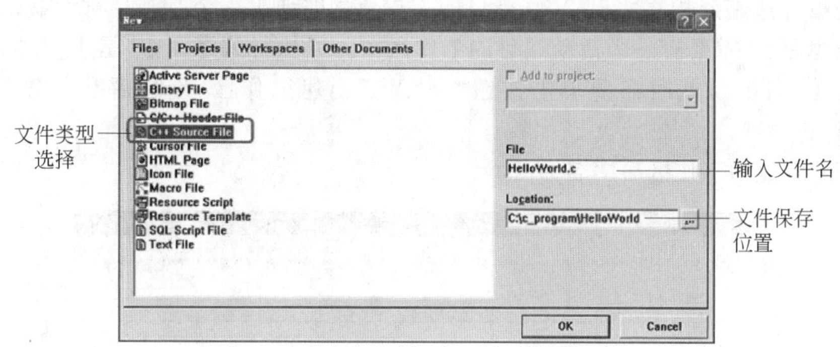

图 1-19　"新建文件"对话框

3. 编辑文件

在文件编辑窗口输入"Hello world!"的程序代码,如图 1-20 所示。单击 File 菜单的 save 菜单项或工具栏上的 Save、Save All 按钮进行保存。

4. 编译链接程序

如图 1-21 所示,单击 Build 菜单,选择 Compile HelloWorld.c 菜单项或 Build 菜单项对 HelloWorld.c 进行编译或编译链接,或单击编译构建工具栏的 Compile 按钮或 Build 按钮进行。编译构建工具栏的各工具按钮功能类似 Code::Blocks,包括编译、编译构建、

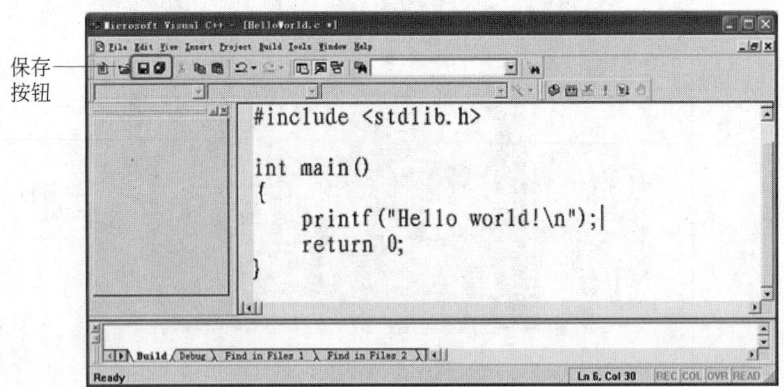

图 1-20　编辑并保存文件

停止操作、运行程序、调试运行以及插入或移除断点。

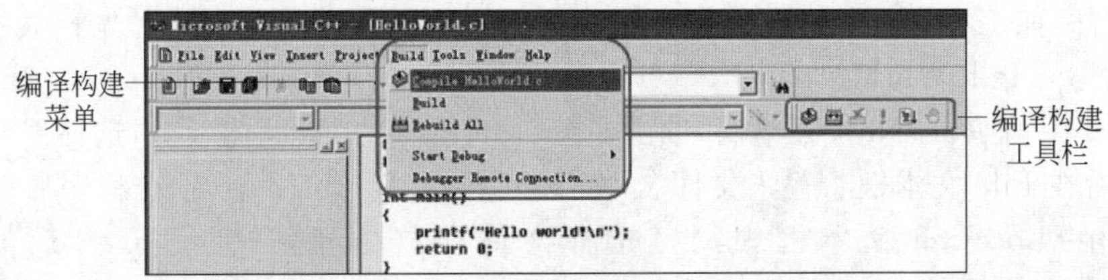

图 1-21　编译构建程序

单击编译或编译构建之后，Visual C++ 6.0 会立即弹出一个“询问”对话框，如图 1-22 所示。意思是：“需要有一个活动项目的工作区才可以执行编译命令，是否要创建一个默认的项目工作区?”，此时需要单击按钮“是(Y)”创建工作区，创建后在工作区会出现 HelloWorld 项目。

注意：新建的工作区后缀名为 dsw。

图 1-22　“询问”对话框

5. 运行程序

选择 Build 菜单的下 Execute 菜单项，或编译微型条的 Execute Program 按钮，便可运行当前程序。当输出窗口出现“HelloWorld. exe -0 error(s)， 0 warning(s)”提示信息后，如图 1-23 所示，Visual C++ 6.0 将打开一个控制台窗口，并在其中运行该程序，结果如图 1-24 所示，按任意键将关闭该窗口。

6. 关闭工作区

新建一个项目前，需要先关闭当前工作区，选择 File 菜单中的 Close Workspace 菜单

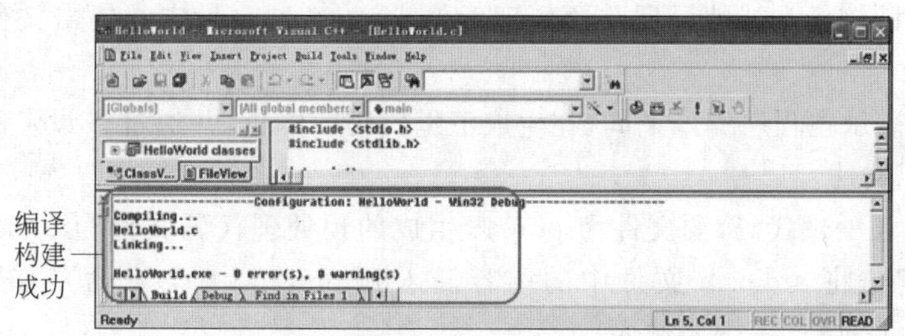

图 1-23　编译构建成功提示信息

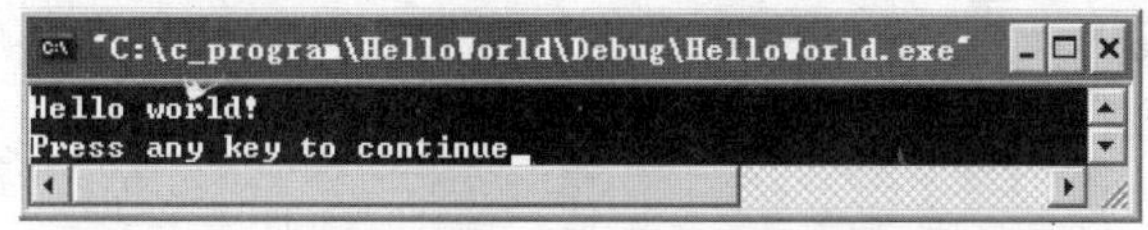

图 1-24　程序执行结果

项关闭当前工作区，此时会关闭工作区中所有已打开的文件。

7. 打开 C 程序文件

Visual C++ 6.0 打开、添加文件到工程中与 Code::Blocks 类似，读者可以自己练习操作，这里不再赘述。

1.4.3　GCC

GCC(GNU Compiler Collection，GNU 编译器集合)是一套由 GNU 工程开发的支持多种编程语言的编译器。GCC 是自由软件发展过程中的著名例子，由自由软件基金会以通用性公开许可证(General Public License，GPL)协议发布。GCC 是大多数类 UNIX 操作系统(如 Linux、BSD、Mac OS X 等)的标准的编译器，GCC 同样适用于微软公司的 Windows。GCC 原名为 GNU C 编译器(GNU C Compiler)，因为它原本只能处理 C 语言。GCC 很快地扩展，并支持处理 C++。后来又扩展能够支持更多编程语言，如 FORTRAN、Pascal、Objective-C、Java、Ada 等。

使用者在命令列下输入 gcc 命令以及一些命令参数，以便决定使用什么语言的编译器，并为输出机器码使用适合此硬件平台的组合语言编译器，并且选择性地执行链接器以生成可执行的程序。

在使用 GCC 编译器的时候，必须给出一系列必要的调用参数和文件名称。GCC 编译器的调用参数大约有 100 多个，其中多数参数人们可能根本就用不到，这里先介绍几个常用的参数，再在 UNIX 操作系统命令行环境下通过例 1-1 的编译过程进行介绍。

-c，只编译，不链接成为可执行文件，编译器只是由输入的.c 等源代码文件生成.o 为后缀的目标文件，通常用于编译不包含主程序的子程序文件。

-o output_filename，确定输出文件的名称为 output_filename，同时这个名称不能和源文件同名。如果不给出这个选项，GCC 就给出预设的可执行文件 a.out。

-E 预处理,该指令让编译器在预处理后停止,并通过-o设定的输出文件名输出预处理结果。

-S 汇编,表示在程序编译期间,在生成汇编代码后停止,并通过-o设定的输出文件名输出汇编代码文件。

(1) 生成预处理代码,源文件为 pun.c,生成的预处理代码文件为 pun.i(在本例中,预处理结果就是将 stdio.h 文件中的内容插入到 pun.c 中了)。命令如下(注意 $ 是 UNIX 系统的提示符,不需要输入):

```
$gcc -E pun.c -o pun.i
```

(2) 生成汇编代码,GCC 通过检测语法错误,将预处理代码先生成汇编文件,源文件为 pun.c,生成的汇编文件为 pun.s。命令如下:

```
$gcc -S pun.i -o pun.s
```

(3) 生成目标代码,GCC 支持两种方式生成目标代码,一种方式通过 C 源文件直接生成,另一种方式通过汇编代码生成。

从 C 源文件中生成:

```
$gcc -c pun.c -o pun.o
```

从汇编代码生成:

```
$as pun.s -o pun.o
```

(4) 生成可执行程序,将目标源程序链接库资源,生成可执行的程序,命令如下:

```
$gcc -c pun.s -o pun
```

pun 即为生成的可执行文件。通过 $./pun 即可执行程序。

以上 4 步过程也可以通过 GCC 的一条编译指令全部完成,命令如下:

```
$gcc -o pun pun.c
```

注意:GCC 本身不带调试器,在 UNIX 系统下可以通过功能强大的 GDB 完成。具体内容请读者参考《GDB 使用手册》。

1.4.4 程序调试实例

除了较简单的情况,一般的程序都很难一次完全正确。在上机过程中,根据出错现象定位错误并改正的过程称为**程序调试**。在学习程序设计的过程中,逐步培养调试程序的能力是非常重要的。一种经验的积累,不可能靠几句话描述清楚,要靠读者在上机练习中不断摸索总结。程序中的错误大致可分为三类。

1. 编译错误

编译错误是指程序编译时检查出来的语法错误。编译错误通常是编程者违反了 C 语言的语法规则,如花括号不匹配、语句后面缺少分号等。

2. 链接错误

链接错误是指程序链接时出现的错误。链接错误一般由未定义或未指明要链接或包含的函数,或者函数调用不匹配等因素引起。

对于编译错误和链接错误,C语言系统会提供出错信息,包括出错位置(行号)、出错提示信息。编程者可以根据这些信息,找出错误所在。

注意:有时系统会提示一大串错误信息,但并不表示真的有这么多错误。这往往是因为前面的一两个错误引起的。所以每纠正一个错误,可重新编译一次,然后观察新的出错信息。

3. 运行错误

运行错误是指程序执行过程中的错误。有些程序虽然通过了编译链接,并能够在计算机上运行,但得到的结果不正确。这类错误相对前两种错误较难改正,所以要求程序设计者认真分析程序的执行过程。

该类错误的原因一部分是程序书写错误带来的,例如应该使用变量x的地方写成了变量y,虽然没有语法错误,但意思完全错了;另一部分可能是程序的算法不正确,解题思路不对。还有一些程序的计算结果有时正确,有时错误,这往往是编程时对各种情况考虑不周所致。解决运行错误的首要步骤就是错误定位,即找到出错位置,才能予以纠正。通常我们先设法确定错误的大致位置,然后通过调试工具找出真正的错误。

程序调试实例将以Code::Blocks开发环境为例讲解,Visual C++ 6.0开发环境的调试方法与Code::Blocks开发环境类似,请读者自行练习。

Code::Blocks的Debug菜单及Debug工具栏都可以完成程序的调试,如图1-25所示。

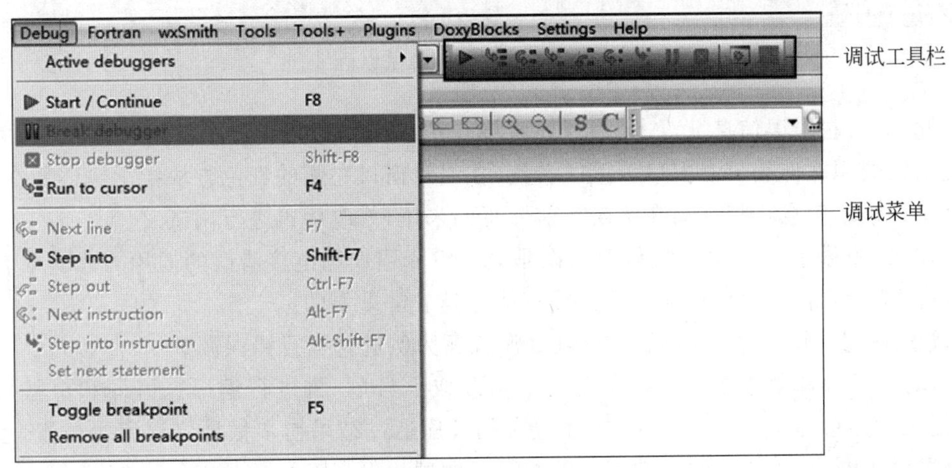

图1-25 Code::Blocks的调试菜单及调试工具栏

通过调试工具栏可以方便地完成调试工作,调试工具栏各按钮的功能如图1-26所示。

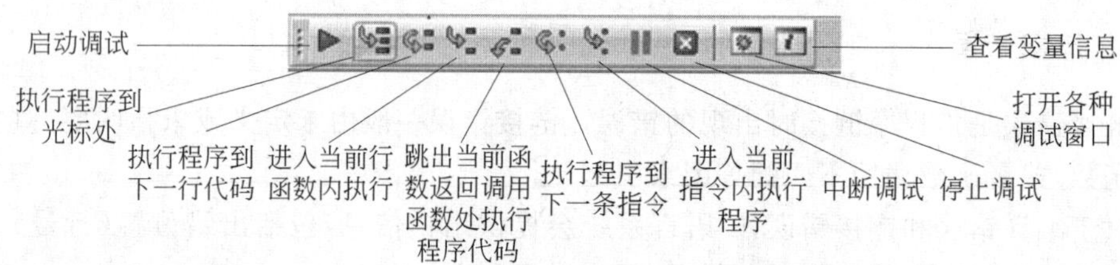

图 1-26 Code::Blocks 的调试工具栏功能介绍

注意：在 Code::Blocks 中，支持到当前指令内执行代码，这里的指令指当前程序经过编译后的汇编代码指令。

以下通过3个例子来讲解在 Code::Blocks 环境中如何进行程序调试。

【例 1-3】 以“HelloWorld”为例讲解编译错误调试方法。

本例在调试前，故意把倒数第3行末尾的分号删除后，再进行编译。如图 1-27 所示，得到错误提示信息为“错误，在‘return’前缺少‘;’”。

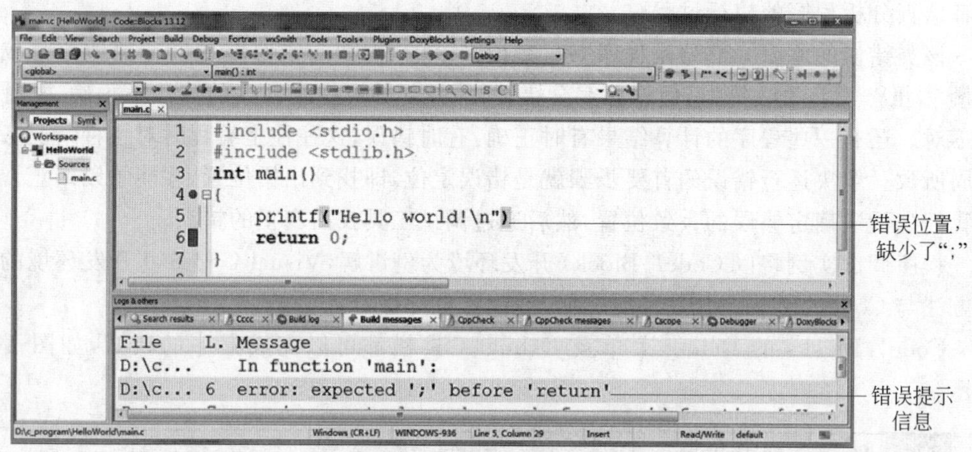

图 1-27 编译错误提示窗口

此时，可在错误信息上双击，编译环境将在输出窗口高亮度显示该行提示信息，并切换到出错的源文件编辑器窗口。可以看到，在编辑窗口左侧的红色方块指示错误所在行。根据错误提示信息，把“;”加在错误行前一行的末尾，修改后再进行调试。

注意：根据错误信息直接修改错误是改正编译错误和链接错误的通用方法。对初学者来说，学会看各种常见错误的英文提示信息是非常重要的。

【例 1-4】 调试运行错误。以例 1-2 源程序为例进行运行错误调试。

调试前，故意把程序倒数第4行的＋号改成－号后，再进行编译。编译和链接均通过，但运行结果为－1，而不为9。对于复杂的程序通过结果初步估计错误发生位置，也可以设置多个断点，以提高调试效率。下面通过调试找出真正的错误。

(1) 添加调试断点。Code::Blocks 支持多种方式在程序中添加断点。方法1，在需要添加断点的行按 F5 键；方法2，通过单击需要添加断点的行号后的空白区域；方法3，选定需要添加断点行后，通过选择 Debug→Toggle Breakpoint 命令添加。本例中我们在倒数第 4 行添加断点。

(2) 运行调试。通过调试工具栏的▶按钮，或者通过 Debug→Start/Continue 命令(快捷键 F8)启动调试。运行调试后，程序运行到设置的断点处"7 c = a - b;"就会暂停，如图 1-28 所示。

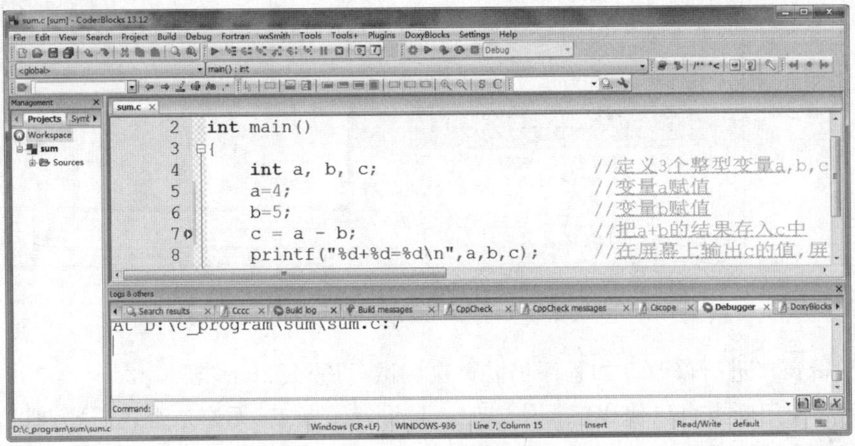

图 1-28　程序在断点处暂停

(3) 调试分析。程序调试过程中，通过暂停程序，查看程序中当前变量的值，很容易查找程序中的错误，在 Code::Blocks 中通过调试工具栏的按钮可以打开 Watches 窗口查看变量的值，如图 1-29 所示。

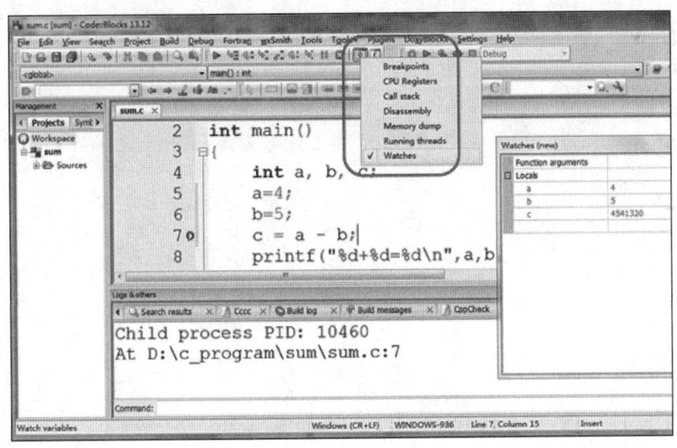

图 1-29　调试中通过 Watches 窗口查看变量的值

Watches 窗口显示了当前变量的值，通过调试工具栏按钮执行当前行到下一行暂停(该过程一般称为单步调试)。此时，箭头下移一行。如图 1-30 所示，Watches 窗口中 c 的值被更新为−1(注意：变量的值更新后用窗口中会用红色表示)。真正的错误就发生在这一行。因为程序需要完成的是 4+5 的运算，而非 4−5。

(4) 退出调试。找到真正的错误后，单击调试工具条上的按钮结束调试，同时返回

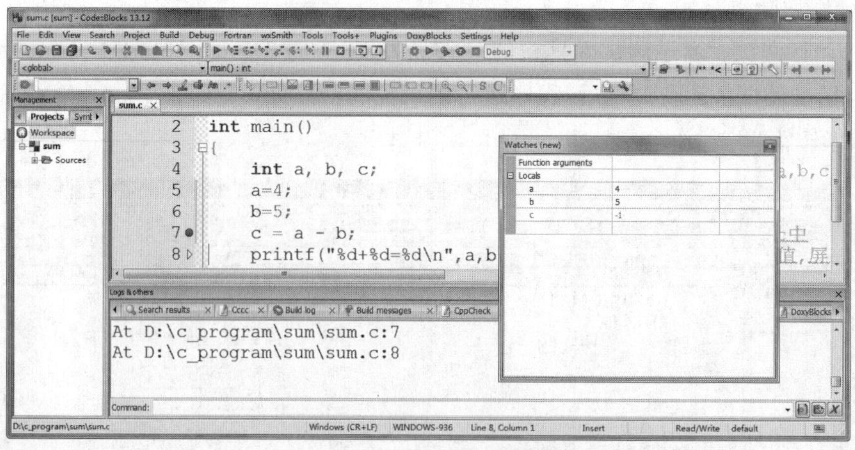

图 1-30 单步调试查看变量改变

到程序编辑窗口进行修改。如程序仍需再次调试,可重复以上步骤。

注意:使用断点可以使程序暂停。但一旦设置了断点,无论是否还需要调试,每次执行程序时都会在断点上暂停。因此调试结束后应取消所定义的断点。方法同添加断点类似。但对于复杂程序中有多个断点,可以通过 Debug→Remove all breakpoints 命令清除所有断点。

如果一个程序设置了多个断点,按一次调试工具栏的▶按钮就会暂停在下一个断点处,依次执行下去。

【例 1-5】 函数跟踪调试。给定两个数,输出其中的较大值。

```
#include <stdio.h>
int max(int x,int y)        /* max()为用户自定义函数,x、y是函数的形参 */
{
    int z;
    if(x>y)
    {
        z=x;
    }
    else
    {
        z=y;
    }
    return z;
}

int main()
{
    int a=6,b=7,c;
```

```
    c=max(a,b);        /* 调用 max 函数，求 a 和 b 中的较大值，a 和 b 是函数实参 */
    printf("max=%d\n",c);
    return 0;
}
```

程序运行结果如图 1-31 所示。

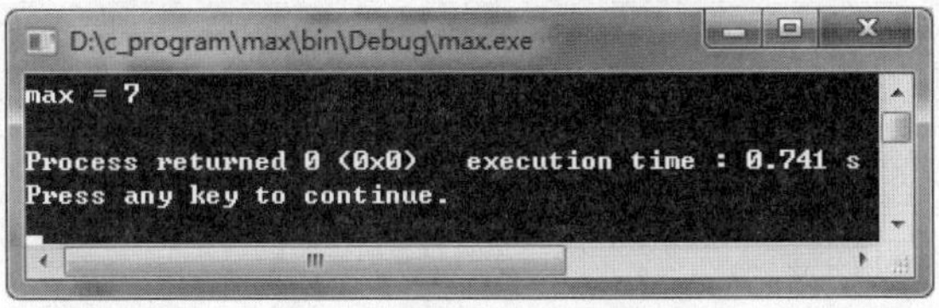

```
D:\c_program\max\bin\Debug\max.exe
max = 7

Process returned 0 (0x0)   execution time : 0.741 s
Press any key to continue.
```

图 1-31　例 1-5 的运行结果

函数跟踪调试：

(1) 在主函数的“int a=6, b=7, c;”语句所在行设置断点，运行调试。

(2) 程序在“int a=6, b=7, c;”语句所在行暂停，单击单步调试按钮，程序执行“int a=6, b=7, c;”语句。完成对变量 a、b 的赋值。编辑窗口中光标已经下移一行，指向“c=max(a, b);”语句。

(3) 由于函数调用的实质是实参把值传递给形参，因此需要跟踪进到函数体内部进行检查。此时，单击调试工具条的按钮进入 max 函数，如图 1-32 所示，光标进入了 max 函数体。同时，Watches 窗口显示了 max 函数中 x、y 接收了实参 a、b 传递过来的值分别为 6、7。

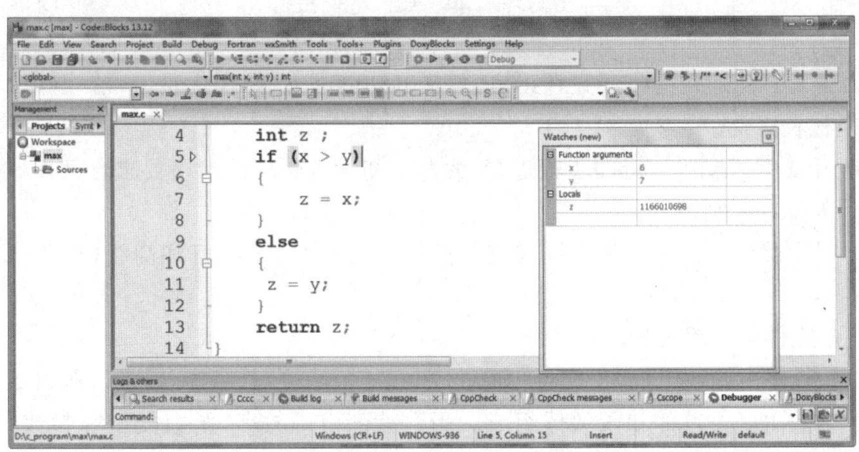

图 1-32　跟踪进入函数体内部

(4) 单击按钮，继续单步调试。由于 x<y，所以程序运行到双分支 if 结构时将执行 else 后的语句(选择结构将在第 5 章介绍)。

(5) 单击按钮，程序执行“z=y;”语句。此时，z 被赋值为 7。

(6) 单击按钮，程序执行“return z;”语句，把 z 的值返回给调用函数，即 main

函数。

(7) 单击按钮(或单击按钮,跳出max函数体)程序已返回到main函数"c=max(a, b);"语句行。

(8) 再次单击按钮,如图1-33所示,c的值被更新为7,即max函数返回值。

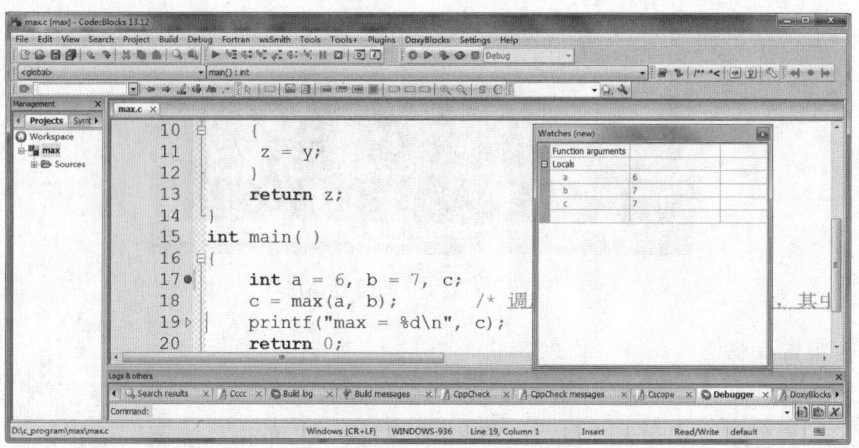

图1-33 函数调用后的变量值

(9) 单击按钮,程序执行"printf("max=%d\n", c);"语句,控制台窗口显示max=7。

(10) 单击试工具条上的按钮,结束调试。

1.5 本章小结

C语言是一门通用的程序设计语言,凭借其功能强大、结构优雅、移植性好等特点,深受广大编程者喜爱。

程序开发应该按照一定的步骤进行,尤其是初学者更应该严格要求自己,以尽快掌握程序设计的基本原则。

(1) 程序设计语言是人与计算机交流的语言,分为低级语言和高级语言。C语言属于高级语言。

(2) C文件的后缀名是.c。

(3) C程序由函数组成,但有且仅有一个main()函数,且程序从main处开始执行。

(4) 函数由函数首部和函数体组成。函数首部由函数名、函数类型和参数组成。函数体以花括号"{}"作为标志。

(5) C程序的注释(目的:提高程序的清晰度)可以出现在任何位置,有两种注释方法,/*…*/为块注释,//为行注释。

(6) C程序以";"作为语句结束标志。

(7) C语句严格区分大小写。

(8) C程序书写格式自由,可以多条语句写在一行,也可以每条语句单独写一行。

(9) C语言的标准输入、输出函数是由标准库函数 scanf()和 printf()等函数完成，但程序开头要用"＃include ＜stdio. h＞"把标准库函数包含进程序中。

(10) C程序的上机包括了程序编辑、编译、链接、运行和调试等内容。上机是检验算法和程序的重要手段，也是学好程序设计的最好方法。

1.6　习　　题

1.6.1　选择题

1. 下列对C语言特点的描述中，错误的是(　　)。
   A. C语言不是结构化程序设计语言　　B. C语言编程简洁明了
   C. C语言功能较强　　D. C语言移植性好
2. 最早开发C语言是为了编写(　　)操作系统。
   A. Windows　　B. DOS　　C. UNIX　　D. Linux
3. 下面的说法中正确的是(　　)。
   A. C程序由符号构成　　B. C程序由标识符构成
   C. C程序由函数构成　　D. C程序由C语句构成
4. 一个C程序的执行是从(　　)。
   A. 本程序的 main 函数开始，到 main 函数结束
   B. 本程序文件的第一个函数开始，到本程序文件的最后一个函数结束
   C. 本程序的 main 函数开始，到本程序文件的最后一个函数结束
   D. 本程序文件的第一个函数开始，到本程序 main 函数结束
5. 以下叙述不正确的是(　　)。
   A. 一个C源程序可由一个或多个函数组成
   B. 一个C源程序必须包含一个 main 函数
   C. C程序的基本组成单位是函数
   D. 在C程序中，注释说明只能位于一条语句的后面
6. 编写C程序一般需要经过的几个步骤依次是(　　)。
   A. 编译、编辑、链接、调试、运行
   B. 编辑、编译、链接、运行、调试
   C. 编译、运行、调试、编辑、链接
   D. 编辑、调试、编辑、链接、运行
7. Windows 系统里由C源程序文件编译而成的可执行文件的默认扩展名为(　　)。
   A. cpp　　B. exe　　C. obj　　D. lik
8. C语言中主函数的个数是(　　)个。
   A. 2　　B. 3　　C. 任意多　　D. 1
9. 下面叙述中不属于C语言的特点的是(　　)。
   A. 是一种面向对象的程序设计语言　　B. 数据类型丰富，表达力强

C. 允许直接访问物理地址,对硬件进行操作 D. 运算符丰富

1.6.2 填空题

1. 计算机语言的种类非常多,从其发展过程,经历了__①__、__②__到__③__的历程。

2. 在C程序的编辑、编译、链接、运行和调试过程中,编译是指________的过程。

3. C语言源文件名的后缀是__①__;经过编译后,生成目标文件的后缀是__②__;再经过链接后,生成可执行文件的后缀是__③__。

4. 程序中的错误大致可分为三类,具体为编译错误、__①__和__②__。

1.6.3 编程题

1. 参照例题,编写程序运行例1-1和例1-2,熟悉C语言编程环境。

2. 编写程序,输出如下信息。

```
****************************************************
  C is quirky,flawed,and an enormous success.
----------------------------------------------------
```

3. 参考例题,编写运行例1-3、例1-4和例1-5,熟悉C语言编程环境中的程序调试。

第2章 程序结构描述

结构化程序设计由迪杰斯特拉(E.W.dijkstra)在1969年提出,是以模块化设计为中心,将待开发的软件系统划分为若干个相互独立的模块,这样使得完成每一个模块的工作单纯而明确,在设计其中一个模块时,不会受其他模块的牵连,因而可将原来较为复杂的问题化简为一系列简单模块的设计。这为设计一些较大的软件打下了良好的基础。

按照结构化程序设计的观点,任何算法的功能都可以通过由程序模块组成的3种基本程序结构的组合(顺序结构、选择结构和循环结构)来实现。

而结构化程序设计主要强调的是程序的易读性。我们编写程序的目的是实现某种算法来解决特定的问题,编写程序的过程就必须按照算法的描述进行,因此算法的描述,或结构化程序的结构描述是程序设计的基础。其最常用的方法有伪代码和流程图。

本章主要介绍算法、程序、程序的描述,读者将了解到算法的发展历程、程序与算法的关系、程序设计的常用方法及其特点以及结构化程序的描述方法。

2.1 算法与程序

2.1.1 算法

计算机能够为人们提供许许多多的服务,表现出了强大的运算、存储能力,同时计算机已经可以很好地思考、分析、解决很多问题。这其中起到关键作用的就是算法。甚至可以说,“计算机科学就是关于算法的科学”。

这其中的算法,其中文名称出自《周髀算经》(成书年代至今没有统一的说法,有人认为是周公所作,也有人认为是在西汉末年写成)、《九章算术》(一般认为它是经历代各家的增补修订逐渐定本)中;而英文名称Algorithm来自于9世纪波斯数学家al-Khwarizmi,因为al-Khwarizmi在数学上提出了算法这个概念。“算法”原为algorism,意思是阿拉伯数字的运算法则,在18世纪演变为algorithm。欧几里得算法被人们认为是史上第一个算法。第一次编写程序的是Ada Byron,她于1842年为巴贝奇分析机编写求解伯努利方程的程序,因此Ada Byron被大多数人认为是世界上第一位程序员。由于查尔斯·巴贝奇(Charles Babbage)未能完成他的巴贝奇分析机,这个算法未能在巴贝奇分析机上执行。因为well-defined procedure缺少数学上精确的定义,19世纪和20世纪早期的数学家、逻辑学家在定义算法上出现了困难。20世纪的英国数学家图灵提出了著名的图灵论题,并提出一种假想的计算机的抽象模型,这个模型被称为图灵机。图灵机的出现解决了算法定义的难题,图灵的思想对算法的发展起到了重要作用。

算法常被定义为是对特定问题求解步骤的一种描述,包含操作的有限规则和操作的有限序列。通俗一点讲,算法就是一个解决问题的公式(数学手册上的公式都是经典算法)、规则、思路、方法和步骤。算法可以用自然语言描述、伪代码描述,也可以用流程图描述,但最终要用计算机语言编程,上机实现。

通过第1章的学习,我们知道程序是操作计算机完成特定任务的指令的集合,程序又由程序设计语言来具体实现。程序设计中的算法又可以定义为用来描述程序的实现步骤。实际中,程序是用来解决特定问题的,而算法是对解决问题步骤的描述。算法是程序设计的基础。例如,红、蓝2个墨水瓶中的墨水被装反了,要把它们分别按颜色归位,这就是一个"交换算法"。解答该算法的关键在于引入第三个瓶子,假设为白瓶子。过程如下:首先将蓝瓶子的墨水倒入白瓶子;其次将红瓶子的墨水倒入蓝瓶子;最后将白瓶子的墨水倒入蓝瓶子。可以看出正确的算法可以很好地指导人们完成程序的设计实现,如果没有算法,计算机也无能为力。算法错了,计算机将误入歧途。

著名的计算机科学家沃思(N. Wirth)提出了一个经典的公式:

程序=数据结构+算法

数据结构描述的是数据的类型和组织形式,算法解决计算机"做什么"和"怎么做"的问题。每一个程序都要依赖数据结构和算法,采用不同的数据结构和算法会带来程序的不同质量和效率。实际上,编写程序的大部分时间还是用在算法的设计上。

一个算法应该具有如下特点。

(1) **有穷性**。算法仅有有限的操作步骤(空间有穷),并且在有限的时间内完成(时间有穷)。如果一个算法需执行10年才能完成,虽然是有穷的,但超过了人们可以接受的限度,不能算是一个有效的算法。

(2) **确定性**。算法的每一个步骤都是确定的,无二义性。例如,a大于等于b,则输出1;a小于等于b,则输出0。在算法执行时,如果a等于b,算法的结果就不确定了。因此,该算法是一个错误的算法。

(3) **有效性**。算法的每一个步骤都能得到有效的执行,并得到确定的结果。例如,如果一个算法将0作为除数,则该算法无效。

(4) **有0个或多个输入**。输入用以刻画运算对象的初始情况,所谓0个输入是指算法本身定出了初始条件。

(5) **有1个或多个输出**。用于反映对输入数据加工后的结果。没有输出的算法没有任何意义。

2.1.2 程序

按照计算机语言所提供的指令能否被计算机直接执行,可将其分为机器语言、汇编语言和高级语言。其实,正像人与人之间的交流是从手势逐渐进化到语言,人们与计算机之间的交流也是从简单的机械开关开始逐渐发展到程序设计语言(Programming Language)——计算机语言。按照计算机语言的发展过程,最初为面向机器的语言,再到面向结构过程的语言，以及到今天的面向对象的语言。

其中，结构化程序设计(Structured Programming)是进行以模块功能和处理过程设计为主的详细设计的基本原则。C语言、Pascal语言等属于结构化语言的代表。具体结构化程序的设计方法将在2.1.3节讲解。

面向对象语言(Object-Oriented Language)是一类以对象作为基本程序结构单位的程序设计语言，指用于描述的设计是以对象为核心，而对象是程序运行时刻的基本成分。语言中提供了类、继承等成分。

2.1.3 常用开发语言简介

TIOBE编程语言社区排行榜2014年5月公布的开发语言排行榜前十依次是C、Java、Objective-C、C++、Visual Basic、C#、PHP、Python、JavaScript和Perl，排名第一的C语言在第1章已经介绍了，本节分别对其他语言进行简要介绍。

1. Java

Java是一种可以撰写跨平台应用软件的面向对象的程序设计语言，是由Sun Microsystems公司于1995年5月推出的Java程序设计语言和Java平台(即JavaEE、JavaME、JavaSE)的总称。Java自面世后就非常流行，发展迅速，对C++语言形成了有力冲击。Java技术具有卓越的通用性、高效性、平台移植性和安全性，广泛应用于PC、数据中心、游戏控制台、科学超级计算机、移动电话和互联网，同时拥有全球最大的开发者专业社群。在全球云计算和移动互联网的产业环境下，Java更具备了显著优势和广阔前景。

2. Objective-C

通常写作ObjC，它是扩充C的面向对象编程语言。ObjC主要用于Mac OS X和GNUstep这两个使用OpenStep标准的系统。GCC含ObjC的编译器，因此ObjC可以在GCC运行的系统中编写和编译。ObjC的一个主要特性是其非常注重实际。它是一个用C写成、很小的运行库，和大部分面向对象系统使用极大的虚拟机的执行时间取代整个系统的运作相反，ObjC写成的程序通常不会比其原始码大很多。

3. C++

C++是在C语言的基础上开发的一种集面向对象编程、泛型编程和过程化编程于一体的编程语言。C++这个名字是Rick Mascitti于1983年中所建议的，并于1983年12月首次使用。实际上，C语言是C++的基础，C++和C语言在很多方面是兼容的。但是C语言是一个结构化语言，它的重点在于算法与数据结构。C程序的设计首要考虑的是如何通过一个过程，对输入(或环境条件)进行运算处理得到输出(或实现过程控制)。C++语言首要考虑的是如何构造一个对象模型，让这个模型能够契合与之对应的问题域，这样就可以通过获取对象的状态信息得到输出或实现过程(事物)控制。所以C语言和C++的最大区别在于它们解决问题的思想方法不一样。

4. Visual Basic

Visual Basic(常常简写为VB)是一种由微软公司开发的包含协助开发环境的事件驱动编程语言。它源自于BASIC编程语言。VB拥有图形用户界面(GUI)和快速应用程序开发(RAD)系统,可以轻易地连接数据库,或者轻松地创建ActiveX控件。程序员可以轻松地使用VB提供的组件快速建立一个应用程序。

5. C#

C#是微软公司发布的一种面向对象的、运行于.NET Framework之上的高级程序设计语言。C#看起来与Java有着惊人的相似;它包括了诸如单一继承、接口、与Java几乎同样的语法和编译成中间代码再运行的过程。但是C#与Java有着明显的不同,它借鉴了Delphi的一个特点,与COM(组件对象模型)是直接集成的,而且它是微软公司.NET Windows网络框架的主角。C#是一种安全的、稳定的、简单的、优雅的,由C和C++衍生出来的面向对象的编程语言。它在继承C和C++强大功能的同时去掉了一些它们的复杂特性(例如没有宏以及不允许多重继承)。C#综合了VB简单的可视化操作和C++的高运行效率,以其强大的操作能力、优雅的语法风格、创新的语言特性和便捷的面向组件编程的支持成为.NET开发的首选语言。

6. PHP

PHP为Hypertext Preprocessor的缩写,中文名为"超文本预处理器",是一种通用开源脚本语言。语法吸收了C语言、Java和Perl的特点,入门门槛较低,易于学习,使用广泛,主要适用于Web开发领域。PHP的文件后缀为.php。它可以快速地执行动态网页。用PHP做出的动态页面与其他编程语言相比,执行效率较高,比完全生成HTML标记的公共网关接口(Common Gateway Interface,CGI)要高许多。

7. Python

Python是一种面向对象、解释型计算机程序设计语言,由Guido van Rossum于1989年底发明。Python语法简洁而清晰,具有丰富和强大的类库。它常被昵称为胶水语言,它能够很轻松地把用其他语言制作的各种模块(尤其是C/C++)轻松地连接在一起。常见的一种应用情形是,使用Python快速生成程序的原型(有时甚至是程序的最终界面),然后对其中有特别要求的部分,用更合适的语言改写,比如3D游戏中的图形渲染模块,性能要求特别高,就可以用C++重写。

8. JavaScript

JavaScript是一种由Netscape公司的LiveScript发展而来的客户端脚本语言,为客户提供更流畅的浏览效果。如今越来越广泛地使用于Internet网页制作上。在HTML基础上,使用JavaScript可以开发交互式Web网页。JavaScript短小精悍,又是在客户机上执行,极大地提高了网页的浏览速度和交互能力。现在JavaScript已经是每一个主流

Web 浏览器都具备的重要特性，随着 AJAX(Asynchronous JavaScript and XML)技术的兴起，JavaScript 成了网站开发者的必学内容。

9. Perl

Perl 最初的设计者为拉里・沃尔(Larry Wall)。Perl 包括了很多其他程序语言的特性，其内部集成了正则表达式的功能以及巨大的第三方代码库 CPAN(Comprehensive Perl Archive Network，Perl 综合典藏网)，被称为“一种拥有各种语言功能的梦幻脚本语言”、“UNIX 中的王牌工具”。从最初被当作一种跨平台环境中书写可移植工具的高级语言开始，Perl 被广泛地认为是一种工业级的强大工具。

2.2 结构化程序设计方法简介

结构化程序设计的概念最早由 E. W. Dijikstra 在 1965 年提出，是软件发展的一个重要里程碑。它的主要观点是采用自顶向下、逐步求精及模块化的程序设计方法；使用 3 种基本控制结构构造程序，即任何程序都可由顺序、选择、循环 3 种基本控制结构构造。

结构化程序设计中的结构可以方便地通过图形、表格和语言进行详细描述。其中的图形描述方法主要有程序流程图、N-S 图、PAD 图，表格主要用判定表，语言的方法主要有过程设计语言(PDL)。结构化程序设计方法的要点如下。

(1) 主张使用顺序、选择、循环 3 种基本结构来嵌套连接成具有复杂层次的“结构化程序”，严格控制 GOTO 语句的使用。用这样的方法编出的程序在结构上具有以下效果。

① 以控制结构为单位，每个模块只有一个入口和一个出口。

② 能够以控制结构为单位，从上到下顺序地阅读程序文本。

③ 由于程序的静态描述与执行时的控制流程容易对应，所以能够方便正确地理解程序的动作。

(2) “自顶而下，逐步求精”的设计思想，其出发点是从问题的总体目标开始，抽象低层的细节，先专心构造高层的结构，然后再一层一层地分解和细化。这使设计者能把握主题，高屋建瓴，避免一开始就陷入复杂的细节中，使复杂的设计过程变得简单明了。

(3) “独立功能，单出口和单入口”的模块结构，减少模块的相互联系使模块可作为插件或积木使用，降低程序的复杂性，提高可靠性。编写程序时，所有模块的功能通过相应的子程序(函数或过程)的代码来实现。

结构化程序设计的 3 种基本结构具体是指顺序结构、选择结构、循环结构。

2.3 结构化程序的描述

编写程序的目的是借助某种算法解决特定的问题，而编写程序的过程必须按照算法的描述进行，因此这里的描述既是算法的描述，也是结构化程序的结构描述。其最常用的方法有伪代码(Pseudocode)和流程图。

伪代码介于自然语言与编程语言之间。是一种近似于高级程序语言但是又不受语法约束的描述方式,相比高级程序语言它更类似自然语言。可以帮助程序编写者制定算法的智能化语言,它不能在计算机上运行,但是使用起来比较灵活,无固定格式和规范,只要写出来自己或别人能看懂即可,由于它与计算机语言比较接近,因此易于转换为计算机程序。

【例2-1】 输入3个数,输出其中最大的数。可用如下的伪代码表示:

```
1.算法开始
2.      输入三个数 A、B、C
3.      如果 A 大于 B 则记录最大数 Max 值为 A
4.      否则记录最大数 Max 值为 B
5.      如果 C 大于 Max 则记录最大数 Max 值为 C
6.      输出 Max
7.算法结束
```

简单的程序可以方便地采用伪代码描述,一般可以作为程序思路的描述,但是复杂的算法(程序),由于伪代码相对比较随意,对算法的描述其实是不严谨的,容易出现推理漏洞。而且,伪代码描述过程因人而异,对问题的描述往往不够直观。

千言万语不如一张图,因此使用图形表示算法的思路是一种极好的方法,通常采用流程图描述算法。一般的流程图由如图2-1中所示的几种基本图形组成。

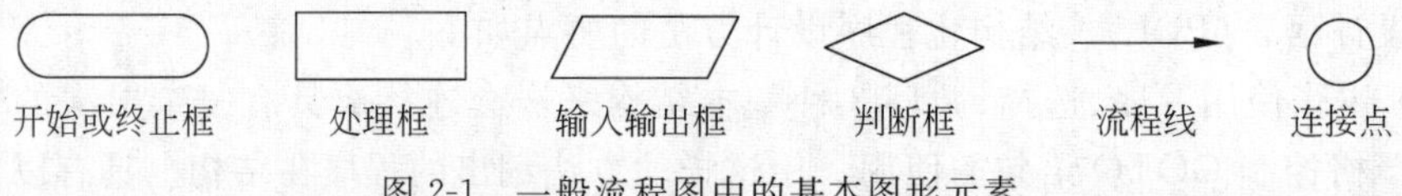

图2-1 一般流程图中的基本图形元素

通过基本图形中的框和流程线组成的流程图来表示算法,形象直观,简单方便。但是,这种流程图对于流程线的走向没有任何限制,可以任意转向,在描述复杂的算法时所占篇幅较多。随着结构化程序设计方法的发展,1973年美国学者 I. Nassi 和 B. Shneiderman 提出了一种新的流程图形式。这种方法完全去掉了流程线,算法的每一步都用一个矩形框来描述,把一个个矩形框按执行的次序连接起来就是一个完整的算法描述。这种流程图用两位学者名字的第一个英文字母命名,称为N-S流程图(也称为盒图)。它强制设计人员按结构化程序方法进行思考并描述设计方案,因为除了表示几种标准结构的符号之处,它不再提供其他描述手段,这就有效地保证了设计的质量,从而也保证了程序的质量。但考虑本书中的例题比较简单,因此大都采用了一般流程图进行描述,但期望读者能够画出相应的N-S流程图。

结构化程序设计中3种基本结构(即顺序结构、选择结构和循环结构)的图形描述如下。

1. 顺序结构

顺序结构是指程序的执行按语句的先后顺序逐条执行,没有分支,没有转移,其对应的流程图如图2-2所示,其中图2-2(a)为一般流程图,图2-2(b)为N-S流程图。

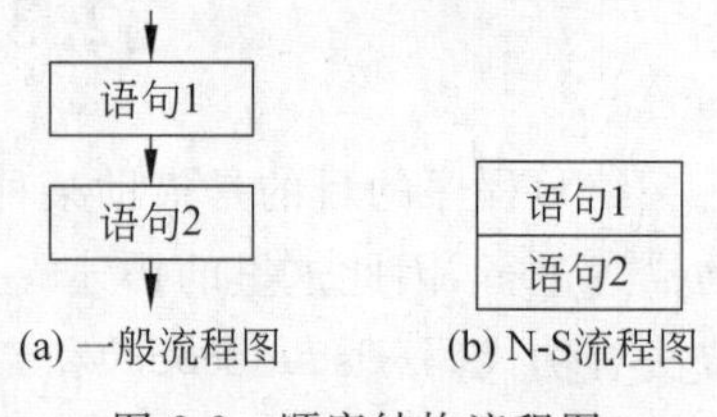

图2-2 顺序结构流程图

2. 选择结构

选择结构表示程序的处理步骤出现了分支，它需要根据某一特定的条件选择其中的一个分支执行。选择结构有单选择、双选择和多选择 3 种形式(见第 5 章)。选择结构的流程图如图 2-3 所示，其中图 2-3(a)为一般流程图，图 2-3(b)为 N-S 流程图。

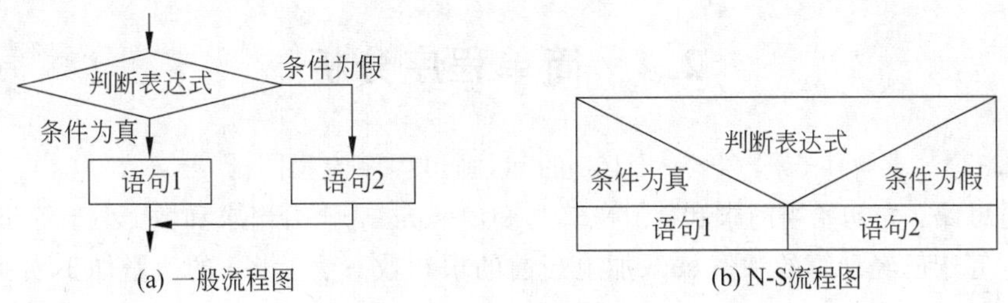

图 2-3　选择结构流程图

3. 循环结构

循环结构表示程序反复执行某个或某些操作，直到某条件为假(或为真)时才可终止循环。在循环结构中最主要的是什么情况下执行循环，哪些操作需要循环执行。循环结构的基本形式有两种：当型循环和直到型循环。循环结构的流程图如图 2-4 和图 2-5 所示。图 2-4 为当型循环流程图，图 2-5 为直到型循环流程图。

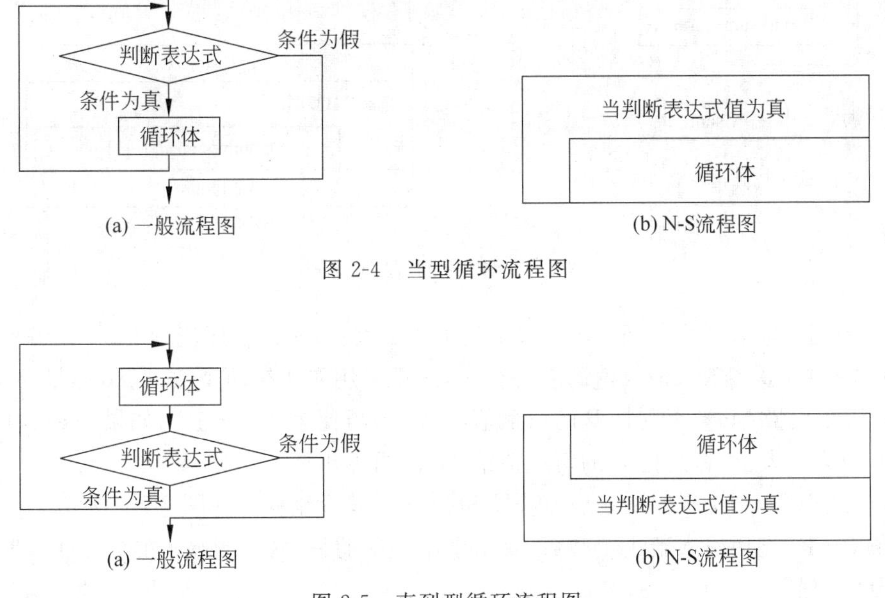

图 2-4　当型循环流程图

图 2-5　直到型循环流程图

当型循环：表示先判断条件，当满足给定的条件时执行循环体，并且在循环终端处流程自动返回到循环入口；如果条件为真，则退出循环体直接到达流程出口处。因为是“当条件满足时执行循环”，即先判断后执行，所以称为当型循环。

直到型循环：表示从结构入口处直接执行循环体，在循环终端处判断条件，如果条件为真，返回入口处继续执行循环体，直到条件为假时再退出循环到达流程出口处，是先执行后判断。因为是“直到条件为假时为止”，所以称为直到型循环。

已经证明，通过3种基本结构组成的算法可以解决任何复杂的问题。由3种基本结构所构成的算法称为结构化算法；由3种基本结构所构成的程序称为结构化程序。

2.4 简单程序分析

【例2-2】 求解1+2+3+…+100的和，画出程序流程图。

解题思路：先初始当前求和数i等于1，和值sum等于0；当求和数i小于等于100时，和值sum等于已经计算的和值sum加上当前的求和数i；然后将i的值增加1，如此不断循环，直到i大于100。这样，最后sum的值就是1+2+3+…+100的和，最后输出sum。

根据此思路，画出程序的一般流程图和相应的N-S流程图如图2-6所示。变量i用来控制循环，当i≤100时，执行循环体；在循环体内进行求和及变量i值的增加。

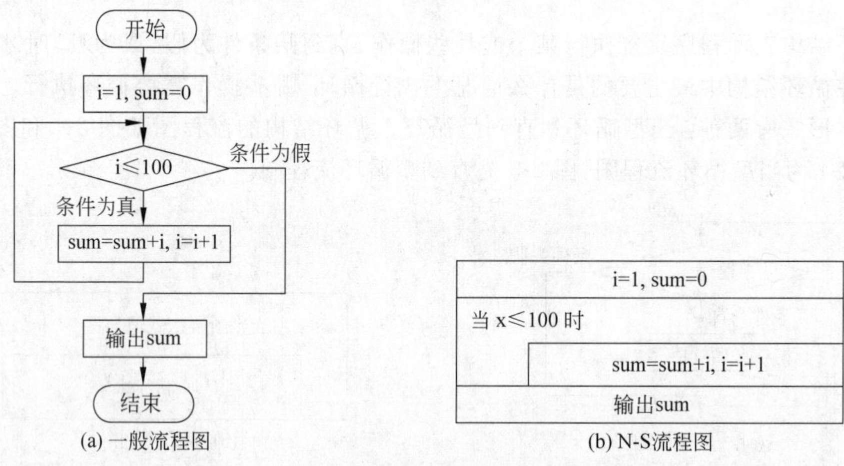

(a) 一般流程图
(b) N-S流程图

图2-6 例2-2的程序流程图

【例2-3】 输入3个数A、B、C，求出其中的最大值，画出程序流程图。

解题思路：3个数求最大值的方法很多，这里采用先比较两个数A、B，如果A>B，则将A赋值给变量Max，否则把B的值赋值给Max；再比较Max与C，如果Max>C，则输出Max即为最大值，否则把C的值赋值给Max，再输出最大值Max。

根据此思路，画出程序的一般流程图和相应的N-S流程图如图2-7所示。

【例2-4】 先后输入若干个整数，要求求出其中的最大数，当输入的数小于0时结束，画出程序流程图。

解题思路：先输入一个数，在没有其他数参加比较之前，它显然是当前最大数，把它放到变量max中。让max初始存放当前已比较过的数中的最大值。然后输入第二个数，并与max比较，如果第二个数大于max，则用第二个数取代max中原来的值。如此重复输入并比较，每次比较后都将最大值存在max中，直到输入的数小于0时结束。这样，最

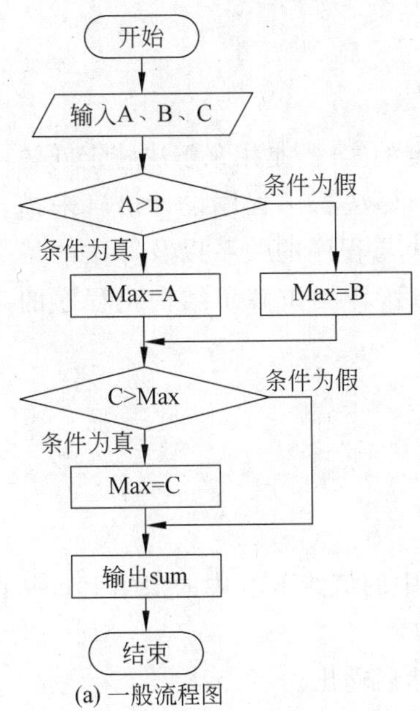

(a) 一般流程图

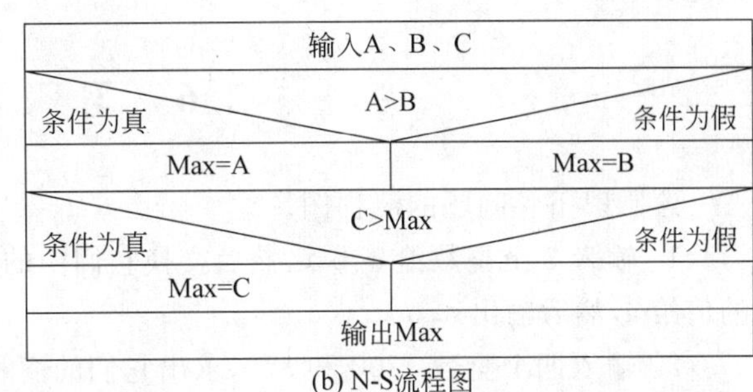

(b) N-S流程图

图 2-7　例 2-3 的程序流程图

终 max 中的值就是所有输入数中的最大值。

根据此思路，画出程序的一般流程图和相应的 N-S 流程图，如图 2-8 所示。变量 x 用来控制循环的次数，当 x>0 时，执行循环体；在循环体内进行两个数的比较和输入 x 值。

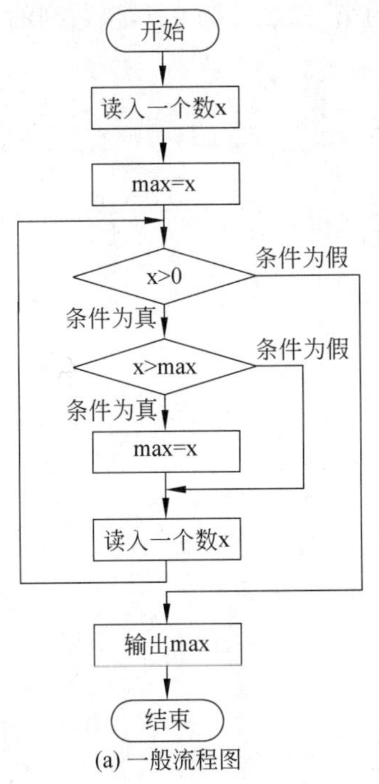

(a) 一般流程图

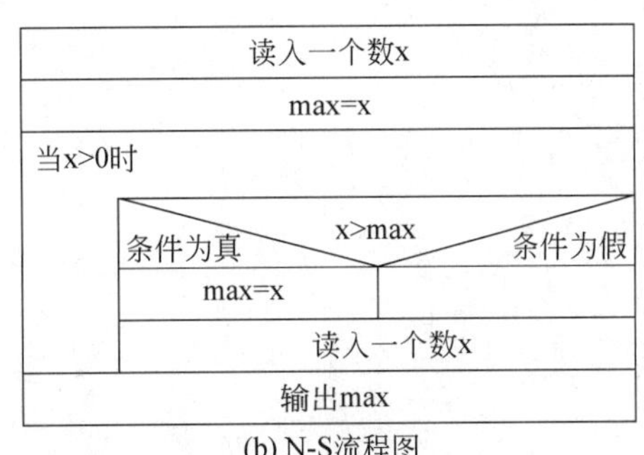

(b) N-S流程图

图 2-8　例 2-4 的程序流程图

2.5 本章小结

算法是解决问题的步骤;程序则是算法在计算机上特定的实现,是用来解决特定问题的。本课程就是研究用C语言如何实现各种算法,即一个算法若用程序设计语言来描述,则它就是一个程序。本章介绍了算法的发展历程、算法与程序的关系以及算法的特点;介绍了常用的开发语言以及结构化程序设计方法;最后,详细讲解了结构化程序的描述。

2.6 习　　题

绘制以下各问题的流程图。

1. 输入3个整数给a、b、c,然后交换它们中的数,把a中的值给b,b中的值给c,c中的值给a,然后输出a、b、c。
2. 输入两个整数1200和370,求出它们的商和余数,然后输出。
3. 输入一个实数1.245678,将该数进行四舍五入运算后,保留两位小数,输出1.25。
4. 输入一个整数,判断它是奇数还是偶数,并输出结果。
5. 输入3个整数到a、b、c中,输出其中的最大值。
6. 输出公元2000年至公元3000年之间所有的闰年,每输出10个年号换一行。
7. 输入10个学生的分数,统计并输出最高分和最低分。
8. 编程求斐波那契数列的前20项,已知该数列的第一、二项为0、1,该数列的前几项为0,1,1,2,3,5,8,13,21,34,…

第3章 C语言预备知识

通过第1章和第2章的学习，我们已经了解了简单C语言程序并掌握了C语言程序设计的相关概念和知识。本章学习C语言的标识符、基本数据类型、常量、变量、运算符和表达式，这些基础知识在每个程序中都需要用到。

程序的功能一般是指其处理数据的能力，所以一个程序包括以下两个方面内容。

(1) 对数据的描述。在程序中要指定处理数据的类型和存储形式，即数据结构。

(2) 对操作的描述。即操作步骤，也就是算法。数据是操作的对象，操作的目的是对数据进行加工处理，以得到期望的结果。

程序设计时，必须认真考虑和设计数据结构和操作步骤(即算法)。

3.1 C语言的标识符

C语言的字符集包括大、小写英文字母(A～Z和a～z)、数字(0～9)和其他符号(+ - * /=, . _)、(& ^ % $ # @ !～< > ?'; : " [ ] { } - \ 空格)。C语言使用字符集中的字符来构造具有特殊意义的符号，如常量、变量名、函数名、关键字、运算符、标识符和分隔符等。

C语言标识符的命名规则是：标识符必须由字母、数字、下划线组成，并且第一个字符必须是字母或者下划线。在C语言程序设计中，凡是要求标识符的地方都必须按此规则命名。

以下是合法的标识符：Eare　eare　PI　a_array　_zh　w345

以下是非法的标识符：3a　#abc　a<b　!s　3_a

C语言的标识符可分为以下三类。

1. 关键字

C语言已经预先规定了一批标识符，它们在程序中都代表着固定的含义，不能另作他用，这些标识符称为关键字。ANSI(美国国家标准协会)C规定有37个关键字，如表3-1所示。

2. 预定义标识符

预定义标识符是指在C语言中预先定义并具有特定含义的标识符，如C语言提供的库函数名(如printf)和编译预处理命令(如include)等。目前各种计算机系统的C语言都一致把这类标识符作为固定的库函数名或编译预处理中的专门命令使用,为了避免误解,建议用户不要把这些预定义标识符另作他用。

表 3-1 关键字

序号	关键字	举例
1	数据类型关键字(12个)	char、short、long、int、float、double、signed、unsigned、void、struct、union、enum
2	存储类型关键字(4个)	auto、extern、register、static
3	控制语句关键字(12个)	if、else、switch、case、default、do、while、for、continue、break、return、goto
4	其他关键字(4个)	const、sizeof、typedef、volatile
5	C99新增的5个关键字	inline(内联函数)、restrict(限制)、_Bool(布尔类型)、_Complex(复数)、_Imaginary(虚数)

3. 用户标识符

由用户根据需要定义的标识符称为用户标识符,又称为自定义标识符。用户标识符一般用来给变量、函数、数组等命名。程序中使用的用户标识符除要遵守标识符命名规则外,还应该注意做到"见名知义",即选择具有一定含义的英文单词,以增加程序的可读性。

定义用户标识符时应注意以下问题。

(1) 不能使用关键字作为用户标识符。

(2) 应注意易混字符的使用,如I和1、o和0等。

(3) 大小字母是不同的字符。

3.2 C语言的数据类型

前面已经讨论程序的主要功能就是处理数据,C语言能够处理哪些类型的数据?计算机是如何表示和存储数据呢?

3.2.1 数据类型

图3-1显示了C语言支持的数据类型,分为4个大类:基本类型、构造类型、指针类型和空类型。

3.2.2 数据类型的作用

通过数据类型的定义,决定了该类型数据的存储空间的大小和存储方式,进而决定了该类数据的取值范围和精度;另外数据类型还决定了数据运算(操作)的规则,这一点在3.5节介绍运算符时会详细说明。

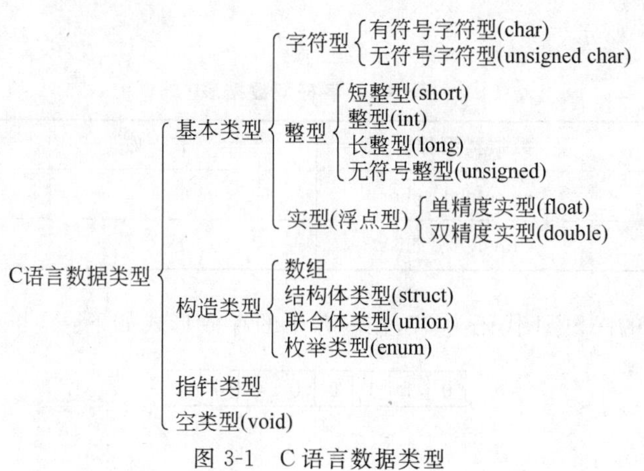

图 3-1　C 语言数据类型

1. 数据存储举例

(1) unsigned short 类型数据占 2B,16 位全部存储数值,如:

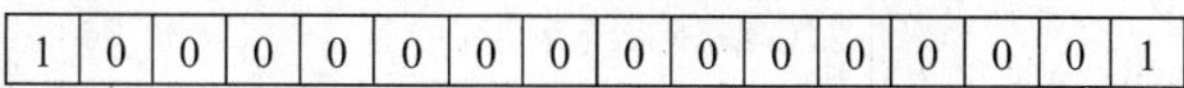

1	0	0	0	0	0	0	0	0	0	0	0	0	0	0	1

表示 $2^{15}+2^{0}=32\,769$。

【问题思考】 思考 unsigned short 类型的数据最小值、最大值各是多少?

(2) short 类型数据占 2B,最高位存储符号,0 表示正数,1 表示负数;其余 15 位存储数值,如:

0	1	0	0	0	0	0	0	0	0	0	0	0	0	0	1

表示 $2^{14}+2^{0}=16\,385$。

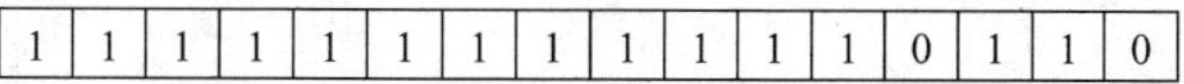

1	1	1	1	1	1	1	1	1	1	1	1	0	1	1	0

表示－10 的补码(数值是以补码表示的)。

【问题思考】 思考 short 类型的数据最小值、最大值各是多少?

(3) float 类型数据占 4B(32b)内存空间,按指数形式存储。实数 3.14159 在内存中的存放形式如下:

符号位	小数部分	指数
+	3.14159	1

① 最高位存储符号。

② 小数部分占的位数愈多,数的有效数字愈多,精度愈高。

③ 指数部分占的位数愈多,则能表示的数值范围愈大。

2. 数据的取值范围和精度

1) 字符型

字符数据是将该字符相应的 ASCII 代码放到存储单元中。不同字符型类型的数据取值范围如表3-2所示。

表3-2 字符型数据表

名 称	数据类型描述符	字节数	取值范围
有符号字符型	[signed] char	1	−128～+127
无符号字符型	unsigned char	1	0～255

例如,字符'a'的ASCII代码为97,在内存中的存放形式如下:

0	1	1	0	0	0	0	1

2) 整型

整型数据在取值范围内都是精确存储,不同整数类型的数据取值范围如表3-3所示。

表3-3 整型数据表

名 称		数据类型描述符	字节数	取值范围
有符号整数	基本型	[signed] int	2(C编译系统下) 4(Visual C++编译系统下)	−32 768～+32 767 −2 147 483 648～2 147 483 647
	短	[signed] short int	2	−32 768～+32 767
	长	[signed] long int	4	−2 147 483 648～2 147 483 647
无符号整数	基本型	unsigned unsigned int	2(C编译系统下) 4(Visual C++编译系统下)	0～65 535 0～4 294 967 295
	短	unsigned short	2	0～65 535
	长	unsigned long	4	0～4 294 967 295

3) 实型

实型数据由于小数的存储空间有限,不能精确存储,不同类型的数据取值范围和精度(有效数字)如表3-4所示。

表3-4 实型(浮点型)数据表

名 称	类型描述符	字节数	取值范围	有效数字(十进制的位)
单精度实型	float	4	$\pm(10^{-37}\sim10^{38})$	6～7位
双精度实型	double	8	$\pm(10^{-307}\sim10^{308})$	15～16位
长双精度	long double	16	$\pm(10^{-4931}\sim10^{4932})$	18～19位

注意:当数据超出范围时,称为"数据溢出",其他高级程序设计语言输出的结果以*代表,提示程序设计人员改写程序中的数据类型。C语言的输出方式,不容易发现这类错误,因为它输出方式是忽略超过存储空间的进位的数据结果,例如:执行printf("%d",2147483647+1);,输出为−2147483648。显然输出的结果与真实结果完全背离,因此在编程时一定要认真分析实际问题中数据可能的范围,并依此来选择数据类型。

3.3 常　量

数据有两种基本表示形式,在程序中以常量和变量出现。常量是在程序运行过程中不可改变的量,其类型根据其书写形式和范围决定。

3.3.1 整型常量

整型常量由数字构成,如果将整型常量加上后缀 L 或 l 表示长整型常量,加上后缀 U 或 u 表示无符号整型常量。C 语言的整型常量有八进制、十六进制和十进制 3 种,如表 3-5 所示。

表 3-5　整型常量的分类

分　类	构 成 方 式	合法形式举例
十进制整数	基本数字 0～9	110　456　139L　32769U　233445(为长整型)
八进制整数	以数字 0 打头,基本数字 0～7	037　010L　－026　0776
十六进制整数	数字 0 和字母 X(大小写均可)打头,即 0X 或 0x;基本数字 0～9,而 10 至 15 记为 A 至 F	0X331　0X0　0x3AC0　－0xaf

注意:C 语言的整型常量没有二进制形式。

3.3.2 实型常量

实型常量也称为实数或浮点数。在 C 语言中规定,实数只采用十进制,实型常量不分单、双精度,都按双精度 double 型处理。

实型常量由数字、小数点和常量后缀(F 或 f 表示浮点数)构成。它有两种表示形式:十进制小数形式和指数形式。

1. 十进制小数形式

由数字 0～9 和小数点组成(后缀为 f 或 F 表示该数为浮点数),如 0.0、25.0、5.789、0.13、－456.789、234F、67f 等均为合法的实数。特别地,123.0 可以表示为 123.、0.123 可以表示为.123。

2. 指数形式

由尾数(a)＋字母 e 或 E＋阶码(n)组成。C 语言表达式为 a E n,数学含义为 $a\times 10^n$。其中,尾数 a 为十进制数;e 或 E 为指数标志,其两侧必须要有数;n 为阶码,只能为十进制整数,可以带符号。

以下是合法的指数形式表示的实型常量:2.1E5(表示 2.1×10^5),3.7e－2(表示 3.7×10^{-2})。

初学者关于实型常量的"指数表示形式"的常见错误如下所示。

错误1：字母e或E的两侧有一侧没有数字。

如E7、3.5e，前者无尾数错误，后者无阶码错误。

错误2：e或E的右侧写成小数。

如5e3.4，其中字母e或E的右侧是阶码，阶码必须是整数。

注意：数学意义上的常量在程序设计语言中不一定是常量，如1/2、π、e(自然数)等。特别是23%，在程序设计语言中既不是常量，也不是后面将介绍的表达式。

3.3.3 字符常量

字符常量是用单引号括起来的一个字符。包括一般字符和转义字符两种。

1. 一般字符

一般字符常量可以是键盘上的任意一个可显示字符，程序中字符常量写在一对单引号内(单引号称为定界符)。

例如，'*'、'A'、'7'、'&'等。

2. 转义字符

转义字符包括不可显示字符和在C语言中具有特殊意义的字符。

转义字符包括反斜线、被转义的字符和一对单引号。例如，'\n'将n转义为不可显示的回车换行字符。转义字符也是一个单字符。常用转义字符如表3-6所示。

表3-6 转义字符表

符号序列	名　称	符号序列	名　称
\n	回车换行	\'	单引号
\t	水平制表	\"	双引号
\b	退格	\\	反斜线
\r	回车不换行	\ddd	八进制ASCII码值(0～377)
\f	换页	\xdd	十六进制ASCII码值(0～FF)
\0	字符串结束标志		

3. 字符的存储

程序中字符常量写在一对单引号内(单引号称为定界符)，定界符不存储，只存储字符对应的ASCII码值，每个字符占1B。例如，字符'0'的ASCII码是48，字符'A'的ASCII码是65，字符'a'的ASCII码是97，存储它们都占1B。

注意：

(1) 大小写对应字母的 ASCII 码值相差 32。如需将大写字母转为小写字母就加 32；反之，将小写字母转大写字母就减 32。

(2) 注意区别'0'和 0，前者是数字字符，相当于 48；后者是数字零。

4. 字符的操作

在内存中字符数据以 ASCII 码存储，它的存储形式与整数的存储形式类似。这样使字符型数据和整型数据之间可以通用。一个字符数据既可以以字符形式输出，也可以以整数形式输出。

假设有定义：

```
char x='A';
```

执行语句“printf("%d, %d", x, x+3);”的输出结果为“65,68”(其中%d 表示按十进制整型输出)。

执行语句“printf("%c, %c", x, x+3);”的输出结果为“A,D”(其中%c 表示按字符型输出)。

又如，执行语句“printf("%d, %c", '0', '0');”的输出结果为“48,0”。

3.3.4　字符串常量

字符串常量是一个字符序列，且被括在双引号中(双引号称为定界符)。字符串常量可以包含零个或多个一般字符，也可以包括任意转义字符。其中若出现双引号、反斜线或回车换行符等必须用其转义字符(\"、\\、\n)表示。

例如，"123 C program"、"11.11%"、"123\nabc"等都是合法的字符串常量。

特别地，定界符中没有字符时，""称为空串。

字符串常量是由若干字符常量组成的，一个字符常量占 1B 的内存空间。字符串的长度不定，用转义字符'\0'作为字符串的结束标志。对于字符串何时结束，系统以出现的第一个'\0'为界。有关字符串的详细内容见第 11 章。

有两个概念，请读者区分：①字符串的长度；②字符串在内存中所占的字节数。前者只统计第一个'\0'之前的有效字符个数；后者还要包含'\0'占用的 1B。

例如，"a" 字符串长度为 1，它在内存中占 2B。

"\"a\""字符串长度为 3，它在内存中占 4B。

"ba\n\0cde" 字符串长度为 3，在内存中占 4B。

3.3.5　符号常量

符号常量是用编译预处理命令 #define 定义一个标识符，来表示一个数据。定义符号常量的格式如下：

```
#define 标识符 常量数据
```

以#开头的命令行称为编译预处理命令,它不是语句,命令行末尾不能加分号。标识符通常用大写字母,以区别变量,变量名通常用小写。例如:

```
#define  PAI  3.1415926
```

在程序预处理时,凡是出现标识符 PAI,都是用数据 3.1415926 来替换。

3.4 变　　量

1. 变量和变量名

表面上理解"变量"就是可以改变的量。实质上变量就是数据的存储空间。之所以变量能改变,是因为变量存储空间里的数据是可以更改的。

变量的存储空间开辟在内存中的,无须清楚它具体的物理地址,只要知道变量的逻辑名称——变量名就可以使用它了。变量名是对数据存储空间的一个抽象名称,一方面代表存储空间(其地址表示方式:& 变量名,& 是 C 语言的取地址符);另一方面又代表其中存储的数据(表示方式:变量名本身),因此通过变量名就可以对它空间中的内容进行改变或引用。

2. 变量定义

变量需先定义后使用。所谓变量定义就是说明变量类型,其功能是为说明的每一个变量按类型开辟存储空间(编译系统在对程序进行"编译时",根据变量定义的类型为其分配逻辑空间,运行时分配物理的内存空间),从而决定其存储数据的范围精度和参与运算的种类等。

变量定义的格式如下:

```
类型标识符 变量名 1 [,变量名 2,变量名 3,…];
```

其中,类型标识符是 C 语言允许使用的有效数据类型,如 char、int、float、double 等。

例如有定义:

```
char a; int b; double c;
```

即表示定义了 3 个变量,其中变量 a 是字符型,占 1B,用于存放字符。变量 b 是整型,占 4B,用于存放整数。变量 c 是双精度实型,占 8B,用于存放实数。

注意:变量类型的选择是根据其所存储数据的逻辑意义决定的。例如,工资一般是实型数据又不会太大,相关变量应该定义为 float 型;年龄、身高等数据一般为整型且不会很大,相关变量应该定义为 int 型。当有些整型数据或其运行结果较大时,可以考虑定义为双精度型，例如求“15!”，其值已经超过了 int 型或 long 型能够表示的范围，保存其结果的变量应定义为 double 型。

3. 变量赋值

定义变量后，系统为变量分配了一定大小的存储空间，但是存储空间里的初值是随机数，使用随机数进行程序设计是毫无意义的，因此变量使用之前应为之赋初值。

例如有以下语句：

```
int a=10,b;
printf("a=%d,b=%d\n",a,b);
```

该程序段中变量 b 未赋初值，因此执行结果是“a=10, b=随机数”。

为变量赋初值的方法通常有 3 种。

(1) 初始化方法：

```
int a=10;
```

(2) 赋值语句的方法：

```
int a; a=10;
```

注意：这里使用的符号“=”称为赋值运算符，而非等于号。

(3) 通过键盘输入函数 scanf()为变量赋值，详见 4.4 节。

注意：

(1) 一个变量仅有一个存储空间，如果变量被多次赋值，则后面赋的值会覆盖前面的值。

例如有以下语句：

```
int a; a=8; a=9; a=a+8;
```

该程序段执行后，变量 a 的最终值是 17，在此过程中，变量 a 被赋值 3 次，后一次赋的值将覆盖前一次赋的值，变量的存储空间里仅能保存一个值。

(2) 注意比较以下写法：

```
int a=10,b=10;          //合法,定义了两个变量,并分别为其初始化值为 10
int a,b; a=b=10;        //合法,先定义了两个变量,然后为它们都赋值 10
int a=b=10;             //非法
```

4. 常变量

C 语言还可以定义一种常变量，即程序中不可改变其值的变量。其定义的格式如下：

```
const 变量类型标识符  变量名 1 [, 变量名 2, 变量名 3, …];
```

由于程序中不能改变常变量的值,所以一般常变量都是要赋初值的。例如:

```
const float pi=3.1415926 ,r=1.234;
```

5. 变量的作用

初学者往往不明白什么时候用常量表示数据,什么时候用变量存储数据。举几个简单的例子说明。

下面的程序是求半径为1.234567cm的圆周长和面积。若不用变量,程序如下。

程序1:

```
#include <stdio.h>
int main()
{
    printf("L=%f ",2 * 3.1415926 * 1.23);
    printf("s=%f",3.1415926 * 1.234567 * 1.23);
    return 0;
}
```

程序1不但书写麻烦,易出错,读起来也不好懂。使用变量后,再看程序2。

程序2:

```
#include <stdio.h>
int main()
{
    float pi=3.1415926,r=1.23;
    printf("L=%f",2 * pi * r);
    printf("s=%f",pi * r * r);
    return 0;
}
```

像数学上的代数一样,引入变量后程序简洁明了,克服了程序1的缺点。

再来看程序3的改进。

程序3:

```
#include <stdio.h>
#define PAI 3.1415926
int main()
{
    float r=1.23,l,s;
    l=2 * PAI * r;              //求圆周长
```

```
 7.     s=PAI * r * r;          //求圆面积
 8.     printf("l=%f",l);
 9.     printf("s=%f",s);
10.     return 0;
11. }
```

以上程序第2行将值3.1415926定义为符号常量PAI，第5行定义了3个变量r、l、s，分别用于存储圆半径、圆周长、圆面积，以此增加了程序的可读性和通用性。

这个例子并不能概括变量的全部作用，但至少可以理解以下两点。

(1) 引入变量可以减少对常量的录入，不但提高了编写程序的效率，还可能减少录入错误。因为编译系统不可能发现常量的拼写错误，而变量拼写错误时系统会报错。

(2) 引入变量后程序的可读性增强了，由于很多变量名具有见名知义的特点，根据变量名就可判断语句的功能。

3.5　运算符和表达式

3.5.1　运算符和表达式简介

在K&R传统C语言的时代，C语言有44个运算符。C90增加了一个单目+运算符，且区分了后缀++、前缀++以及后缀--、前缀--运算符。C99又增加了一个复合字面值运算符，使运算符数量达到48个。C语言的运算符根据运算对象的数量分为单目运算符、双目运算符和三目运算符。

1. 运算符的优先级和结合性

运算符的优先级是指不同的运算符选择运算对象的先后次序，优先级高的运算符先选择运算对象。运算符优先级的意义在于表明表达式的含义，而求值的执行次序则是编译器的自选动作。只要不违反表达式的含义，编译器可以按照预先设定的规则安排求值次序，编译器也没有义务告诉大家它是按照什么次序求值的。

运算符的结合性是指相同优先级的运算符在同一个表达式中，且没有括号的时候，运算符和操作数的结合方式，通常有从左到右结合和从右到左结合两种方式。

运算符是利用它的优先级和结合性的方式选择运算对象，进而确定表达式的含义。完整的C语言运算符及其优先级和结合性如表3-7所示。

本章主要介绍表3-7中的算术运算符、赋值运算符、自增/自减运算符、求字节运算符、逗号运算符，其他运算符将在后续章节中陆续介绍。

2. 表达式及其含义

C语言的表达式指的是将一系列的运算对象用运算符联系在一起构成一个式子，该式子经过运算之后有一个确定的值。

表 3-7　C 语言运算符

优先级	运　算　符	含　　义	结合性	类　　别
16(最高)	[]	数组下标	从左到右	
	()	函数调用		
	.	成员选择运算		
	->	间接成员选择运算		
	(类型名){值列表}	(C99)复合字面值		
15	++　--	自增、自减	从右到左	单目运算符
	&	求地址运算		
	*	间接访问		
	+	求原值		
	-	求负值		
	~	求按位反值		
	!	逻辑非		
	sizeof	求长度		
14	(类型名)	转换值类型	从右到左	单目运算符
13	/　%　*	除、求余、乘	从左到右	双目运算符
12	+　-	加、减	从左到右	双目运算符
11	<<　>>	左移、右移	从左到右	双目运算符
10	<　<=　>　>=	小于、小于等于、大于、大于等于	从左到右	双目运算符
9	==　!=	等于、不等于	从左到右	双目运算符
8	&	按位与	从左到右	双目运算符
7	^	按位异或	从左到右	双目运算符
6	|	按位或	从左到右	双目运算符
5	&&	逻辑与	从左到右	双目运算符
4	||	逻辑或	从左到右	双目运算符
3	?:	条件运算	从右到左	三目运算符
2	=　+=　-=　*= /=　%=　<<= >>=　&=　^=　|=	赋值	从右到左	双目运算符
1(最低)	,	顺序求值	从左到右	双目运算符

从表 3-7 中可以看出，C 语言中大多数运算符都是双目运算符，双目运算符表达式的一般形式如下：

```
运算对象 1　双目运算符　运算对象 2
```

C 语言表达式的含义怎么理解呢？请看以下例子。

表达式 a=b+5，据表 3-7 可知，运算符=和+都是双目运算符，且+的优先级高于=，所以+号先挑选运算对象，该表达式可以看作 a=(b+5)，即将 b+5 的值赋给 a，则表达式的值为 a 的值。

表达式有多种类型，一般取决于最后一个被执行的运算符。以下是各种类型表达式的举例。

(1) 变量、常量表达式，如 a、sum、1、0.5、PI。

(2) 算术表达式，如 a+b、a/b-c+10。

(3) 赋值表达式，如 a=b、a*=b、a=b=10、a=(b=4)/(c=2)、i++。

(4) 逗号表达式，如(10, a*b), a+4。

(5) 关系表达式，如 x==y、x!=y。

(6) 逻辑表达式，如 10&&20、0 || 1、(a>=0)&&(a<=100)。

对于复杂表达式，为了减少理解上的歧义，可以通过添加圆括号界定运算符的优先级。例如，有表达式 x=(y=(a+b), z=10)，通过添加括号可以一目了然地看出表达式中各运算符的执行次序。

3. 表达式值的类型

1) 自动类型转换

对表达式值的类型，C 语言规定如下。

(1) 同类型数据运算结果类型不变，如整型与整型运算的结果一定是整型。

(2) C 语言支持不同类型数据的混合运算，运算结果类型由参与运算的数据决定。不同类型数据运算时，运算结果取高一级的数据类型，这个规则称为数据类型的自动转换，如图 3-2 所示。例如，表达式 3/2*2.22 的值为 2.22。

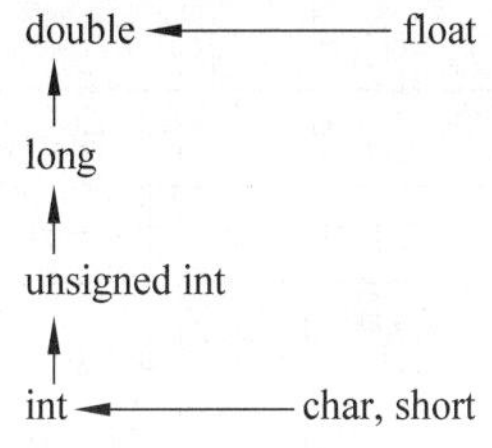

图 3-2　数据类型自动转换图

2) 强制类型转换

强制类型转换是指利用转换值类型运算符()，将运算对象的值进行类型转换，其使用格式如下：

```
(类型名)运算对象
```

或

```
(类型名)(运算对象)
```

如表达式(int)3.1415 会把 3.1415 转换成整数 3。

3.5.2 算术运算符和算术表达式

算术运算符有5个：+(加运算符)、-(减运算符)、*(乘运算符)、/(除运算符)、%(求余运算符)。

说明：

(1) C语言表达式中如果需要使用乘运算符*，不能省略。这一点与数学的规定不一样，初学者应注意。

(2) 除运算符的特点如下。

① 如果被除数和除数都是整数，则相除结果取整。例如，5/4值为1。

② 如果被除数和除数至少有一个是浮点数，则相除结果是浮点数。例如，5.0/4值为1.25。

(3) 求余运算符也称为取模运算符，其特点是求余运算符两侧的操作数必须是整数。例如，5%3值为2，但是如果写成5.0%3则属于语法错误。

(4) 除运算符和求余运算符配合使用，有一个重要的应用场合，可用于提取一个整数的各位数。

现举例提取一个三位数中百位数、十位数、个位数的方法。假设有定义：

```
int x=359;
```

提取百位数3的表达式为x/100。

提取十位数5的表达式为(x%100)/10或者(x/10)%10。

提取个位数9的表达式为x%10。

初学者关于"算术运算符"的常见错误如表3-8所示。

表3-8 算术运算符常见错误解析

问　题	错误的写法	错误解析	正确的写法
3倍x加上4倍y	3x+4y	C语言表达式中的乘运算符不能缺省	3*x+4*y
a与b的积除以c与d的和	a*b/c+d	乘、除运算符同级，高于加运算符	(a*b)/(c+d)或a*b/(c+d)
计算x的平方	x^2	^不是求次方运算符，而是一个位运算符	x*x或者pow(x,2)
计算半径为r的圆周长	2*π*r	不能有运算符或数据以外的符号，如π、β、ξ等	2*3.14*r
百分之45	45%或45/100	45%不是常量，也不是表达式，%是求余运算符，两侧需有运算对象；45/100的结果为0	0.45或者45/100.0

有关算术表达式的一些说明如下。

(1) 利用圆括号可改变运算的优先级，数学中是用()、[]、{}表示优先级的层次，而C语言的表达式中不论优先级有几个层次，均使用圆括号()。

(2) C语言支持不同类型数据的混合运算，但计算机在计算时会将低精度的类型转换为高精度后才运算。考虑到运行效率，应尽可能地减少这种转换。

例如，“float a，b=3；a=b/2；”就不如“float a，b=3.0；a=b/2.0；”效率高。

(3) 书写表达式时要考虑计算结果的精度，特别是在较大的实数之间进行运算时。当 a、b、c 都是较大的实数时，要计算算术表达式 a * b/c 的值，若先计算 a * b，则有可能会发生数据溢出或损失一些精度，但若将表达式写成 a/c * b，则可避免溢出或精度的损失。

3.5.3　赋值运算符和赋值表达式

赋值运算符见表 3-7，本章主要介绍简单赋值运算符和复合赋值运算符。

1. 简单赋值运算符

简单赋值运算符是=，其使用格式如下：

```
变量名=表达式
```

赋值运算符的功能是将右侧表达式的值赋值给左侧的变量，因此赋值运算符=并不是数学中的等于号。

初学者需要特别注意的是赋值运算符左侧只能是变量名。因为只有变量才拥有存储空间，可以把数值放进去。例如，表达式“a+b=c”或者表达式“a=b+c=10”都是非法的。

简单赋值表达式如“a=b=c”，由于=运算符的结合性是从右到左，该表达式可以理解为 a=(b=c)，表示先执行 b=c，即把 c 的值赋给 b；再把表达式 b=c 的值赋给 a。

2. 复合赋值运算符

复合赋值运算符有+=、-=、*=、/=、%=、&=、|=、^=、<<=、>>=。复合赋值运算符是两个运算符功能的组合，复合赋值表达式举例如下：

a += b　　　　等价于　a=a+b

a *= b+c　　　等价于　a=a * (b+c)

a += a *= b　　等价于　首先执行 a=a * b，再执行 a=(a * b)+(a * b)

3. 赋值运算中的类型转换

赋值操作运算过程中，如果赋值运算符两侧的数据类型不一致，在执行赋值运算时系统会自动进行类型转换。常用赋值类型转换如表 3-9 所示。

表 3-9　常用赋值类型转换

变量类型	赋值数据的类型	赋值处理
int	float	取整，舍去小数部分
浮点型	整型	小数位补足够的 0
int	unsigned char	高 8 位补 0，低 8 位为 ASCII 码

续表

变量类型	赋值数据的类型	赋值处理
int	signed char	若低8位最高位为0,高8位补0;若低8位最高位为1,高8位补1
int	long	舍去高16位
long	unsigned	高位补0
unsigned	同长度非unsigned	赋值不变(含符号位),输出补码
short	long	接收低16位中数据,舍弃(丢失)高16位中的数据

假如,语句"int x; x=8.67;"的结果是为x赋值8,在内存中以整数形式存储。

假如,语句"float y; y=29;"的结果是为y赋值29.0。

3.5.4 自增、自减运算符和表达式

自增运算符是++,自减运算符是--,它们的运算对象是变量。++号的作用是使变量值加1,--号的作用是使变量值减1。

如果++或--运算符放在变量前面,称为前缀运算,其使用格式如下:

```
++变量名  或者  --变量名
```

例如有定义"int x;",则表达式++x或者--x都属于前缀运算。前缀运算的特点是,变量x的值自增1或自减1,该表达式的值为x自增1或自减1之后的值。

如果++或--运算符放在变量后面,称为后缀运算,其使用格式如下:

```
变量名++  或者  变量名--
```

例如有定义"int x;",则表达式x++或者x--都属于后缀运算。后缀运算的特点是,变量x的值自增1或自减1,该表达式的值为x自增1或自减1之前的值。

前缀和后缀运算在使用时应注意以下问题。

(1) 如果表达式或语句中仅有++或--运算符,没有其他运算符,则前缀运算和后缀运算没有什么区别。

例如:++i; 等价于 i++; 等价于 i=i+1;
　　　--i; 等价于 i--; 等价于 i=i-1;

(2) 如果表达式或语句中除了++或--运算符,还有其他运算符,则前缀运算和后缀运算有很大区别。

例如:int x=10, y; y=++x; 则执行以上语句后,x为11,y为11
　　　int x=10, y; y=x++; 则执行以上语句后,x为11,y为10

为何会有如此结果呢?主要区别在于++x和x++表达式的值不同。++x是前缀运算,以x自增之后的值11作为该表达式的值,并将该值赋给y。而x++是后缀运算,以x自增之前的值10作为该表达式的值,并将该值赋给y,赋值之后x再自增1变

为 11。

(3) 无论是前缀运算还是后缀运算,变量的值都要发生改变,因此自增运算符和自减运算符具有赋值的功能。

(4) 对于自增运算符或自减运算符,请仔细区分“表达式的值”和“变量的值”这两个概念。请看表 3-10。假设有定义“int x=3;”。

表 3-10　比较表达式的值和变量的值

表达式	变量 x 的初值	表达式执行后变量 x 的值	表达式的值	表达式是否有赋值的功能
++x	3	4	4	有
x++	3	4	3	有
x += 1	3	4	4	有
x + 1	3	3	4	无

观察表 3-10,可以看出,表达式++x、x++、x+=1 都具有赋值的功能,即通过表达式的执行,变量 x 的值由 3 修改为 4;而表达式 x+1 没有赋值的功能,变量 x 的值在表达式执行前、后未发生改变。再观察表达式的值这一列,++x、x+=1、x+1 这 3 个表达式的值都是 4,而 x++表达式的值是 3。

3.5.5 求字节运算符 sizeof

求字节运算符是 sizeof,也称为求长度运算符,其功能是计算其运算对象在计算机内存中占用的字节数。sizeof 的运算对象可以是数据类型、变量、数组、指针等。其使用格式如下:

```
sizeof(运算对象)
```

注意:

(1) sizeof 是运算符,不是库函数。在实际使用中,初学者经常将 sizeof 与字符串长度函数 strlen()相混淆,关于这部分的介绍,读者可以参考 11.4.1 节。

(2) sizeof 运算符和其他运算符不同的是,其他运算符都是符号,而它是一个关键字。

假设有定义:

```
char a;  int b;  float c;  double d;
```

则 sizeof(char) 和 sizeof(a) 的值都为 1;sizeof(int) 和 sizeof(b) 的值都为 4;sizeof(float) 和 sizeof(c) 的值都为 4;sizeof(double) 和 sizeof(d) 的值都为 8。

3.5.6 逗号运算符和逗号表达式

逗号运算符是“,”,也称为顺序求值运算符。逗号运算符是优先级最低的运算符,结合性从左到右。由逗号运算符构成的表达式称为逗号表达式,逗号表达式的形式如下:

```
表达式 1, 表达式 2, …, 表达式 n
```

逗号表达式的执行过程是按顺序先计算表达式1的值,再计算表达式2的值,……,最后计算表达式n的值,而最后整个逗号表达式的值就是表达式n的值。

假设有定义:

```
int a=10, b=10, x, y;
```

如果执行语句"x=++a, a++, a+1;"后,x的值为11,a的值为12。此时先执行x=++a,然后执行a++,最后执行a+1。

如果执行语句"y=(++b, b++, b+1);"后,y的值为13,b的值为12。此时先执行++b,然后执行b++,再执行b+1得13,最后把13赋值给y。

3.6 本章小结

(1) 标识符的命名规则:标识符由字母、数字和下划线组成,并且第一个字符必须是字母或下划线。

(2) C语言中标识符分三类:关键字、预定义标识符和用户标识符。注意它们之间的差异。

(3) C语言的数据类型分别基本类型、构造类型、指针类型、空类型。其中基本类型又分为字符型、整型、实型(也称为浮点型)。

(4) 数据类型的作用:通过数据类型的定义,决定了该类型数据的存储空间的大小和存储方式,进而决定了该类数据的取值范围和精度;另外数据类型还决定了数据运算(操作)的规则。

(5) 在程序中其值不可改变的量是常量。C语言中的常量有整型常量、实型常量、字符常量、字符串常量、符号常量。其中整型常量有十进制、八进制、十六进制形式。实型常量有小数表示法和指数表示法。字符常量分为普通字符和转义字符。字符串常量必须以\0作为结束标志。符号常量用#define定义。

(6) 在程序中其值可改变的量是变量。变量在内存中占用一定大小的存储空间,由定义变量的数据类型决定其大小。变量必须先定义,再使用,且使用前应为其赋值才有意义。

(7) 运算符的优先级是指不同的运算符选择运算对象的先后次序,优先级高的运算符先选择运算,运算符优先级的意义在于表明表达式的含义,而求值的执行次序则是编译器的自选动作。

(8) 运算符的结合性是指相同优先级的运算符在同一个表达式中,且没有括号的时候,运算符和操作数的结合方式,通常有从左到右结合和从右到左结合两种方式。

(9) 算术运算符有+、-、*、/、%。其中*运算符不能缺省。/运算符的特点是两个整数相除,结果取整;如果被除数或除数有一个是实数,则结果也是实数。%运算符的特点是两侧的操作数必须都是整数。

(10) 赋值运算符分为简单赋值运算符=和复合赋值运算符+=、-=、*=、/=、%=等。赋值运算符的左侧必须是变量,其功能是将右侧表达式的值赋给左侧的变量。复合赋值运算符具有两个运算符的功能。赋值运算符的结合性都是自右向左。

(11) 自增运算符是++,自减运算符是--,它们的运算对象都是变量,其功能是让变量的值自增 1 或者自减 1。如果++或--运算符放在变量前面,称为前缀运算;如果++或--运算符放在变量后面,称为后缀运算。初学者应仔细区分前缀运算和后缀运算的区别。

(12) 求字节运算符 sizeof 是一个关键字。其功能是求某运算对象在内存中占用的字节数。

(13) 逗号运算符是",",它是优先级最低的运算符。

3.7 习　　题

3.7.1 选择题

1. C 语言中,合法的用户标识符是(　　)。

   A. _A10　　B. aB. txt　　C. return　　D. 3ab

2. 以下不合法的用户标识符是(　　)。

   A. j2_Key　　B. Main　　C. 4d　　D. _8_

3. 以下选项中可作为 C 语言合法常量的是(　　)。

   A. -80.　　B. -080　　C. -8e1.0　　D. -80.0e

4. 以下选项中,不能作为合法常量的是(　　)。

   A. 1.234e04　　B. 1.234e0.4　　C. 1.234e+4　　D. 1.234e0

5. 以下不合法的字符常量是(　　)。

   A. '\18'　　B. '\" '　　C. '\\'　　D. '\xcc'

6. 以下关于 long、int 和 short 类型数据占用内存大小的叙述中正确的是(　　)。

   A. 均占 4B

   B. 根据数据的大小来决定所占内存的字节数

   C. 由用户自己定义

   D. 由 C 语言编译系统决定

7. 以下选项中正确的定义语句是(　　)。

   A. double a; b;　　B. double a=b=7;

   C. double a=7, b=7;　　D. double ,a,b;

8. C 源程序中不能表示的数制是(　　)。

   A. 二进制　　B. 八进制　　C. 十进制　　D. 十六进制

9. 若函数中有定义语句"int k;",则(　　)。

   A. 系统将自动给 k 赋初值 0　　B. 这时 k 中值无定义

   C. 系统将自动给 k 赋初值-1　　D. 这时 k 中无任何值

10. C程序中,运算对象必须为整型数据的运算符是(   )。

A. ++   B. %   C. /   D. *

11. 执行以下语句后,变量x的值是(   )。

```
int a=10,b=20,c=30,x;
x=(a=50,b*a,c+a);
```

A. 40   B. 50   C. 600   D. 80

12. 表达式1/5+3%4+4.5/5的值是(   )。

A. 3.9   B. 3.900000   C. 1.100000   D. 1.85

13. 将数学表达式$\frac{ab}{c+df}$改写为C语言表达式,正确的是(   )。

A. ab/(c+df)   B. a*b/c+d*f

C. a*b/(c+d*f)   D. (a*b)/(c+d)*f

14. C语言中,"#define PRICE 2.56"将PRICE定义为(   )。

A. 符号常量   B. 字符常量   C. 实型常量   D. 变量

15. 执行以下语句后,变量n的值是(   )。

```
int m=10,n;
n=(--m*3/5);
```

A. 6   B. 5   C. 4   D. 7

16. 执行以下语句后,变量n的值是(   )。

```
int m=10,n;
n=(m--*3/5);
```

A. 6   B. 5   C. 4   D. 7

17. 执行以下语句后,变量a、b的值是(   )。

```
int a;
float b;
a=10/3; b=10%3;
```

A. 运行错误   B. 3,1.000000

C. 3,1   D. 3.333333,1.000000

18. 数字字符0的ASCII值为48,执行以下语句后,变量b、c的值是(   )。

```
char a='1',b='2'; int c;
b++;
c=b-a;
```

A. '2', 2   B. 50, 2   C. '3', 2   D. 2, 50

19. 执行以下语句后,变量a、b、c、d的值是(   )。

```
int m=12,n=34,a,b,c,d;
a=m++;  b=++n;  c=n++;  d=++m;
```

A. 12 35 35 14　　B. 12 35 35 13

C. 12 34 35 14　　D. 12 34 35 13

20. 表达式 3.6－5/2＋1.2＋5％2 的值是(　　)。

A. 4.3　　B. 4.8　　C. 3.3　　D. 3.8

21. 若变量均已正确定义并赋值,以下合法的 C 语言赋值语句是(　　)。

A. x＝y＝＝5;　　B. x＝n％2.5;

C. x＋n＝i;　　D. x＝5＝4＋1;

22. 设有定义:int x＝2;,以下表达式中,值不为 6 的是(　　)。

A. x＊＝x＋1　　B. x＋＋, 2＊x

C. x＊＝(1＋x)　　D. 2＊x, x＋＝2

23. 设有以下定义

```
int a=0;   double b=1.25;   char c='A';
#define  d  2
```

则下面语句中错误的是(　　)。

A. a＋＋;　　B. b＋＋;　　C. c＋＋;　　D. d＋＋;

3.7.2 填空题

1. 表达式 (double)(1/3＋.5＊3＋5％3) 的计算结果为________。

2. 表达式 (int)(1/3＋.5＊3＋5％3) 的计算结果为________。

3. 执行以下程序后,变量 a 的值是________。

```
int a,b;  a=a+b;
```

4. 若有定义“int x＝1,y＝1;”,则执行逗号表达式“y＝3,x＋＋,x＋5”后,该表达式的值是________,变量 x 的值是________,变量 y 的值是________。

5. 将数学表达式$\sqrt{\frac{x^2+y^2}{xy}}$改写为 C 语言表达式为________。

6. 若有语句“printf("％d", 3.5％5);”,则编译________。

7. 假设 a、b 为整型变量,则将数学表达式$\frac{1}{ab}$改写为 C 语言表达式是________。

8. 若有定义“int a＝13,b＝10;”,则执行语句“a％＝a－b;”后变量 a 的值为________。

9. 设 x、y、z 均为 int 型变量,请用 C 语言表达式描述下列命题。

① x 和 y 中有一个小于 z;

② x、y、z 中有两个为负数;

③ y 是奇数。

10. 077 的十进制数是__①__;0111 的十进制数是__②__;0x29 的十进制数是__③__;0xAB 的十进制数是__④__。

3.7.3 程序改错题

指出以下程序的错误。

1.

```
#include stdio.h;
mian();
    float r,s,
    r=5.0;
    s=3.14159 * r ^ 2;
    printf("s=%f,s");
```

2.

```
Main
{
    float a,b,c,v;
    a=2.0;b=0.0;c=4.0
    v=abc;
    print("v=%d\n",v);
}
```

第4章 顺序结构程序设计

通过前面几章的学习，相信读者已经掌握了C语言程序设计的一些预备知识，从本章起，将向读者逐步介绍程序设计的3种基本结构——顺序结构、选择结构、循环结构。掌握了这3种基本结构，便可以设计出解决任何复杂问题的程序。

本章首先介绍顺序结构程序设计，顺序结构是最简单的程序结构，只需按照解决问题的顺序写出相应语句，程序便按照语句书写的先后顺序、自上而下依次执行。

对于本章的学习，初学者应重点掌握printf( )、scanf( )函数的使用。

4.1 C语言的语句分类

C程序的执行部分是由语句组成的，程序的功能也是由执行语句实现的。在学习顺序结构、选择结构、循环结构之前，先来看看C语言的语句都有哪些分类。C语言的语句类别如图4-1所示。

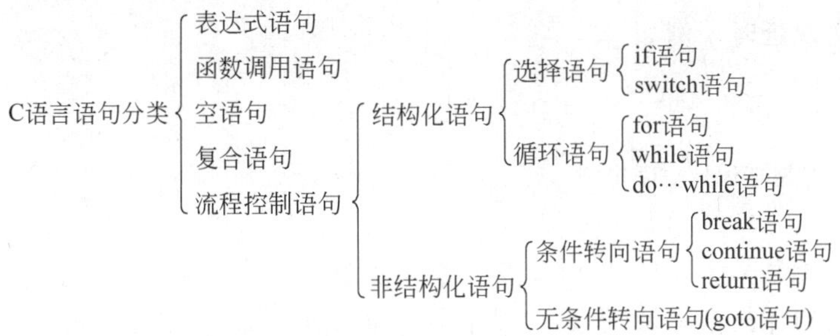

图4-1　C语言的语句分类

本章的内容是顺序结构，以上语句分类中，用于顺序结构程序设计的主要有表达式语句和函数调用语句，其他语句多用在选择结构和循环结构中。

4.1.1 表达式语句

表达式语句是指在表达式的后面加一个分号所构成的语句。语句形式如下：

```
表达式;
```

事实上,C语言中有实际使用价值的表达式语句主要有3种。

(1) 赋值语句。例如:

```
sum=a+b;
```

(2) 自增、自减运算符构成的表达式语句。例如:

```
i++;
```

(3) 逗号表达式语句。例如:

```
x=1, y=2;
```

4.1.2 函数调用语句

函数调用语句是指在函数调用的后面加上一个分号所构成的语句。语句形式如下:

```
函数名([参数表]);
```

函数调用语句举例:

```
printf("a=%d,b=%d\n",a,b);      //printf()是标准屏幕输出函数
x=sqrt(9.0);                    //sqrt()是求平方根的数学库函数
```

4.1.3 空语句

空语句就是一个单独的分号,在语法上是一条语句。

空语句什么也不做,但是也要像其他普通语句一样被执行,实际使用中,空语句常放在循环体里实现延时。例如:

```
for(i=1; i<=100; i++)
{
    ;    //循环体是空语句
}
```

以上代码段是一个循环结构(见第6章),实现100次空循环,达到一定时间的延时。

虽然空语句什么都不做,但是在程序中不能随意添加,如果在不适宜的地方添加了空语句,则会引起语法错误或者逻辑错误,具体注意事项参见第5章和第6章。

4.1.4 复合语句

复合语句是指用一对花括号{}将一条或若干条语句包含起来的语句。语句形式如下:

```
{
    [数据说明部分]
    执行语句;
}
```

复合语句举例：

```
{
    double l,s;
    l=2*3.14159*r;
    s=3.14159*r*r;
}
```

注意：

(1) 复合语句在语法上是一条语句，不能看作是多条语句。

(2) 复合语句常用于流程控制语句(如 if 语句、switch 语句、for 语句、while 语句、do…while 语句)中，由于 if、switch、for、while 只能自动结合一条语句，因此它们的语句体常写为复合语句的形式(流程控制语句见第 5 章和第 6 章)。

(3) 复合语句内的各条语句都必须以分号“;”结尾。

4.1.5 流程控制语句

流程控制语句用于实现程序的各种结构方式，控制程序的流向。

流程控制语句有 9 种，分为以下三类。

(1) 条件判断语句：if 语句、switch 语句。

(2) 循环执行语句：for 语句、while 语句、do…while 语句。

(3) 转向语句：break 语句、continue 语句、return 语句、goto 语句(该语句不提倡使用)。

4.2 格式化屏幕输出函数 printf()

当我们编写并运行一个程序时，总是希望看到程序的运行结果，以此判断程序是否正确。用户只有看到结果，程序的执行才有意义，因此输出对于一个程序来说是必需的。

4.2.1 printf()函数的格式

printf()函数的功能是向计算机屏幕输出数据，之所以把它称为格式化输出函数，是指数据的输出根据用户指定的格式来显示。因此，对 printf()函数的学习，重点要关注各种格式化的方法。先举两个实例，初步认识 printf()函数的调用方式。

【例 4-1】 调用 printf()函数输出以下信息，注意换行。

```
Teacher: Hello every one!
Students: Hello teacher!
```

```
#include <stdio.h>
int main()
{
```

```
    printf("Teacher: Hello every one!\n");
    printf("Students: Hello teacher!\n");
    return 0;
}
```

程序运行结果如图 4-2 所示。

【例 4-2】 给定两个整数值,求它们的和与差,调用 printf()函数输出结果。

```
#include <stdio.h>
int main()
{
    int a=5,b=3;
    printf("两个整数是: %d,%d\n",a,b);
    printf("和: %d+%d=%d\n",a,b,a+b);
    printf("差: %d -%d=%d\n",a,b,a -b);
    return 0;
}
```

程序运行结果如图 4-3 所示。

图 4-2 例 4-1 的运行结果

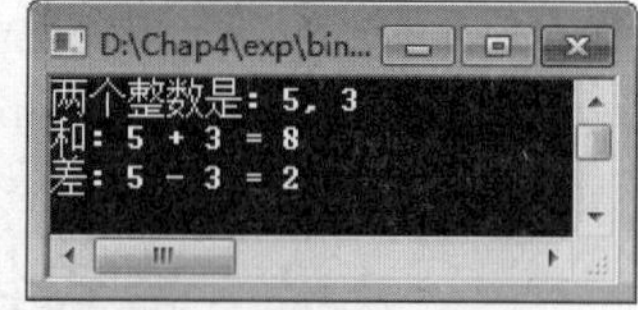

图 4-3 例 4-2 的运行结果

printf()函数有两种调用方式。

方式 1:

```
printf("字符串");
```

这种调用方式是直接输出一个字符串,在程序中常用于输出提示信息。例 4-1 程序中的两条 printf()语句属于这种调用方式。字符串中可以包含任何字符,但必须用一对双引号括起来,双引号不会输出。

方式 2:

```
printf("格式控制串",输出项列表);
```

这种调用方式主要用于输出数据,也可以在输出数据的同时输出各种字符。例 4-2 程序中的 3 条 printf()语句属于这种调用方式。方式 2 的功能强大,使用广泛,下面对其进行详细介绍。

1. 格式控制串

格式控制串必须由一对双引号括起来。格式控制串里包含普通字符、格式说明符、转义字符 3 种符号。

注意：格式控制串与输出项列表之间以逗号隔开。其中，各种字符说明如下。

(1) 普通字符——原样输出的字符。中英文皆可，主要达到说明的功能。

(2) 格式说明符——以%开头的符号，控制数据输出的格式。例如，输出整数用%d，输出字符用%c，输出实数用%f 或%lf 等。

(3) 转义字符——以\开头的字符。例如，换行用\n，横向跳格用\t 等。

以例 4-2 的第 6 行为例说明 printf()函数的用法。

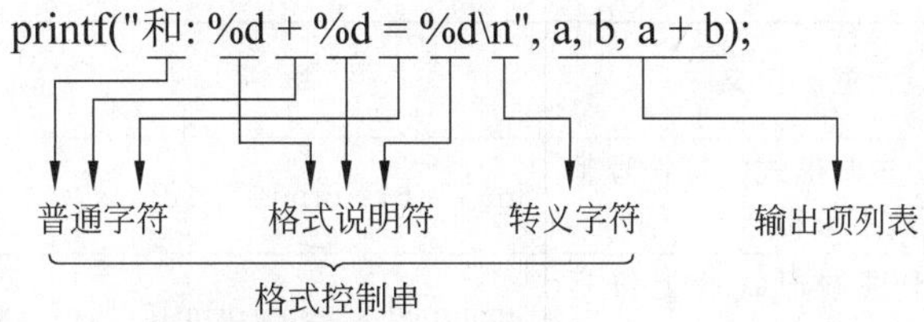

该语句的运行效果为 和: 5 + 3 = 8 。

在该语句中，用双引号括起来的部分 "和：%d+%d=%d\n" 是格式控制串。双引号后面的 a, b, a+b 是输出项列表。其中：

普通字符是和:、+、=，它们都是原样输出的字符。

格式说明符是%d、%d、%d，表示要输出 3 个整型数据。

转义字符是\n，表示换行。

输出项列表是 a, b, a+b，这 3 项按顺序依次对应前面的 3 个%d。

格式说明符的一般形式如下：

```
%[标志] [宽度修饰符] [.精度] [长度] 格式字符
```

各项的意义如下。其中方括号里是可选项，“格式字符”是必选项。

(1) %——表示格式说明符的开始。

(2) 标志——有+、−、#、空格 4 种，其意义如表 4-1 所示。

表 4-1　格式控制串中的标志

格式字符	意　　义
+	输出结果右对齐，左边填空格。且正数、负数都输出符号
−	输出结果左对齐，右边填空格。正数不输出正号
#	在输出 o 类八进制整数时加前导 0；在输出 x 类十六进制整数时加前导 0x 或者 0X；对 d、u、c、s 类无影响
空格	输出值为正数时冠以空格，输出值为负数时冠以负号

(3) 宽度修饰符——是十进制整数,表示数据输出的宽度。如%md表示输出整数占m个字符的宽度。

(4) 精度——是十进制整数。如果输出实数,就表示小数点后的位数;如果输出字符,就表示输出字符的个数。如%.nf表示输出实数时小数点后保留n位。

(5) 长度——有h、l两种。h表示短整型,l表示长整型或双精度浮点数。

h:只用于将整数修正为short型,如%hd、%hx、%ho、%hu等。

l:对整型指long型,如%ld、%lx、%lo、%lu;对浮点数指double型,如%lf。

(6) 格式字符——有d、o、x、u、c、f、e、g、s等,表示输出数据的格式,其意义如表4-2所示。

表4-2 格式控制串中的格式字符

<table>
<tr><th>数据类型</th><th>格式字符</th><th>意 义</th><th>举 例</th><th>输出结果</th></tr>
<tr><td rowspan="7">整型</td><td>d</td><td>输出十进制形式的带符号整数(正数不带符号)</td><td>int x=65; printf("%d", x);</td><td>65</td></tr>
<tr><td>u</td><td>输出十进制形式的无符号整数</td><td>unsigned x=65; printf("%u", x);</td><td>65</td></tr>
<tr><td rowspan="2">o</td><td rowspan="2">输出八进制形式的无符号整数(不带前导0)</td><td>int x=65; printf("%o", x);</td><td>101</td></tr>
<tr><td>int x=0101; printf("%o", x);</td><td>101</td></tr>
<tr><td rowspan="3">x、X</td><td rowspan="3">输出十六进制形式的无符号整数(不带前导0x)。x是指字母a～f小写显示,X是指字母A～F大写显示</td><td>int x=163; printf("%x", x);</td><td>a3</td></tr>
<tr><td>int x=163; printf("%X", x);</td><td>A3</td></tr>
<tr><td>int x=0xa3; printf("%X", x);</td><td>A3</td></tr>
<tr><td rowspan="6">浮点型</td><td rowspan="2">f</td><td rowspan="2">输出十进制小数形式的单、双精度浮点数(默认6位小数)</td><td>float x=12.34f; printf("%f", x);</td><td>12.340000</td></tr>
<tr><td>double x=12.34; printf("%f", x);</td><td>12.340000</td></tr>
<tr><td rowspan="3">e、E</td><td rowspan="3">输出指数形式的单、双精度浮点数。e是指字母e小写显示,E是指字母E大写显示</td><td>float x=12.34f; printf("%e", x);</td><td>1.234000e+001</td></tr>
<tr><td>float x=12.34f; printf("%E", x);</td><td>1.234000E+001</td></tr>
<tr><td>double x=12.34; printf("%e", x);</td><td>1.234000e+001</td></tr>
<tr><td>g、G</td><td>自动选择%f或%e中较短的形式输出单、双精度浮点数,不输出无效0</td><td>double x=123456789.1234;
printf("%g", x);</td><td>1.23457e+008</td></tr>
<tr><td>字符</td><td>c</td><td>输出单个字符</td><td>char x='A'; printf("%c", x);</td><td>A</td></tr>
<tr><td>字符串</td><td>s</td><td>输出字符串</td><td>char x[]="ABC"; printf("%s", x);</td><td>ABC</td></tr>
</table>

2. 输出项列表

输出项列表可以是变量、常量、表达式、函数调用等形式。在格式控制串里有几个格式说明符,就应该有几个输出项,即每个格式说明符对应一个输出项,它们之间需保持类型一致、前后顺序一致。

例如：char x = 'A';　　int y = 10;　　float z = 2.3;

printf("x = %c, y = %d, z = %f\n", x, y, z);

此例中，有 3 个格式说明符，依次为%c、%d、%f，分别输出字符、整数、浮点数，与它们一一对应的输出项分别是 x、y、z。

4.2.2　printf()函数应用举例

对初学者来说，使用 printf()函数的难点在于格式说明符的各种用法。对于常规编程，应重点掌握最基本的几种格式%d、%f、%lf、%c、%s，其中%d 输出整数，%f 和%lf 输出实数，%c 输出字符，%s 输出字符串(有关字符串的知识见第 11 章)。

【例 4-3】 输出不同进制的整数。

```
#include <stdio.h>
int main()
{
    int x=65;
    printf("十进制整数: %d\n",x);              //输出十进制整数
    printf("八进制整数: %#o\n",x);             //输出带前导 0 的八进制整数
    printf("十六进制整数: %#x\n",x);           //输出带前导 0x 的十六进制整数
    return 0;
}
```

程序运行结果如图 4-4 所示。

图 4-4　例 4-3 的运行结果

【例 4-4】 输出有宽度控制的整数。

```
#include <stdio.h>
int main()
{
    int x=123,y=-123;
    printf("(1)数值右对齐 :%6d,%6d\n",x,y);              //右对齐
    printf("(2)数值左对齐 :%-6d,%-6d\n",x,y);            //左对齐
    printf("(3)输出数的符号 :%+6d,%+6d\n",x,y);          //右对齐
    printf("(4)宽度自动突破 :%2d,%2d\n",x,y);
    return 0;
}
```

程序运行结果如图 4-5 所示。

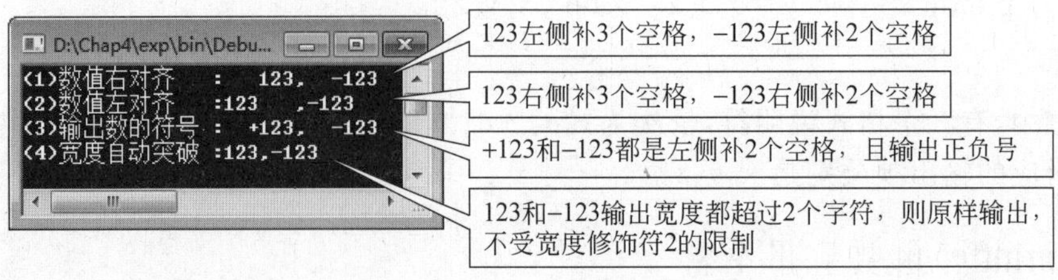

图 4-5　例 4-4 的运行结果

说明：

(1) 假设 m 是宽度修饰符，%md 表示以 m 个字符的宽度输出整数。如果整数位数小于 m，则输出右对齐，在左侧补空格；如果整数位数大于 m，则将整数原样输出，不受 m 宽度限制，这种特性称为输出宽度的"自动突破"。

(2) %-md 表示以 m 个字符的宽度输出整数，且左对齐，在右侧补空格。

【例 4-5】 输出浮点数时控制小数位数。

```
#include <stdio.h>
int main()
{
    float a=12.34567;
    printf("浮点数精度默认为 6 位小数: %f\n",a);
    printf("浮点数精度控制为 2 位小数: %.2f\n",a);
    return 0;
}
```

程序运行结果如图 4-6 所示。

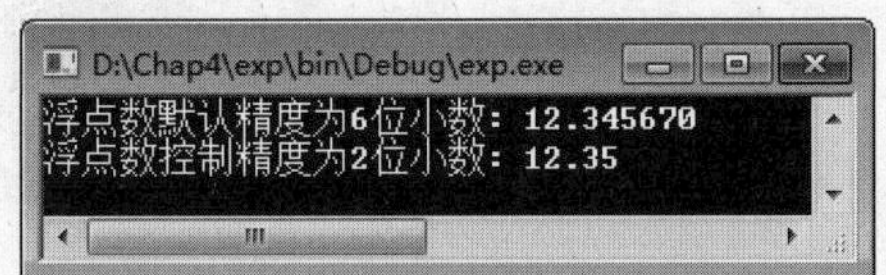

图 4-6　例 4-5 的运行结果

说明：(1) float 和 double 型浮点数既可以用%f 格式输出，也可以用%lf 格式输出。

(2) 使用%f 输出浮点数时，系统默认输出 6 位小数。而使用%. nf 格式输出浮点数时，可以控制小数位数为 n 位。

(3) 使用%mf 或%mlf 用于控制实数输出的宽度，宽度不够时左侧补空格。

【例 4-6】 字符的输出。

```
#include <stdio.h>
int main()
{
    char x='A',y='a';
    printf("输出字符: x=%c,y=%c\n",x,y);
    printf("输出字符的 ASCII 码: x=%d,y=%d\n",x,y);
```

```
    return 0;
}
```

程序运行结果如图 4-7 所示。

说明：用%c 是输出字符原型，用%d 是输出字符的 ASCII 码值。

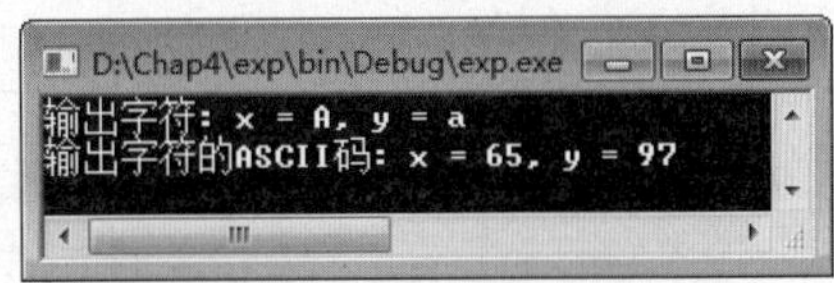

图 4-7　例 4-6 的运行结果

4.2.3　printf()函数常见错误举例

初学者关于 printf()函数的常见错误如下所示。

printf()函数的使用对初学者来说是一个难点，问题多出在格式控制串的书写错误，以及格式说明符的使用错误等方面，下面举例说明。

(1) 表 4-3 中列出了 printf()函数的各种书写错误。

表 4-3　printf()函数的书写格式错误解析

	错误示例	解　析	正确的写法
例 1	printf("x=%d\n,x");	双引号只应括起格式控制串部分，不能把输出项列表也一同括起来	printf("x=%d\n",x);
例 2	printf(“和：%d\n”,x+y);	双引号必须是英文格式的。另外，逗号、分号也必须是英文格式的	printf("和：%d\n",x+y);
例 3	printf("x=%f y=%f\n" x y);	格式控制串与输出项列表之间必须以逗号隔开，各输出项之间也必须加逗号隔开	printf("x=%f y=%f\n",x,y);
例 4	printf("x=%d/n",x);	转义字符\n 表示换行，以右斜杠开头	printf("x=%d\n",x);

(2) 表 4-4 中列出了 printf()函数的格式说明符的错误。

表 4-4　printf()函数的格式说明符错误解析

	错误示例	解　析	正确的写法
例 1	printf("x=\n", x);	格式控制串里必须有格式说明符%d，才能输出 x 的值	printf("x=%d\n", x);
例 2	int x=10; printf("x=%f\n",x);	此例中 x 是 int 型变量，对应的格式说明符必须是%d	printf("x=%d\n",x);
例 3	float x=12.3; printf("x=%d\n",x);	此例中 x 是 float 型变量，对应的格式说明符应是%f，不能用%d	printf("x=%f\n",x);
例 4	printf("x=%D\n",x);	格式说明符的字符 d、f、c、s、o、x 等都必须是小写字母	printf("x=%d\n",x);

续表

	错误示例	解析	正确的写法
例5	printf("x=%1f\n",x);	此处将字母l误写成了数字1	printf("x=%lf\n",x);
例6	printf("x=%0\n",x);	此处将字母o误写成了数字0	printf("x=%o\n",x);

(3) 表4-5中列出了printf()函数的输出项列表的错误。

表4-5 printf()函数的输出项列表错误解析

	错误示例	解析	正确的写法
例1	printf("x=%d,y=%d\n");	格式控制串里的两个%d应对应两个输出项	printf("x=%d,y=%d\n",x,y);
例2	printf("%d+%d=%d\n",x,y,x+y,z);	格式控制串里的3个%d应对应3个输出项,多余的输出项被丢弃	printf("%d+%d=%d\n",x,y,x+y);

4.3 格式化键盘输入函数scanf()

3.4节介绍为变量赋初值有3种常用方法,其中一种是使用库函数scanf()从键盘输入数值赋给变量,该函数与printf()函数同为最常用的格式化输入输出函数,下面对其进行介绍。

4.3.1 scanf()函数的格式

scanf()函数的功能是从计算机的键盘输入数据。scanf()与printf()函数格式上有相似之处,但也有很多不同点,学习中应注意比较。先举一实例,初步认识scanf()函数的使用方法。

【例4-7】 调用scanf()函数输入两个整数,求出其中的较大值,并输出结果。

```
#include <stdio.h>
int main()
{
    int a,b,sum;
    printf("请输入两个整数:");            //输出提示信息
    scanf("%d,%d",&a,&b);                 //从键盘输入两个整数到变量a、b中
    sum=a+b;                              //求a、b的和
    printf("%d+%d=%d\n",a,b,sum);         //输出结果
    return 0;
}
```

程序运行结果如图4-8所示。

scanf()函数的调用格式如下:

图 4-8　例 4-7 的运行结果

```
scanf("格式控制串",输入项地址列表);
```

以例4-7第6行"scanf("%d, %d", &a, &b); " 为例说明scanf( )函数的使用方法。

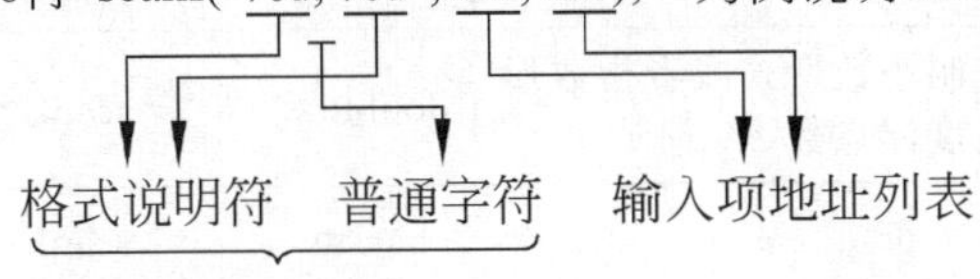

scanf()函数使用时,要用双引号括起来格式控制串,格式控制串里包含格式说明符和普通字符。格式控制串后面是地址项列表,每个地址项由取地址运算符 & 和变量名构成,各地址项之间用逗号隔开。

scanf()函数与 printf()函数的调用格式很相似,但是使用中有许多不同之处,参看表 4-6。

表 4-6　printf()函数和 scanf()函数在使用格式上的比较

函数	使用格式	格式控制串的不同	输入输出列表的不同
printf()	printf("格式控制串",输出项列表);	printf()函数的格式控制串有 3 种字符。 (1) 普通字符——原样输出 (2) 格式说明符——以%开头 (3) 转义字符——以\开头	printf()函数的各输出项是数值
scanf()	scanf("格式控制串",输入项地址列表);	scanf()函数的格式控制串有两种字符。 (1) 普通字符——必须原样输入 (2) 格式说明符——以%开头	scanf()函数的各输入项是地址

注意:

(1) 转义字符常用于 printf()函数中,scanf()函数中一般不使用。

(2) printf()函数里的普通字符是原样输出,scanf()函数里的普通字符是原样输入。

(3) scanf()函数里的格式说明符和 printf()函数类似,参看表 4-7。

表 4-7　scanf()函数的格式字符

数据类型	格式字符	意　义	举　例
整型	d	输入十进制形式的带符号整数	int x;　　scanf("%d", &x);
	u	输入十进制形式的无符号整数	unsigned int x; scanf("%u", &x);
	o	输入八进制形式的整数	int x;　　scanf("%o", &x);

续表

数据类型	格式字符	意　义	举　例
整型	x、X	输入十六进制形式的整数	int x;　　scanf("%x", &x);
	ld、lu、lo、lx	输入长整型数据	long x;　　scanf("%ld", &x);
	hd、ho、hx	输入短整型数据	short x;　　scanf("%hd", &x);
浮点型	f、e、E、g、G	输入十进制小数形式或者指数形式的单精度浮点数	float x;　　scanf ("%f", &x);
	lf、le、lE、lg、lG	输入十进制小数形式或者指数形式的双精度浮点数	double x;　　scanf ("%lf", &x);
字符	c	输入单个字符	char x;　　scanf ("%c", &x);
字符串	s	输入字符串	char x[50];　　scanf ("%s", x);

4.3.2 scanf()函数应用举例

使用scanf()函数,与printf()函数类似,首先要熟练掌握%d、%f、%lf、%c、%s的使用,输入不同类型的数据必须使用其对应的格式说明符,下面举例说明。

【例4-8】 整数的输入。

```
1. #include <stdio.h>
2. int main()
3. {
4.     int x,y,z;
5.     printf("请输入3个整数: ");
6.     scanf("%d %d %d",&x,&y,&z);          //输入3个整数,用空格隔开3个数
7.     printf("\n各变量的值:\n");
8.     printf("x=%d,y=%d,z=%d\n",x,y,z);
9.     return 0;
10. }
```

程序运行结果如图4-9所示。

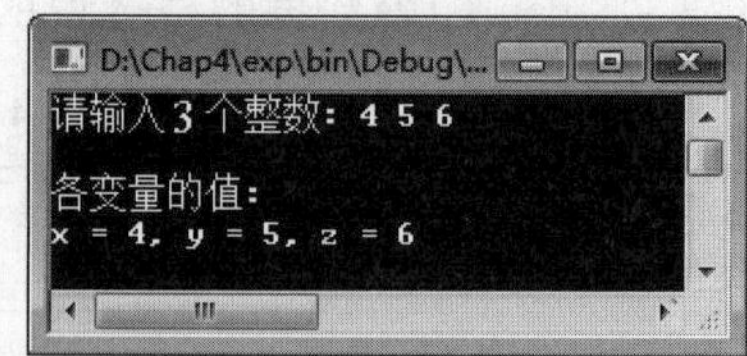

图4-9　例4-8的运行结果

程序第6行"scanf("%d　%d　%d", &x, &y, &z);"的3个%d之间有空格,则输入数之间用空格隔开。

请思考:如果将第6行修改为以下几种形式后,应如何输入数值?

修改方式一:

```
scanf("%d%d%d",&x,&y,&z);
```

修改方式二：

```
scanf("%d,%d,%d",&x,&y,&z);
```

修改方式三：

```
scanf("x=%d,y=%d,z=%d",&x,&y,&z);
```

【例 4-9】 有宽度限制的整数输入。

```
1. #include <stdio.h>
2. int main()
3. {
4.     int x,y,z;
5.     printf("请输入整数值：");
6.     scanf("%1d%2d%3d",&x,&y,&z);      //输入有限制宽度的整数
7.     printf("\n 各变量的值：\n");
8.     printf("x=%d,y=%d,z=%d\n",x,y,z);
9.     return 0;
10. }
```

程序运行结果如图 4-10 所示。

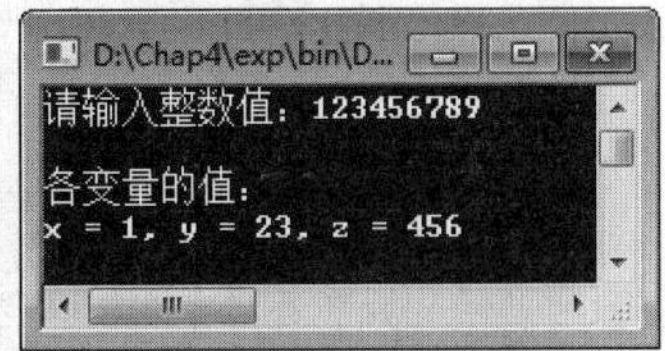

图 4-10　例 4-9 的运行结果

程序第 6 行“scanf("%1d%2d%3d", &x1, &x2, &x3);”中%md 表示输入的整数值限定 m 个字符的宽度。依次读入到变量 x、y、z 中的整数是 1 位数、2 位数、3 位数。

【例 4-10】 单、双精度浮点数的输入。

```
#include <stdio.h>
int main()
{
    float x,y;
    double m,n;
    printf("请输入浮点数：\n");
    scanf("%f %f",&x,&y);          //输入单精度数
    scanf("%lf %lf",&m,&n);        //输入双精度数
    printf("\n 各变量的值:\n");
    printf("x=%f,y=%f\n",x,y);
    printf("m=%lf,n=%lf\n",m,n);
    return 0;
}
```

程序运行结果如图 4-11 所示。

说明：使用 scanf()函数输入单、双精度浮点数必须严格区分格式说明符，单精度浮点数只能用%f、%e、%E、%g，双精度浮点数只能用%lf、%le、%lE、%lg。这一点应与 printf()函数相区别，printf()输出单、双精度浮点数时，%f、%lf、%e、%le、%E、%lE、%g、%lg 均可使用。

【例 4-11】 字符的输入。

```
1. #include <stdio.h>
2. int main()
3. {
4.     char x,y,z;
5.     printf("请输入 3 个字符: ");
6.     scanf("%c%c%c",&x,&y,&z);     //输入字符
7.     printf("\n 各变量的值:\n");
8.     printf("x=%c,y=%c,z=%c\n",x,y,z);
9.     return 0;
10. }
```

程序运行结果如图 4-12 所示。

图 4-11　例 4-10 的运行结果

图 4-12　例 4-11 的运行结果

程序第 6 行“scanf("%c%c%c", &x, &y, &z);”的 3 个%c 紧挨着，中间没有分隔符，则输入 3 个字符时也必须紧挨着。

请思考：如果将第 6 行修改为以下几种形式后，应如何输入字符？

修改方式一：

```
scanf("%c  %c  %c",&x,&y,&z);
```

修改方式二：

```
scanf("%c,%c,%c",&x,&y,&z);
```

4.3.3 scanf()函数常见错误举例

初学者关于 scanf()的常见错误如下所示。

对初学者来说，使用 scanf()函数出现的问题往往比 printf()函数还多，问题集中在格式说明符使用错误、地址项列表书写错误、没有按要求正确输入普通字符等方面，下面举例说明。

(1) 表 4-8 举例 scanf()函数的格式说明符的错误。

表 4-8　scanf()函数的格式说明符错误解析

	错 误 示 例	解　　析	正确的写法
例 1	int x; scanf("%c", &x);	此例中 x 变量是 int 型，格式说明符应该是%d	scanf("%d", &x);
例 2	float x; scanf("%lf", &x);	此例中 x 变量是单精度 float 型，格式说明符必须是%f	scanf("%f", &x);
例 3	double x; scanf("%f", &x);	此例中 x 变量是双精度 double 型，格式说明符必须是%lf	scanf("%lf", &x);
例 4	float x; scanf("%5.2f", &x);	此例中企图对输入的单精度数进行小数位数的控制，但是系统不支持这种方式	scanf("%5f", &x);

(2) 表 4-9 举例 scanf()函数的地址项列表的错误。

表 4-9　scanf()函数的地址项错误解析

	错 误 示 例	解　　析	正确的写法
例 1	scanf("%d", x);	地址项的书写必须在变量前面加取地址符 &	scanf("%d", &x);
例 2	scanf("%d%d, &x, &y");	两个地址项 &x、&y 应该写在双引号的外面	scanf("%d%d", &x, &y);

(3) 表 4-10 举例 scanf()函数对应的输入格式错误。

表 4-10　scanf()函数对应的输入格式错误解析

	错 误 示 例	解　　析	正确的输入格式
例 1	scanf("%d%d", &x, &y); 错误输入：10, 20	格式说明符为"%d%d"，则两个整数之间默认以空格隔开	10　20
例 2	scanf("%d, %d", &x, &y); 错误输入：10 20	格式说明符为"%d,%d"，则两个整数之间必须以逗号隔开	10, 20
例 3	scanf("x=%d, y=%d", &x, &y); 错误输入：10, 20	格式说明符为"x=%d, y=%d"，输入时必须原样输入普通字符	x=10, y=20
例 4	scanf("%c%c", &x, &y); 错误输入：a b	格式说明符为"%c%c"，则两个字符之间不能有分隔符	ab
例 5	scanf("%d%c", &x, &y); 错误输入：10 a	格式说明符为"%d%c"，则整数与字符之间不能以空格隔开	10a

4.4 单个字符输入输出函数

4.4.1 单个字符输出函数 putchar()

putchar()函数是 C 语言专门为输出单个字符而提供的，函数原型是 int putchar(char ch)，使用格式如下：

```
putchar(ch);
```

其功能是将 ch 值所对应的一个字符输出到标准输出设备(如显示器)上。其中 ch 可以是一个字符变量、字符常量、字符的 ASCII 码值、转义字符等。

【例 4-12】 调用 putchar()函数向屏幕输出 YES。

```
#include <stdio.h>
int main()
{
    char x='Y',y=69;
    putchar(x);              //输出字符变量 x 中的值,x 的初值是字符常量'Y'
    putchar(y);              //输出字符变量 y 中的值,y 的初值是 ASCII 码 69
    putchar('S');            //输出字符常量'S'
    putchar('\n');           //输出转义字符'\n'
    return 0;
}
```

程序运行结果如图 4-13 所示。

图 4-13 例 4-12 的运行结果

说明：putchar()函数只能用于单个字符的输出，不能用于整数、浮点数、字符串的输出。putchar()的功能可以由 printf()函数完全替代，如表 4-11 所示。

表 4-11 比较 putchar()和 printf()输出单个字符

功　能	函　数	使用方法
输出单个字符	putchar()	char x = 'A';　putchar(x);
	printf()	char x = 'A';　printf("%c", x);

4.4.2 单个字符输入函数 getchar()

getchar()函数是 C 语言专门为输入单个字符而提供的，函数原型是 int getchar()，使用格式如下。

```
ch=getchar();
```

其功能是从键盘读入一个字符，放入字符型变量 ch 中。getchar()函数没有参数，读入的字符通过返回值的形式赋值给 ch。

【例 4-13】 调用 getchar()函数读入一个字符，然后再输出该字符。

```
#include <stdio.h>
int main()
{
    char x;
    printf("请输入一个字符：");          //提示信息
    x=getchar();                        //输入一个字符，按 Enter 键结束输入
    printf("你输入的字符为：");          //提示信息
    putchar(x);                         //输出该字符
    putchar('\n');
    return 0;
}
```

程序运行结果如图 4-14 所示。

图 4-14　例 4-13 的运行结果

说明：getchar()函数只能用于单个字符的输入，不能用于整数、浮点数、字符串的输入。getchar ()的功能可以由 scanf()函数完全替代，如表 4-12 所示。

表 4-12　比较 getchar()和 scanf()输入单个字符

功　能	函　数	使 用 方 法
输入单个字符	getchar()	char x;　x=getchar();
	scanf()	char x;　scanf("%c", &x);

4.5　getche()函数和 getch()函数

getche()、getch()函数的功能也是读入单个字符，容易与 getchar()函数相混淆。getche()、getch()函数是从控制台直接读取一个字符，无须输入换行即可读入字符；而 getchar()函数是从 I/O 字符流中读取一个字符，必须输入换行才能读入字符。

getche()、getch()函数的格式如下：

```
ch=getche();
ch=getch();
```

注意：

(1) getche()函数和 getch()函数不是标准输入函数，而是键盘输入函数，包含的头文件是 conio.h。

(2) getche()函数的特点是将读入的字符回显到显示屏上。

(3) getch()函数的特点是读入的字符不回显到显示屏上。

【例 4-14】 调用 getche()函数读入一个字符,然后再输出该字符。

```
#include <stdio.h>
#include <conio.h>
int main()
{
    char x;
    printf("请输入一个字符: ");          //提示信息
    x=getche();                         //输入一个字符,且字符回显
    printf("你输入的字符为: ");          //提示信息
    putchar(x);                         //输出该字符
    putchar('\n');
    return 0;
}
```

程序运行结果如图 4-15 所示。

【例 4-15】 调用 getch()函数读入一个字符,然后再输出该字符。

```
#include <stdio.h>
#include <conio.h>
int main()
{
    char x;
    printf("请输入一个字符: ");         //提示信息
    x=getch();                         //输入一个字符,但是字符不回显
    printf("你输入的字符为: ");         //提示信息
    putchar(x);                        //输出该字符
    putchar('\n');
    return 0;
}
```

程序运行结果如图 4-16 所示。

图 4-15　例 4-14 的运行结果

图 4-16　例 4-15 的运行结果

观察例 4-13、例 4-14、例 4-15 的运行效果,可以看出调用 getchar()、getche()、getch()函数输入字符是有区别的。这 3 个函数的比较如表 4-13 所示。

表 4-13　比较 getchar()、getche()、getch()函数输入字符

函　数	头文件	特　　点
getchar()	stdio. h	① getchar()函数从键盘读字符时，输入的字符带回显，并且必须等到输入换行才能读取一个字符 ② getchar()函数允许从键盘输入多个字符(I/O 字符流)，在换行前的所有输入字符都会显示在屏幕上，但只有第一个字符作为函数的返回值
getche()	conio. h	getche()函数从键盘读字符时，输入的字符带回显，但是无须输入换行即可读取一个字符
getch()	conio. h	getch()函数从键盘读字符时，输入的字符不带回显，但是无须输入换行即可读取一个字符

4.6　顺序结构应用实例

根据前面诸多实例，可以看出，一个顺序结构的程序一般包括以下部分。

(1) 程序开头的编译预处理命令。

(2) main()函数体中语句的一般顺序为①变量类型的说明；②一些提示信息；③为变量赋初值的语句，或者从键盘输入变量初值的语句；④运算；⑤输出结果。

通过以下一些应用实例，读者可以进一步体会顺序结构程序设计的一般思路。

【例 4-16】　从键盘输入两个整数到变量 a、b 中，编程交换这两个整数。

编程思路：交换变量 a、b 中的值，可以比喻为交换两个杯子里的水，这时需要有第三个空杯子。先把第一个杯子里的水倒入第三个杯子，再把第二个杯子里的水倒入第一个杯子，最后把第三个杯子里的水倒入第二个杯子。

```
 1. #include <stdio.h>
 2. int main()
 3. {
 4.     int a,b,t;
 5.     printf("请输入两个整数到变量 a、b 中: ");
 6.     scanf("%d,%d",&a,&b);
 7.     t=a;     //这 3 条语句实现变量 a、b 值的交换
 8.     a=b;
 9.     b=t;
10.     printf("交换两数后 a=%d,b=%d\n",a,b);
11.     return 0;
12. }
```

程序运行结果如图 4-17 所示。

程序第 7、8、9 行的语句“t＝a; a＝b; b＝t;”实现变量 a、b 中值的交换，这 3 条语句的特点是首尾相接。

【例 4-17】　使用 printf()函数编程输出如图 4-18 所示的图形。

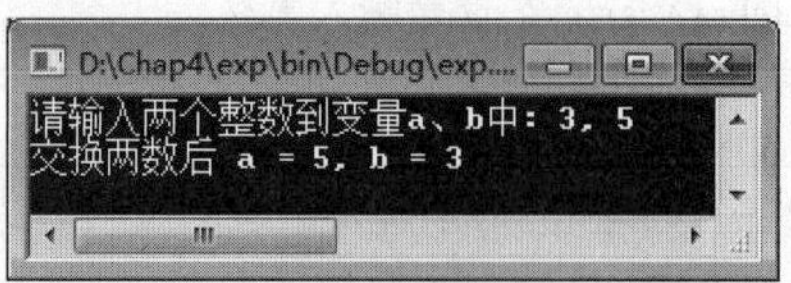

图 4-17　例 4-16 的运行结果

```
1
22
333
4444
```

图 4-18　例 4-17 所示图形

分析：该图形的输出可以有多种方法，图形中的每一个数字既可以看成整数，又可以看成字符。还可以把每一行看成整数。

方法一：把每一行看作普通字符直接输出。

```
#include <stdio.h>
int main()
{
    printf("1\n");
    printf("22\n");
    printf("333\n");
    printf("4444\n");
    return 0;
}
```

方法二：把 1、2、3、4 看作整数输出。

```
#include <stdio.h>
int main()
{
    printf("%d\n",1);
    printf("%d%d\n",2,2);
    printf("%d%d%d\n",3,3,3);
    printf("%d%d%d%d\n",4,4,4,4);
    return 0;
}
```

方法三：把 1、22、333、4444 看作整数输出。

```
#include <stdio.h>
int main()
{
printf("%d\n",1);
    printf("%d\n",22);
    printf("%d\n",333);
    printf("%d\n",4444);
    return 0;
}
```

方法四：把1、2、3、4看作字符输出。

```
#include <stdio.h>
int main()
{
    printf("%c\n",'1');
    printf("%c%c\n",'2','2');
    printf("%c%c%c\n",'3','3','3');
    printf("%c%c%c%c\n",'4','4','4','4');
    return 0;
}
```

方法五：把1、2、3、4看作字符，且利用其ASCII码值进行输出。

```
#include <stdio.h>
int main()
{
    printf("%c\n",49);
    printf("%c%c\n",50,50);
    printf("%c%c%c\n",51,51,51);
    printf("%c%c%c%c\n",52,52,52,52);
    return 0;
}
```

4.7　本章小结

(1) 程序设计有3种基本结构——顺序结构、选择结构、循环结构。本章主要介绍这3种结构中最简单的顺序结构。顺序结构是指程序按照语句书写的先后顺序执行，先写的语句先执行，后写的语句后执行。

(2) C程序的执行部分是由语句组成的，C语言的语句分为表达式语句、函数调用语句、空语句、复合语句、流程控制语句。其中在顺序结构中主要使用表达式语句和函数调用语句。空语句、复合语句、流程控制语句多用于选择结构和循环结构中。

(3) 每个程序必须有输出，可以没有输入。本章重点学习的标准输入输出函数有printf()、scanf()、putchar()、getchar()，这4个库函数对应的头文件是stdio.h。另外，本章还介绍了键盘输入函数getche()、getch()，这两个函数不属于标准输入输出函数，它们对应的头文件是conio.h。

(4) printf()函数的使用有两种方式。

方式一：

```
printf("格式控制串");
```

例如，

```
printf("请输入 2 个整数: \n");
```

方式二:

```
printf("格式控制串", 输出项列表);
```

例如,

```
printf("和: %d+%d=%d\n", a, b, c);
```

其中方式一主要用于输出提示信息,方式二主要用于输出运行结果。格式控制串必须用一对双引号括起来,格式控制串与其后的输出项列表之间用逗号隔开,两种方式的形式如表 4-14 所示。

表 4-14 两种方式的形式

printf()函数	格式控制串	输出项列表
方式一	方式一的格式控制串可以有两种字符。 (1) 普通字符——原样输出 (2) 转义字符——以 \ 开头	无输出项
方式二	方式二的格式控制串可以有 3 种字符。 (1) 普通字符——原样输出 (2) 转义字符——以 \ 开头 (3) 格式说明符——以 % 开头	格式控制串里有几个格式说明符,后面就对应有几个输出项。各输出项之间用逗号隔开

(5) 对于格式控制串,难点在于格式说明符的使用。初学者应重点掌握几种基本的格式说明符:%d 对应整数,%f 对应单精度浮点数,%lf 对应双精度浮点数,%c 对应字符,%s 对应字符串(字符串的知识见第 11 章)。

(6) scanf()函数的使用方式如下:

```
scanf("格式控制串", 输入项地址列表);
```

(7) printf()和 scanf()都有格式控制串,但是两者中的格式控制串有很多不同点。

① 普通字符在 printf()中的作用是原样输出;在 scanf()中的作用是原样输入。

② 转义字符常用于 printf()中,scanf()中一般不用转义字符。

③ 格式说明符在 printf()与 scanf()中的用法基本相同,只是对浮点数的使用有较大差异。

a. printf()可以使用%f、%lf、%e、%le、%E、%lE、%g、%lg、%G、%lG 输出单精度浮点数或双精度浮点数,但是 scanf()只能使用%f、%e、%E、%g、%G 输入单精度浮点数,使用%lf、%le、%lE、%lg、%lG 输入双精度浮点数。

b. printf()输出浮点数可以用%m.nf 的格式控制数值的输出宽度为 m 个字符,小数位数为 n 位。而 scanf()输入浮点数时只能用%mf 的格式控制输入数值的宽度为 m 个字符,不能对小数位数进行控制。

(8) 数值型数据和字符型数据混合输入时,需注意以下两种情况。

① 数值在前、字符在后。

```
int a;char b;scanf("%d%c ", &a, &b);     //输入 10A
```

%d 和%c 紧挨着，则输入的整数和字符也必须紧挨着，如果整数和字符中间加了空格，则空格会作为字符被读入。

② 字符在前、数值在后。

```
int a;char b;    scanf("%c%d ", &b, &a);        //输入 A10 或者 A 10 都可以
```

%c 和%d 紧挨着，则输入的字符和整数可以紧挨着，也可以在中间加空格。

(9) putchar()、getchar()函数是专门针对单个字符的输出、输出函数。它们的使用格式如下：

```
putchar(ch);            //功能是将 ch 值的一个字符输出到显示屏
ch=getchar();           //功能是从键盘读取一个字符放入 ch 中，字符输入以换行符结束
```

(10) getche()、getch()函数不属于标准输入输出函数，属于键盘输入函数，它们是从控制台直接读取一个字符，而不是从 I/O 字符流读取字符，这两个函数均不需要输入换行即可读取字符。getche()的特点是输入字符带回显；getch()的特点是输入字符不带回显。

4.8　习　　题

4.8.1　选择题

1. 若 x 是 char 型变量，y 是 int 型变量，x、y 均有值，正确的输出函数调用是(　　)。

A. printf("%c, %c", x, y);　　B. printf("%c, %s", x, y);

C. printf("%f, %c", x, y);　　D. printf("%f, %d", x, y);

2. 若 x、y 都是 int 型变量，x、y 均有值，正确的输出函数调用是(　　)。

A. printf("%d, %d", &x, &y);　　B. printf("%d, %d", x, y);

C. printf("%c, %c", x, y);　　D. printf("%f, %f", x, y);

3. "int x=12; double y=3.141593;　printf("%d%8.6f", x, y);"的输出结果是(　　)。

A. 123.141593　　B. 12 3.141593

C. 12, 3.141593　　D. 123.1415930

4. 若 x、y 都是 int 型变量，m、n 是 float 型变量，正确的输入函数调用为(　　)。

A. scanf("%d, %d", x, y);　　B. scanf("%f, %f", m, n);

C. scanf("%d, %f", &x, &m);　　D. scanf("%d, %f", &x, &y);

5. 若 x、y 都是 double 型变量，正确的输入函数调用为(　　)。

A. scanf("%f%f", x, y);　　B. scanf("%lf%lf", x, y);

C. scanf("%f%f", &x, &y);　　D. scanf("%lf%lf", &x, &y);

6. 已知 i、j、k 为 int 型变量，若从键盘输入：1,2,3<回车>，使 i 的值为 1、j 的值为 2、k 的值为 3，以下选项中正确的输入语句是(　　)。

A. scanf("%2d%2d%2d", &i, &j, &k);

B. scanf("%d %d %d", &i, &j, &k);

C. scanf("%d,%d,%d", &i, &j, &k);

D. scanf("i=%d,j=%d,k=%d", &i, &j, &k);

7. 有以下程序

```
#include <stdio.h>
int main()
{
    int m,n,p;
    scanf("m=%dn=%dp=%d",&m,&n,&p);
    printf("%d%d%d\n",m,n,p);
    return 0;
}
```

若想从键盘上输入数据,使变量m中的值为123,n中的值为456,p中的值为789,则正确的输入是(　　)。

A. m=123n=456p=789　　B. m=123 n=456 p=789

C. m=123,n=456,p=789　　D. 123 456 789

8. 有以下程序

```
#include <stdio.h>
int main()
{
    char c1,c2,c3,c4,c5,c6;
    scanf("%c%c%c%c",&c1,&c2,&c3,&c4);
    c5=getchar();c6=getchar();
    putchar(c1);putchar(c2);
    printf("%c%c\n",c5,c6);
    return 0;
}
```

程序运行后,若从键盘输入(从第1列开始)

```
123<回车>
45678<回车>
```

则输出结果是(　　)。

A. 1267　　B. 1256　　C. 1278　　D. 1245

9. 已知"int x=10, y=3;",则以下语句"printf("%d, %d\n", x--, --y);"的输出结果是(　　)。

A. 10, 3　　B. 9, 3　　C. 9, 2　　D. 10, 2

10. 以下程序的输出结果是(　　)。

```
#include <stdio.h>
int main()
{
    char c='z';
```

```
    printf("%c\n",c -25);
    return 0;
}
```

A. a　　　　B. Z　　　　C. z—25　　　　D. y

4.8.2　填空题

1. 已知字母'A'的 ASCII 码为 65,以下程序运行后的输出结果是________。

```
#include <stdio.h>
int main()
{
    char a,b;
    a='A'+'3'-'1';
    b=a+'5'-'2';
    printf("%d,%c\n",a,b);
    return 0;
}
```

2. 已知字母'a'的 ASCII 码为 97,以下程序运行后的输出结果是________。

```
#include <stdio.h>
int main()
{
    char x='E',y;
    y='a'+x-'A';
    printf("%c,%d\n",y,y);
    return 0;
}
```

3. 以下程序运行后的输出结果是________。

```
#include <stdio.h>
int main()
{
    int x=0123,y=123;
    printf("%o,%o\n",x,y);
    return 0;
}
```

4. 以下程序的功能是从键盘输入圆半径 r,求圆面积 s,程序运行结果错误,请问出错的原因是________。

```
#include <stdio.h>
#define PAI 3.14159
int main()
{
```

```
    float r,s;
    scanf("%f",&r);
    s=PAI*r^2;
    printf("s=%f\n",s);
    return 0;
}
```

4.8.3 编程题

1. 编程输出图 4-19 所示图形。

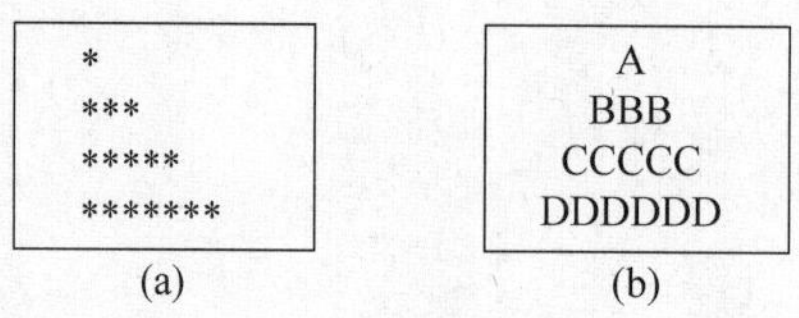

图 4-19 输出图形

2. 已知两个整数 x、y,求 x、y 的和、差、积、商。

3. 已知半径,求圆的周长和面积。

4. 请编写程序,求圆锥的体积。已知圆锥的底面直径和高均为 10。

5. 编写程序,求两个电阻的并联电阻值和串联电阻值,输出结果保留两位小数。

6. 从键盘输入两个两位的整数,如 12 和 34,编程将它们组合为一个四位的整数 1324。

7. 从键盘输入 3 个数字字符,将它们分别转换为对应的整数值(即字符'0'转换为整数 0,字符'1'转换为整数 1,依此类推),然后求 3 个整数的平均值。

8. 计算多项式 $f=ax^3+bx^2+cx+d$ 的值,其中 a、b、c、d、x 都是浮点数,它们的初值从键盘输入。

9. 一辆汽车以 60km/h 的速度先开出半小时后,第二辆汽车以 80km/h 的速度开出,问多长时间后第二辆汽车可以追赶上第一辆汽车?

10. 输入 3 个数给 a、b、c,然后交换它们中的值,把 a 中原来的值给 b, 把 b 中原来的值给 c,把 c 中原来的值给 a,然后输出 a、b、c。

第5章 选择结构程序设计

通过第 4 章的学习，我们已经掌握了 C 语言程序设计 3 种基本结构中的顺序结构，顺序结构的程序只能按照语句的先后顺序执行，但现实问题往往没有这么简单，实际应用中，很多问题的处理要具备相应的先决条件，不同的条件对应着不同的计算过程，表现到程序中便是某些语句的执行要根据条件来决定，这就是选择结构。C 语言提供了两种语句（if 语句、switch 语句）和一种运算符（条件运算符）实现选择结构。本章的主要任务便是学习选择结构程序设计的方法。

5.1 关系运算符及其表达式

关系运算是对两个运算对象进行大小比较的运算，所谓“关系运算”实际上是“比较运算”，它们的作用是比较两个运算对象值的大小。C 语言中有 6 个关系运算符，如表 5-1 所示。其结合性和优先级等详见附录 C。

表 5-1 关系运算符

关系运算符	名称	优先级		运算对象的数量	结合性
>	大于	较高	优先级相同	双目	从左到右
>=	大于等于				
<	小于				
<=	小于等于				
==	等于	较低	优先级相同		
!=	不等于				

用关系运算符将两个运算对象连接起来形成的运算表达式称为关系运算表达式，简称关系表达式，关系表达式的值仅有真(1)和假(0)两种情况。关系表达式一般形式如下：

```
运算对象 1  关系运算符  运算对象 2
```

以下是一些关系表达式举例，假设有定义 int a =3, b=5, c=7;

表达式　a＊b＝＝c，值为假

表达式　a!＝b，值为真

表达式　(a/b)＜(b/c)，值为假

表达式　a!＝(b＝＝c)，值为真

初学者关于“关系运算符”的常见错误如下所示。

错误1：等于号(＝＝)与赋值号(＝)分不清。

这是初学者最常见的一个错误，错误使用运算符将导致程序出现逻辑出错，特别是在if语句和循环结构中。以下通过表5-2比较这两个运算符的差别。

表5-2　等于号与赋值号的比较

	等于号(＝＝)	赋值号(＝)
运算符类别	属于关系运算符	属于赋值运算符
使用格式	运算对象1＝＝运算对象2	变量＝表达式
运算符的功能	＝＝运算符的功能是比较两侧运算对象的值是否相等，如果相等则运算结果为1；如果不等则运算结果为0。这种表达式称为关系表达式	＝运算符的功能是将右侧表达式的值赋值给左侧的变量。这种表达式称为赋值表达式
表达式值的理解	已知“int a＝0，b＝0；”，表达式a＝＝b值为1。此时对a与b进行比较，由于两者值相等，比较结果为“真”，因此表达式值为1	已知“int a＝0，b＝0；”，表达式a＝b值为0。此时是将b的值赋给变量a，赋的值为0，因此表达式的值为0

阅读以下程序段，思考输出结果是什么？

```
int a=3,b=4;
if(a=b)
    printf("a与b的值相等\n");
else
    printf("a与b的值不相等\n");
```

该段程序的运行结果是"a与b的值相等"，显然运行结果与预想不一致。出错的原因是误用了运算符＝，正确的写法是if(a＝＝b)。请读者思考，表达式a＝b和a＝＝b的区别是什么。

错误2：不能正确书写判断某数是否介于上限、下限之间的表达式。

假设有定义“int score＝130；”，写出判断score变量的值是否是一个百分制分数的表达式。

错误的表达式：

```
0 <=score <=100
```

正确的表达式：

```
(0 <=score) && (score <=100)
```

分析：系统执行表达式0 ＜＝ score ＜＝ 100时，首先执行0 ＜＝ score，值为1

(真);然后执行 1<= 100,值为 1(真),结果出错,因为 130 不是一个有效的百分制分数。

5.2　逻辑运算符及其表达式

1. 逻辑运算符

C 语言提供了 3 种逻辑运算符(!、&&、‖),其结合性和优先级等详见表 3-7。逻辑运算是按照相应的逻辑关系来进行运算的,运算规则如表 5-3 所示。

表 5-3　逻辑运算符的运算规则

逻辑运算符	运算规则			
&&	真 && 真=1	真 && 假=0	假 && 真=0	假 && 假=0
‖	真 ‖ 真=1	真 ‖ 假=1	假 ‖ 真=1	假 ‖ 假=0
!	! 真=0	! 假=1		

说明:表 5-3 中的"真"表示非零,"假"表示零。

从表 5-3 中,可以总结如下运算规律。

(1) 对于逻辑非(!)运算,0 取非得 1,非零值取非得 0。

(2) 对于逻辑与(&&)和逻辑或(‖)运算,运算时应先求出左侧运算对象的值。

(3) 对于逻辑与(&&)和逻辑或(‖)运算符,有一个重要的特性——短路特性。

① 逻辑与(&&)的短路特性:如果左侧运算对象值为假,则右侧运算对象不被执行,称右侧运算对象被"短路"了,此时逻辑与表达式的值为假。

② 逻辑或(‖)的短路特性:如果左侧运算对象值为真,则右侧运算对象不被执行,称右侧运算对象被"短路"了,此时逻辑或表达式的值为真。

2. 逻辑表达式

由逻辑运算符和运算对象组成的表达式称为逻辑表达式,逻辑表达式的值只有 1(真)和 0(假)两种结果。

逻辑与(&&)和逻辑或(‖)运算符组成表达式的一般形式如下:

```
运算对象 1 && 运算对象 2
运算对象 1 || 运算对象 2
```

逻辑非(!)运算符组成表达式的一般形式如下:

```
! 运算对象
```

以下是一些逻辑表达式举例,假设有定义

```
int a=3, b=5, c=7, d=4;
```

表达式((a+b) > c) && (c > 5),值为 1

表达式!(a > b),值为 1

表达式 a<b ‖ (d=b),值为 1,该表达式计算时体现了短路特性,请读者思考。

3. 复杂逻辑表达式举例

用关系运算符和逻辑运算符构成的表达式多用于选择结构和循环结构中,对初学者来说,能够正确书写各种复杂逻辑表达式,对于程序能否正确执行至关重要。

下面举例一些复杂逻辑表达式,并对初学者在书写这些复杂表达式时常见的错误进行分析(见表 5-4)。

表 5-4 复杂逻辑表达式举例及错误解析

	问　题	表达式及解析
例 1	写出判断变量 x 中的值是否是大写字母的表达式	**正确的表达式**:x>='A' && x<='Z'　或　x>=65 && x<=95
		错误的表达式:'A'<=x<='Z'　或　65<=x<=90 **解析**:第一步执行"'A'<=x",这是一个关系表达式,值为假(0)或真(1);第二步执行"0 或 1<='Z'",而不是执行 x<='Z',因此逻辑出错
例 2	写出判断 x 中的值是否是字母的表达式	**正确的表达式**:(x>='A' && x<='Z') ‖ (x>='a' && x<='z') 或 (x>=65 && x<=90) ‖ (x>=97 && x<=122)
		错误的表达式:x>='A' && x<='z'　或　x>=65 && x<=122 **解析**:大写字母是'A' ~ 'Z',ASCII 码值为 65 ~ 90;小写字母是'a' ~ 'z',ASCII 码值为 97 ~ 122,即大小写字母之间并不连续,所以表达式需分成两段
例 3	写出判断 a、b、c 中的值能否构成三角形的表达式	**正确的表达式**:(a+b> c) && (a+c> b) && (b+c> a)
		错误的表达式:(a+b> c) ‖ (a+c> b) ‖ (b+c> a) **解析**:判断三角形的条件是“任意的两边之和均要大于第三边”,因此需判断 a+b>c、a+c>b、b+c>a 这 3 个条件,且它们之间是“并且”的关系
例 4	写出判断 a、b、c 中的值能否构成等边三角形的表达式	**正确的表达式**:(a==b) && (a==c)或(a==b) && (b==c)
		错误的表达式:a==b==c 或 a=b=c **解析**:若写成 a==b==c,则第一步执行 a==b,值为假(0)或真(1);第二步执行“0 或 1==c”,而不是执行 b==c,因此逻辑出错。 **解析**:若写成 a=b=c,则是混淆了等于号==与赋值号=
例 5	写出判断 a、b、c 中的值能否构成等腰三角形的表达式	**正确的表达式**:(a==b) ‖ (a==c) ‖ (b==c)
		错误的表达式:a==b **解析**:判断等腰三角形的条件是“有任意两边相等即可”,因此需判断 a==b、a==c、b==c 这 3 个条件,且它们之间是“或者”的关系
例 6	写出判断 a、b、c 中的值能否构成直角三角形的表达式	**正确的表达式**:(a*a+b*b==c*c) ‖ (a*a+c*c==b*b) ‖ (b*b+c*c==a*a)
		错误的表达式:(a^2+b^2==c^2) ‖ (a^2+c^2==b^2) ‖ (b^2+c^2==a^2) **解析**:判断直角三角形的条件是满足“勾股定理”,符号^并不是求次方的运算符,它是一个位运算符(位运算符可参考第 14 章)

续表

	问 题	表达式及解析
例 7	写出判断 x 中的值能被 4 整除且不能被 100 整除的表达式	**正确的表达式**：(x % 4==0) && (x % 100 !=0)
		错误的表达式：(x / 4==0) && (x / 100 !=0) **解析**：整除问题需使用求余号%，而不是除号/

5.3 条件运算符及其表达式

条件运算符由问号"?"和冒号":"将 3 个运算对象连接而成。条件运算符是 C 语言中唯一的一个三目运算符，要求 3 个运算对象同时参加运算。条件运算符构成的表达式称为条件表达式，其格式如下：

```
运算对象 1 ? 运算对象 2 : 运算对象 3
```

条件表达式的执行过程如图 5-1 所示。

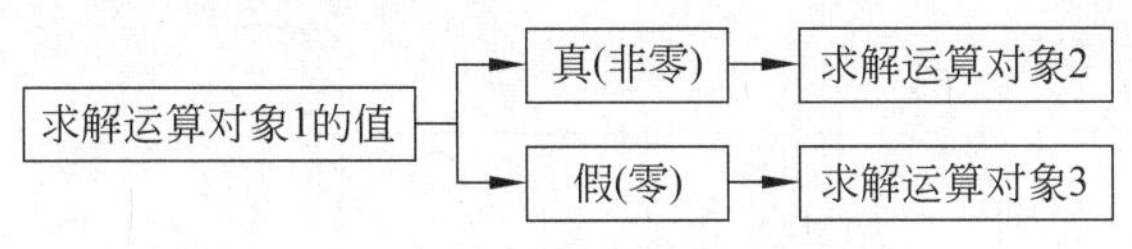

图 5-1 条件运算符的运算规则

执行条件运算符时，首先求解运算对象 1 的值，若为真(非零)，就求解运算对象 2；否则，如果运算对象 1 的值为假(零)，就求解运算对象 3。

阅读以下程序段，思考运行结果如何？

```
int a=3,b=4,max;
max=(a>=b? a : b);
printf("max=%d\n",max);
```

以上程序段的运行结果为输出 max=4，其功能是判断 a 和 b 中的较大数，并赋值给 max 变量。

在使用条件运算表达式时，需要注意以下几个方面。

(1) 条件运算符的优先级高于赋值运算符，低于关系运算符、逻辑运算符和算术运算符。例如：

`x=a / b !=0 ? a+1:b / 2;` 相当于 `x=(((a / b)!=0)?(a+1):( b / 2));`

(2) 条件运算符的结合性为自右向左。例如：

`a>b ? a:c>d ? c:d` 相当于 `a>b ? a :( c>d ? c:d )`

(3) C 语言将条件表达式值的数据类型取运算对象 2 和运算对象 3 两者中较长的数据类型。例如，表达式为

```
3 ? 1:3.0
```

这时候 1 和 3.0 的数据类型不一致,存在类型转换,这种转换如同求表达式 1+3.0 的值时所发生的转换一样。因此"3 ?1:3.0"的值不是整数 1,而是浮点数 1.0。

【例 5-1】 使用条件运算符编程,实现数学式子 a+|b|的算法,并输出结果。

例 5-1 的流程图如图 5-2 所示。

```
#include <stdio.h>
int main()
{
    int a , b, c;
    printf("请输入 a 的值: ");
    scanf("%d", &a);
    printf("请输入 b 的值: ");
    scanf("%d", &b);
    c=b>0 ? a+b:a-b;
    printf("a+|b|=%d\n", c);
    return 0;
}
```

开始
输入a的值
输入b的值
b>0
是
否
执行c=a+b
执行c=a-b
输出结果
结束

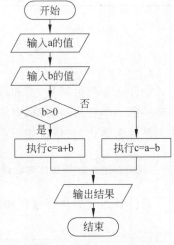

图 5-2 例 5-1 的流程图

程序运行结果一如图 5-3 所示。

程序运行结果二如图 5-4 所示。

图 5-3 例 5-1 的运行结果一

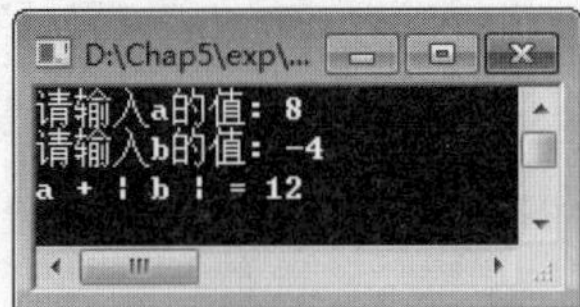

图 5-4 例 5-1 的运行结果二

5.4 if 语句

选择结构又称为分支结构,选择结构中最常用的语句是 if 语句,if 语句中包含 3 种基本形式,即单分支 if 语句、双分支 if 语句和多分支选择 if 语句。

5.4.1 单分支 if 语句

单分支 if 语句是最简单的条件判断语句,其一般形式如下:

```
if(表达式)
{
    语句 A;
}
```

单分支 if 语句的执行流程如图 5-5 所示，先判断表达式的值，如果值为真(非零)，则执行语句 A；如果值为假(零)，则不执行语句 A。

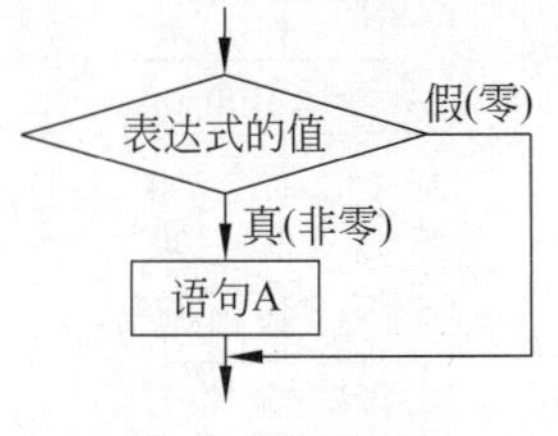

图 5-5　单分支 if 语句的流程图

关于单分支 if 语句的几点说明如下。

(1) if(表达式) 中的“表达式”可以是任何符合 C 语言语法的表达式，其值为“非零”表示真；其值为“零”表示假。

(2) if(表达式) 只能自动结合一条语句，如果有多条语句，必须用花括号括起来构成复合语句，因为复合语句在语法上相当于一条语句。如果仅有一条语句，则可以省略花括号。

【例 5-2】　从键盘输入两个整数，使用单分支 if 语句编写程序，求其中的较大数。

例 5-2 的流程图如图 5-6 所示。

```
#include <stdio.h>
int main()
{
    int a, b;
    printf("请输入 2 个整数: ");
    scanf("%d%d", &a, &b);
    if(a<b)
    {
        a=b;
    }
    printf("较大值: %d\n", a);
    return 0;
}
```

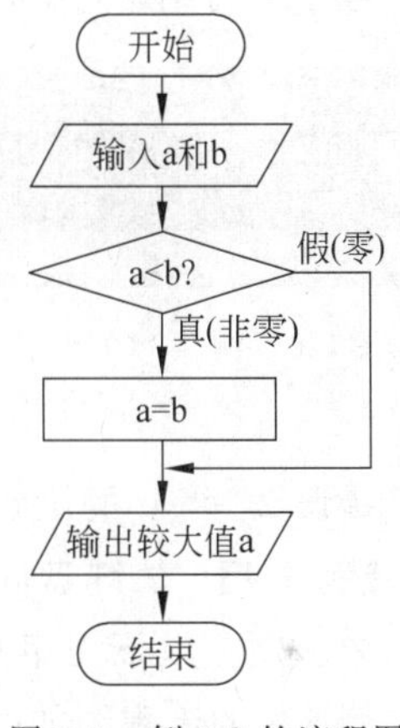

图 5-6　例 5-2 的流程图

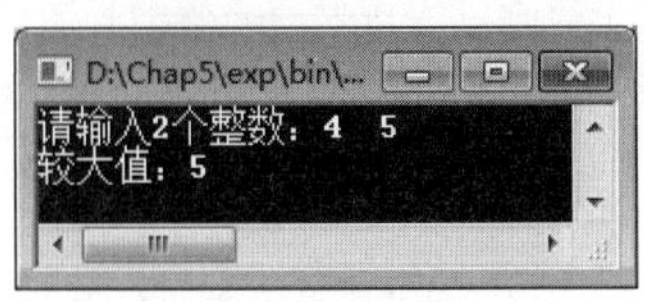

图 5-7　例 5-2 的运行结果

程序运行结果如图 5-7 所示。

初学者关于“单分支 if 语句”的常见错误如下所示。

错误 1：关于分号的错误。

刚接触 if 语句，不少初学者会在“if(表达式)”后面加分号，由于一个单独的分号属于一条空语句，会被 if 结合，造成本来应属于 if 的语句体不能被 if 结合。

【例 5-3】　从键盘输入两个数到 a、b 中，编程把较大数放在变量 a 中，较小数放在变量 b 中。观察以下程序并思考，该程序能否实现此功能?

```
#include <stdio.h>
int main()
{
    int a,b,t;
    printf("请输入 2 个整数: ");
```

```
6.     scanf("%d%d",&a,&b);
7.     if(a<b);
8.     {
9.         t=a;
10.        a=b;
11.        b=t;
12.    }
13.    printf("较大值：%d,较小值：%d\n", a,b);
14.    return 0;
15. }
```

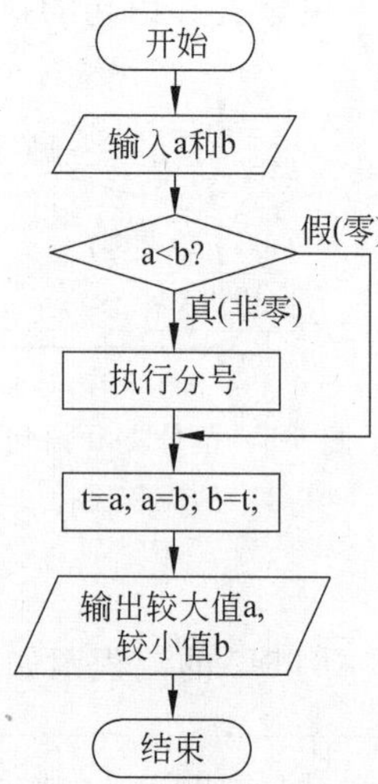

图 5-8　例 5-3 的流程图

例 5-3 的流程图如图 5-8 所示。

程序运行结果(出现逻辑错误)如图 5-9 所示。

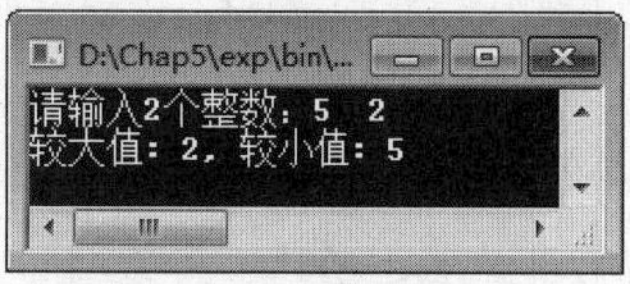

```
D:\Chap5\exp\bin\...
请输入2个整数：5  2
较大值：2，较小值：5
```

图 5-9　例 5-3 的运行结果

以上程序的运行效果图与题意不相符，说明程序有错误。

错在第 7 行的 if(a＜b)后面添加了一个分号，这个分号是一条空语句，被 if 自动结合，导致后续的三条语句“t＝a; a＝b; b＝t;”与 if 相分离，这三条语句不论条件“(a＜b)”是真还是假，都将被执行。

错误 2：当 if 的语句体有多条语句时，却没有用花括号括起来，引起逻辑错误。

【例 5-4】　从键盘输入两个数到 a、b 中，编程把较大数放在变量 a 中，较小数放在变量 b 中。观察以下程序并思考，如此书写程序，能否实现此功能？

例 5-4 的流程图如图 5-10 所示。

```
#include <stdio.h>
int main()
{
    int a,b,t;
    printf("请输入 2 个整数：");
    scanf("%d%d",&a,&b);
    if(a<b)
        t=a;
        a=b;
        b=t;
    printf("较大值：%d,较小值：%d\n",a,b);
    return 0;
}
```

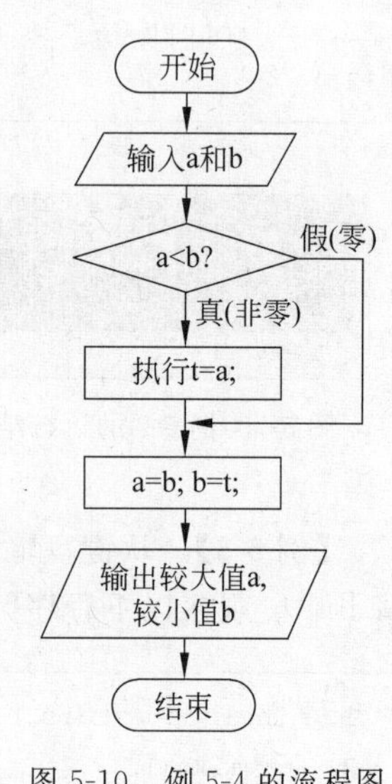

图 5-10　例 5-4 的流程图

程序运行结果如图 5-11 所示。

程序运行效果图与题意不相符，说明程序有错误。错在 if(a＜b)的后面没有用花括

号将三条语句“t=a; a=b; b=t;”括起来，导致 if(a<b)仅结合了“t=a;”，未结合“a=b; b=t;”，于是不论“(a<b)”条件是真还是假，语句“a=b; b=t;”都将被执行。

图 5-11　例 5-4 的运行结果

5.4.2　双分支 if 语句

双分支 if 语句是指由某个条件的两种取值(真或假)构成两个分支，任何时候都会执行其中一个分支，这便形成了“二选一”的结构，双分支 if 语句的一般形式如下：

```
if (表达式)
{
    语句 A;
}
else
{
    语句 B;
}
```

双分支 if 语句的执行流程如图 5-12 所示，先判断表达式的值，如果值为真(非零)，则执行语句 A；如果值为假(零)，则执行语句 B。可见，语句 A 和语句 B 不会同时执行，也不会都不执行，总是从两者中选其一执行，因此称为双分支选择结构。

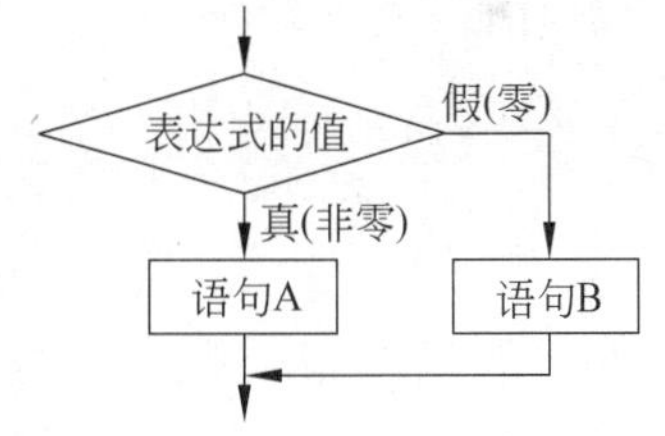

图 5-12　双分支 if 语句的流程图

关于双分支 if 语句的几点说明如下。

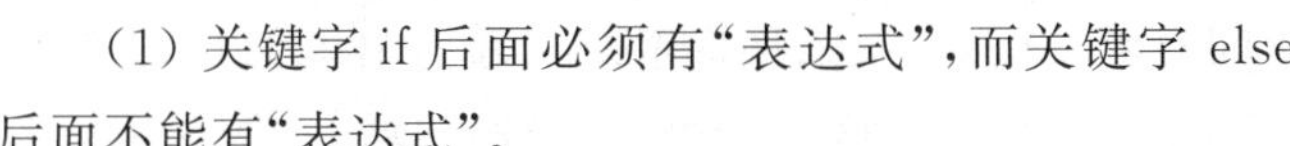

(1) 关键字 if 后面必须有“表达式”，而关键字 else 后面不能有“表达式”。

(2) if 分支和 else 分支都是只能自动结合一条语句，当有多条语句时，必须用花括号括起来构成复合语句，因为复合语句在语法上相当于一条语句。

(3) else 不能单独存在，必须有对应的 if 与之配套使用，即 if 和 else 应成对出现。因此在双分支 if 语句中，“if(表达式)”的后面一定不能加分号，如果加了分号，就构成了语法错误。

(4) 关键字 else 后面不能有“表达式”，也不能加分号，如果加了分号，就构成了逻辑错误。请读者思考：为什么在 else 后面加分号将构成逻辑错误？

【例 5-5】 从键盘输入两个整数，使用双分支 if 语句编写程序，求其中的较大数。

例 5-5 的流程图如图 5-13 所示。

```c
#include <stdio.h>
int main()
{
    int a, b;
    printf("请输入 2 个整数：");
    scanf("%d%d", &a, &b);
    if(a>=b)
    {
        printf("较大值：%d\n",a);
    }
    else
    {
        printf("较大值：%d\n",b);
    }
    return 0;
}
```

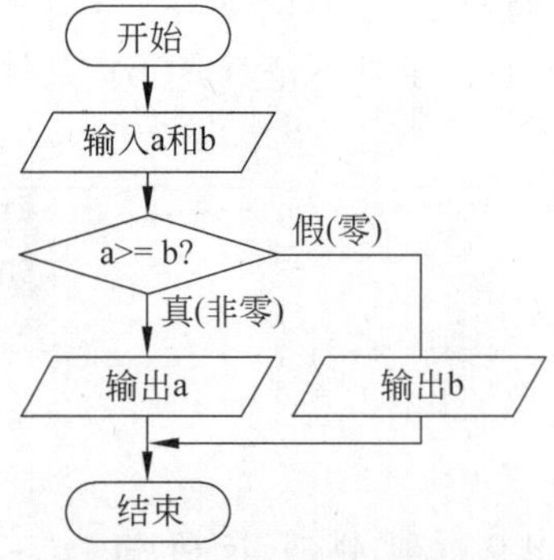

图 5-13　例 5-5 的流程图

图 5-14　例 5-5 的运行结果

程序运行结果如图 5-14 所示。

初学者关于“双分支 if 语句”的常见错误如下所示。

错误 1：关于分号的错误。

以下两个程序段中均添加了不应有的分号。请思考，哪个分号引起了语法错误？哪个分号引起了逻辑错误？

程序段一：

```c
if(a>=b);
    max=a;
else
    max=b;
```

程序段二：

```c
if(a>=b)
    max=a;
else;
    max=b;
```

程序段一中 if(a>=b)的后面添加了不适宜的分号，这个分号引起语法错误。因为分号也算一条语句，则 if 和 else 之间有两条语句，系统将提示 else 没有 if 与之配套使用。

程序段二中 else 的后面添加了不适宜的分号，这个分号引起逻辑错误。因为 else 结合的语句是分号，而不是其后的“max=b;”语句。

错误 2：关于花括号的错误。

以下两个程序段中均缺少了本应有的花括号。请思考，哪个花括号缺少引起了语法错误？哪个花括号缺少引起了逻辑错误？

程序段一：

```c
if(b<0)
    b=-b;
    c=a+b;
    printf("a+|b|=%d\n",c);
```

程序段二：

```c
if(b<0)
{
    b=-b;
    c=a+b;
    printf("a+|b|=%d\n",c);
```

```
else                                        }
{                                           else
    c=a+b;                                      c=a+b;
    printf("a+|b|=%d\n",c);                     printf("a+|b|=%d\n",c);
}
```

程序段一中 if(b<0)后面有 3 条语句“b=-b;c=a+b; printf("a+|b|=%d\n", c);”,但未用花括号括起来,构成语法错误。因为当 if 和 else 之间有多条语句,系统将提示 else 没有 if 与之匹配。

程序段二中 else 后面有两条语句“c=a+b; printf("a+|b|=%d\n", c);”,也未用花括号括起来,构成逻辑错误。此时 else 仅能结合一条语句“c=a+b;”,使得语句“printf("a+|b|=%d\n", c);”与 if…else 结构分离,该语句不受任何条件的控制。

错误 3:关于表达式的错误。

```
if(a>=b)
    max=a;
else(a<b)
    max=b;
```

以上程序段中 else 的后面有一个多余的表达式,将构成语法错误。

5.4.3　多分支 if 语句

C 语言中多分支选择结构 if…else if…else…语句构成“多选一”的结构,即任何时候只会执行多个分支中的一个分支。多分支 if 语句的一般形式如下所示。

```
if(表达式 1)
{
    语句 1;
}
else if (表达式 2)
{
    语句 2;
}
…
else if (表达式 n-1)
{
    语句 n-1;
}
else
{
    语句 n;
}
```

其执行流程如图 5-15 所示,首先判断表达式 1 的值,若其值为真就执行语句 1,若其值为假就继续判断表达式 2,依此类推,如果所有表达式都为假,就执行语句 n。

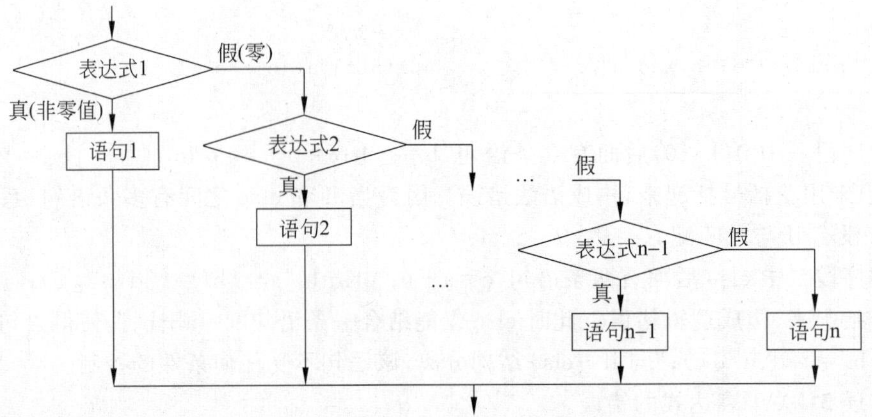

图 5-15　多分支 if 语句的执行流程

说明:

(1) 多分支 if 语句的"表达式"都放在关键字 if 后面,不能放在 else 后面。

(2) 对于最后一个分支,如果需要判断条件就写成"else if (表达式 n) {语句 n;}";如果不需要判断条件就写成"else {语句 n;}"。

(3) 对于多分支 if 语句,每个分支仅能自动结合一条语句,若有多条语句,必须加花括号。

【例 5-6】 编程计算以下分段函数:

$$y=\begin{cases} x+5 & (x\leqslant 1) \\ 2x & (1<x\leqslant 10) \\ \dfrac{3}{x-10} & (x>10) \end{cases}$$

例 5-6 的流程图如图 5-16 所示。

```
#include <stdio.h>
int main()
{
    float x, y;
    printf("请输入 x 的值: ");
    scanf("%f", &x);
    if(x<=1)
    {
        y=x+5;
    }
    else if(x<=10)
    {
        y=2 * x;
    }
    else
```

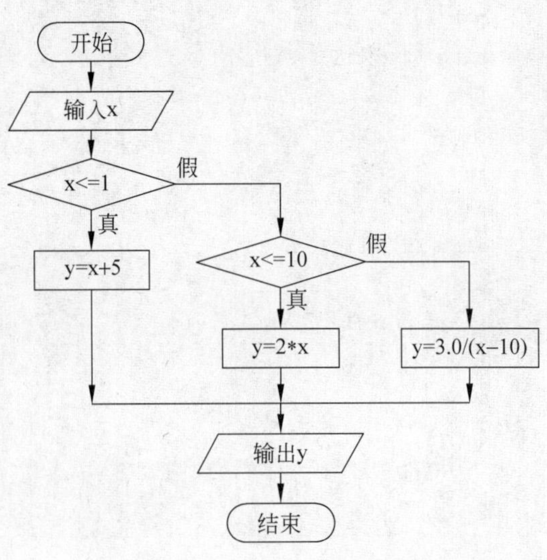

图 5-16　例 5-6 的流程图

```
    {
        y=3.0/(x-10);
    }
    printf("y=%f\n", y);
    return 0;
}
```

程序运行结果如图 5-17 所示。

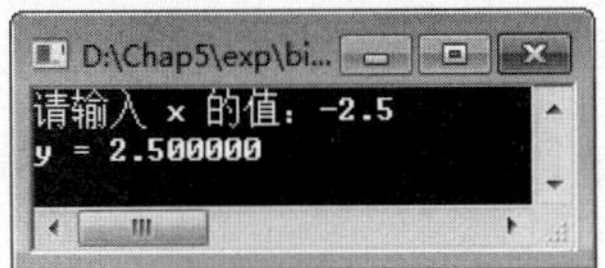

图 5-17　例 5-6 的运行结果

5.4.4　if 语句的嵌套结构

在一个 if 语句中又包含另一个 if 语句，从而构成了 if 语句的嵌套结构。单分支 if 语句、双分支 if 语句、多分支 if 语句可以相互嵌套，内嵌的 if 语句既可以嵌套在 if 子句中，也可以嵌套在 else 子句中。以下为 if 语句嵌套结构的举例：

```
if(表达式 1)
{
    if(表达式 2)
      …
    else
      …
}
```

```
if(表达式 1)
{
    …
}
else
{
    if(表达式 2)
      …
    else
      …
}
```

```
if(表达式 1)
{
    if(表达式 2)
      …
    else if(表达式 3)
      …
    else if(表达式 4)
      …
}
else
{
    …
}
```

if 语句的嵌套结构不是刻意去追求的，而是在解决问题过程中随着解决问题的需要而采用的。嵌套结构编程时书写格式要有层次感，内层嵌套的语句应向后缩进。好的程序员应该养成这一习惯，以便他人理解你的程序以及自己将来维护程序。

书写多层嵌套结构的程序时，应在每个分支处加花括号，以增加程序的可读性。若没有加花括号，则系统会根

```
if(…)
    if(…)
        if(…)
        else
    else
else
```

图 5-18　if 语句的就近配对原则

据就近配对原则(见图 5-18)进行各分支的匹配。"就近配对原则"是指 else 子句总是和前面距离它最近但是又不带其他 else 子句的 if 语句配对使用,与书写格式无关。

【例 5-7】 从键盘输入一个分数,打印该分数对应的级别。0～59 分之间属于"不及格";60～79 分之间属于"中等";80～89 分之间属于"良好";90～100 分之间属于"优秀"。

```
#include <stdio.h>
int main()
{
    int score;
    printf("请输入一个分数:");
    scanf("%d",&score);
    if(score>=0 && score<=100)
    {
        if(score<60)
        {
            printf("不及格\n");
        }
        else if(score<80)
        {
            printf("中等\n");
        }
        else if(score<90)
        {
            printf("良好\n");
        }
        else
        {
            printf("优秀\n");
        }
    }
    else
    {
        printf("无效的分数\n");
    }
    return 0;
}
```

例 5-7 的流程图如图 5-19 所示。

程序运行结果如图 5-20 所示。

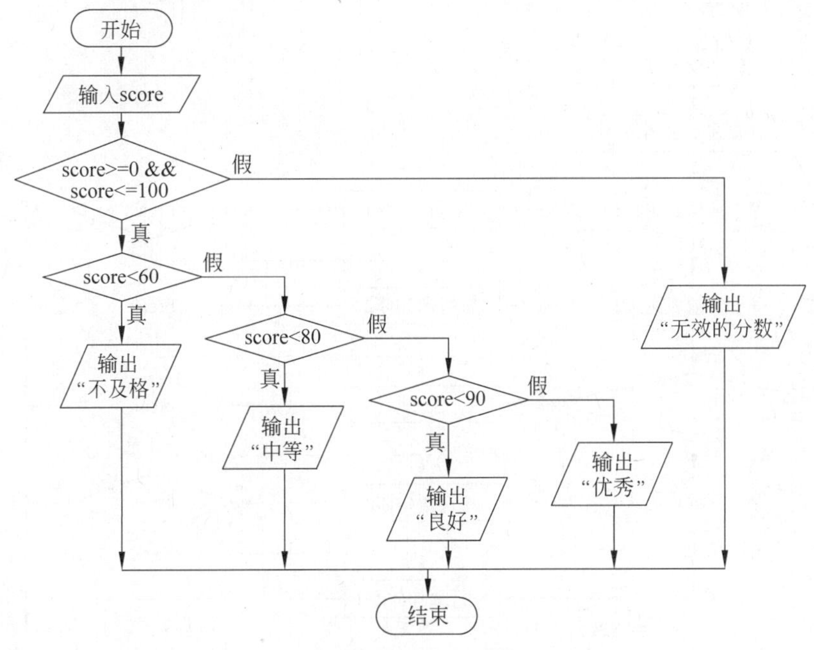

图 5-19　例 5-7 的流程图

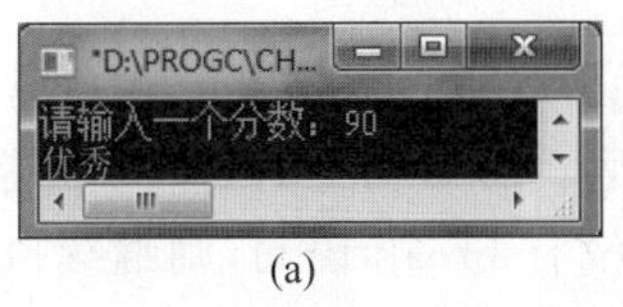

(a)

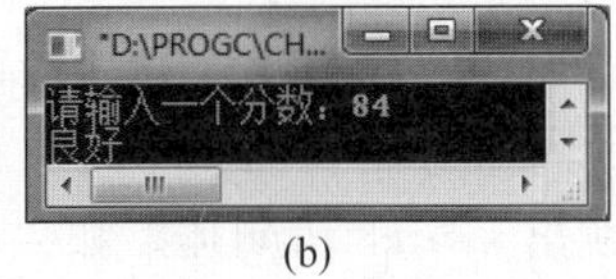

(b)

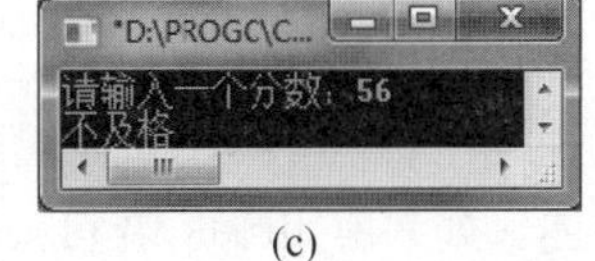

(c)

图 5-20　例 5-7 的运行结果

5.5　switch 语句

在选择结构程序中，当分支判定条件中的常量或变量只包含字符型或整型，且运算关系仅为是否等于(= =)，则可以使用一种更为简洁的多分支选择结构“switch 语句”。其一般形式如下：

```
switch(表达式)
{
    case 常量表达式 1: <语句体 1;><break;>
    case 常量表达式 2: <语句体 2;><break;>
        ⋮
    case 常量表达式 n: <语句体 n;><break;>
    <default: 语句体 n+1;>
}
```

以上 switch 语句格式中凡是加尖括号＜ ＞的地方表示可缺省。switch 语句的执行流程如图 5-21 所示。

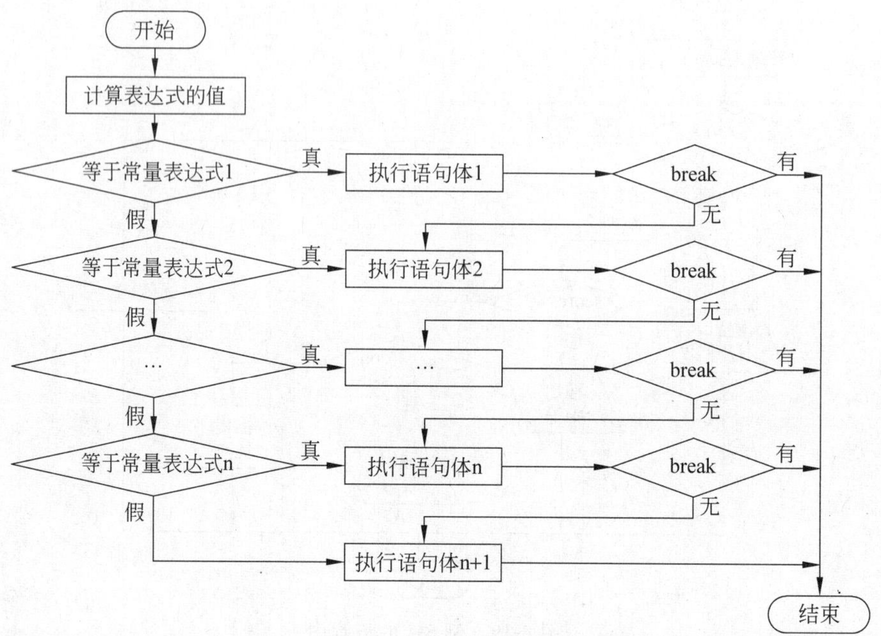

图 5-21　switch 语句的执行流程

switch 语句的执行过程：首先计算 switch 表达式的值，然后逐个与 case 后的常量表达式进行比较，当 switch 表达式的值与某个 case 常量表达式的值相等时，即执行其后的语句体。如果有 break 语句则跳出 switch 语句体。如果没有 break 语句，则继续执行下面的 case 分支。如果 switch 表达式的值与所有 case 常量表达式的值都不相等时，就执行 default 分支。

对 switch 语句书写格式的说明如下。

(1) switch 语句中有 4 个关键字：switch、case、break、default。

(2) switch 后面的表达式必须用圆括号括起来，且该表达式的值必须是整型或者字符型。

(3) case 与其后面的常量表达式之间必须有空格，常量表达式后面是冒号。常量表达式中不能含有变量或函数。常量表达式的值必须是整型或字符型。

(4) 所有 case 分支后面的常量表达式必须互不相同。

(5) default 分支通常写在最后，也可以写在前面，它的位置不受限制。

对 switch 语句可缺省部分的说明如下。

(1) 每个 case 分支末尾的“break;”语句均可缺省。如果有 break，则执行完该 case 分支就跳出 switch 语句；如果缺省 break，则执行完该 case 分支，继续执行后续的 case 分支。

(2) 每个 case 分支的“语句体”均可缺省。如果缺省了语句体，则表示该 case 分支与后续的 case 分支共用后面的语句体。

(3) default 分支可缺省。

【例 5-8】 假设用 0、1、2、…、6 分别表示星期日、星期一、…、星期六。现输入一个数字，输出对应的星期几的英文单词。如果输入 3，就输出 Wednesday。使用 switch 语句编写程序。

```
#include <stdio.h>
int main()
{
    int n;
    printf("请输入一个数字：");
    scanf("%d",&n);
    switch(n)
    {
        case 0:  printf("Sunday\n");     break;
        case 1:  printf("Monday\n");     break;
        case 2:  printf("Tuesday\n");    break;
        case 3:  printf("Wednesday\n");  break;
        case 4:  printf("Thursday\n");   break;
        case 5:  printf("Friday\n");     break;
        case 6:  printf("Saturday\n");   break;
        default: printf("Error\n");
    }
    return 0;
}
```

程序运行结果如图 5-22 所示。

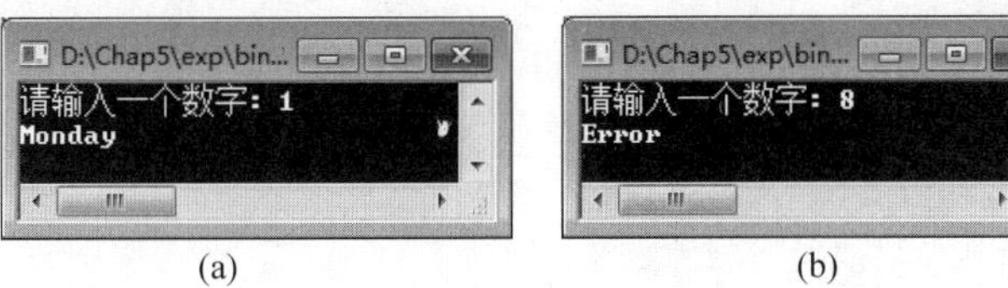

图 5-22　例 5-8 的运行结果

修改以上程序，缺省某个 case 分支的 break 语句，或者缺省某个 case 分支的语句体，通过观察运行效果，初学者可以理解缺省 break 语句，或者缺省 case 分支语句体的执行过程。

修改后的程序一：缺省 break 语句。

```
#include <stdio.h>
int main()
{
    int n;
    printf("请输入一个数字：");
```

```
 6.     scanf("%d",&n);
 7.     switch(n)
 8.     {
 9.         case 0:  printf("Sunday\n");    break;
10.         case 1:  printf("Monday\n");
11.         case 2:  printf("Tuesday\n");   break;
12.         case 3:  printf("Wednesday\n"); break;
13.         case 4:  printf("Thursday\n");  break;
14.         case 5:  printf("Friday\n");    break;
15.         case 6:  printf("Saturday\n");  break;
16.         default: printf("Error\n");
17.     }
18.     return 0;
19. }
```

缺省 break 语句的程序运行结果如图 5-23 所示。

图 5-23　缺省 break 语句的程序运行结果

以上程序第 10 行中缺省了“case 1:”分支的 break 语句，当从键盘输入 1 时，输出 Monday，然后接着输出 Tuesday。

修改后的程序二：缺省 case 分支的语句体。

```
 1. #include <stdio.h>
 2. int main()
 3. {
 4.     int n;
 5.     printf("请输入一个数字:");
 6.     scanf("%d",&n);
 7.     switch(n)
 8.     {
 9.         case 0:  printf("Sunday\n");    break;
10.         case 1:
11.         case 2:  printf("Tuesday\n");   break;
12.         case 3:  printf("Wednesday\n"); break;
13.         case 4:  printf("Thursday\n");  break;
14.         case 5:  printf("Friday\n");    break;
15.         case 6:  printf("Saturday\n");  break;
16.         default: printf("Error\n");
17.     }
18.     return 0;
19. }
```

缺省 case 分支语句体的程序运行结果如图 5-24 所示。

以上程序第 10 行中缺省了“case 1:”后面的语句体，则 case 1 和 case 2 分支共用语句“printf("Tuesday\n");”，当从键盘输入 1 时，执行 case 2 分支，输出 Tuesday。

图 5-24　缺省 case 分支语句体的程序运行结果

5.6　选择结构应用实例

【例 5-9】　从键盘输入 3 个整数，求这 3 个数的最大值。

分析：本例可使用多种方法编程，此处演示两种方法，读者可以自行思考并试用其他方法解决该问题。

方法一：

```
#include <stdio.h>
int main()
{
    int a, b, c, max;
    printf("请输入 3 个整数: ");
    scanf("%d,%d,%d", &a, &b, &c);
    if(a>=b)
    {
        max=a;
    }
    else
    {
        max=b;
    }

    if(max>=c)
    {
        printf("最大值: %d\n", max);
    }
    else
    {
        printf("最大值: %d\n", c);
    }
    return 0;
}
```

方法二：

```
1. #include <stdio.h>
2. int main()
3. {
4.     int a, b, c, max;
5.     printf("请输入 3 个整数: ");
6.     scanf("%d,%d,%d", &a,&b,&c);
7.     if(a>=b)
8.     {
9.         if(a>=c)
10.        {
11.            max=a;
12.        }
13.        else
14.        {
15.            max=c;
16.        }
17.    }
18.    else
19.    {
20.        if(b>=c)
21.        {
22.            max=b;
23.        }
24.        else
25.        {
26.            max=c;
27.        }
28.    }
29.    printf("最大值: %d\n", max);
30.    return 0;
31. }
```

程序运行结果如图 5-25 所示。

图 5-25　例 5-9 的运行结果

方法一使用了两个并列的双分支 if 语句解决问题，程序第 7～14 行为第一个双分支 if 语句，其功能是将 a 和 b 中的较大值存入 max 中；程序第 16～23 行为第二个双分支 if 语句，其功能是比较 max 和 c，其较大值就是 3 个数中的最大值。

方法二使用了 if 语句的嵌套结构解决问题，程序第 7～17 行为外层的 if 分支，执行此分支时，a 是 a 和 b 中的较大值，在内层再用 a 和 c 进行比较；程序第 18～28 行为外层

的 else 分支，执行此分支时，b 是 a 和 b 中的较大值，在内层再用 b 和 c 进行比较。

【例 5-10】 输入一个年份，判别该年是否为闰年。

闰年的判断条件：年份能够被 4 整除，但不能被 100 整除；或者年份能够被 400 整除。例如 1996 年、2000 年是闰年，2007 年、2010 年不是闰年。

```
#include <stdio.h>
int main()
{
    int year;
    printf("请输入一个年份：");
    scanf("%d",&year);
    if((year %4==0 && year %100 !=0) || (year %400==0))
    {
        printf("%d 年是闰年\n",year);
    }
    else
    {
        printf("%d 年不是闰年\n",year);
    }
    return 0;
}
```

程序运行结果如图 5-26 所示。

(a)

(b)

图 5-26　例 5-10 的运行结果

【例 5-11】 编程实现简单的计算器操作：从键盘输入两个数，以及一个合法的算术运算符（＋、－、＊、/），根据输入的运算符判断对这两个数进行何种运算，并输出运算结果（要求结果保留两位小数）。

分析：本题使用两种方法编程，方法一为多分支 if 语句，方法二为 switch 语句。

方法一：使用多分支 if 语句编写程序。

```
#include <stdio.h>
int main()
{
    float a,b,c;
    char oper;
    printf("输入一个算术运算符和两个实数：");
```

```
    scanf("%c%f%f",&oper,&a,&b);
    if(oper=='+')
    {
        c=a+b;
        printf("%.2f+%.2f=%.2f\n",a,b,c);
    }
    else if(oper=='-')
    {
        c=a-b;
        printf("%.2f -%.2f=%.2f\n",a,b,c);
    }
    else if(oper=='*')
    {
        c=a*b;
        printf("%.2f*%.2f=%.2f\n",a,b,c);
    }
    else if(oper=='/')
    {
        if(b==0)
        {
            printf("除数不能为零\n");
            return 0;
        }
        else
        {
            c=a / b;
            printf("%.2f / %.2f=%.2f\n",a,b,c);
        }
    }
    else
    {
        printf("无效的运算符\n");
    }
    return 0;
}
```

方法二：使用switch语句编写程序。

```
#include <stdio.h>
int main()
{
    float a,b,c;
    char oper;
```

```
    printf("输入一个算术运算符和两个实数: ");
    scanf("%c%f%f",&oper,&a,&b);
    switch(oper)
    {
        case '+':  c=a+b;
                   printf("%.2f+%.2f=%.2f\n",a,b,c);
                   break;
        case '-':  c=a -b;
                   printf("%.2f -%.2f=%.2f\n",a,b,c);
                   break;
        case '*':  c=a*b;
                   printf("%.2f*%.2f=%.2f\n",a,b,c);
                   break;
        case '/':  if(b==0)
                   {
                       printf("除数不能为零\n");
                       return 0;
                   }
                   else
                   {
                       c=a / b;
                       printf("%.2f / %.2f=%.2f\n",a,b,c);
                   }
                   break;
        default:   printf("无效的运算符\n");
    }
    return 0;
}
```

程序运行结果如图 5-27 所示。

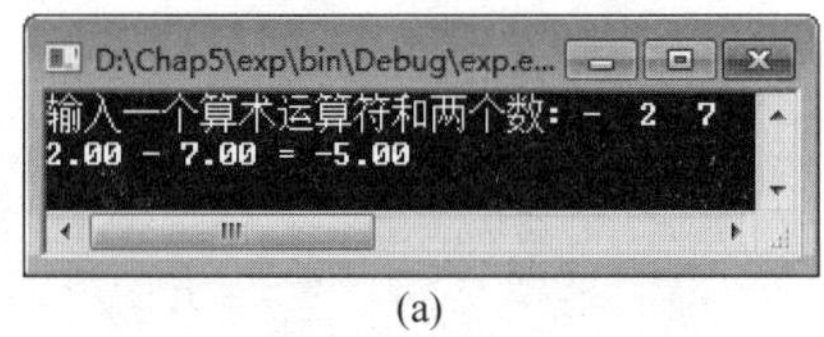

(a)

(b)

图 5-27　例 5-11 的运行结果

【例 5-12】 节假日某电器商场优惠促销活动,优惠比例 r 如表 5-5 所示,已知商品实际价格为 x 元,编程计算优惠后实际应付多少钱?

分析:该问题可以使用多分支 if 语句解决,也可以使用 switch 语句解决。以下程序选用 switch 语句,首先将商品价格分级别,再按级别选择优惠比例。

表 5-5　商品优惠比例 r

优惠条件	优惠比例 r	优惠条件	优惠比例 r
x＜1000	0	5000≤x＜8000	0.35
1000≤x＜2000	0.1	8000≤x＜10000	0.4
2000≤x＜5000	0.22	x≥10000	0.5

```
#include <stdio.h>
int main()
{
    int n;
    float x,y,r;
    printf("请输入商品的实际价格：");
    scanf("%f",&x);
    if(x<=0)
    {
        printf("输入的商品价格有误\n");
    }
    else
    {
        n=(int)x / 1000;          //将商品价格 x 分级别
        switch(n)                 //根据级别 n 选择优惠比例 r
        {
            case 0:  r=0;    break;
            case 1:  r=0.1;  break;
            case 2:
            case 3:
            case 4:  r=0.22; break;
            case 5:
            case 6:
            case 7:  r=0.35; break;
            case 8:
            case 9:  r=0.4;  break;
            default: r=0.5;
        }
        y=x*(1-r);
        printf("优惠后的商品价格为：%.2f\n",y);
    }
    return 0;
}
```

例 5-12 的流程图如图 5-28 所示。

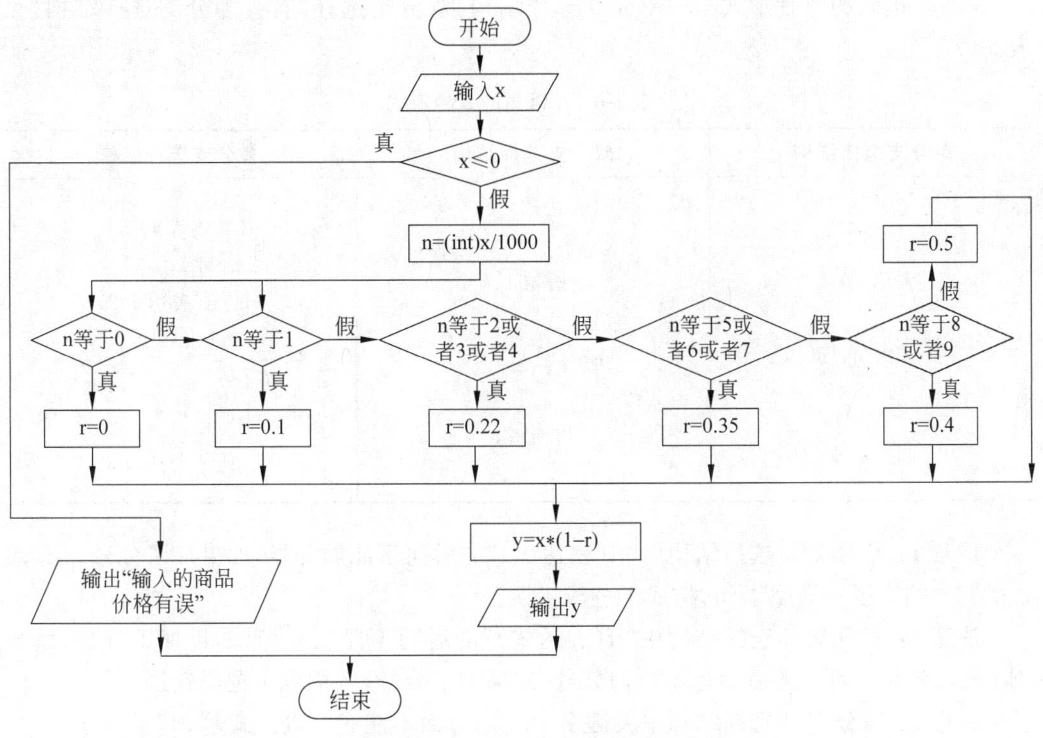

图 5-28 例 5-12 的流程图

程序运行结果如图 5-29 所示。

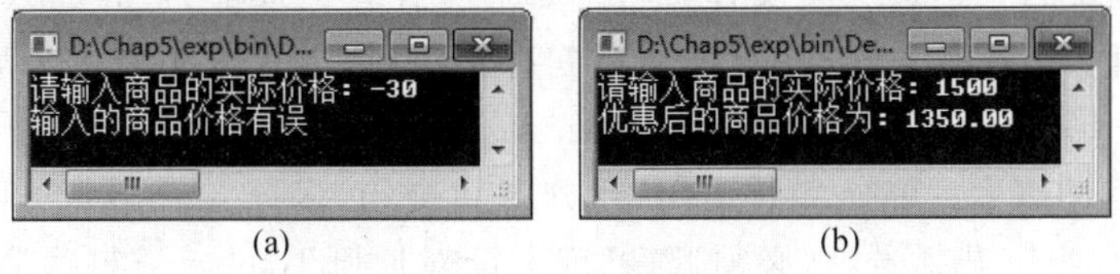

图 5-29 例 5-12 的运行结果

本题用多分支 if 语句实现较为简单，请读者自行编程实现，并体会 switch 语句与多分支 if 语句的异同。

5.7 本章小结

(1) 关系运算符(>、<、>=、<=、==、!=)共 6 个，关系表达式的值为 1 或者 0；注意区分赋值运算符(=)和关系运算符的等于号(==)。前者是做赋值操作，后者是判断两个数是否相等。

(2) 逻辑运算符(!、&&、||)共 3 个，逻辑表达式的值为 1 或者 0；注意逻辑与(&&)和逻辑或(||)的短路特性，及其常见错误。

(3) 选择结构有两种语句——if语句和switch语句。

(4) if语句的3种形式——单分支选择结构、双分支选择结构、多分支选择结构(见表5-6)。

表5-6 if语句的3种形式

单分支选择结构	双分支选择结构	多分支选择结构

if(表达式)
{
    语句;
}
	if(表达式)
	{
	    语句1;
	}
	else
	{
	    语句2;
	}
		if(表达式1)
		{ 语句1; }
		else if(表达式2)
		{ 语句2; }
		…
		else
		{ 语句n; }

注意1:单分支if选择结构中"if(表达式)"的后面不能加分号,如果加了分号,"if(表达式)"便结合了一条空语句,构成了逻辑错误。

注意2:双分支if选择结构中"if(表达式)"的后面不能加分号,如果加了分号,就构成了语法错误。else的后面也不能加分号,如果加了分号,就构成了逻辑错误。

注意3:双分支if选择结构中关键字else的后面不能有"(表达式)"。

注意4:区分"多分支选择结构"和"多个单分支选择结构"。"多分支选择结构"是多选一的情况,即多个分支中总是只执行其中一个分支。"多个单分支选择结构"是多选多的情况,每个分支的表达式之间没有关联。如果所有表达式都为真,那么所有if语句都执行;如果所有表达式都为假,则所有if语句都不执行;如果其中有几个表达式为真,就执行其中几个if语句。

(5) if语句的嵌套:单分支if语句、双分支if语句、多分支if语句可以相互嵌套,如果嵌套时语句体没有花括号,则必须遵循"就近配对原则":else子句总是和前面距离它最近的但是又不带其他else子句的if语句配对使用,与书写格式无关。

(6) switch语句形式

```
switch(表达式)
{   case 常量表达式 1: <语句体 1;><break;>
    case 常量表达式 2: <语句体 2;><break;>
        ⋮
    case 常量表达式 n: <语句体 n;><break;>
    <default: 语句体 n+1;>
}
```

注意1:switch后面的表达式必须用圆括号括起来,且该表达式的值必须是整型或者字符型。

注意2:case与其后面的常量表达式之间必须有空格。

注意 3：各 case 分支后面的常量表达式必须互不相同。

注意 4：语句体后面的 break 也可以缺省，如果没有缺省 break 语句，则执行完 break 语句就跳出整个 switch 语句；如果缺省了 break 语句，则表示继续执行下一个 case 分支。

注意 5：体会 switch 语句与多分支语句的异同。

5.8　习　　题

5.8.1　选择题

1. 假设 x、y、z 为整型变量，且 x=2，y=3，z=10，则下列表达式中值为 1 的是(　　)。

   A. x && y || z　　B. x>z

   C. (!x && y) || (y>z)　　D. x && !z || !(y && z)

2. C 程序中，正确表示“10<a<20 或 a>30”的条件表达式为(　　)。

   A. (a>10 && a<20) && (a>30)　　B. (a>10 && a<20) || (a>30)

   C. (a>10 || a<20) || (a>30)　　D. (a>10 && a<20) || !(a<30)

3. 执行以下程序段后，w 的值为(　　)。

```
int w='A',x=14,y=15;
w=((x||y)&&(w<'a'));
```

   A. −1　　B. NULL

   C. 1　　D. 0

4. 执行以下程序时从键盘输入 9，则输出结果是(　　)。

```
int main()
{
    int n;
    scanf("%d", &n);
    if(n++<10) printf("%d\n",n);
    else printf("%d\n", n--);
    return 0;
}
```

   A. 10　　B. 8　　C. 9　　D. 11

5. 以下是 if 语句的基本形式：

```
if(表达式) 语句
```

   其中“表达式”(　　)。

   A. 必须是逻辑表达式　　B. 必须是关系表达式

   C. 必须是逻辑表达式或关系表达式　　D. 可以是任意合法的表达式

6. 有以下程序

```
#include <stdio.h>
int main()
```

```
{
    int a=1,b=2,c=3;
    if(a==1 && b++==2)
        if(b!=2 || c--!=3)printf("%d,%d,%d\n",a,b,c);
        else printf("%d,%d,%d\n",a,b,c);
    else printf("%d,%d,%d\n",a,b,c);
    return 0;
}
```

程序运行后的输出结果是(　　)。

A. 1，2，3　　B. 1，3，2

C. 1，3，3　　D. 3，2，1

7. 有以下程序

```
#include <stdio.h>
int main()
{
    int i=1,j=1,k=2;
    if((j++ || k++)&& i++)
        printf("%d,%d,%d\n",i,j,k);
    return 0;
}
```

执行后输出结果是(　　)。

A. 1，1，2　　B. 2，2，1

C. 2，2，2　　D. 2，2，3

8. 有以下程序段

```
int a,b,c;
a=10; b=50; c=30;
if(a>b) a=b; b=c; c=a;
printf("a=%d b=%d c=%d \n",a,b,c);
```

程序的输出结果是(　　)。

A. a＝10 b＝50 c＝10

B. a＝10 b＝50 c＝30

C. a＝10 b＝30 c＝10

D. a＝50 b＝30 c＝50

9. 若有定义“float x＝1.5; int a＝1,b＝3,c＝2;”,则正确的switch语句是(　　)。

A.
```
switch(x)
{
    case 1.0: printf(" *\n");
    case 2.0: printf("**\n");
}
```

B.
```
switch((int)x);
{
    case 1: printf(" *\n");
    case 2: printf("**\n");
}
```

C. switch(a+b)
```
{
    case 1: printf(" * \n");
    case 2+1: printf("**\n");
}
```
D. switch(a+b)
```
{
    case 1: printf(" * \n");
    case c: printf("**\n");
}
```

10. 若 a、b、c1、c2、x、y、均是整型变量，正确的 switch 语句是(　　)

A. switch(a+b);
```
{
    case 1: y=a+b;break;
    case 0: y=a-b;break;
}
```
B. switch(a * a+b * b)
```
{   case 3:
    case 1: y=a+b;break;
    case 3: y=b-a; break;
}
```
C. switch a
```
{
    case c1: y=a-b;break;
    case c2: x=a * d;break;
    default:x=a+b;
}
```
D. switch(a-b)
```
{ default: y=a * b;break;
  case 3:
  case 4: x=a+b;break;
  case 10:
  case 11: y=a-b;break;}
```

11. 有以下程序：

```
#include <stdio.h>
int main()
{
    int a=16,b=21,m=0;
    switch(a%3)
    {   case 0: m++; break;
        case 1: m++;
                switch(b %2)
                {  default: m++;
                   case 0: m++; break;
                }
    }
    printf("%d\n",m);
    return 0;
}
```

程序运行后的输出结果是(　　)。

A. 1　　B. 2　　C. 3　　D. 4

12. C 语言对嵌套 if 语句的规定是 else 总是与(　　)配对。

A. 其之前最近的 if　　B. 第一个 if

C. 缩进位置相同的 if　　D. 其之前最近且不带 else 的 if

13. 若有说明语句“int w=1, x=2, y=3, z=4;”则表达式 w>x? w:z>y? z:x 的

值是(　　)。

A. 4　　B. 3　　C. 2　　D. 1

14. 以下关于switch语句和break语句的描述中,正确的是(　　)。

A. 在switch语句中必须使用break语句

B. break语句只能用于switch语句中

C. 在switch语句中,可根据需要用或不用break语句

D. break语句是switch语句的一部分

15. 有以下程序,输出结果是(　　)。

```
#include <stdio.h>
int main()
{
    int a=0,b=0,c=0,d=0;
    if(a=1) b=1; c=2;
    else d=3;
    printf("%d,%d,%d,%d\n",a,b,c,d);
    return 0;
}
```

A. 0,1,2,0　B. 0,0,0,3　C. 1,1,2,0　D. 编译有错

5.8.2 编程题

1. 从键盘输入3个正整数,判断能否构成三角形的三边。如果能,就按照以下提示的数学公式计算三角形的面积;如果不能,就输出"不能构成三角形"的提示信息。其中能构成三角形的判定条件是任意的两边之和均要大于第三边。计算三角形面积的公式是$s=\sqrt{x(x-a)(x-b)(x-c)}$,其中,$x=\frac{1}{2}(a+b+c)$。

2. 从键盘输入3个正整数,判断能否构成三角形的三边。如果能,判断是构成哪一种三角形(正三角形,还是等腰三角形,还是直角三角形,还是普通三角形);如果不能,就输出"不能构成三角形"的提示信息。

3. 根据月份判断季节,其中2、3、4月份是春季,5、6、7月份是夏季,8、9、10月份是秋季,11、12、1月是冬季。

4. 编写程序求一元二次方程$ax^2+bx+c=0$的实根,求实根的公式为:$x=\frac{-b\pm\sqrt{b^2-4ac}}{2a}$,方程的3个系数a、b、c的值从键盘输入。

5. 从键盘输入一个字符,判断如果是小写字母就转为大写字母;如果是大写字母就转为小写字母;如果是其他字符,就原样输出。

6. 从键盘输入一个百分制成绩,输出分数的等级。如果在90分及以上为A级别;80~89分为B级别;70~79分为C级别;60~69分为D级别;60分以下为E级别。

第6章 循环结构程序设计

在前面的章节中，介绍了C语言的基础知识、顺序结构、选择结构程序设计的基本思想，本章将介绍程序设计3种基本结构中的循环结构。循环结构用来描述重复执行某段算法的问题，可以减少源程序重复书写的工作量，这是程序设计中最能发挥计算机特长的程序结构。C语言中提供4种实现循环的方法：①while循环；②do…while循环；③for循环；④goto循环。4种循环都可以用来处理同一问题，一般情况下它们可以互相代替换，但是不提倡用goto循环，因为goto语句是无条件跳转语句，强制改变程序执行的顺序会带来不可预料的错误。本章我们将重点学习3种常用的循环结构语句——for语句、while语句、do…while语句。

6.1 while语句

while语句的一般形式如下：

```
while(表达式)
{
    循环体语句;
}
```

while语句的执行流程如图6-1所示。首先判断表达式的值，若表达式的值为真(非零)时，则执行循环体语句；不断反复，直到表达式的值为假(零)，则跳出循环体，转去执行循环体外的第一条语句。

while语句是先判断条件，后执行循环体，称为"当型"循环，因此，如果一开始条件就不成立，则循环体一次也不会执行。

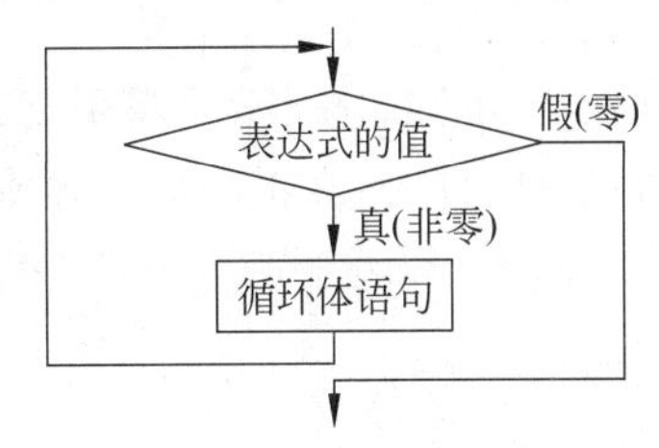

图6-1 while语句的执行过程

关于while语句的几点说明如下。

(1) while后面的表达式可以是任何符合C语言语法的表达式，当表达式的值为"非零"时表示真，为"零"时表示假。

(2) while只能自动结合一条语句作为循环体。根据这一特性，循环体书写时应注意以下几点。

① 如果循环体有多条语句,则必须用一对花括号{ }将多条语句括起来以构成复合语句,复合语句在语法上相当于一条语句,能够被 while 自动结合。

② 如果循环体只有一条语句,则可以省略花括号。但是建议初学者养成良好的编程习惯,即使循环体只有一条语句也用花括号括起来。

【例 6-1】 用 while 语句编程,求 $\sum_{n=1}^{100} n$,即 1+2+3+…+100。

分析:这是一个累加的问题,需重复若干次进行求和,因此使用循环结构解决问题。观察表达式可知,累加应执行 100 次,从 1 一直累加到 100。本例的流程图如图 6-2 所示。

```
#include <stdio.h>
int main()
{
    int i=1, sum=0;     //i 控制循环次数,sum 求和
    while(i<=100)       //判断循环条件
    {
        sum=sum+i;      //累加 i 值到 sum 中
        i++;            //i 自加 1
    }
    printf("1+2+3+…+100=%d\n",sum);
    return 0;
}
```

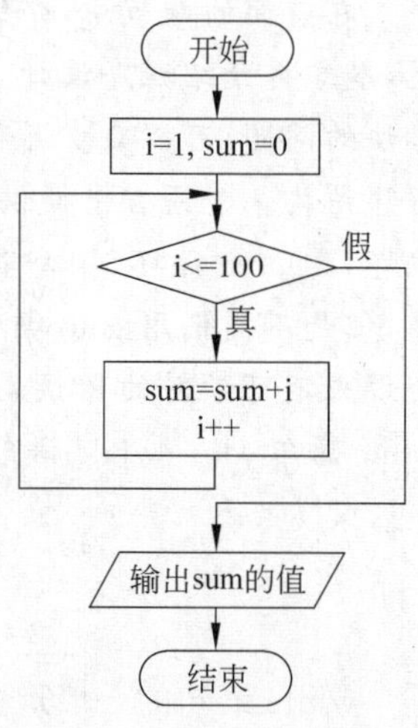

图 6-2 例 6-1 的流程图

程序运行结果如图 6-3 所示。

思考:

(1) 本程序中如果没有为变量 i 和 sum 赋初值,结果会怎样?

图 6-3 例 6-1 的运行结果

(2) while 循环结束后,变量 i 的值是多少?

(3) 循环体中如果缺少了"i++;"语句,将会造成什么错误?

初学者关于"while 语句"的常见错误如下。

错误 1:许多初学者常在"while(表达式)"后面写一个分号,殊不知,这个分号将引起逻辑错误。因为分号是一条空语句,会被 while 自动结合,构成空循环;而真正的循环体则不会被 while 结合。

例如,若例 6-1 的 while 循环写成如下形式,编译不会报错,但实际上构成了无限循环。

```
while(i<=100);
{
    sum=sum+i;
    i++;
}
```

因为 while(i<=100)后面有一个多余的分号,导致循环体是空语句,变量 i 的值不会自增,始终为初值 1,于是表达式"(i<=100)"恒为真,构成死循环。

错误 2:如果循环体有多条语句,却没有用花括号括起来,将导致逻辑错误。

例如,若例 6-1 的 while 循环写成如下形式,编译不会报错,但实际上构成了无限循环。

```
while(i<=100)
    sum=sum+i;
    i++;
```

因为 while(i <= 100)只能自动结合"sum=sum+i;"语句,即循环体仅有这一条语句,而"i++;"并未在循环体内,则变量 i 始终为 1,于是表达式"(i <=100)"恒为真,构成死循环。

错误 3:while 后面的"表达式"如果写错,将导致循环次数错误,或者导致死循环。

例 1:假设有以下已知条件"如果 t 的值大于 0.0005 时,就停止循环",应如何写 while 的表达式?如果写成"while(t > 0.0005)",是错误的。正确的写法是"while(t <= 0.0005)",其原因请读者思考。

例 2:假设有以下已知条件"如果 a 的值等于 b,就继续循环",应如何写 while 的表达式?如果写成"while(a=b)",是错误的。错在误将赋值号(=)当作等于号(==)。

人们常用循环结构解决数学问题,最常见的是解决级数求和问题。

【例 6-2】 利用公式$\frac{\pi}{4}\approx 1-\frac{1}{3}+\frac{1}{5}-\frac{1}{7}+\cdots$求 π 的近似值,直到最后一项的绝对值小于等于 10^{-6} 为止。

编程思路:本题是一个事先未知循环次数的问题,需要根据给定的条件来判断循环是否终止。仔细观察各项的变化规律是编程的关键。

例 6-2 的流程图如图 6-4 所示。

```
#include <stdio.h>
#include <math.h>
int main()
{
    //sum 求和,t 为当前项,n 为每一项的分母
    float PI, sum=0, t=1, n=1;
    int sign=1;                  //sign 表示符号
    while(fabs(t) >1e-6)
    {
        sum+ =t;                 //累加当前项
        n+ =2;                   //改变分母
        sign *=-1;               //改变符号
        t=sign / n;              //求当前项
```

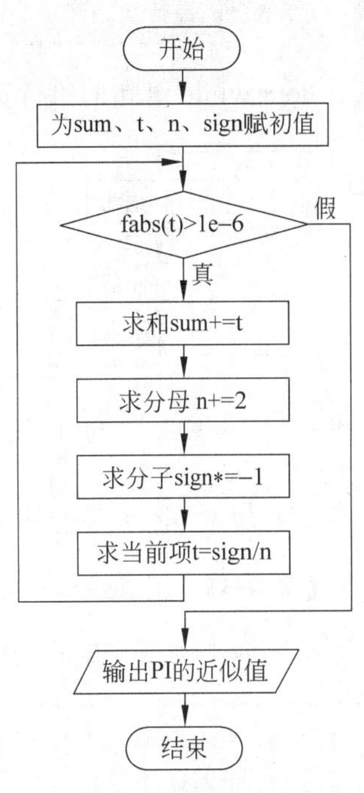

图 6-4　例 6-2 的流程图

```
14.     }
15.     pi=sum * 4;
16.     printf("PI 的近似值: %f\n", pi);
17.     return 0;
18. }
```

程序运行结果如图 6-5 所示。

图 6-5 例 6-2 的运行结果

说明：

(1) 程序第 8 行的 fabs(t)是一个求绝对值的数学库函数。

(2) 根据题意“直到最后一项的绝对值小于等于 10^{-6} 为止”，初学者容易把第 8 行的 while 表达式误写为 fabs(t) <= 1e-6。

思考： 程序第 10～13 行为循环体语句，为何将求和语句“sum += t;”放在循环体第一条语句的位置？可否将该语句放在循环体最后一条语句的位置？

6.2 do…while 语句

do…while 语句的一般形式如下：

```
do
{
    循环体语句;
}while(表达式);
```

do…while 语句的执行流程如图 6-6 所示。首先执行循环体语句，再判断表达式的值，如果表达式的值为真(非零)，就继续循环；直到表达式的值为假(零)，则跳出循环体，转去执行循环体外的第一条语句。

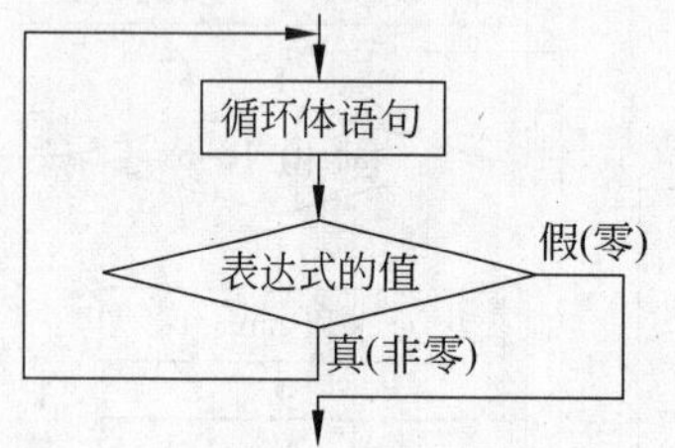

图 6-6 do…while 语句的执行流程

do…while 语句是先执行循环体，后判断条件，称为“直到型”循环，因此，循环体至少会被执行一次。

关于 do…while 语句的几点说明如下。

(1) do…while 语句的末尾，即 while(表达式)后面必须有一个分号，表示语句到此结束。

(2) 与 while 语句一样，do…while 只能自动结合一条语句作为循环体。

【例 6-3】 用 do…while 语句编程，求 $\sum_{n=1}^{100} n$。

分析：本例需完成的功能同例 6-1，流程图如图 6-7 所示。

```
#include <stdio.h>
int main()
```

```
{
    int i=1, sum=0;         //i 是循环变量,sum 求和
    do
    {
        sum=sum+i;          //累加 i 值到 sum 中
        i++;                //i 自加 1
    }while(i<=100);         //循环条件的判断
    printf("1+2+3+…+100=%d\n",sum);
    return 0;
}
```

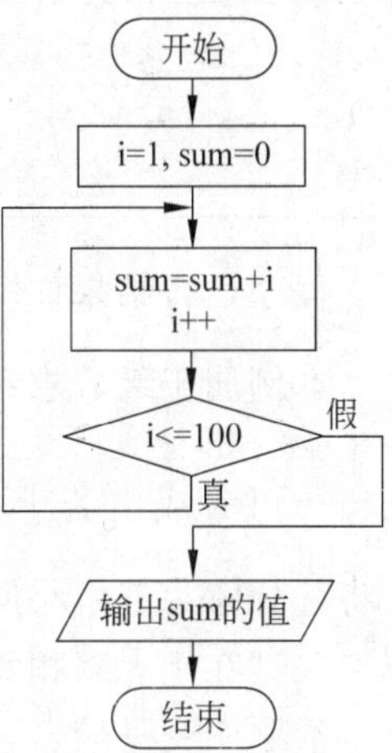

图 6-7　例 6-3 的流程图

程序运行结果如图 6-8 所示。

图 6-8　例 6-3 的运行结果

思考：比较例 6-1 的程序，表达式 i <= 100 在例 6-1 的程序中和本题程序中各被判断了多少次？循环体语句“sum＝sum＋i; i＋＋;”在例 6-1 的程序中和本题程序中又各被执行了多少次？

【例 6-4】 计算 $\sin x = x - \frac{x^3}{3!} + \frac{x^5}{5!} - \frac{x^7}{7!} + \cdots$ 直到最后一项的绝对值小于 10^{-7} 时为止。

编程思路：本题的表达式中前后项之间存在关联，应使用递推法来求解。让多项式的每一项与一个变量 n 对应，n 的值依次为 1,3,5,7…从多项式的前一项算至后一项，后一项的分子等于前一项的分子乘以 $-x^2$，后一项的分母等于前一项的分母乘以 $(n-1)*n$。用 s 表示多项式的值，用 t 表示每一项的值，程序如下：

```
#include <stdio.h>
#include <math.h>
int main()
{
    double x,zi,mu=1,t,s=0;
    int i=1;
    printf("请输入 x 的值:");
    scanf("%lf",&x);
    t=x;
    zi=x;
    do
    {
        s +=t;                      //求和
        zi *=((-1)*x*x);            //求每一项的分子
        i +=2;                      //i 值加 2
        mu *=(i -1)*i;              //求每一项的分母
        t=zi / mu;                  //求每一项 t
    }while(fabs(t)>=1e-7);          //如果 t 的绝对值大于 1e-7,则继续循环
```

```
    printf("sin(%f)=%lf\n",x,s);
    return 0;
}
```

程序运行结果如图 6-9 所示。

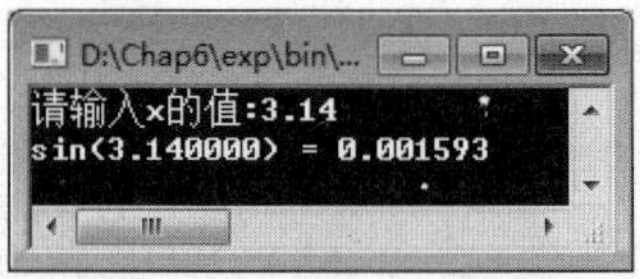

图 6-9 例 6-4 的运行结果

本例属于级数求和问题,表达式 $\sin x = x - \frac{x^3}{3!} + \frac{x^5}{5!} - \frac{x^7}{7!} + \cdots$ 可看成由若干项累加而成。该表达式较为复杂,若将其分解为若干小问题,逐一解决,则复杂问题便可解决。关键在于观察相邻两项,找规律,把每一项的分子、分母单独处理。

本题中变量较多,如何确定每个变量的初值也是关键之处,可根据每个变量在第一次循环中的预期值反推其初值,其推导过程如下所述。

第一次循环,求和变量 s 的预期值是 x,根据语句“s += t;”反推 s 的初值是 0,t 的初值是 x。

第一次循环,分子 zi 的预期值是 $-x^3$,根据语句“zi *= ((-1) * x * x);”反推 zi 的初值是 x。

变量 i 的值与分母的计算息息相关,第一次循环,若 i 的值为 3,则后续变量 mu 的值可算得 3!,根据语句“i += 2;”反推 i 的初值是 1。

第一次循环,分子 mu 的预期值是“3!”,根据语句“mu *= (i - 1) * i;”反推 mu 的初值是 1。若求出分子、分母,便可求得每一项 t,根据语句“t=zi / mu;”可知,变量 t 不需要给定初值。

6.3 for 语句

6.3.1 for 语句的一般形式

for 语句是循环控制结构中使用最广泛的一种循环控制语句。不仅可以用于循环次数已经确定的情况,也可以用于循环次数不确定而只给出循环结束条件的情况,它的一般形式如下:

```
for(表达式 1; 表达式 2; 表达式 3)
{
    循环体语句;
}
```

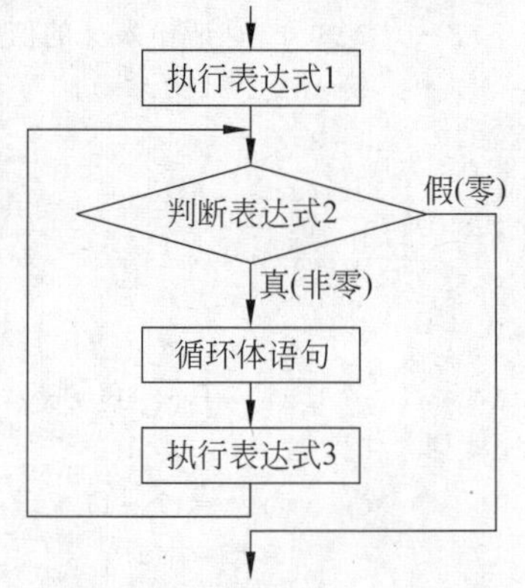

图 6-10 for 语句的执行流程

观察 for 语句的形式,可知在关键字 for 后面有 3 个表达式,表达式之间用分号隔开。for 语句的执行流程如图 6-10 所示,其中表达式 1 在循环体前执行。表达式 2 在每次循环开始时被判断,其值为真(非零)就执行循环体，其值为假(零)就跳出循环。表达式 3 在每次循环的循环体后面执行。

【例 6-5】　用 for 语句编程，求 n!，其中 n 值从键盘输入。

例 6-5 的流程图如图 6-11 所示。

```
1. #include <stdio.h>
2. int main()
3. {
4.     int i, n, fac=1;
5.     printf("请输入 n 值: ");
6.     scanf("%d", &n);
7.     for(i=1; i<=n; i++)
8.     {
9.         fac=fac * i;
10.    }
11.    printf("%d!=%d\n", n, fac);
12.    return 0;
13. }
```

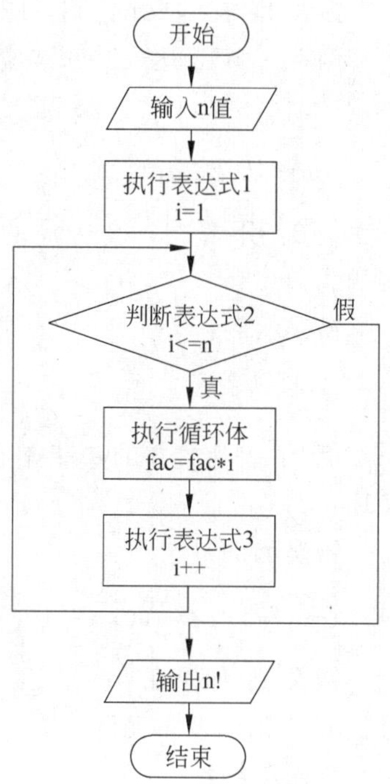

图 6-11　例 6-5 的流程图

程序运行结果如图 6-12 所示。

说明：程序第 7 行“for(i＝1; i＜＝n; i＋＋)”中根据 for 语句的 3 个表达式可知，循环变量 i 的初值是 1，终值是 n，每次循环 i 自增 1，于是循环次数为 n 次。

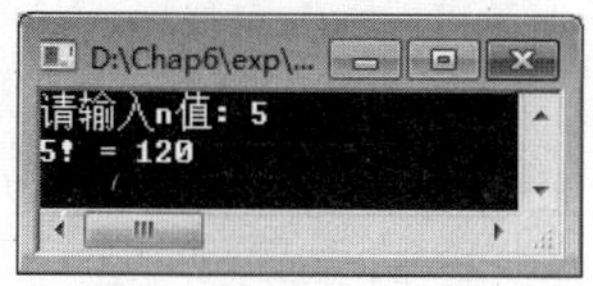

图 6-12　例 6-5 的执行结果

有关 for 语句的说明如下。

(1) for 语句的“表达式 1”和“表达式 3”多为赋值表达式，“表达式 2”多为关系表达式和逻辑表达式。

(2) 与 while 语句、do…while 语句一样，for 只能自动结合一条语句作为循环体。因此，如果循环体有多条语句时，必须用一对花括号将若干语句括起来以构成复合语句；如果循环体只有一条语句，则可以省略花括号。

理解并能够正确书写 for 语句的 3 个表达式，对于循环的正确执行起到关键性作用，表 6-1 中比较了这 3 个表达式的功能及含义。

表 6-1　比较 for 语句 3 个表达式的含义及功能

比较项目	表达式 1	表达式 2	表达式 3
名称	初始表达式	条件表达式	循环表达式
何时执行	循环之前执行	每次循环开始时被判断	每次循环的循环体之后执行
执行次数	1 次	N＋1 次	N 次
功能	为变量赋初值	作为循环的控制条件	递增或递减循环变量的值

初学者关于for语句的常见错误如下所示。

错误1：初学for语句,往往会将其后的3个表达式写错。

例1：3个表达式之间本应用分号隔开,但是一些初学者会误用逗号隔开。

错误示例：

```
for(i=1,i<=100,i++)
```

例2：分隔3个表达式的是两个分号,如果在表达式3后面再加一个分号是错误的。

错误示例：

```
for(i=1; i<=100; i++; )
```

例3：表达式3的功能是自增或自减循环变量的值,若未实现此功能,会引起无限循环。

错误示例：

```
for(i=1; i<=100; i+1)
```

错误2：如果在for(表达式1；表达式2；表达式3)的后面误写一个分号,则这个分号被for结合,使得循环体为空语句,导致死循环。

错误示例：

```
for(i=1; i<=100; i++);
{
    sum=sum+i;
}
```

6.3.2 for语句缺省表达式的形式

for语句的表达式1、表达式2、表达式3均可以缺省,但是表达式之间的两个分号不能缺省。如果缺省了某个或某几个表达式,为了保证循环的正确性,应在程序中合适的位置添加相应语句,以完成与被缺省表达式相同的功能。

1. for语句缺省"表达式1"

根据图6-10可知,for语句的表达式1是在循环之前执行。如果表达式1缺省,则应将相应的语句添加在for语句之前。例如：

```
int i=1,sum=0;                                int i,sum=0;
for( ; i<=100; i++)          等价于           for(i=1; i<=100; i++)
{  sum=sum+i;  }                              {  sum=sum+i; }
```

2. for语句缺省"表达式2"

根据图6-10可知,for语句的表达式2是在每次循环开始时被判断,其值若为真,就继续循环；其值若为假，就结束循环。如果表达式 2 缺省，则没有循环条件被判断，即认为循环条件始终为真。例如：

```
int i,sum=0;
for(i=1;  ; i++)
{
    sum=sum+i;
}
```

等价于

```
int i=1,sum=0;
while(1)
{   sum=sum+i;
    i++;
}
```

以上程序段为死循环，没有实际意义，累加将无限执行下去。若要结束循环，则应在循环体内添加跳出循环的“break;”语句，可参看例 6-6。

3. for 语句缺省“表达式 3”

根据图 6-10 可知，for 语句的表达式 3 是在每次循环体之后被执行。如果表达式 3 缺省，则应将相应的语句添加在 for 循环体语句的后面。例如：

```
int i,sum;
for(i=1,sum=0; i<=100; )
{
    sum=sum+i;
    i++;
}
```

等价于

```
int i,sum;
for(i=1,sum=0; i<=100; i++)
{
    sum=sum+i;
}
```

【例 6-6】 用 for 语句编程求 $\sum_{n=1}^{100} n$，要求使用 for 语句缺省表达式方法编写程序。

例 6-6 的流程图如图 6-13 所示。

```
#include <stdio.h>
int main( )
{
    int i, sum=0;
    i=1;                       相当于表达式1
    for( ; ; )
    {
        if(i<=100)             相当于表达式2
        {
            sum=sum+i;
            i++;               相当于表达式3
        }
        else
        {
            break;   //结束循环
        }
    }
    printf("1+2+3+…+100 = %d\n",sum);
    return 0;
}
```

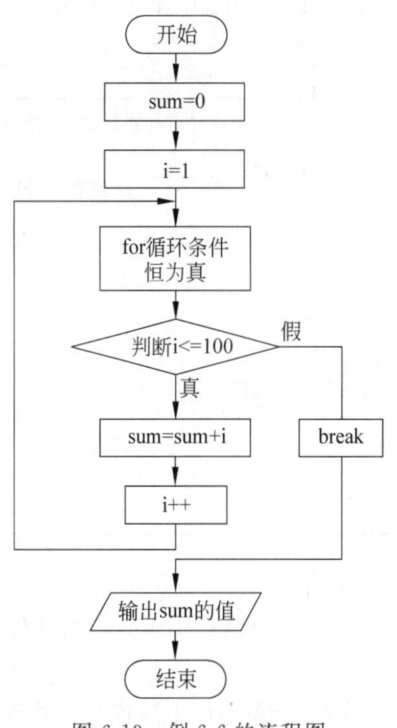

图 6-13 例 6-6 的流程图

程序运行结果如图 6-14 所示。

图 6-14　例 6-6 的运行结果

说明：

(1) 程序第 6 行 for(; ;)是 for 语句缺省了 3 个表达式的形式。

(2) 表达式 1 缺省，相应的功能添加为程序第 5 行“i=1;”。

(3) 表达式 2 缺省，相应的功能添加为程序第 8 行 if(i <= 100)。为了循环能够正常结束，循环体内还添加了 else 分支，一旦“break;”语句被执行，就结束 for 循环(break 语句参考 6.5 节)。

(4) 表达式 3 缺省，相应的功能添加为程序第 11 行“i++;”。

思考：假如本题的 for 循环体中没有 else 分支，运行结果会如何？

特别说明：程序第 6 行 for(; ;)表示无限循环，等价于 while(1)。

for 循环功能很强大，使用也很灵活，语句中的 3 个表达式可以是任何合法的表达式。循环结构用 for 语句实现，通常比 while 语句和 do…while 语句短小简洁，因此 for 语句使用频繁，应用范围广。

6.3.3　比较 3 种循环语句

一般情况下，3 种循环语句(for 语句、while 语句、do…while 语句)可以相互代替，表 6-2 列出了它们之间的区别。

表 6-2　比较 3 种循环语句

比较内容	for(表达式 1; 表达式 2; 表达式 3)
	{
	循环体语句;
	}
		while(表达式)
		{
		循环体语句;
		}
			do
			{
			循环体语句;
			}while(表达式);

循环类别	当型循环	当型循环	直到型循环
为循环变量赋初值	表达式 1	在 while 之前	在 do 之前
控制循环的条件	表达式 2	表达式	表达式
改变循环条件	表达式 3	循环体中用专门语句	循环体中用专门语句
提前结束循环	break	break	break

说明：

(1) 3 种循环中 for 语句功能最强大，使用最多，任何情况的循环都可使用 for 语句实现。

(2) 当循环体至少执行一次时，使用 do…while 语句与 while 语句等价。如果循环体可能一次也不执行，则只能使用 while 语句或 for 语句。

6.4　循环的嵌套

如果在一个循环内完整地包含另一个循环结构，则构成循环的嵌套，也称为多重循环。嵌套的层数应根据需要而定，嵌套一层称为二重循环，嵌套二层称为三重循环。三种循环语句（while 循环、do…while 循环和 for 循环）可以相互嵌套，下面是几种常见的二重循环嵌套形式。

```
(1) for(…)              (2) for(…)              (3) while(…)
    {…                      { …                     { …
        for(…)                  while(…)                for(…)
        {                       {                       {
            …                       …                       …
        }                       }                       }
    }                       }                       }
(4) while(…)            (5) do                  (6) do
    {…                      { …                     { …
        while(…)                for(…)                  do
        {                       {                       {
            …                       …                       …
        }                       }                       }while(…);
    }                       }while(…);              }while(…);
```

【例 6-7】 使用循环的嵌套结构编写程序，依次输出图 6-15～图 6-18 所示图形。

```
*******
*******
*******
*******
```

图 6-15　用星号构成的矩形

```
*
***
*****
*******
```

图 6-16　用星号构成的直角三角形

```
   *
  ***
 *****
*******
```

图 6-17　用星号构成的正三角形

```
        1
       222
      33333
     4444444
    555555555
   66666666666
  7777777777777
 888888888888888
99999999999999999
```

图 6-18　用数字构成的正三角形

分析：

(1) 图 6-15 为矩形，由 4 行星号组成，每行有 7 个星号，可使用双重循环嵌套结构解

决问题。外循环控制行数,内循环控制每行星号的个数。输出矩形的程序如下:

```
#include <stdio.h>
int main()
{
    int i,k;
    for(i=1; i<=4; i++)          //外循环是 4 次,控制行数
    {
        for(k=1; k<=7; k++)      //内循环是 7 次,控制每行星号的个数
        {
            printf("*");
        }
        printf("\n");            //每行末尾的换行符
    }
    return 0;
}
```

程序运行结果如图 6-19 所示。

图 6-19 显示矩形

(2) 图 6-16 为直角三角形,由 4 行星号组成,每行星号个数递增,可使用双重循环嵌套结构解决问题。外循环控制行数,内循环控制每行星号的个数,与图 6-15 不同的是,内循环的循环次数是一个变值,根据表 6-3 的分析可知,每行星号的个数随着行号进行有规律的变化。

表 6-3 直角三角形中行号和星号个数的关系

行名	行号	星号个数	行名	行号	星号个数
第 1 行	1	1	第 3 行	3	5
第 2 行	2	3	第 4 行	4	7

根据表 6-3,可以得到行号取值与星号个数的数学关系:每行星号个数=行号×2-1。输出直角三角形的程序如下:

```
#include <stdio.h>
int main()
{
    int i,k;
    for(i=1; i<=4; i++)              //外循环是 4 次,控制行数
    {
        for(k=1; k<=2*i-1; k++)  //内循环是 2*i-1 次,控制每行星号的个数
        {
            printf("*");
        }
```

```
        printf("\n");
    }
    return 0;
}
```

程序运行结果如图 6-20 所示。

(3) 图 6-17 为正三角形，行数为 4 行，每行星号个数递增，与直角三角形不同的是，正三角形每行中除了有星号，还有空格。表 6-4 列出了每行行号与空格个数、星号个数的关系。

表 6-4　正三角形中行号和空格个数、星号个数的关系

行名	行号	空格个数	星号个数	行名	行号	空格个数	星号个数
第 1 行	1	3	1	第 3 行	3	1	5
第 2 行	2	2	3	第 4 行	4	0	7

根据表 6-4，可以得到行号取值与空格个数的数学关系：每行空格个数＝4－行号。输出正三角形的程序如下：

```
#include <stdio.h>
int main()
{
    int i,j,k;
    for(i=1; i<=4; i++)                //外循环是 4 次，控制行数
    {
        for(j=1; j<=4 -i; j++)         //第一个内循环是 4-i 次，控制每行空格的个数
        {
            printf(" ");
        }
        for(k=1; k<=2*i -1; k++)  //第二个内循环是 2*i-1 次，控制每行星号的个数
        {
            printf("*");
        }
        printf("\n");
    }
    return 0;
}
```

程序运行结果如图 6-21 所示。

图 6-20　显示直角三角形

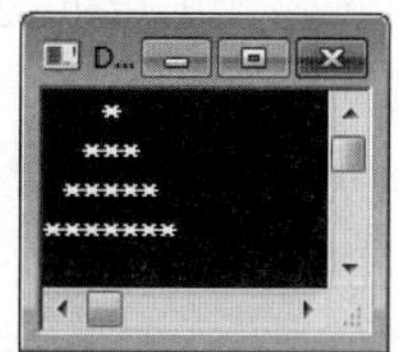

图 6-21　显示星号组成的正三角形

(4) 图 6-18 是用数字组成的正三角形，行数为 9 行，每行数字的个数递增，分析方法与图 6-17 相同。输出数字组成的正三角形的程序如下：

```
1. #include <stdio.h>
2. int main()
3. {
4.     int i,j,k;
5.     for(i=1; i<=9; i++)             //外循环是 9 次,控制行数
6.     {
7.        for(j=1; j<=9 -i; j++)     //第一个内循环是 9-i 次,控制每行空格的个数
8.        {
9.           printf(" ");
10.       }
11.       for(k=1; k<=2 * i -1; k++)//第二个内循环是 2 * i-1 次,控制每行数字的个数
12.       {
13.          printf("%d",i);
14.       }
15.       printf("\n");
16.    }
17.    return 0;
18. }
```

程序运行结果如图 6-22 所示。

说明：程序第 13 行“printf("%d", i);”是将每行中的数字看成整数 1～9。如果把每个数字看成数字字符'1'～'9'，则第 13 行可以修改为以下两种方法：

(1) printf("%c", '0'+i);

(2) printf("%c", 48+i);

图 6-22　显示数字组成的正三角形

6.5　break 语句

在前面学习 switch 语句时，已经接触到 break 语句，在 case 子句执行完后，能通过 break 语句使流程跳出 switch 结构。break 语句也可以用在循环结构中(for 语句、while 语句、do…while 语句中均可使用 break 语句)，其作用是立即结束循环，流程转到执行循环语句后的语句。break 语句一般是放在循环体中的某个 if 语句内，表示当某个条件满足时便结束循环。

break 语句的一般形式如下：

```
break;
```

【例 6-8】 输出 500 以内能同时被 3 和 7 整除的前 10 个正整数。

分析：本题使用循环结构编程，依次判断 1～500 之内的数哪些满足要求，当统计到 10 个满足条件的数时，即停止循环。

例 6-8 的流程图如图 6-23 所示。

```
#include <stdio.h>
int main()
{
    int i, n=0;
    printf("500 以内能被 3 和 7 整除的前 10 个数: ");
    for(i=1; i<=500; i++)
    {
        if(i%3==0 && i%7==0)
        {
            printf("%-8d", i);   //输出满足条
                                 //件的数
            n++;         //个数加 1
            if(n==10)    //判断数是否达到 10 个
            {
                break;  //提前结束循环
            }
        }
    }
    return 0;
}
```

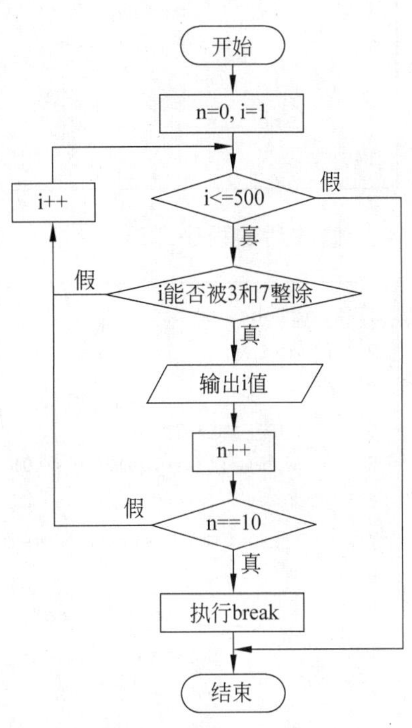

图 6-23　例 6-8 的流程图

程序运行结果如图 6-24 所示。

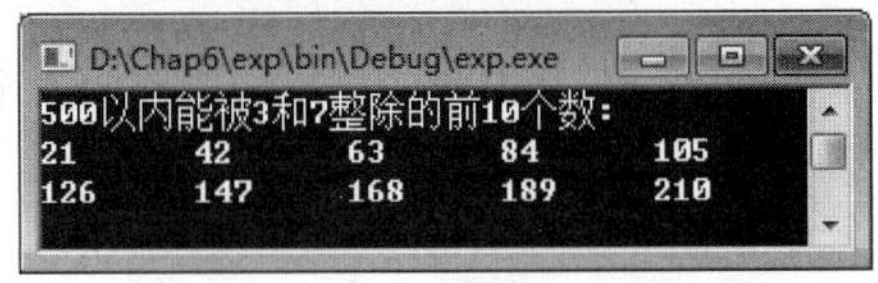

图 6-24　例 6-8 的运行结果

从图 6-23 所示的流程图中不难看出，由于程序采用了 break 语句，在算法结构上出现了非结构化的设计。一般来说，好的结构化程序在设计算法时应尽量避免使用 break 语句，对于例 6-8 的程序，我们可以修改为以下两种方法，修改后的程序没有使用 break 语句，满足了结构化的要求。

修改后的程序一：

```
#include <stdio.h>
int main()
{
    int i, n=0;
    for(i=1; i<=500 && n<10; i++)
```

```
    {
        if(i%3==0 && i%7==0)
        {
            printf("%-8d", i);
            n++;
        }
    }
    return 0;
}
```

修改后的程序二：

```
#include <stdio.h>
int main()
{
    int i=1, n=0;
    while(i <=500 && n <10)
    {
        if(i%3==0 && i%7==0)
        {
            printf("%-8d", i);
            n++;
        }
        i++;
    }
    return 0;
}
```

有关break语句还需说明一点：当break处于循环嵌套结构中时，它只能结束直接包含它的那一层循环，而对其他循环结构无影响。

6.6 continue语句

continue语句只用于循环结构中，但是continue语句不会中止循环。continue语句一般放在循环体中的某个if语句内，表示当某个条件满足时便跳过所有位于其后的循环体语句，提前结束本次循环并继续下一次循环。continue语句的一般形式如下：

```
continue;
```

【例6-9】 输出20以内不能同时被2和3整除的正整数。

例6-9的流程图如图6-25所示。

方法一的程序：

```
#include <stdio.h>
int main()
{
    int i, n=0;
    printf("20 以内不能同时被 2 和 3 整除的数是: \n");
    for (i=1; i <=20; i++)
    {
        if (i %2==0 && i %3==0)
        {
            continue;
        }
        printf("%d\t", i);
        n++;
    }
    printf("\n 满足条件的数有%d 个\n", n);
    return 0;
}
```

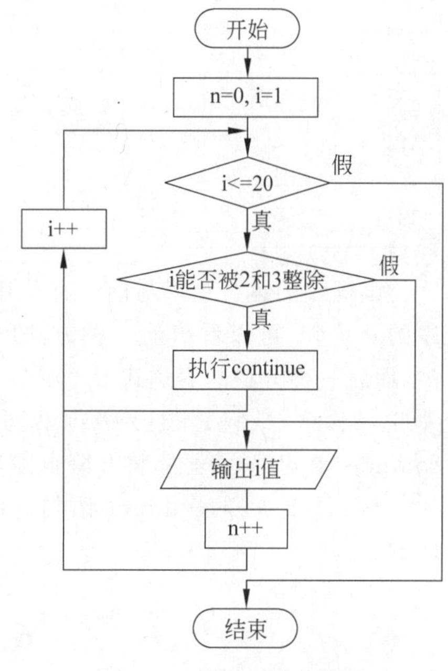

图 6-25　例 6-9 的流程图

程序运行结果如图 6-26 所示。

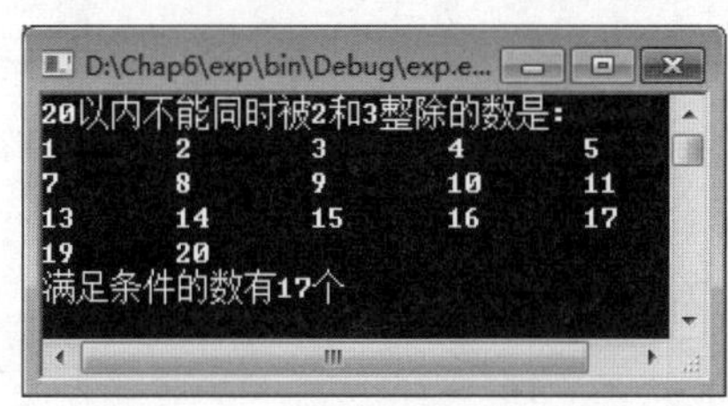

图 6-26　例 6-9 的运行结果

分析：根据题意，在 1～20 的范围内，某数若同时能被 2 和 3 整除，则不输出。于是判断如果满足条件 i%2==0 && i%3==0，就执行 continue 语句，以跳过位于其后的“printf("%d\t", i);”语句和“n++;”语句。

读者仔细分析以上程序可知，if 语句的表达式 i%2==0 && i%3==0 所判断的条件正好是与题意要求的“不能同时被 2 和 3 整除”的条件相反。因此我们可以这样理解，continue 语句的使用是一种逆向思维。若本题不采用逆向思维的方式，而是直接写出“不能同时被 2 和 3 整除”的表达式，这个表达式将会比较复杂，修改后的程序如下。

方法二的程序：

```
#include <stdio.h>
int main()
{
    int i,n=0;
    for(i=1; i<=20; i++)
    {
        if((i%2==0 && i%3!=0) || (i%2!=0 && i%3==0) || (i%2!=0 && i%3!=0))
        {
```

```
            printf("%d\t",i);
        }
    }
    printf("\n");
    return 0;
}
```

该程序的运行结果与前一种使用 continue 语句的程序运行结果相同,比较这两个程序的 if 语句,可以看出前一种方法的表达式 if (i%2==0 && i%3==0)书写较为简洁,而后一种方法的表达式 if ((i%2==0 && i%3!=0) || (i%2!=0 && i%3==0) || (i%2!=0 && i%3!=0))书写较为复杂。读者可以自己总结,何种情况下使用 continue 语句编写程序,将会降低逻辑条件的复杂性。

与 break 一样,continue 语句也仅仅能控制直接包含它的循环,而对其他循环结构无影响。

6.7 goto 语句

goto 语句也称为无条件转移语句,其一般形式如下:

```
goto 语句标号;
```

其中,语句标号是按标识符命名规则书写的符号,放在某一语句行前面,标号后加冒号":"。语句标号起标识语句的作用,与 goto 语句配合使用。

例如:

```
label: i++;          //这里的 label 就是一个语句标号
```

C 语言不限制程序中使用标号的次数,但各标号不得重名。goto 语句的语义是改变程序流向,转去执行语句标号所标识的语句。

goto 语句通常与条件语句配合使用,可用来实现条件转移,构成循环。

【例 6-10】 统计从键盘输入的一行字符的个数。

方法一的程序:

```
#include <stdio.h>
int main()
{
    int n=0;
    printf("请输入一个字符串:");
loop:
    if(getchar()!='\n')
    {
        n++;
```

```
        goto loop;       //跳转到标号 loop 处
    }
    printf("字符个数是：%d\n",n);
    return 0;
}
```

程序运行结果如图 6-27 所示。

图 6-27　例 6-10 的运行结果

本例用 if 语句和 goto 语句构成循环结构。当输入字符不为'\n'时执行语句“n++;”进行计数，然后执行“goto loop;”跳转至 if 语句循环执行。直至输入字符为'\n'才停止循环。

需要强调的是，goto 语句允许任意转向，是非结构化语句，在结构化程序设计中不主张使用 goto 语句，以免造成程序流程的混乱，使理解和调试程序都产生困难。因此读者自己编写程序时应做到少用或不用 goto 语句。

对于例 6-10 的程序一，可以修改为不使用 goto 语句的形式，以满足结构化的要求。修改后的程序如下。

方法二的程序：

```
#include <stdio.h>
int main()
{
    int n=0;
    printf("请输入一个字符串：");
    while(getchar()!='\n')
    {
        n++;
    }
    printf("字符个数是：%d\n",n);
    return 0;
}
```

6.8　循环结构应用实例

【例 6-11】　从键盘输入一个整数，判断该数是否为素数。素数是指只能被 1 和它本身整除的数。

分析：判断整数 n 是否为素数的基本方法是将 n 分别除以 2、3、…、n－1，若都不能被这些数整除，则 n 为素数；否则，如果 n 能被其中某个数整除，则 n 不是素数。例如，7 是素数，在 2～6 的判断范围内，7 不能被其中任何一个数整除，于是 7 是素数。而 12 不是素数，在 2～11 的判断范围内，12 能被 2、3、4、6 整除，但仅判断到 2 时便可知 12 不是素数,后续的数无须判断,这时可使用break语句在判断到2时终止循环。因此,可以这样说,素数问题是break语句的典型应用。

方法一:循环变量终值法。程序运行结果如图6-28所示。

```
#include <stdio.h>
int main()
{
    int n,i;
    printf("请输入一个整数: ");
    scanf("%d",&n);
    for(i=2; i<n; i++)
    {
        if(n %i==0)    //判断n能否被i整除
        {
            break;     //结束循环
        }
    }

    if(i==n)           //循环结束后,根据i与n的大小关系,判断n是否是素数
    {
        printf("%d是素数\n",n);
    }
    else if(i<n)
    {
        printf("%d不是素数\n",n);
    }
    return 0;
}
```

(a) 第一次执行运行结果

(b) 第二次执行运行结果

图6-28 方法一的运行结果

对于初学者来说,素数问题是一个难点,根据本例的方法一,通过表6-5对素数与非素数的判断过程进行比较。

根据表6-5可知,若一个整数n是素数,则在for循环中,if条件n % i == 0始终为"假",不会执行"break;"语句,于是for循环正常结束,循环结束后,循环变量i的值等于n。若一个整数n不是素数,则在for循环中,if条件n % i == 0至少有一次为"真",于

表 6-5 比较素数和非素数的判断过程

比 较 内 容	素数(以 n=7 为例)	非素数(以 n=9 为例)
for 循环变量 i 的取值范围	2～6	2～8
for 循环过程中是否执行了 break 语句	不执行	执行
for 循环是如何结束的	正常结束	提前结束
for 循环结束后,i 与 n 的大小关系	i 等于 n	i 小于 n

是执行“break;”语句提前跳出循环,在 for 循环结束后,循环变量 i 的值必然小于 n。因此只需在 for 循环后利用 if 语句判断 i 与 n 的大小关系,便可断定 n 是素数还是非素数。这种方法称为“循环变量终值法”,循环变量是指 i,终值是指 n。

方法二:标记变量法。运行结果如图 6-29 所示。

```
#include <stdio.h>
int main()
{
    int n,i,flag=1;        //flag 为标记变量,约定 flag 值为 1 时,表示 n 是素数
    printf("请输入一个整数: ");
    scanf("%d",&n);
    for(i=2; i<n; i++)
    {
        if(n %i==0)
        {
            flag=0;        //修改 flag 值为 0,表示 n 不是素数
            break;
        }
    }

    if(flag==1)            //循环结束后,根据 flag 的值是 1 还是 0,判断 n 是否是素数
    {
        printf("%d 是素数\n",n);
    }
    else if(flag==0)
    {
        printf("%d 不是素数\n",n);
    }
    return 0;
}
```

方法二称为“标记变量法”,此法主要体现在变量 flag 的取值。定义 flag 变量时为其赋初值 1,表示默认 n 为素数。若是在 for 循环中,由于 if 条件 n % i == 0 为真,则将

(a) 第一次执行运行结果

(b) 第二次执行运行结果

图 6-29　方法二的运行结果

flag 值修改为 0，表示 n 不是素数。因此，只需在 for 循环后，利用 if 语句判断 flag 的值是 1 还是 0，便可断定 n 是素数还是非素数。

【例 6-12】 将一张面值为 100 元的人民币等值换成 100 张 5 元、1 元和 0.5 元的零钞，要求每种零钞不少于 1 张，问有哪几种组合？

分析：如果用 x、y、z 来分别代表 5 元、1 元和 0.5 元零钞的张数，根据题意可得到下面两个方程：

$$x+y+z=100$$
$$5x+y+0.5z=100$$

从数学上，本题无法得到解析求解，但用计算机便可方便地求出各种可能的解，这类问题属于穷举法问题。

通过分析可知，x 最大取值应小于 20，因每种面值不少于 1 张，于是 y 最大取值应为 100－x，同时在 x、y 取值确定后，z 的值便确定了：z=100－x－y。

```
#include <stdio.h>
int main()
{
    int x,y,z,n;
    printf("5元(张)\t1元(张)\t5角(张)\n");
    n=0;
    for(x=1; x<=20; x++)
    {
        for(y=1; y<=100 -x; y++)
        {
            z=100 -x -y;
            if(5*x+y+0.5*z==100)
            {
                printf("%d\t%d\t%d\n",x,y,z);
                n++;
            }
        }
    }
    printf("\n组合数：%d\n",n);
    return 0;
}
```

程序运行结果如图 6-30 所示。

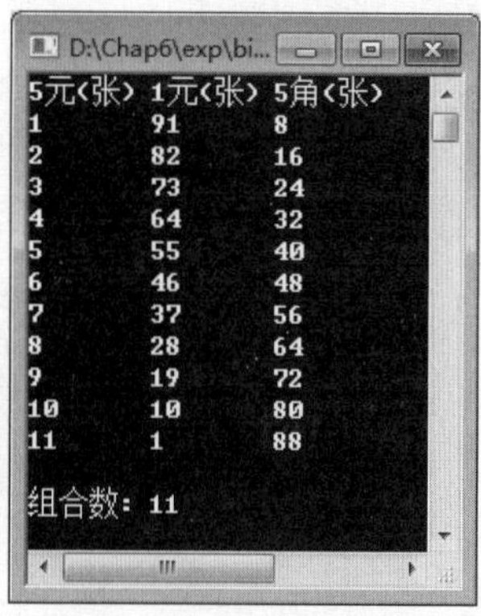

图 6-30　例 6-12 的运行结果

穷举法(又称“枚举法”)的基本思想是一一列举各种可能的情况,并判断哪一种可能是符合要求的解。

【例 6-13】 用迭代法求某个数的平方根。

已知求平方根$\sqrt{a}$的迭代公式为:

$$x_1 = \frac{1}{2}\left(x_0 + \frac{a}{x_0}\right)$$

分析:设平方根$\sqrt{a}$的解为 x,可假定一个初值 $x_0 = a/2$(估计值),根据迭代公式得到一个新的 x_1,这个新值 x_1 比初值 x_0 更接近要求的值 x;再以新值作为初值,即 $x_1 \rightarrow x_0$,重新按原来的方法求 x_1,重复这一过程直到 $|x_1 - x_0| < \varepsilon$(某一给定的精度),此时可将 x_1 作为问题的解。

```
#include <stdio.h>
#include <math.h>
int main()
{
    float x,x0,x1,a;
    printf("请输入一个正数: ");
    scanf("%f",&a);
    if(fabs(a)<0.000001)
    {
        x=0;
    }
    else if(a<0)
    {
        printf("输入错误\n");
        exit(0);
    }
    else
    {
        x0=a / 2;                      //取迭代初值
        x1=0.5 * (x0+a / x0);
        while(fabs(x1 -x0)>0.00001)
        {
            x0=x1;                     //为下一次迭代作准备
            x1=0.5 * (x0+a / x0);
        }
        x=x1;

    }
    printf("%f 的平方根是: %f\n",a,x);
```

```
    return 0;
}
```

运行结果如图6-31所示。

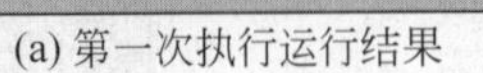
(a) 第一次执行运行结果

(b) 第二次执行运行结果

图6-31　例6-13的运行结果

迭代法在数学上也称为“逆推法”，凡是由给定的初值，通过某一算法(公式)可求得新值，再由新值按照同样的算法又可求得另一个新值，这样经过有限次即可求得其解。

6.9　本章小结

(1) C语言提供了3种循环语句——while语句、do…while语句、for语句。3种循环语句的一般形式如下：

```
while(表达式)          do                    for(表达式1; 表达式2; 表达式3)
{                      {                     {
    循环体语句;            循环体语句;             循环体语句;
}                      }while(表达式);        }
```

其中while语句和for语句都属于“当型循环”，do…while语句属于“直到型循环”。一般情况下，3种循环语句可以相互替换。

(2) while语句、do…while语句的“表达式”可以是任意符合C语言语法的表达式，当表达式值为真(非零)时执行循环体；当表达式值为假(零)时就结束循环。

(3) for语句有3个表达式，其中“表达式1”也称为初始表达式，其功能是为循环变量赋初值；“表达式2”也称为条件表达式，其功能与while语句的表达式相同，用于控制循环是否继续；“表达式3”也称为循环表达式，其功能是修改循环变量的值。

(4) while语句、do…while语句、for语句都是只能自动结合一条语句，当循环体有多条语句时，必须用一对花括号括起循环体以构成复合语句；当循环体仅有一条语句时，可以缺省花括号。但是建议初学者养成良好的编程习惯，不论循环体有几条语句，都用花括号括起来。

(5) 3种循环语句可以相互嵌套组成多重循环。循环之间可以并列但不能交叉。可用转移语句把流程转出循环体外，但不能从外面转向循环体内。

(6) 设计循环程序应避免出现死循环，即应保证控制循环的表达式的值最终为零(假)，从而结束循环。但是在某些特定情况下，死循环也是有应用场合的，死循环的一般形式如下：

```
while(1)            do                  for( ; ; )
{                   {                   {
    循环体语句;          循环体语句;          循环体语句;
}                   }while(1);          }
```

(7) C 语言提供了几种控制流程转向的语句——break 语句、continue 语句、goto 语句。其中 break 语句的功能是提前结束循环；continue 语句的功能是提前结束本次循环，继续下一次循环；goto 语句为无条件转移语句，不提倡使用。

6.10　习　　题

6.10.1　选择题

1. 设有程序段：

```
int k=10;
while(k==0)
k=k-1;
```

则下面描述中正确的是(　　)。

A. while 循环执行 10 次　　B. 循环是无限循环

C. 循环语句一次也不执行　　D. 循环体语句执行一次

2. 关于下面的程序表达正确的是(　　)。

```
#include <stdio.h>
int main()
{
    int x=3;
    do {
        printf("%d\n",x-2);
    } while(!(--x));
    return 0;
}
```

A. 输出的是 1　　B. 输出的是 1 和－2

C. 输出的是 3 和 0　　D. 是死循环

3. 下列循环能正常结束的是(　　)。

A. i=5;
   do
   {　i－－;
   }while(i<0);

B. i=1;
   do
   {　i=i+1;
   }while(i=10);

C. i=10;
   do

D. i=5;
   do

```
{  i=i+1;                              {  i=i - 2;
}while(i > 0);                         }while(i == 0);
```

4. 不能正确显示1!、2!、3!、4!的程序段是(　　)。

A.
```
for(i=1; i<=4; i++)
{  n=1;
   for(j=1; j<=i; j++)
       n=n * j;
   printf("%d  \n", n);
}
```

B.
```
for(i=1; i<=4; i++)
   for(j=1; j<=i; j++)
   {  n=1;
      n=n * j;
      printf("%d  \n", n);
}
```

C.
```
n=1;
for(j=1; j<=4; j++)
{  n=n * j;
   printf("%d \n", n);
}
```

D.
```
n=1; j=1;
while(j <= 4)
{  n=n * j;
   printf("%d \n", n);
   j++;
}
```

5. 下段程序执行的输出结果是(　　)。

```
int s=0,t=0,u=0;
for(i=1; i<=3; i++)
{  for(j=1; j<=i; j++)
   {  for(k=j; k<=3; k++)
      s++;
      t++;
   }
   u++;
}
printf("%d %d %d\n",s,t,u);
```

A. 3 6 14　　B. 14 6 3　　C. 14 3 6　　D. 16 4 3

6.10.2 填空题

1. 执行以下程序,运行结果是________。

```
#include <stdio.h>
int main()
{
    int a,b;
    for(a=1,b=1; a<=100; a++)
    {
        if(b>=20) break;
        if(b%3==1)
        {
```

```
            b+=3;
            continue;
        }
        b-=5;
    }
    printf("a=%d\n",a);
    return 0;
}
```

2. 在执行以下程序时，如果从键盘上输入 ABC123def<回车>，则运行结果是________。

```
#include <stdio.h>
int main()
{
    char ch;
    while((ch=getchar())!='\n')
    {  if(ch>='A' && ch<='Z') ch=ch+32;
       else if(ch>='a' && ch<'z') ch=ch-32;
       printf("%c",ch);
    }
    printf("\n");
    return 0;
}
```

3. 下面程序的功能是输出 100 以内能被 3 整除且个位数为 6 的所有整数，请填空。

```
#include <stdio.h>
int main()
{
    int i,j;
    for(i=0; ___①___; i++)
    {
        j=i*10+6;
        if(___②___) continue;
        printf("%d\t",j);
    }
    return 0;
}
```

4. 下面程序的运行结果是________。

```
#include <stdio.h>
int main()
{
    int i,m=0,n=0,k=0;
    for(i=9; i<=11; i++)
    {
```

```
        switch(i / 10)
        {
            case 0:  m++; n++; break;
            case 10: n++; break;
            default: k++; n++;
        }
    }
    printf("m=%d n=%d k=%d\n",m,n,k);
    return 0;
}
```

6.10.3 编程题

1. 编程序计算：$1-\frac{1}{2!}+\frac{1}{3!}-\frac{1}{4!}+\cdots+(-1)^{n-1}\frac{1}{n!}$，直到某一项小于0.000001。

2. 编一程序，显示所有的水仙花数。水仙花数是指一个三位数，其各位数字立方和等于该数字本身。例如，153是水仙花数，因为$153=1^3+5^3+3^3$。

3. 编程序解决百钱买百鸡问题，公元前5世纪，我国数学家张丘建在《算经》中提出“百鸡问题”：鸡翁一值钱五，鸡母一值钱三，鸡雏三值钱一。百钱买百鸡，问鸡翁、鸡母、鸡雏各几何？

4. 编程输出九九乘法表。

5. 编程输出如图6-32所示图形。

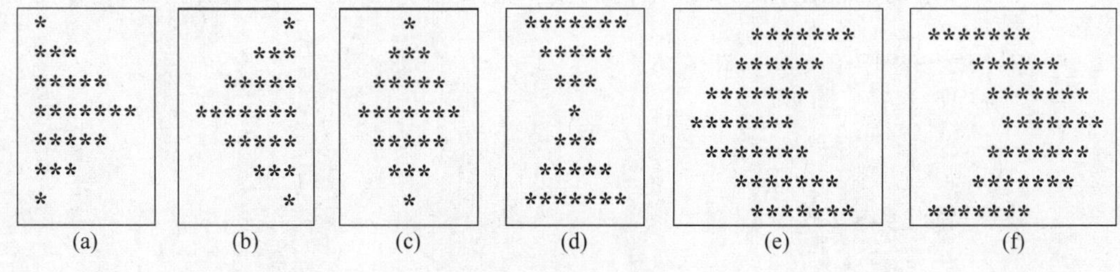

图6-32 输出图形

6. 用迭代法求$x=\sqrt[3]{a}$。求立方根的迭代公式为$x_1=\frac{2}{3}x_0+\frac{a}{3x_0^2}$。

提示：初值x_0可取为a，精度为0.000001。a值由键盘输入。

7. 计算π的近似值，π的计算公式为

$$\pi=2\times\frac{2^2}{1\times3}\times\frac{4^2}{3\times5}\times\frac{6^2}{5\times7}\times\cdots\times\frac{(2n)^2}{(2n-1)(2n+1)}$$

要求：精度为0.000001，并输出n的大小，有条件的读者可以上机调试，并注意表达式的书写，避免数据的“溢出”。

8. 编一程序输出在6～1000的所有合数，合数是指1个数等于其诸因子之和的数。例如，6=1+2+3，28=1+2+4+7+14，则6、28就是合数。

第7章 数 组

第 3 章的图 3-1 将 C 语言的数据类型分为基本类型、构造类型、指针类型、空类型。本章将要介绍的“数组”属于构造类型的一种。此前读者接触的变量都属于基本类型，用于解决数据量较少的问题。当有大量数据要处理时，需引入新的数据类型——“数组”进行解决。

“数组”，顾名思义是指数据的集合，是将若干具有相同数据类型的变量按有序的形式组织起来，这些变量在内存中连续存放，存取数据较为方便。

本章主要阐述一维数组和二维数组，介绍它们的定义、初始化、引用及编程方法。利用数组，人们可以方便地对大量数据实现存储、查找、排序等操作。

7.1 一维数组

7.1.1 一维数组的定义

假设有 10 名学生，每名学生有 1 门课成绩，若要存放这 10 个成绩，以我们现有的知识需要定义 10 个整型变量，如“int score1, score2, …, score10;”，但试想有 100 个成绩、1000 个成绩要进行处理，以这样的方式显然很不方便。观察这些变量，它们类型相同，意义相近，于是引入数组的概念，定义一个大小为 10 的一维数组，用于存放 10 个成绩，定义方式为“int score[10];”。

这里的一维数组类型为 int 型，数组名是 score，数组中有 10 个变量。这 10 个变量依次是 score[0]、score[1]、score[2]、…、score[9]。我们可以把它们比喻为 10 兄弟，兄弟们有相同的“姓”——score，不同的“名”——0、1、2、…、9。“姓”就是数组名，“名”就是下标，于是利用数组名和下标可以指定每一个数组元素。

从概念上讲，数组是一组变量，这组变量应满足以下条件。

(1) 具有相同的数据类型。

(2) 具有相近的名称。

(3) 在内存中顺序存放。

其中，每个变量称为数组的一个“元素”，数组对象的整体有一个名称，这个名称称为“数组名”。

定义一维数组的格式如下：

```
数据类型 数组名[整型常量表达式];
```

几点说明如下。

(1) “数据类型”是数组中每个元素共同的类型。可以是人们已经掌握的基本类型,如int、float、double、char等,还可以是后续章节介绍的指针类型、结构体类型等。

(2) “数组名”是用户标识符,要符合标识符的命名规则,且数组名不能与本函数中的其他变量同名。有一点要特别强调：数组名不是变量,而是地址型的常量,这个地址是数组中第一个元素的地址,即整个数组在内存中的首地址(有关“地址”的概念参考第9章)。

(3) “整型常量表达式”放在方括号里,用于指定数组长度。该表达式的值不能是浮点数,且表达式中不能包含变量。

(4) 数组定义后,系统根据其数据类型和数组长度,为整个数组分配存储空间。例如：

```
char x[10];     //定义了一个字符型数组 x,系统为该数组分配 10B 的存储空间
int y[10];      //定义了一个整型数组 y,系统为该数组分配 40B 的存储空间
double z[10];   //定义了一个浮点型数组 z,系统为该数组分配 80B 的存储空间
```

初学者关于“数组定义”的常见错误如下所示。

错误1：将数组名理解为变量。

例如：

```
int score[10];
score=80;
```

以上赋值语句“score=80;”错误,因为数组名score是常量,它不是变量,常量是不能被赋值的。

错误2：定义数组时,在指定数组长度的表达式中使用变量。

思考：观察以下3种数组定义的方法,正确吗?为什么?

方法一：

```
#define m 10
int a[m];
```

方法二：

```
int a[2*3];
```

方法三：

```
int n=5;
int a[n];
```

分析：方法一正确,因为这里的m是常量,可以放在数组定义的方括号内用于指定数组长度。方法二也正确,因为2*3是一个整型常量表达式,可以指定数组长度为6。方法三错误,因为这里的n是变量,语法规定数组定义时方括号内必须是常量表达式。

7.1.2 一维数组元素的引用

数组定义以其快捷的方式一次性定义了若干变量,这些变量就是数组元素,在程序中通过以下方式引用数组元素：

数组名[下标]

几点说明如下。

（1）数组元素的下标是一个整数，取值范围从 0 开始，最大不能超过数组长度减 1。如果下标值超过此范围，称为“下标越界”，下标越界会导致程序错误。

（2）数组元素的下标可以是整型的常量、变量、表达式。

（3）初学者应仔细区分“数组名”和“数组元素”这两个概念，“数组名”是地址常量，而“数组元素”是变量。

例如，以上定义的“int score[10];”，在这个数组中有 10 个元素，分别是 score[0]、score[1]、score[2]、…、score[9]，这 10 个变量在计算机内存里一共占用 40B，这些存储空间是连续分配的，如图 7-1 所示。

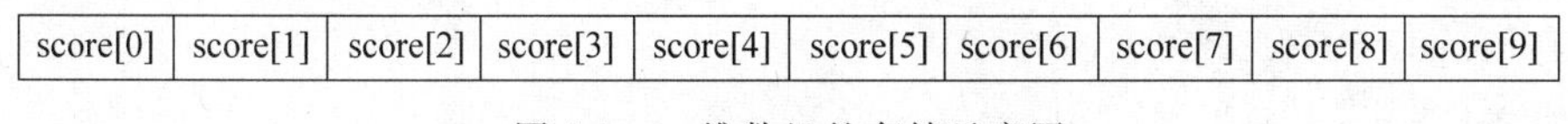

图 7-1　一维数组的存储示意图

图 7-1 中的每个单元是一个数组元素，由于该数组定义为 int 型，因此每个单元是 4B。数组定义后如果没有赋值，则每个数组元素的初值是随机数。

【例 7-1】 定义一个大小为 5 的整型数组，从键盘输入 5 个分数存到数组中，输出数组元素的值，并求总分。

分析：按照题意，数组定义为“int a[5];”，数值输入和输出的过程都是依次访问数组元素 a[0]～a[4]，这是一个重复的动作，使用循环结构处理。

```
#include <stdio.h>
int main()
{
    int a[5],i,sum=0;
    printf("请输入 5 个分数: \n");
    for(i=0; i<5; i++)          //此循环输入 5 个分数
    {
        scanf("%d",&a[i]);
    }
    printf("\n 数组元素的值为: \n");
    for(i=0; i<5; i++)          //此循环输出 5 个分数,并求总分
    {
        printf("%-5d",a[i]);
        sum +=a[i];
    }
    printf("\n\n 总分为: %d\n",sum);
    return 0;
}
```

程序运行结果如图 7-2 所示。

说明:

(1) 数组的编程往往离不开循环结构,因为数组是由若干元素组成的,对若干元素的处理是一个重复的过程,需要用循环结构进行处理。

(2) 例 7-1 中,for 循环中的循环变量 i 兼顾两个作用:其一是控制循环次数,其二是作为数组元素的下标。由于数组下标是从 0 开始的,因此循环变量 i 的初值通常为 0。

【例 7-2】 定义一个大小为 N 的整型数组,从键盘输入 N 个数存到数组中,编程查找所有数中的最大值。

编程思路:查找最大值的方法是,首先默认第一个数最大,将其存入 max 变量中,然后用 max 中的值和数组中的所有元素依次进行比较,每次比较后总是把较大值放入 max 中,这样当所有元素比较结束后,max 中存放的即是所有数中的最大值。

```
#include <stdio.h>
#define N 5
int main()
{
    int a[N],i,max;
    printf("请输入%d个数:\n",N);
    for(i=0; i<N; i++)          //此循环用于输入N个元素的初值
    {
        scanf("%d",&a[i]);
    }
    max=a[0];                   //默认第一个数a[0]最大,暂存于变量max中
    for(i=1; i<5; i++)          //此循环用于查找N个数中的最大值
    {
        if(a[i]>max)            //判断元素a[i]是否大于默认的最大值max
        {
            max=a[i];
        }
    }
    printf("\n最大值=%d\n",max);
    return 0;
}
```

程序运行结果如图 7-3 所示。

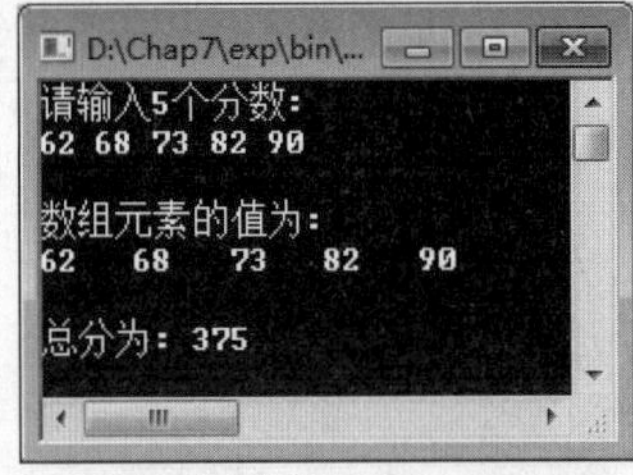

图 7-2 例 7-1 的运行结果

图 7-3 例 7-2 的运行结果

初学者自己编程实现例 7-2 的功能时，常常会出现以下错误。

错误一：

```
for(i=1; i<5; i++)
{
    if(a[i]>a[0])
    {
        max=a[i];
    }
}
```

错误二：

```
for(i=1; i<5; i++)
{
    if(a[i+1]>a[i])
    {
        max=a[i+1];
    }
}
```

程序段一错在判断条件 if(a[i] > a[0])是用数组的每个元素 a[i]总是和第一个元素 a[0]进行比较。

程序段二错在判断条件 if(a[i+1] > a[i])总是用数组中的两个相邻元素 a[i]和 a[i+1]进行比较。

初学者关于“数组元素引用”的常见错误如下所示。

错误 1：数组元素下标越界。

数组元素在使用过程中应防止“下标越界”的错误，如果出现该错误，编译系统通常不报错，但是程序运行到此处会出现错误。请看例 7-3。

【例 7-3】 数组元素下标越界导致运行结果错误。

```
#include <stdio.h>
int main()
{
    int a[5] , i;
    a[0]=10; a[1]=20; a[2]=30; a[3]=40; a[4]=50;
    printf("数组的初值为: \n");
    for(i=1; i<=5; i++)
    {
        printf("%d\t", a[i]);
    }
    printf("\n");
    return 0;
}
```

程序运行结果如图 7-4 所示。

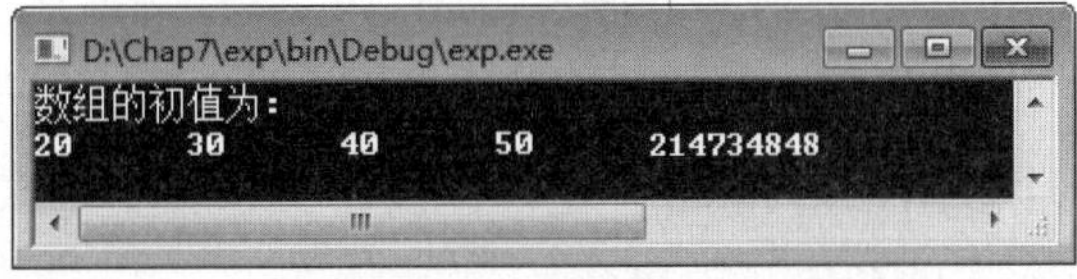

图 7-4　例 7-3 的运行结果

程序第7行for(i=1; i<=5; i++)错误,循环变量i的取值范围是1~5,引用的数组元素是a[1]~a[5],而实际上没有a[5]这个元素,因此最后一次循环出现了数组元素下标越界的错误,导致输出一个无效数值。

错误2:企图对数值型数组元素进行整体赋值、整体输入输出。

例:

```
int a[5];a={1,2,3,4,5};
```

以上写法错误,"a={1, 2, 3, 4, 5};"语句出现语法错误,企图为数组a整体赋5个初值,这是不允许的。只能对数组元素逐个赋值,应修改为"a[0]=1; a[1]=2; a[2]=3; a[3]=4; a[4]=5;"。

7.1.3 一维数组的初始化

一维数组的初始化是指在定义数组时为数组元素赋初值。初始化的格式如下。

```
数据类型 数组名[整型常量表达式]={初始值表};
```

一维数组初始化的方法主要有以下几种。

(1) 全部元素初始化。

例1:

```
int a[5]={10, 20, 30, 40, 50};
```

(2) 全部元素初始化,并缺省数组长度值。

例2:

```
int a[]={10, 20, 30, 40, 50};
```

系统根据花括号内的5个初值设定数组长度为5。

(3) 部分元素初始化。

例3:

```
int a[5]={10, 20, 30};
```

此例中,数组大小为5,初值只有3个,则系统自动为a[3]、a[4]元素赋零。

(4) 一种为所有元素赋零的方法。

例4:

```
int a[5]={0};
```

此例中,为所有5个数组元素a[0]~a[4]都赋了初值零。需要注意的是,如果数组定义后未赋值,则所有元素的初值是随机数。

初学者关于"数组赋值"的常见错误如表7-1所示。

表 7-1　数组赋值格式错误解析

举例编号	错误示例	解　　析	正确的写法
例 1	int a[5]={10,20,30,40,50,60};	数组长度为 5,但是初值有 6 个	int a[5] = {10, 20, 30, 40, 50};
例 2	int a[5] = 0 ;	数组初始化时,不论给定几个初值,都必须用一对花括号括起来	int a[5] = {0};

例 3	int a[5];
	a={10, 20, 30, 40, 50};
		为数组名 a 赋值是错误的,数组名是常量,不能被赋值。赋值号的左侧必须是变量,因此只能对数组元素赋值,因为数组元素是变量	int a[5];
			a[0]=10; a[1]=20;
			a[2]=30; a[3]=40;
			a[4]=50;

7.1.4　一维数组编程举例

【例 7-4】　利用一维数组编程,求斐波那契(Fibonacci)数列的前 20 项。斐波那契数列定义为:第一个数是 1,第二个数是 1,从第三个数开始,每个数等于前两个数之和。可以用数学上的递推公式来表示:

$$f(n)=\begin{cases}1 & (\text{当 } n=1 \text{ 或 } n=2 \text{ 时})\\ f(n-1)+f(n-2) & (\text{当 } n>2 \text{ 时})\end{cases}$$

分析:斐波那契数列的前面几项为 1、1、2、3、5、8、13、21、34、…根据题意,本题定义一个大小为 20 的整型数组,为数组第一、第二个元素赋初值 1、1,然后循环 18 次,依次求出第 3～20 个元素的值。

```
#include <stdio.h>
int main()
{
    int a[20]={1,1},i;
    for(i=2; i<20; i++)
    {
        a[i]=a[i-1]+a[i-2];
    }
    printf("斐波那契数列的前 20 项为: \n");
    for(i=0; i<20; i++)
    {
        printf("%d\t",a[i]);
    }
    return 0;
}
```

程序运行结果如图 7-5 所示。

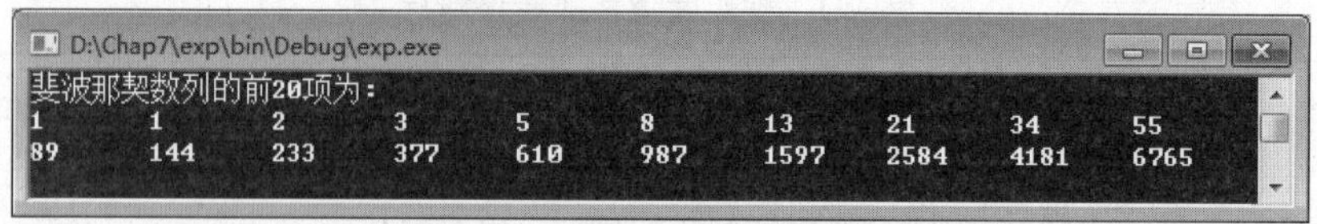

图 7-5 例 7-4 的运行结果

程序第 5 行 for(i=2; i<20; i++) 控制循环次数为 18 次,之所以选择 i 从 2 开始,是因为循环变量 i 兼有数组元素下标的功能。

【例 7-5】 用冒泡排序法将 N 个整数按照由小到大的顺序(升序)进行排序。

冒泡排序法的思想:(以升序排序为例)对待排序的元素,依次两两比较相邻元素,如果前面的数大于后面的数,则交换两数,重复以上过程,直至排序结束。

假设有 5 个数“3, 5, 4, 2, 1”,使用冒泡法对它们进行升序排序,排序过程如表 7-2 所示。表格中,将每次被比较的相邻元素加框显示。

表 7-2 冒泡法对 5 个数排序的过程

排序的轮数	本轮待排序的数	比较的次数				本轮排序的结果
		第 1 次	第 2 次	第 3 次	第 4 次	
第 1 轮	3 5 4 2 1	[3 5] 4 2 1	3 [4 5] 2 1	3 4 [2 5] 1	3 4 2 [1 5]	本轮最大数 5 被放到队列第 5 的位置
第 2 轮	3 4 2 1	[3 4] 2 1 5	3 [2 4] 1 5	3 2 [1 4] 5		本轮最大数 4 被放到队列第 4 的位置
第 3 轮	3 2 1	[2 3] 1 4 5	2 [1 3] 4 5			本轮最大数 3 被放到队列第 3 的位置
第 4 轮	2 1	[1 2] 3 4 5				本轮最大数 2 被放到队列第 2 的位置

观察表 7-2 可知,对 5 个数“3, 5, 4, 2, 1”进行升序排序一共排了 4 轮,每轮排序的比较次数逐渐递减。此过程对应的程序是双层循环嵌套结构,外循环控制排序的轮数,内循环控制每轮排序中比较的次数。现在的关键问题是如何确定内外循环变量的取值范围,假设外循环变量是 i,内循环变量是 j,请看表 7-3 的分析。

表 7-3 冒泡排序过程中内外循环变量取值的分析

排序的轮数	外循环变量 i 的取值	被比较的相邻两数“a[j]和 a[j+1]”及其下标				内循环变量 j 的取值范围
		第 1 次	第 2 次	第 3 次	第 4 次	
第 1 轮	i = 0	a[0]和 a[1]比	a[1]和 a[2]比	a[2]和 a[3]比	a[3]和 a[4]比	j: 0~3
第 2 轮	i = 1	a[0]和 a[1]比	a[1]和 a[2]比	a[2]和 a[3]比		j: 0~2
第 3 轮	i = 2	a[0]和 a[1]比	a[1]和 a[2]比			j: 0~1
第 4 轮	i = 3	a[0]和 a[1]比				j: 0~0

观察表 7-3 可知，本题有 5 个数待排序，外循环变量 i 的取值范围是 0～3，内循环变量 j 的取值范围是 0～3－i。冒泡排序的程序如下。

```
#include <stdio.h>
int main()
{
    int a[5]={3,5,4,2,1},i,j,t;
    printf("(1)排序之前的数是：\n");
    for(i=0; i<5; i++)
    {
        printf("%-4d",a[i]);
    }
    for(i=0; i<4; i++)              //外层 for 循环控制排序的轮数
    {
        for(j=0; j<4-i; j++)        //内层 for 循环控制每轮排序比较的次数
        {
            if(a[j]>a[j+1])         //if 语句比较相邻两数 a[j]和 a[j+1]
            {
                t=a[j];             //这三条语句是交换 a[j]和 a[j+1]
                a[j]=a[j+1];
                a[j+1]=t;
            }
        }
    }
    printf("\n\n(2)升序排序后的数是：\n");
    for(i=0; i<5; i++)
    {
        printf("%-4d",a[i]);
    }
    printf("\n");
    return 0;
}
```

程序运行结果如图 7-6 所示。

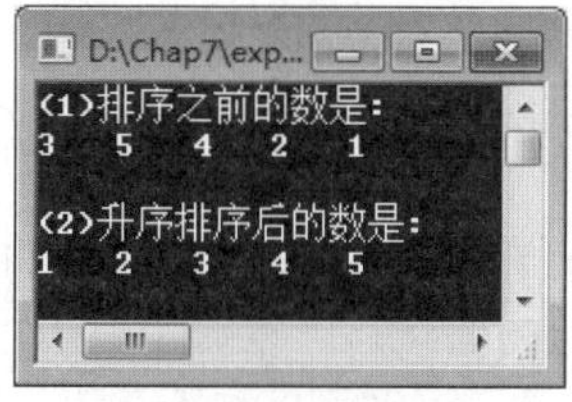

图 7-6　例 7-5 的运行结果

7.2 二维数组

7.2.1 二维数组的定义

假设有10名学生,每名学生有3门课成绩,如何存储?遇到这种问题,可以定义一个10行3列的二维数组来解决,该数组中一共有30个变量,可以存放30个成绩。

二维数组可以看作是一个由行和列构成的矩阵,其定义格式如下:

```
数据类型  数组名[整型常量表达式1] [整型常量表达式2];
```

说明:二维数组定义与一维数组类似,所不同的是二维数组名后面有两对方括号,每对方括号里有一个整型常量表达式,这两个表达式分别指定二维数组的行长度和列长度。

例如:

```
int a[3][4];
```

以上定义了一个int型的二维数组,数组名是a。这个二维数组有3行4列,一共12个元素。每个元素都是一个int型的变量,也就是说定义此二维数组即一次性定义了12个int型变量。系统为这个二维数组分配48B的一段存储空间。

7.2.2 二维数组元素的引用

二维数组定义的目的是要利用其数组元素存储数据,这就涉及二维数组元素引用的方法,与一维数组元素引用方法类似,通过数组名及下标引用,只不过引用二维数组元素时必须指定元素的行下标和列下标。引用格式如下:

```
数组名[行下标][列下标]
```

例如,以上定义的二维数组"int a[3][4];",一共有12个元素,如图7-7所示。

	第1列元素	第2列元素	第3列元素	第4列元素
第1行元素	a[0][0]	a[0][1]	a[0][2]	a[0][3]
第2行元素	a[1][0]	a[1][1]	a[1][2]	a[1][3]
第3行元素	a[2][0]	a[2][1]	a[2][2]	a[2][3]

图7-7 二维数组元素的存储示意图

几点说明如下。

(1) 二维数组元素行、列下标取值都是从0开始,如果行、列下标超过上限或者下限都属于下标越界错误。

(2) 图7-7中的同一行元素是行下标相同,列下标从0变化到3。而同一列元素是列下标相同,行下标从0变化到2。

（3）图 7-7 中共有 12 个数组元素，占用连续的 48B 的存储空间。这些元素在内存中“按行存放”。一个二维数组也可以看作一个特殊的一维数组，如图 7-8 所示。

a[0][0]	a[0][1]	a[0][2]	a[0][3]	a[1][0]	a[1][1]	a[1][2]	a[1][3]	a[2][0]	a[2][1]	a[2][2]	a[2][3]

图 7-8　二维数组元素按行存放的示意图

比较以上图 7-7 和图 7-8，对于初学者来说，图 7-7 更容易理解，将二维数组看作一个由行、列构成的矩阵，对于编写程序来说较为方便。

7.2.3　二维数组的初始化

二维数组的初始化方法与一维数组类似，初值用花括号括起来。由于二维数组既可以理解为行、列矩阵的形式；又可以理解为是一个特殊的一维数组，各行元素按行存放，因此二维数组的初始化有“分行初始化”和“不分行初始化”两种方法。

（1）分行初始化——对全部数组元素赋初值。

例 1：

```
int a[3][4]={{1, 2, 3, 4}, {5, 6, 7, 8}, {9, 10, 11, 12}};
```

这种方法比较直观，二维数组 a 定义为 3 行 4 列，于是每一行元素的初值都由一对花括号括起来，外层再加一对花括号把所有初值括起来。

（2）分行初始化——对部分数组元素赋初值。

例 2：

```
int b[3][4]={{1, 2}, {3, 4, 5}, {6}};
```

使用这种方法，对没有给定初值的元素，系统自动赋零。

（3）不分行初始化——对全部数组元素赋初值。

例 3：

```
int c[3][4]={1, 2, 3, 4, 5, 6, 7, 8, 9, 10, 11, 12};
```

以上 12 个初值按照“按行存放”的原则，依次对应赋给 12 个数组元素。

（4）不分行初始化——对部分数组元素赋初值。

例 4：

```
int d[3][4]={1, 2, 3, 4, 5, 6};
```

以上给出 6 个初值，依次对应赋给前面的 6 个数组元素，后面的 8 个数组元素系统自动赋零。

（5）对二维数组初始化，可以缺省表示数组行长度的常量表达式 1。

例 5：

```
int e[][4]={{1, 2}, {3,4, 5}, {6, 7, 8, 9}};
```

例 6：

```
int f[][4]={1, 2, 3, 4, 5, 6, 7, 8, 9};
```

以上数组 e 和数组 f 缺省的行长度值都是 3。

注意：语法规定只能缺省行长度，不能缺省列长度。

以上定义的各数组，其初值分布情况如图 7-9 所示：

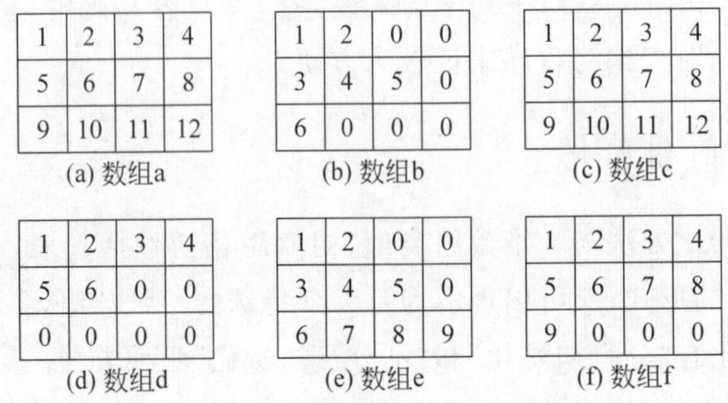

1	2	3	4
5	6	7	8
9	10	11	12

(a) 数组a

1	2	0	0
3	4	5	0
6	0	0	0

(b) 数组b

1	2	3	4
5	6	7	8
9	10	11	12

(c) 数组c

1	2	3	4
5	6	0	0
0	0	0	0

(d) 数组d

1	2	0	0
3	4	5	0
6	7	8	9

(e) 数组e

1	2	3	4
5	6	7	8
9	0	0	0

(f) 数组f

图 7-9　二维数组初始化的初值分别情况

初学者关于“二维数组初始化”的常见错误如表 7-4 所示。

表 7-4　数组初始化错误解析

举例编号	错误示例	解　析
例 1	int a[2][]={1, 2, 3, 4, 5, 6, 7, 8};	语法规定不能缺省表示数组列长度的常量表达式
例 2	int b[2][3]={1, 2, 3, 4, 5, 6, 7};	二维数组 b 只有 6 个元素，而初值有 7 个，多了 1 个初值
例 3	int c[2][3]={{1}, {2, 3}, {4, 5, 6}};	二维数组 c 指定为 2 行 3 列，而初值却有 3 行
例 4	int d[2][3]={{1}, {2, 3, 4, 5}, {6}};	二维数组 d 指定为 2 行 3 列，而第 2 行的初值却有 4 个

7.2.4　二维数组编程举例

二维数组的编程通常需要使用双层循环嵌套，一层循环控制行，另一层循环控制列。按照遍历二维数组元素的顺序不同，有两种方法，即按行遍历和按列遍历，如表 7-5 所示。

表 7-5　遍历二维数组元素的方法

二维数组的遍历方法	特　点	外循环	内循环
按行遍历	每访问完一整行元素，再访问下一行元素	控制行	控制列
按列遍历	每访问完一整列元素，再访问下一列元素	控制列	控制行

【例 7-6】　定义一个 4 行 4 列的矩阵并初始化所有元素的值，编程将矩阵左下三角元素置零(包括对角线元素在内)。

例 7-6 的示意图如图 7-10 所示。

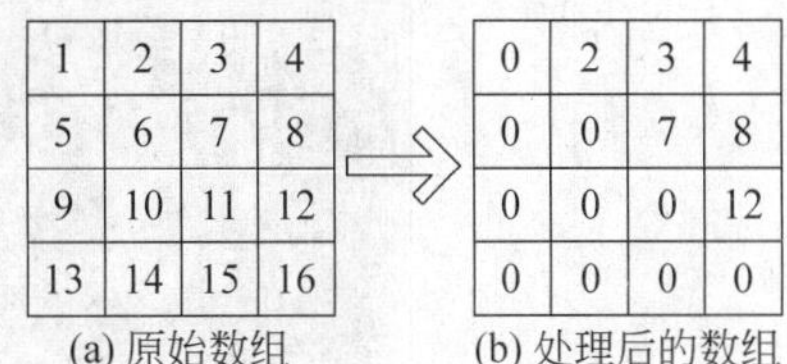

1	2	3	4
5	6	7	8
9	10	11	12
13	14	15	16

(a) 原始数组

0	2	3	4
0	0	7	8
0	0	0	12
0	0	0	0

(b) 处理后的数组

a[0][0]	a[0][1]	a[0][2]	a[0][3]
a[1][0]	a[1][1]	a[1][2]	a[1][3]
a[2][0]	a[2][1]	a[2][2]	a[2][3]
a[3][0]	a[3][1]	a[3][2]	a[3][3]

(c) 数组元素的下标

图 7-10　例 7-6 的示意图

分析：观察图 7-10(c)，包括对角线在内的左下三角元素的行、列下标有个共同点，那就是“行下标≥列下标”。于是解决该问题的方法是，在遍历二维数组所有元素的过程中，仅访问列下标小于等于行下标的元素。

```
#include <stdio.h>
int main()
{
    int a[4][4] ={{1,2,3,4},{5,6,7,8},{9,10,11,12},{13,14,15,16}};
    int i, k;
    //(1)输出二维数组的初值
    printf("矩阵的初值是: \n");
    for(i=0; i<4; i++)                       //外循环控制行
    {
        for(k=0; k<4; k++)                   //内循环控制列
        {
            printf("%-6d", a[i][k]);
        }
        printf("\n");                        //输出每行末尾的换行
    }

    //(2)遍历二维数组的左下三角元素,并置零
    for(i=0; i<4; i++)
    {
        for(k=0; k<=i; k++)                  //注意内循环变量 k 的取值范围是 0~i
        {
            a[i][k] =0;
        }
    }

    //(3)输出处理后的二维数组
    printf("\n左下三角置零后的矩阵是: \n");
    for(i=0; i<4; i++)
    {
```

```
        for(k=0; k<4; k++)
        {
            printf("%-6d", a[i][k]);
        }
        printf("\n");
    }
    return 0;
}
```

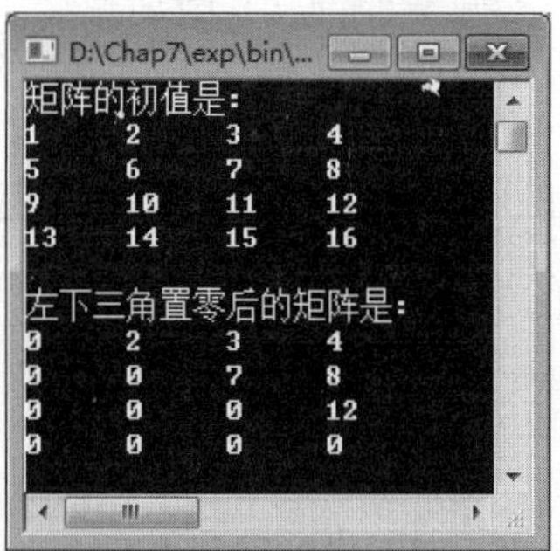

图 7-11 例 7-6 的运行结果

程序运行结果如图 7-11 所示。

本题使用按行遍历的方法访问二维数组元素。

【例 7-7】 定义一个 3 行 3 列的矩阵并初始化所有元素的值,编程实现矩阵的转置(见图 7-12)。

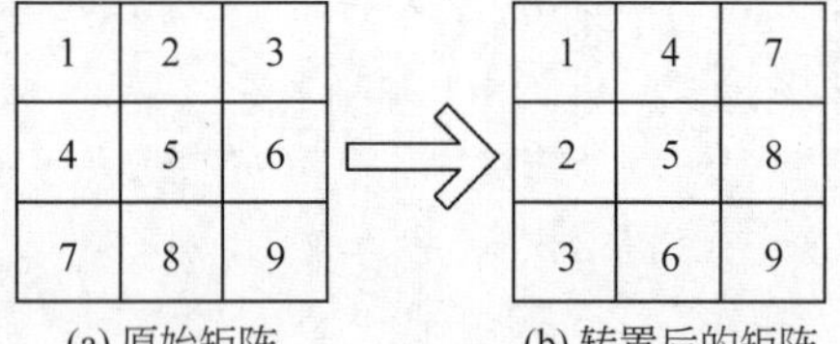

(a) 原始矩阵 (b) 转置后的矩阵

a[0][0]	a[0][1]	a[0][2]
a[1][0]	a[1][1]	a[1][2]
a[2][0]	a[2][1]	a[2][2]

(c) 数组元素的下标

图 7-12 例 7-7 的示意图

分析:观察图 7-12 可知,矩阵转置的过程可视为以对角线元素为中轴,两侧对应位置的元素互换,即 a[0][1]和 a[1][0]互换,a[0][2]和 a[2][0]互换,a[1][2]和 a[2][1]互换。观察以下两个程序以及各自的运行效果图,思考程序一错在哪里?

程序一:

```
#include <stdio.h>
int main()
{
    int a[3][3]={{1,2,3},{4,5,6},{7,8,9}};
    int i, k, t;
    printf("矩阵的初值是: \n");
    for(i=0; i<3; i++)
    {
        for(k=0; k<3; k++)
        {
            printf("%-6d", a[i][k]);
        }
        printf("\n");
    }
```

```
    for(i=0; i<3; i++)
    {
        for(k=0; k<3; k++)
        {
            t=a[i][k];
            a[i][k]=a[k][i];
            a[k][i]=t;
        }
    }
    printf("\n转置后的矩阵是:\n");
    for(i=0; i<3; i++)
    {
        for(k=0; k<3; k++)
        {
            printf("%-6d", a[i][k]);
        }
        printf("\n");
    }
    return 0;
}
```

程序二：

```
#include <stdio.h>
int main()
{
    int a[3][3]={{1,2,3},{4,5,6},{7,8,9}};
    int i, k, t;
    printf("矩阵的初值是: \n");
    for(i=0; i<3; i++)
    {
        for(k=0; k<3; k++)
        {
            printf("%-6d", a[i][k]);
        }
        printf("\n");
    }
    for(i=0; i<3; i++)
    {
        for(k=0; k<3; k++)
        {
            if(i <k)
```

```
20.            {
21.                t=a[i][k];
22.                a[i][k]=a[k][i];
23.                a[k][i]=t;
24.            }
25.        }
26.    }
27.    printf("\n转置后的矩阵是:\n");
28.    for(i=0; i<3; i++)
29.    {
30.        for(k=0; k<3; k++)
31.        {
32.            printf("%-6d", a[i][k]);
33.        }
34.        printf("\n");
35.    }
36.    return 0;
37. }
```

程序一运行结果如图7-13(a)所示(错误)。程序二运行结果如图7-13(b)所示(正确)。

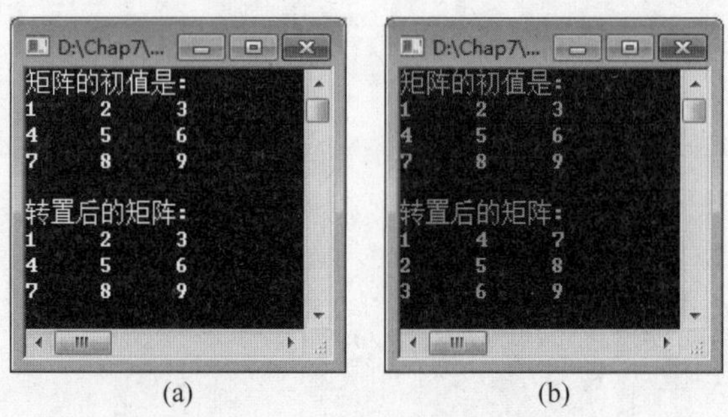

(a) (b)

图7-13 例7-7的运行结果

从运行效果图可以看出,程序一错误,程序二正确。程序一错在对角线两侧对应位置的数每个都被交换了2遍,于是2次交换后还原为原矩阵。而程序二中对角线两侧对应位置的数每个只交换了1遍,于是实现了矩阵转置。程序二的第19行设置了一个条件if(i<k),以此来控制对角线两侧的数仅被交换1遍。

7.3 数组应用实例

【例7-8】 定义一个10行3列的整型二维数组,存放10名学生,每名学生3门课(语文、数学、英语)的成绩,为数组初始化初值。编程计算每个学生的总分、平均分,并计算每门课的平均分。

分析:本题提出的任务可以按以下步骤一一解决,第一步输出所有学生的成绩;第二步求每名学生的总分以及平均分;第三步求每门课的平均分。其中第一步和第二步都是按行遍历二维数组,第三步是按列遍历二维数组。

```
#include <stdio.h>
int main()
{
    int a[10][3]={{78,80,85},{67,88,75},{90,92,88},{56,87,74},{82,84,87},
           {66,73,71},{91,95,93},{86,81,87},{75,78,79},{65,76,69}};
    int i,j,sum;
    double aver;
    printf("**********10名学生的成绩***********\n");
    printf("序号\t语文\t数学\t英语\n");
     for(i=0; i<10; i++)                          //外循环控制学生人数
     {
        printf("%d\t",i+1);                       //输出学生序号
        for(j=0; j<3; j++)                        //内循环控制课程门数
        {
            printf("%d\t",a[i][j]);               //输出每名学生的成绩
        }
        printf("\n");
     }
     printf("\n******10名学生的总分和平均分******\n");
     printf("序号\t总分\t平均分\n");
     for(i=0; i<10; i++)
     {
        printf("%d\t",i+1);                       //输出学生序号
        sum=0;                                    //每名学生求总分前先将sum置零
        for(j=0; j<3; j++)
        {
            sum=sum+a[i][j];                      //求每名学生的总分
        }
        aver=(double)sum / 3;                     //求每名学生的平均分
        printf("%d\t%.2lf\n",sum,aver);           //输出每名学生的总分和平均分
     }
     printf("\n*********3门课的平均分***********\n");
     printf("语文\t数学\t英语\n");
     for(i=0; i<3; i++)                           //外循环控制课程门数
     {
        sum=0;                                    //每门课程求总分前先将sum置零
        for(j=0; j<10; j++)                       //内循环控制学生人数
        {
            sum=sum+a[j][i];                      //求每门课总分
        }
```

```
        aver=(double)sum / 10;        //求每门课的平均分
        printf("%.2lf\t",aver);       //输出每门课的平均分
    }
    return 0;
}
```

程序运行结果如图7-14所示。

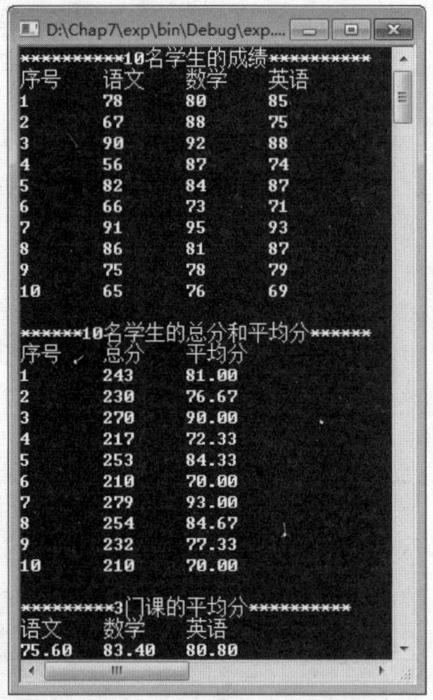

图7-14 例7-8的运行结果

【例7-9】 定义一个大小为10的整型数组，为数组初始化10个按升序排序的初值，从键盘输入1个整数，查找该数是否在该数组中。本题要求使用"折半法"进行查找。

注意：折半法查找只适用于有序序列，无序序列应使用顺序法。

分析：(以升序序列为例)将序列分为左、右两个区域，将待查找数与中间值进行比较，如果"待查找数等于中间值"，说明找到该数；如果"待查找数小于中间值"，则查找区间缩小为左侧区域；如果"待查找数大于中间值"，则查找区间缩小为右侧区域。重复以上过程，直到找到待查找数为止，或者整个序列查找完毕为止。

假设有序序列是"9，13，15，16，19，23，37，56，78，90"，待查找数是56。使用折半法的查找过程如图7-15所示。如果使用折半法在序列中查找56，仅查找两次便找到该数，若使用顺序法查找则需查找8次，因此折半法的查找速度比顺序法快。

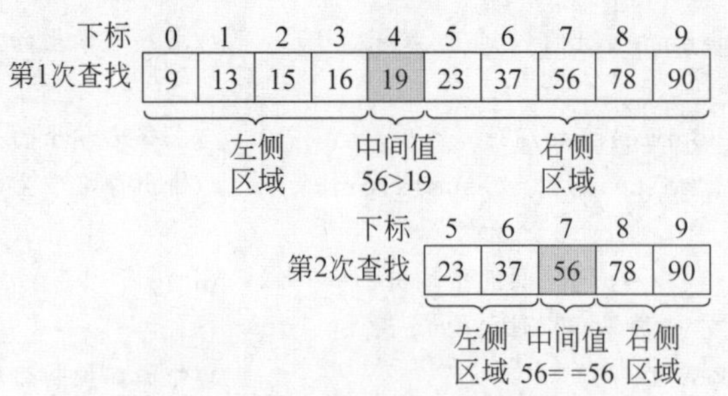

图7-15 折半法查找示意图

```
#include <stdio.h>
int main()
{
    int a[10]={9,13,15,16,19,23,37,56,78,90};
```

```
    int i,x,left=0,right=9,mid,flag=0;    //left、right记录查找区域的左右边界下标
    printf("数组的初值是:\n ");    //flag标记是否在序列中找到待查找数
    for(i=0; i<10; i++)
    {
        printf("%d\t",a[i]);
    }
    printf("\n请输入待查找数: ");
    scanf("%d",&x);
    while(left<=right)
    {
        mid=(left+right)/ 2;          //求中间值的下标
        if(x==a[mid])                 //如果x等于中间值,说明找到该数
        {
            flag=1;
            break;
        }
        else if(x<a[mid])             //如果x小于中间值,则需缩小查找范围到其左侧
        {
            right=mid -1;             //修改查找范围的右边界
        }
        else if(x>a[mid])             //如果x大于中间值,则需缩小查找范围到其右侧
        {
            left=mid+1;               //修改查找范围的左边界
        }
    }
    if(flag==1)
    {
        printf("\n查找结果: %d在此序列中,下标为%d\n",x,mid);
    }
    else
    {
        printf("\n查找结果: %d不在此序列中\n",x);
    }
    return 0;
}
```

程序运行结果一如图7-16所示。

程序运行结果二如图7-17所示。

【例7-10】 定义一个大小为10的整型数组,并初始化数组元素,用选择法排序对这10个数进行升序排序。

选择排序法的思路:(以升序排序为例)每轮排序从待排序的n个数中,找到最小数,将最小数与本轮最前面的元素进行交换。反复执行此过程,直到所有数排序完毕。

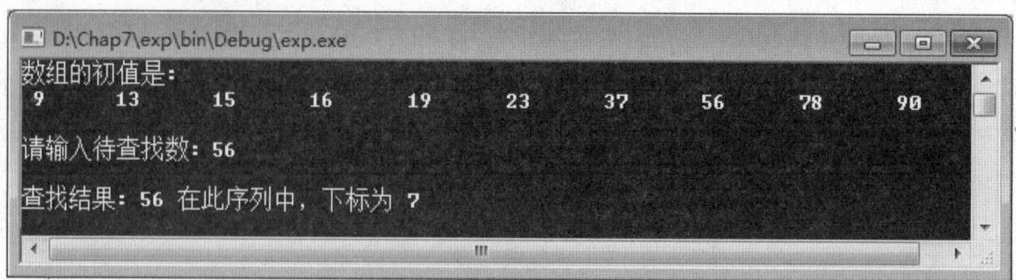

图 7-16 例 7-9 的运行结果一

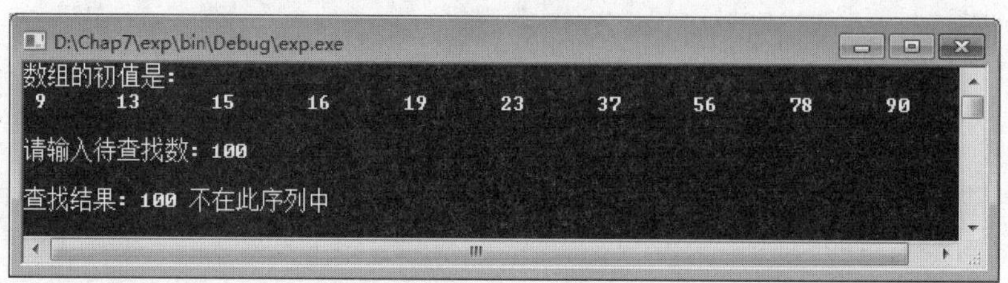

图 7-17 例 7-9 的运行结果二

选择排序法不同于冒泡排序法,它是在每一轮找到最小数后,才与本轮最前面的元素进行一次交换,而不是像冒泡法一样一边比较一边交换,因此,从这个角度来看,选择排序法的效率高于冒泡排序法。

表 7-6 是选择法对 5 个数进行排序的过程。

表 7-6 选择法对 5 个数排序的过程

排序的轮数	本轮排序前的数值	本轮最前面的数及其下标 i	本轮的最小数及其下标 k	将本轮的最小数与最前面的数进行交换	本轮排序后的数值
第 1 轮 i=0	3 5 2 4 1	最前面的数:3 下标 i:0	最小数:1 下标 k:4	交换 3 和 1,即交换 a[0]和 a[4]	1 5 2 4 3
第 2 轮 i=1	1 5 2 4 3	最前面的数:5 下标 i:1	最小数:2 下标 k:2	交换 5 和 2,即交换 a[1]和 a[2]	1 2 5 4 3
第 3 轮 i=2	1 2 5 4 3	最前面的数:5 下标 i:2	最小数:3 下标 k:4	交换 5 和 3,即交换 a[2]和 a[4]	1 2 3 4 5
第 4 轮 i=3	1 2 3 4 5	最前面的数:4 下标 i:3	最小数:4 下标 k:3	最小数和最前面的数是同一个数,无须交换	1 2 3 4 5

观察表 7-6 可知,对 5 个数"3, 5, 2, 4, 1"进行升序排序一共排了 4 轮。每轮排序找到的最小数的下标用变量 k 记录,最小数应放在本轮最前面的位置,最前面的数的下标用变量 i 记录,变量 i 同时是外循环变量。如果本轮找到的最小数正好就是最前面的数,就不需要交换两者,否则将两者进行交换。

以下是选择排序法的程序,请读者仔细区分变量 i、j、k 的作用。

```
#include <stdio.h>
int main()
{
```

```
    int a[5]={3,5,4,2,1};
    int i,j,k,t;
    printf("(1)排序之前的数是:\n");
    for(i=0; i<5; i++)
    {
        printf("%d\t",a[i]);
    }
    for(i=0; i<4; i++)          //此循环结构实现选择法排序
    {
        k=i;                    //默认本轮序号最前的数最小,k记录最小数的下标
        for(j=i+1; j<5; j++)
        {
            if(a[k]>a[j])       //判断后续元素 a[j]是否更小
            {
                k=j;            //更新记录最小数的下标 k
            }
        }
        if(k !=i)               //判断如果最小数的下标不是本轮序号最前的数的下标
        {
            t=a[k];             //将最小数与本轮序号最前的数进行交换
            a[k]=a[i];
            a[i]=t;
        }
    }
    printf("\n(2)升序排序后的数是:\n");
    for(i=0; i<5; i++)
    {
        printf("%d\t",a[i]);
    }
    printf("\n");
    return 0;
}
```

程序运行结果如图 7-18 所示。

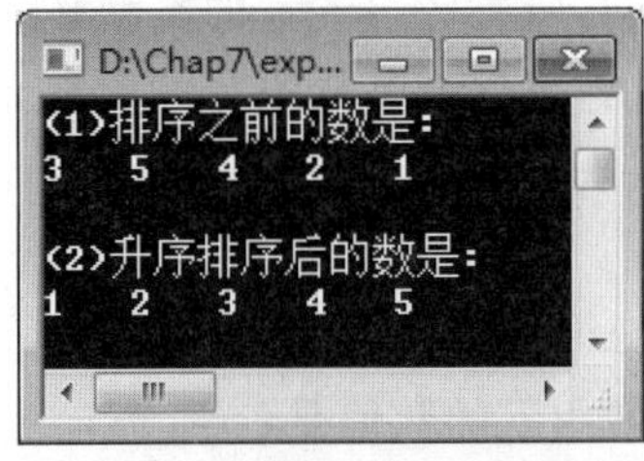

图 7-18　例 7-10 的运行结果

7.4 本章小结

(1) 数组是一组具有相同数据类型的数据的集合,它们有相同的名称,即数组名。所有数组元素在内存中连续存放。

(2) 注意区分"数组名"与"数组元素"这两个概念,数组名是地址常量,代表整个数组在计算机内存中的首地址,即第一个数组元素的地址;而数组元素是变量,用于存放数值。如有定义"int a[10];",则a是数组名,是地址常量;a[0]~a[9]是数组元素,是10个整型变量。

(3) 一维数组和二维数组定义时方括号里必须是整型常量表达式,即表达式中不能包含变量。一维数组定义时有一个常量表达式,该表达式的值指定了一维数组的长度。二维数组定义时有两个常量表达式,分别指定了二维数组的行长度和列长度。

(4) 一维数组和二维数组元素引用时的下标都是从0开始,下标必须是整数,可以是常量、变量、表达式。一维数组元素有一个下标,二维数组元素有两个下标。

(5) 一维数组和二维数组元素在内存里都是顺序存放,二维数组元素是按行存放。

(6) 一维数组和二维数组初始化时可以对全部元素赋初值,也可以只对部分元素赋初值。且二维数组初始化时可以有分行初始化和不分行初始化两种方法。

(7) 数组编程需使用循环结构。一维数组编程通常使用单层循环;二维数组编程通常使用双层循环嵌套。

(8) 查找和排序是数组编程的常见问题。查找算法通常有顺序查找法和折半查找法,其中折半法只适用于有序数组。排序算法常见的有冒泡排序法和选择排序法,其中选择排序法的效率略高于冒泡排序法。

7.5 习 题

7.5.1 选择题

1. 以下关于数组的描述正确的是(　　)。
   A. 数组的大小是固定的,但可以有不同类型的数组元素
   B. 数组的大小是可变的,但所有数组元素的类型必须相同
   C. 数组的大小是固定的,所有数组元素的类型必须相同
   D. 数组的大小是可变的,可以有不同类型的数组元素

2. 若有定义"int m[ ]={5,4,3,2,1}, i=4;",则下面对m数组元素的引用中错误的是(　　)。
   A. m[--i]　　B. m[2*2]　　C. m[m[0]]　　D. m[m[i]]

3. 以下程序段执行之后,数组a的数值是(　　)。

```
int a[ ]={9,3,0,4,8,1,7,2,5,6},i=0,j=9,t;
while(i<j)
```

```
{
    t=a[j];a[j]=a[i];a[i]=t;
    i++;
    j--;
}
```

A. {9,3,0,4,8,1,7,2,5,6}　　B. {0,1,2,3,4,5,6,7,8,9}

C. {6,5,2,7,1,8,4,0,3,9}　　D. {9,8,7,6,5,4,3,2,1,0}

4. 以下程序的运行结果是(　　)。

```
#include <stdio.h>
int main()
{
    int i,t[ ][3]={9,8,7,6,5,4,3,2,1};
    for(i=0; i<3; i++)
    {  printf("%d ",t[2-i][i]);}
    return 0;
}
```

A. 7 5 3　　B. 3 5 7　　C. 3 6 9　　D. 7 5 1

5. 有如下定义语句“int a[][3]={{1,2},{1,2,3,4},{1},{2,3,4}};”,以下叙述正确的是(　　)。

A. 数组a中共有10个元素

B. 数组a为4行3列的二维数组

C. 数组a初始化后的实际值是{{1,2,1},{2,3,4},{1,0,0},{2,3,4}}

D. 编译报错

6. 以下数组定义中不正确的是(　　)。

A. int a[2][3];

B. int b[][3]={0,1,2,3};

C. int c[100][100]={0};

D. int d[3][]={{1,2},{1,2,3},{1,2,3,4}};

7. 有以下程序执行后输出结果是(　　)。

```
#include <stdio.h>
int main()
{
    int p[7]={11,13,14,15,16,17,18},i=0,k=0;
    while(i<7 && p[i] %2){ k=k+p[i]; i++; }
    printf("%d\n",k);
    return 0;
}
```

A. 58　　B. 56　　C. 45　　D. 24

8. 以下程序的输出结果是(　　)。

```
#include <stdio.h>
```

```
int main()
{
    int a[3][3]={{1,2},{3,4},{5,6}},i,j,s=0;
    for(i=1; i<3; i++)
        for(j=0; j<=i; j++)
            s +=a[i][j];
    printf("%d\n",s);
    return 0;
}
```

A. 18　　B. 19　　C. 20　　D. 21

9. 以下程序运行后的输出结果是(　　)。

```
#include <stdio.h>
int main()
{
    int aa[4][4]={{1,2,3,4},{5,6,7,8},{3,9,10,2},{4,2,9,6}};
    int i,s=0;
    for(i=0; i<4; i++)s +=aa[i][1];
    printf("%d\n",s);
    return 0;
}
```

A. 11　　B. 19　　C. 13　　D. 20

7.5.2 填空题

1. 设有定义语句"int a[ ][3]={{0},{1},{2}};",则数组元素 a[1][2]的值为________。

2. 若有定义"double x[3][5];",则数组 x 中行下标的下限是 0,列下标的上限是________。

3. 以下程序的功能是求出数组 x 中各相邻两个元素的和依次存放到数组 a 中,然后输出,请填空。

```
#include <stdio.h>
int main()
{
    int x[10],a[9],i;
    for(i=0; i<10; i++)
        scanf("%d",&x[i]);
    for(  ①  ; i<10; i++)
        a[i-1]=x[i]+  ②  ;
    for(i=0; i<9; i++)
        printf("%d",a[i]);
    printf("\n");
```

```
    return 0;
}
```

4. 以下程序的输出结果是________。

```
#include <stdio.h>
int main()
{
    int a[3][3]={{1,2,9},{3,4,8},{5,6,7}},i,s=0;
    for(i=0; i<3; i++)
        s +=a[i][i]+a[i][3-i-1];
    printf("%d\n",s);
    return 0;
}
```

7.5.3 编程题

1. 编写程序,从键盘输入10个整数,输出它们的平均值及大于平均值的数据。

2. 编写程序,以'$'符号为终止符接收一组字符,在相同的数组空间中逆序存储这组字符并输出。

3. 编写程序,把数组中所有奇数放在另一个数组中并输出。

4. 编写程序,把字符数组中的字母按由小到大的顺序排序并输出。

5. 输入若干有序数放在数组中,然后再输入一个数,插入到此有序数列中,插入后,数组中的数仍然有序,输出最终结果。

6. 给定一个二维数组,并初始化所有元素,求其中的最大值,以及最大值的行、列下标。

7. 给定一个N×N矩阵,判断它是否是上三角阵?所谓上三角阵是指左下三角(不含对角线)都是0的矩阵。

8. 求任意矩阵周边元素之和。

9. 求任意方阵每行、每列上的元素之和。

10. 找出一个二维数组中的鞍点,即该位置上的元素在该行最大,在该列最小。二维数组中也可能没有鞍点。

11. 编写程序输出杨辉三角形的前5行,杨辉三角如图7-19所示。

```
1
1 1
1 2 1
1 3 3 1
1 4 6 4 1
```

图7-19 杨辉三角

第8章 指针基础

冯·诺依曼体系机构计算机的基本原理是存储程序和程序控制。程序要能正常执行,先要把指挥计算机如何进行操作的指令序列(程序)和原始数据通过输入设备输送到计算机内存储器中,这里的内存储器就是我们常说的内存,计算机要有效地管理内存,首先需要对内存中的不同单元进行编号,这就类似于给房间编号一样。根据一个内存单元的编号可以准确地找到该内存单元,并对单元里的内容进行读取或写入。我们把内存单元的编号称为地址,也称为指针。

指针是C语言中的重要概念,也是C语言的一个重要特色。正确而灵活地运用指针有诸多优点,比如可以有效地表示复杂数据结构,可以方便地操作数组、字符串,并可在函数调用时获得多个返回值等。掌握指针的应用,可以使程序简洁、紧凑、高效。每一位学习C语言的人都应该深入地理解并掌握指针的用法。可以说,没有掌握指针就没有掌握C语言的精华。

鉴于指针的重要性,本书将通过两章对其进行讨论,本章是指针基础,主要介绍变量在内存中的存储结构、指针的基本概念、指针变量的定义及使用,指针操作一维数组等知识。第10章是指针应用的提高篇。

8.1 指针的概念

理解指针的第一步是在机器级上观察指针表示的内容。现代计算机一般都将内存分割成字节(Byte),每个字节存储8位信息。程序中所有的数据都存放在内存中,不同的数据类型所占用的内存单元数(字节数)不等,比如浮点型占4B,字符型占1B等。为了正确地访问这些内存单元,必须为每个内存单元给定一个唯一编号。这个内存单元(字节)的唯一编号也称为地址(Address)。如果内存中有n个字节,那么可以把地址看作0～n－1,如图8-1所示。

程序中定义的变量、函数等称为实体,每个实体都要在内存中占用若干个连续字节,实体占用的字节中,首字节的编号称为实体的地址。

假设有定义:

```
char ch='B';
int i=10;
float f=3.8;
```

其对应变量地址如图 8-2 所示，字符变量 ch，其内容为 B(ASCII 码为十进制数 66)在内存中占 1B，其地址就是该字节的编号 2000；整型变量 i 在内存中占 4 个连续字节，字节的编号为 2001、2002、2003、2004，其首地址是 2001；单精度浮点型变量 f 在内存中占 4 个连续字节(计算机中是二进制保存，所以实际存储浮点值和定义的有差别)，字节的编号为 2005、2006、2007、2008，其首地址是 2005。

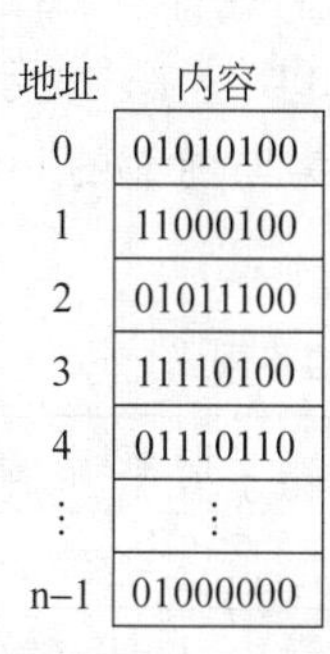

图 8-1　内存单元的内容及地址编号

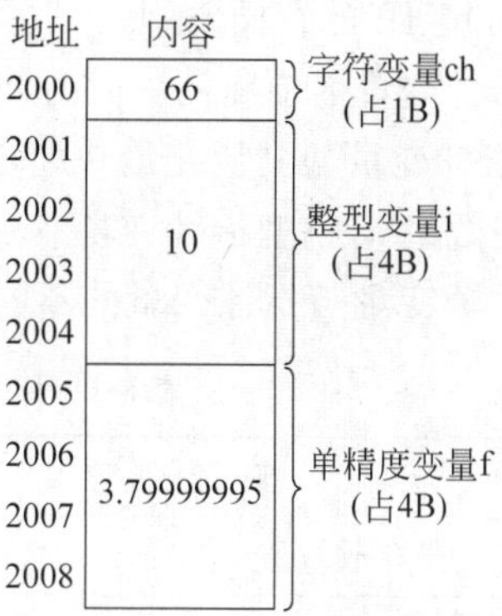

图 8-2　变量的地址

这就是指针的出处。虽然用数表示地址，但是地址的取值范围不同于整数的范围，所以一定不能用普通整型变量存储地址，而是用一种特殊的指针变量(Pointer Variable)存储地址。在用指针变量 p 存储变量 i 的地址时，我们就说“p 指向 i”。换句话说，指针就是地址，而指针变量就是存储地址的变量，如图 8-3 所示。

指针变量p　指向　普通变量i

图 8-3　指针变量 p 指向普通变量 i

严格地说，一个指针是一个地址，是一个常量。而一个指针变量却可以被赋予不同的指针值，是一个变量。但常把指针变量简称为指针。为了避免混淆，本书中约定：“指针”是指地址，是常量，“指针变量”是指取值为地址的变量。定义指针的目的是为了通过指针去访问内存单元。

在 C 语言中，一种数据类型或数据结构往往都占有一组连续的内存单元。用“地址”这个概念并不能很好地描述一种数据类型或数据结构，而“指针”虽然实际上也是一个地址，但它却是一个数据结构的首地址，它是“指向”一个数据结构的，因而概念更为清楚，表示更为明确。这也是引入“指针”概念的一个重要原因。

8.2　指针变量

如前所述，指针就是地址，存放地址的变量就称为指针变量。注意指针变量与普通变量的区别：普通变量用于存放数值，而指针变量用于存放地址。

8.2.1　指针变量的定义

定义指针变量与定义普通变量类似，唯一的不同是在指针变量名前面要放置星号。定义指针变量的一般格式如下：

```
数据类型 *指针变量名;
```

说明:

(1) 指针变量定义时的数据类型称为指针的基础类型,它并不决定指针变量所占存储空间的大小,而是决定指针变量所指存储空间的类型。在32位系统中,所有类型的指针变量均占用4B的存储空间。

(2) 指针变量名前面的*号应与数据类型结合在一起,比如“char *”表示字符指针类型。当指针变量与其他变量一起定义时,如“int i, a[10], *p;”表示定义了整型变量i,一维整型数组a,整型指针变量p,此时也应将*号理解为与前面的int结合成“int *”。

(3) 普通变量与指针变量的不同如表8-1所示。

表8-1 比较普通变量与指针变量的不同

比较类别	普通变量	指针变量
用途	用于存放数值	用于存放地址
数据类型的含义	char a; 变量a占1B,用于存放字符	char *pa; 变量pa占4B,存放地址,pa可指向字符型的存储空间
	int b; 变量b占4B,用于存放整数	int *pb; 变量pa占4B,存放地址,pb可指向整型的存储空间
	double c;变量c占8B,用于存放实数	double *pc; 变量pc占4B,存放地址,pc可指向实型的存储空间

可以总结得到对指针变量的定义包括3个内容。

(1) 指针类型说明,即定义变量为一个指针变量(通过*说明)。

(2) 指针变量名。

(3) 变量值(指针)所指向的变量的数据类型。

8.2.2 指针变量的赋值

指针变量定义后必须赋予具体的值。未经赋值的指针变量称为“悬空指针”,不能使用,否则将造成系统混乱,甚至死机。

注意:指针变量的赋值只能赋予地址,决不能赋予数据,否则将引起错误。在C语言中,变量的地址由编译系统分配,对用户完全透明,用户不知道变量的具体地址。那么既然用户不知道,程序又是如何获取地址并赋给指针变量的呢?在这里介绍一个运算符&,称为取地址运算符,其使用格式如下:

```
&变量名
```

这个运算符的功能是取出变量所在内存单元的地址。在调用scanf( )函数时,人们已经认识了该运算符的使用方法。

为指针变量赋地址的方法常有以下几种形式。

(1) 定义指针变量时直接初始化地址值。

如：

```
int a=10, * pa=&a;
```

以上定义了普通变量 a 和指针变量 pa，并用初始化方法将 a 的地址赋给 pa，于是我们称 pa 指向 a，如图 8-4 所示。

(2) 用赋值语句为指针变量赋地址值。

如：

```
int a=10, * pa; pa=&a;
```

以上定义了普通变量 a 和指针变量 pa，再用赋值语句的方法将 a 的地址赋给 pa，于是我们称 pa 指向 a，效果同图 8-4 所示。

(3) 为指针变量赋另一个已赋值的指针变量。

如：

```
int a=10, * p1, * p2; p1=&a; p2=p1;
```

以上定义了普通变量 a 和指针变量 p1、p2，首先将 p1 指向 a，再将 p1 赋值给 p2，于是我们称 p1 和 p2 都指向 a，如图 8-5 所示。

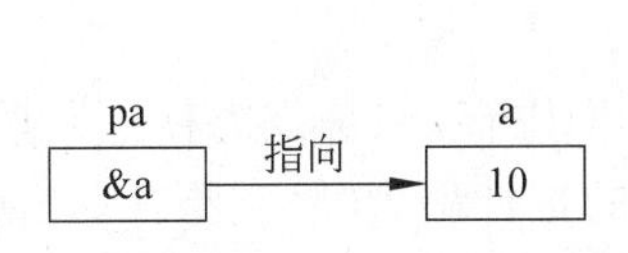

图 8-4　指针变量 pa 指向普通变量 a

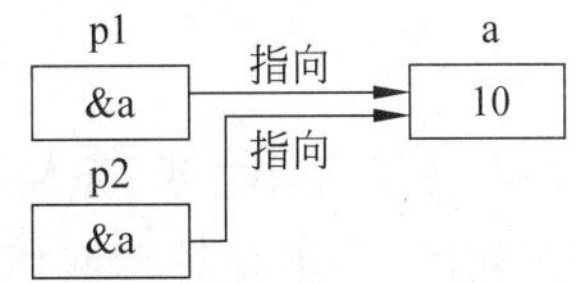

图 8-5　两个指针变量指向同一个普通变量

8.2.3 指针变量的间接引用

将指针变量指向某个普通变量，或者指向数组的首地址，其最终目的是希望通过指针变量引用其所指存储单元的内容。

假设有定义“int a=10, * p=&a;”，则引用整数 10，既可以通过变量 a 实现，又可以通过指针 p 实现。前者称为直接引用，后者称为间接引用。那么如何利用指针变量 p 引用其所指存储单元 a 的内容呢？这里首先介绍一个运算符 *，称为间接引用运算符，其使用格式如下：

*** 指针变量　或者　* 地址**

运算符 * 的功能是引用指针变量所指存储单元的内容，或者引用某地址对应存储单元的内容。例如：

```
int a=10,b, * p=&a;
b= * p;
printf("b=%d\n",b);
```

以上程序段的运行结果是输出 b=10。执行语句“b= * p;”时,运算符 * 引用了 p 所指变量 a 的值,并赋给 b。读者应注意区别以上程序段中的两个 * :其中变量定义时的 * 是与 int 结合为“int *”,表示 p 被定义为 int * 型的指针变量;而语句 b= * p 中的 * 是与 p 结合为 * p,此时它是一个运算符,用于间接引用 p 所指存储单元的内容。

注意:C 语言中的 * 号用法非常多,可以作为普通字符、乘号、注释符,在本章中,我们看到在定义指针变量时,用它作为指针定义符,在语句中又用它作为间接引用运算符。

初学者关于“指针变量”使用的常见错误如下所示。

错误 1:直接给指针变量赋一个整数值。

如:

```
int a=18, * p1, * p2;
p1=a;          /* 错误 */
p2=100;        /* 错误 */
```

分析:这里是将整型变量的值或整型数值直接赋值给指针,是对指针概念和用法误解造成的。指针变量只能存地址,而且这个地址应该是程序中变量的地址,需要通过取地址符获取,不能直接将整型数值赋值给指针变量。

错误 2:指针未赋地址值就直接使用。

如:

```
int a=18, * p;   * p=a;            /* 错误 */
```

分析:在定义了指针之后,系统会为指针变量分配内存,但是该内存单元里存放着什么内容还是未知的,即该指针指向何处不可知,这样的指针称为“悬空指针”。使用悬空指针,特别是进行写操作,很可能导致系统环境被破坏。

错误 3:为指针变量赋地址值时在前面加 * 。

如:

```
int a=10, * p;   * p=&a;          /* 错误 */
```

分析:对于已经定义的指针变量,为其赋地址值时,不能在前加 * 。

错误 4:利用指向空地址的指针变量访问存储单元。

如:

```
int a=10, * p=NULL;   * p=a;     /* 错误 */
```

分析:NULL 是在 stdio.h 头文件中预定义的,其代码值为 0,表示空地址。实际上,指针 p 并不是真的指向地址为 0 的存储单元,而是系统设置的一个确定值“空”。这时再企图通过指针 p 去访问一个存储单元时,将会得到一个出错信息。

【例 8-1】 指针变量的定义和用法。

```
#include <stdio.h>
int main()
{
```

```
    int x=5,y=10;
    int *p,*q;
    p=&x;                              //p 指向变量 x
    q=&y;                              //q 指向变量 y
    printf("x=%d,y=%d\n",x,y);
    printf("x=%d,y=%d\n",*p,*q);       //*p 代表 x,*q 代表 y
    return 0;
}
```

程序运行结果如图 8-6 所示。

本程序中指针 p、q 与变量 x、y 的指向关系如图 8-7 所示。

图 8-6　例 8-1 的运行结果

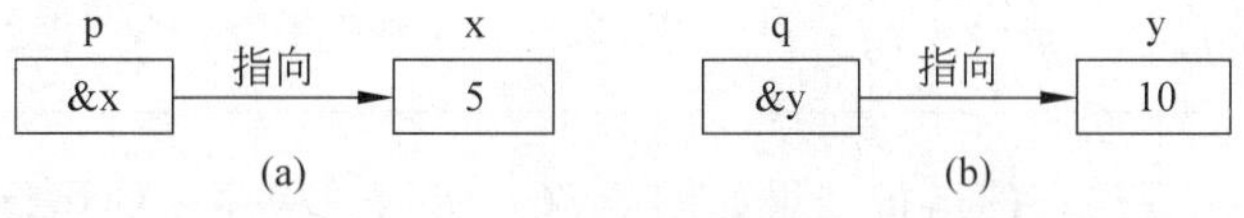

图 8-7　例 8-1 中指针变量与普通变量的关系

【例 8-2】　输入 a 和 b 两个整数，用指针编程，按先大后小的顺序输出 a 和 b。比较以下两个程序，思考为何程序一的运行结果错误？而程序二的运行结果正确？

程序一（错误）：

```
#include <stdio.h>
int main()
{
    int a, b, *pa, *pb, *t;
    printf("请输入两个整数到变量 a, b 中: ");
    scanf("%d, %d", &a, &b);
    pa=&a;
    pb=&b;
    if(a<b)
    {
        t=pa;
        pa=pb;
        pb=t;
    }
    printf("\n 较大值 a: %d  较小值 b: %d\n", a, b);
    return 0;
}
```

程序二（正确）：

```
#include <stdio.h>
int main()
{
```

```
 4.     int a, b, *pa, *pb, t;
 5.     printf("请输入两个整数到变量 a, b 中: ");
 6.     scanf("%d, %d", &a, &b);
 7.     pa=&a;
 8.     pb=&b;
 9.     if(a<b)
10.     {
11.         t=*pa;
12.         *pa=*pb;
13.         *pb=t;
14.     }
15.     printf("\n 较大值 a: %d  较小值 b: %d\n", a, b);
16.     return 0;
17. }
```

程序一的运行结果如图 8-8(a)所示。程序二的运行结果如图 8-8(b)所示。

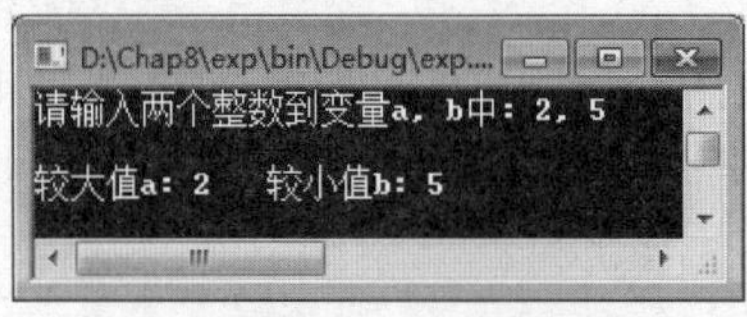

D:\Chap8\exp\bin\Debug\exp....
请输入两个整数到变量a, b中: 2, 5
较大值a: 2   较小值b: 5

(a) 程序一的运行结果

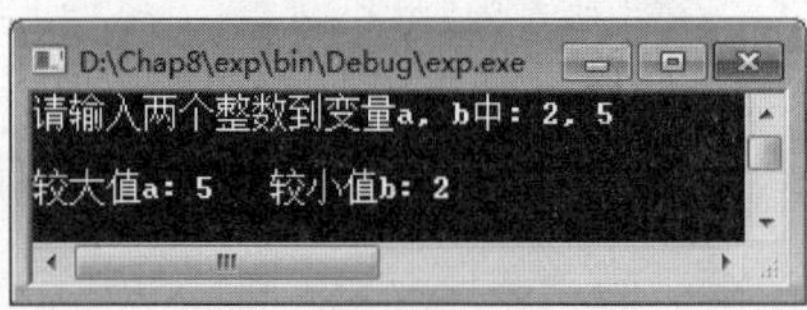

(b) 程序二的运行结果

图 8-8　例 8-2 的运行结果

观察程序一和程序二,程序一中的 t 是指针变量,而程序二中的变量 t 是数值型变量。程序第 9～14 行 if 语句中的 3 条交换语句不相同,程序一中的“p＝pa; pa＝pb; pb＝p;”三条语句是交换指针 pa 和 pb;而程序二中“p＝*pa; *pa＝*pb; *pb＝p;”三条语句是交换 pa 和 pb 所指的内容,即交换 a 与 b 的值。图 8-9 所示为两个程序中指针 pa、pb 的指向关系。

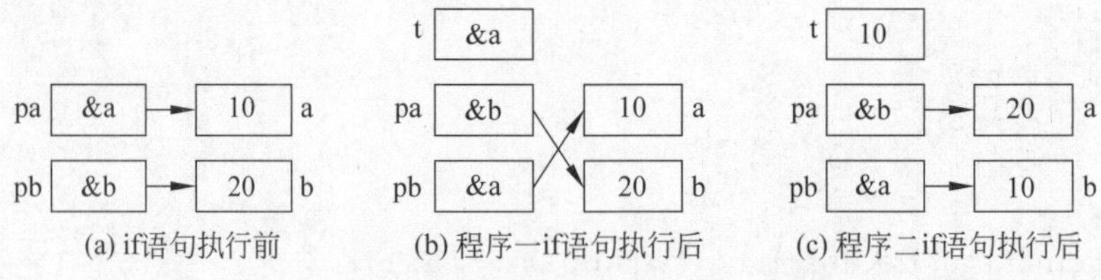

(a) if语句执行前　(b) 程序一if语句执行后　(c) 程序二if语句执行后

图 8-9　例 8-2 中指针变量与普通变量的关系

8.3　指针变量的基础类型

在 8.2.1 节中提到定义指针变量时的数据类型称为指针的基础类型。本节我们对基础类型的概念进行更为详细的描述。

通过对指针概念的理解,我们知道指针变量用于存储地址值(即内存单元的编号),严格来说地址是没有数据类型可言的，为什么在指针变量定义时还要指定数据类型呢？为什么称此时的数据类型为指针变量的基类型呢？

为了能正确地通过指针变量访问数据，指针变量中仅存放实体的首地址是不够的，还必须知道该实体占多少内存以及数据是如何组织的，这些信息包含在数据类型之中，因此定义了正确的指针类型，就能正确地访问实体的数据。于是，定义指针变量时的数据类型就称为指针变量的“基础类型”(简称基类型)。

例如有定义“char *p1; int *p2; double *p3;”，利用 p1、p2、p3 可以依次访问 1B、4B、8B 的存储空间。

注意：

(1) 前面讲过指针就是地址，其实有点过于绝对，通过基类型，我们知道指针的含义并不仅仅限于“地址”，指针的类型也非常关键，通过它决定了指针所指操作对象的范围。

(2) 在操作系统中，内存的编号(地址)一般都占用相同长度，即指针变量存储的数值长度相同，因而指针的类型可以相互转换，在实际应用中，转换要合理。

(3) 从语法上看，只须把指针声明语句中的指针变量名字和名字左边的指针声明符 * 去掉，剩下的就是指针所指向的类型。后续章节中的多级指针、函数指针及结构体定义的指针都可以这样来理解指针的类型。

(4) void 指针类型，先来认识 void 关键字，它表示“空类型”的概念。这里的“空类型”不表示“任意类型”，而是表示不存在的意思，也就是说 C 语言不允许用 void 定义变量，即不存在类型为 void 的东西。但是，void * 表示“空类型指针”，与 void 不同，void * 表示“任意类型的指针”或表示“该指针与某一地址值相关，但是不清楚在此地址上的对象的类型”。其根本原因在于 C 语言定义变量就会分配内存，然而，不同类型的变量所占内存不同，如果定义一个任意类型的变量，就不能完成内存分配；但是所有指针类型的变量，无论是 int *、char *、string *、student * 等，它们的内存空间都是相同的，所以可以定义“任意类型的指针”。

当指针指向一个变量时，本质上是指向了一段内存区域，通过指针访问变量本质上是访问一段内存区域。当通过指针来访问指针所指向的内存区域时，指针的类型决定了系统访问内存区域的方式。

用一般数据类型加 * 定义的指针变量称为一级指针变量，加**定义的指针变量称为二级指针变量，加***定义的指针变量称为三级指针变量，依次类推。二级指针变量也称为指向指针的指针。详细内容见第 10 章。

【例 8-3】 指针基类型的理解。

```
#include <stdio.h>
int main()
{
    char a, *pa=&a;
    int b, *pb=&b;
    double c, *pc=&c;
```

```
7.    printf("普通变量的字节数: %d,%d,%d\n",sizeof(a),sizeof(b),sizeof(c));
8.    printf("指针变量的字节数: %d,%d,%d\n",sizeof(pa),sizeof(pb),sizeof(pc));
9.    printf("指针初始时存储的地址: %d,%d,%d\n",pa,pb,pc);  //输出地址
10.   pa++;
11.   pb++;
12.   pc++;
13.   printf("指针自加后存储的地址: %d,%d,%d\n",pa,pb,pc);  //输出地址
14.   return 0;
15. }
```

程序运行结果如图 8-10 所示。

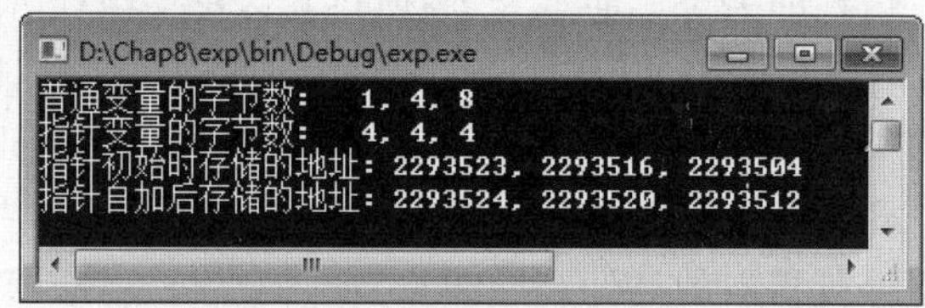

图 8-10 例 8-3 的运行结果

说明：程序第 7 行和第 8 行用求字节运算符 sizeof 求出各种数据类型的变量所占的字节数。可以看出，普通变量 a、b、c 各占 1B、4B、8B，指针变量 pa、pb、pc 都占 4B。程序第 9 行输出指针 pa、pb、pc 的地址值，即变量 a、b、c 在内存中所占存储单元的起始地址。当执行第 10～12 行语句后，3 个指针各自后移了一个单元(有关指针后移的内容见 8.4.1 节)，通过第 13 行的输出结果可以看出，pa 指针后移了 1B，pb 指针后移了 4B，pc 指针后移了 8B，它们后移的字节数由它们的基类型决定。从而可以看出，pa、pb、pc 指针所指向的存储空间分别为 1B、4B、8B。

8.4 指针的运算

指针变量可以指向 C 语言中所有的类型，包括基本数据类型、结构体、函数，甚至指针自己。指针的运算和它所指向的类型有关。在指针变量的引用中，我们认识了取地址运算符 & 和间接引用运算符 *。本节将会介绍指针的其他运算。

8.4.1 指针的算术运算

指针的算术运算是针对指针指向数组或指向字符串为前提的，而且只有加上整数和减去整数这两种算术运算。指针的加、减运算和数值的加、减运算意义不同。指针的加、减运算表示控制指针向前或向后移动。由于数组和字符串的若干存储单元在内存里是顺序存储，利用指针前移或后移便可指向所有元素。因此，指针的加、减运算仅适用于存储空间连续的场合。

通过数组学习，我们知道从概念上讲，数组是一组变量，这样定义一个与数组同类型的指针变量，它的基类型与数组元素类型相同，便可以指向数组中的任何一个元素。

假设有定义“int a[10]={1, 2, 3, 4, 5, 6, 7, 8, 9, 10}, ＊p;”，执行语句“p=a;”或者“p=&a[0];”都表示将指针 p 指向数组的第一个元素，如图 8-11 所示。

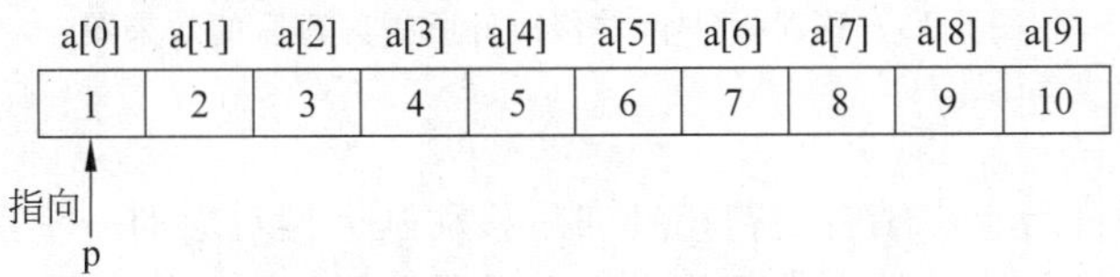

图 8-11　指针变量指向数组的第一个元素

指针 p 指向数组 a 的一个元素后，就可以通过指针的算术运算访问数组的其他元素了。

1. 指针加上整数

“指针＋整数 n”表示指针向后移动 n 个元素。

2. 指针减去整数

“指针－整数 n”表示指针向前移动 n 个元素。

下面通过示例说明指针的加、减运算。

```
int a[10]={10,11,12,13,14,15,16,17,18,19},*p,*q;
p=a+3;          /*等价于 p=&a[3]; 指针 p 指向 a[3],此时 a+3 代表元素 a[3]的地址*/
q=p+3;          /*指针 q 指向 p 后面的第 3 个元素,此时 p+3 代表元素 a[6]的地址*/
printf("%d,%d",*p,*q);     /*输出 p、q 所指元素的值 13、16*/
```

以上指向关系如图 8-12 所示。

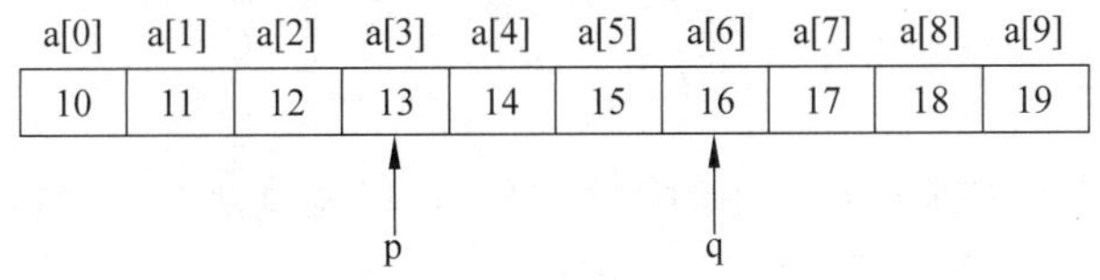

图 8-12　指针 p、q 的指向关系

继续执行以下语句，

```
p--;          /* 等价于 p=p-1,指针 p 向前移动一个单元,指向元素 a[2] */
(*q)--;       /* 等价于 *q=*q-1,指针的指向没有改变,但是改变了所指单元的值 */
printf("%d,%d",*p,*q);      /* 此时输出 12,15 */
```

以上语句执行后的结果如图 8-13 所示。

关于指针移动的存储单元范围，请看如下。

说明：如果有定义“char ＊p1; int ＊p2; double ＊p3;”，再执行“p1++; p2++; p3++;”语句，这 3 个指针都将后移一个单元，但是由于它们的基类型不同，于是 p1 后移 1B，p2 后移 4B，p3 后移 8B。

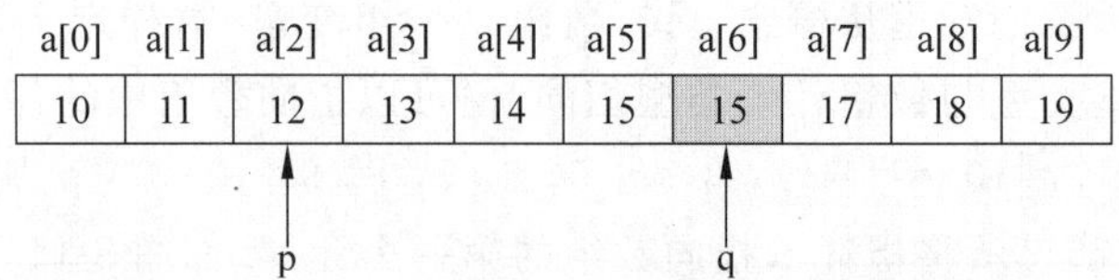

图 8-13 移动指针 p,并修改 q 所指内容后的效果图

注意:

(1) ++:指针与++结合使得指针向后移动基类型对应的一个单元。

(2) --:指针与--结合使得指针向前移动基类型对应的一个单元。

(3) 间接引用运算符 * 和算术运算符++、--的优先级相同,但是按自右向左的方向结合,因此,-- * p 相当于--(* p)。但是表达式(* p)-- 与 * p-- 的结果则不同,前者是先取 p 所指存储单元的值,然后将值减 1 作为表达式的值;后者是将 * p 作为表达式的值,然后使指针变量 p 本身减 1,即指针 p 发生移动。

对于++、--与 * 的结合比较容易引起困惑,通过表 8-2 的比较便于理解(仅以++与 * 结合为例):

表 8-2 ++与 * 结合解析

表 达 式	含 义 解 析
++(* p)或++ * p	先取指针所指存储空间里的内容,然后将内容自增作为表达式的值
* ++p 或 * (++p)	先自增 p(即 p 后移一个单元),然后取出此时 p 所指存储单元的内容作为表达式的值
* p++或 * (p++)	表达式的值是 * p,然后再自增 p(即 p 后移一个单元)
(* p)++	表达式的值是 * p,然后再自增 p 所指存储单元里的内容

8.4.2 指针相减

对于指向同一数组或同一字符串的两个指针,可以通过两个指针相减计算两个指针之间的距离(通过数组元素的个数来度量)。假如 p 指向 a[1],q 指向 a[4],则 q-p 就相当于 4-1,其结果为 3,表示 q 所指空间距离 p 所指空间有 3 个单元的距离,如图 8-14 所示。

```
int a[5]={10,20,30,40,50}, * p, * q,i,j,m;
p=&a[1];
q=&a[4];
i=q-p;                    /* 计算后 i 的值是 3 */
j=p-q;                    /* 计算后 j 的值是-3 */
m= * q - * p;             /* 计算后 j 的值是 30 */
```

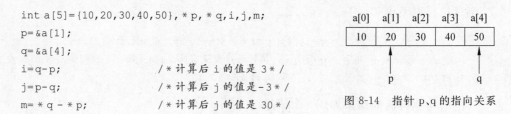

a[0] a[1] a[2] a[3] a[4]
10 20 30 40 50
p q

图 8-14 指针 p、q 的指向关系

8.4.3 指针比较

在关系表达式中可以用关系运算符(>、>=、<、<=、==、!=)对两个指针进行比

较。但是，只有当两个指针指向了同一数组时，用关系运算符进行指针的比较才有意义，其结果依赖于指针指向的数组中元素的相对位置。

在图 8-14 中，指针 p 和 q 之间的关系是，p<q 为真。

【例 8-4】 定义一个子函数，输出图 8-14 中指针 p 和 q 之间的元素，p、q 作为函数形参。

```
 1. #include <stdio.h>
 2. void fun(int *p,int *q)
 3. {
 4.     int *m;
 5.     for(m=p; m<=q; m++)
 6.     {
 7.         printf("%d ",*m);
 8.     }
 9.     printf("\n");
10. }
11.
12. int main()
13. {
14.     int a[5]={10,20,30,40,50};
15.     fun(&a[1],&a[4]);
16.     return 0;
17. }
```

程序运行结果如图 8-15 所示。

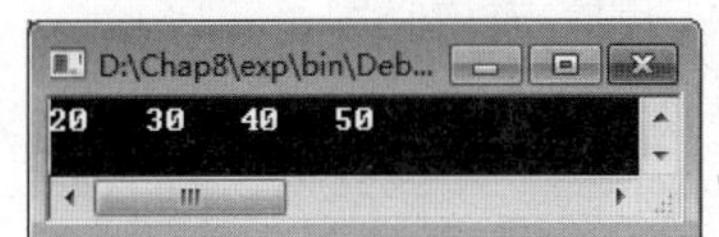

图 8-15　例 8-4 的运行结果

程序第 15 行“fun(&a[1], &a[4]);”是函数调用语句，实参是两个数组元素的地址，它们对应的形参分别是指针 p、q，于是 p 指向 a[1]，q 指向 a[4]。

程序第 5 行 for 语句的 3 个表达式是“m=p; m<=q; m++”，表达式 1 m=p 让指针 m 初始时指向 a[1]；表达式 2 m <= q 是对指针进行比较，判断指针 m 如果小于等于 q 就继续循环；表达式 3 m++是对指针 m 进行加 1 操作，每循环一次，m 后移一个单元。

8.5　指针与一维数组

数组在内存中占据连续的存储单元，每个数组元素占据的字节数相同。在 8.4 节中，我们有指针指向一维数组的实例，定义一个与数组同类型的指针变量，其基类型与数组元素类型相同，将指针指向第一个数组元素后，利用指针的移动便可引用数组的各个元素。

1. 一维数组名是地址常量

C 语言中，数组名可以认为是一个**地址常量**，其地址值是数组第一个元素的地址，也就是数组所占一串连续存储单元的起始地址。由于数组名是常量,因此不能重新赋值。

假设有定义:

```
int a[10], *p, x;
```

语句“a=&x;”或者“a++;”都是非法的,数组名a是常量,不能被重新赋值。

然而语句“p=a;”或者“p=a+1;”是正确的,a代表元素a[0]的地址,a+1代表元素a[1]的地址,将这些地址赋给指针变量p是可行的。

理解“数组名+整数”的意义是关键,8.2.1节中介绍了指针加整数运算,由于数组名是地址,加上一个整数,表示在数组首地址的基础上后移整数个单元。于是,语句“p=a+i;”等价于“p=&a[i];”。

假设有定义“int a[10], *p=a;”,则有4种等价形式都可以表示数组元素a[i]的地址:

方法一:&a[i]	方法二:&p[i]	方法三:a+i	方法四:p+i

前两种方法称为“下标法”,后两种方法称为“指针法”(也称为“地址法”)。以上等价形式的前提条件是指针p指向数组的第一个元素。

2. 引用数组元素的几种方法

当我们已知了存储单元的地址,在地址前加上间接引用运算符*,便可取出该地址对应存储单元里的内容。由上述内容可知,表示数组元素的地址有4种等价写法,即&a[i]、&p[i]、a+i、p+i,在其前面分别加上运算符*,则可得到引用数组元素的4种等价写法,如下所示。其中*&a[i]和*&p[i]就是a[i]和p[i]。

假设有定义“int a[10], *p=a;",则有4种等价形式都可以表示数组元素a[i]:

方法一:a[i]	方法二:p[i]	方法三:*(a+i)	方法四:*(p+i)

以上4种形式,前两种方法称为“下标法”,后两种方法称为“指针法”。

注意区别p和a的不同,a是常量,是不能改变的;p是变量,其中的地址是可以改变的。如可以通过语句“p=a+2;”对p赋值,这时p[2]或者*(p+2)代表数组元素a[4]。

8.6 指针应用实例

利用指针操作数组,对数组元素的引用既可以用下标法,也可以用指针法。既可以通过下标i的变化访问各元素,也可以通过指针p的移动访问各元素。

【例8-5】 分别用下标法、指针法访问数组元素。

```
#include <stdio.h>
int main()
{
    int a[5]={5,10 ,15,20,25},i, *p;
```

```
    p=a;                                //指针 p 指向数组的首地址,这一步非常重要
    printf("----下标法输出数组元素----\n");
    for(i=0; i<5; i++)
    {
        printf("%-6d",a[i]);            //下标法
    }
    printf("\n");
    for(i=0; i<5; i++)
    {
        printf("%-6d",p[i]);            //下标法
    }
    printf("\n");
    printf("\n----指针法输出数组元素----\n");
    for(i=0; i<5; i++)
    {
        printf("%-6d", * (a+i));        //指针法
    }
    printf("\n");
    for(i=0; i<5; i++)
    {
        printf("%-6d", * (p+i));        //指针法
    }
    printf("\n");
    return 0;
}
```

程序运行结果如图 8-16 所示。

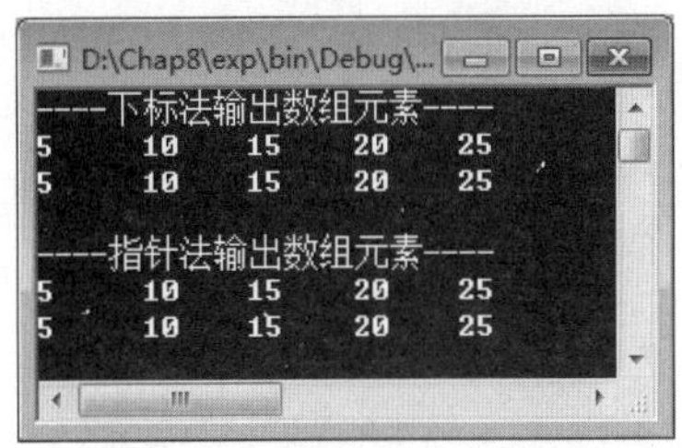

图 8-16　例 8-5 的运行结果

说明：

(1) 不论使用下标法还是指针法访问数组元素，都要避免“下标越界”的问题。在例 8-5 中如果执行了 a[5]、p[5]、*(a+5)、*(p+5)，则可能破坏系统的其他数据，这是很危险的，应当避免。

(2) 使用指针变量指向数组元素时，应当注意指针变量的当前值。如有以下程序段：

```
int a[5]={5,10 ,15,20,25},i, * p;
p=&a[2];
for(i=0; i<3; i++) printf("%d,",p[i]);
```

输出结果是 a[2]、a[3]、a[4]的值 15、20、25。因为 p 初始并未指向 a[0]，而是指向 a[2]，因此 p[i]相当于 a[2+i]。

例 8-5 中使用了 4 种方法输出数组 a 的 5 个元素，在 4 个 for 循环里有一个共同点：

利用变量 i 的自增来访问所有数组元素。此时的 i 既作为循环变量控制循环次数,同时也作为数组元素的下标,指针 p 在循环的始末都未发生移动,始终指向 a[0]。

【例 8-6】 用指针指向数组并输出数组元素,要求:通过指针的移动实现此功能。

```
#include <stdio.h>
int main()
{
    int a[5]={5,10 ,15,20,25}, * p;
    for(p=a; p<a+5; p++)
    {
        printf("%-6d", * p);          //指针法
    }
    printf("\n");
    return 0;
}
```

程序运行结果如图 8-17 所示。

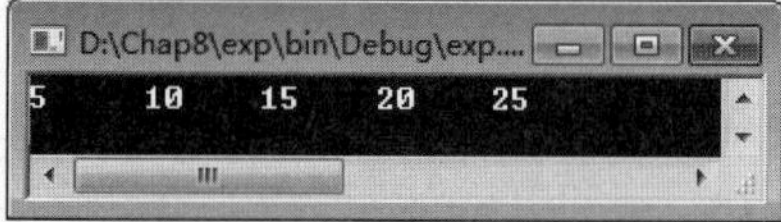

图 8-17 例 8-6 的运行结果

本例与前一例虽然完成的功能相同,但使用的方法不同,本例中未使用变量 i,而是通过指针 p 的自增来访问数组的各元素。本例中 for 循环开始时,p 指向 a[0],每次循环 p 后移一个单元,当 for 循环结束后,p 指向 a[4]后面的存储空间。

【例 8-7】 输入 10 个整数,并求这 10 个整数的和。

```
#include <stdio.h>
int main()
{
    int a[10],i,sum=0;
    int * p;
    printf("请输入 10 个数:\n");
    for(i=0; i<10; i++)
    {
        scanf("%d",a+i);                    //数组名加整数 a+i 表示数组元素 a[i]的地址
    }
    for(p=a; p<a+10; p++)
    {
     sum=sum+ * p;                          //指针法 * p 引用数组元素
    }
    printf("\n10 个数的总和:%d\n",sum);
    return 0;
}
```

程序运行结果如图 8-18 所示。

图 8-18　例 8-7 的运行结果

说明：

(1) 程序第 7～10 行的 for 语句是通过变量 i 的变化引用不同的数组元素。变量 i 的取值范围是 0～9，因此 scanf() 函数调用时，a＋i 依次代表数组元素 a[0]～a[9]的地址。

(2) 程序第 11～14 行的 for 语句是通过指针 p 的自增引用不同的数组元素。每次循环时的 ＊p 都代表数组中的一个元素。

【例 8-8】 假设有 10 名学生，每名学生有 1 门课的成绩，使用数组存储这 10 名学生的程序，要求使用指针操作数组，完成求总分、平均分、最高分和最低分的功能，并对 10 名学生按分数由高到低进行排序。

问题分析：对于该问题，先定义一个 10 个元素的一维数组，并对数组初始化数值。再定义一个指针变量指向数组的首地址，通过指针变量自增依次访问数组元素，并求总分、平均分、最高分和最低分；然后采用冒泡排序法对 10 个分数进行降序排序。

```
#include <stdio.h>
#define N 10
int main()
{
    float a[N]={88,90,78.5,66,91.5,70,82.3,75.7,81,67};
    float sum=0,avg=0,max=0,min=100,temp, * p;
    int i,j;
    p=a;                                //指针变量 p 指向数组 a 的首地址
    printf("10 个分数是: \n");
    for(i=0; i<N; i++)                  //循环 10 次,输出 10 个分数
    {
        printf("%.2f\t",p[i]);
    }
    for(p=a; p<a+N; p++)                //查找最高分和最低分
    {
        if( * p>max)
        {
            max= * p;
        }
        if( * p<min)
        {
            min= * p;
        }
         sum=sum+ * p;
    }
    avg=sum / N;
```

```
    for(i=0; i<N-1; i++)         //对这10个分数进行降序排序
    {
        for(j=0; j<N-1-i; j++)
        {
            if(*(a+j)<*(a+j+1))
            {
                temp=*(a+j);
                *(a+j)=*(a+j+1);
                *(a+j+1)=temp;
            }
        }
    }
    printf("\n降序排序后的分数是:\n");
    for(p=a,i=0; i<N; i++)       //输出排序后的10个分数
    {
        printf("%.2f\t",p[i]);
    }
    printf("\n\n总分:%.2f  平均分:%.2f  最高分:%.2f  最低分%.2f\n",
        sum,avg,max,min);
    return 0;
}
```

程序运行结果如图8-19所示。

图8-19 例8-8的运行结果

8.7 本章小结

(1) 为了管理内存,计算机对内存中的不同单元进行编号,称为计算机中内存的编址,根据一个内存单元的编号即可准确地找到该内存单元。即通过这个编号(也叫地址)可以找到所需要的内存单元,因此通常也把这个地址称为指针。

(2) 定义指针变量的一般格式如下:

```
数据类型 * 变量名;
```

① 指针变量定义时的数据类型称为指针的基础类型,简称基类型,基类型并不决定

指针变量占用的字节数,而是决定指针变量所指存储单元的类型。指针变量必须和它所指存储单元的类型相同。

② 所有类型的指针变量都占4B的存储空间。

③ 指针变量用于存地址,指针变量定义后应该为其赋地址值,如果未赋地址的指针变量称为“悬空指针”,使用悬空指针是很危险的,会导致程序崩溃。

(3) 指针变量定义后,要为其赋地址值,其格式为“指针变量=地址;”,获取存储单元地址的运算符是 &,称为取地址符。

① 为指针变量赋普通变量的地址,即可让指针变量指向普通变量,如“int x=5, *p=&x;”。

② 为指针变量赋另一个已赋值的指针变量,即可让两个指针变量指向同一个存储单元,如“int x=5, *p1=&x, *p2=p1;”。

(4) 指针变量指向某一存储单元后,其最终目的是要利用指针变量间接引用其所指存储单元的值。此时需要使用间接引用运算符 *。

① 取出指针变量所指普通变量的值。如“int a=5, b, *p=&a;”,执行语句“b=*p;”即可利用 *p 取出变量 a 的值赋给变量 b。

② 取出指针变量所指数组元素的值。如“int a[5]={1, 2, 3, 4, 5}, *p=a, b;”,执行语句“b=*p;”即可取出数组元素 a[0]的值赋给变量 b。

(5) 指针的运算分为以下几种。

① &——取地址运算符;*——间接引用运算符。

② 指针的算术运算有以下几种情况。

a. “指针+整数”——得到的值是地址,该地址是以指针所指地址为基础后移整数个单元。

b. “指针++”——得到下一个存储单元的地址。

c. “指针-整数”——得到的值是地址,该地址是以指针所指地址为基础前移整数个单元。

d. “指针--”——得到上一个存储单元的地址。

* “指针1-指针2”——得到的值是整数,该整数值是两个指针之间相距的单元数。若指针1所指地址大于指针2所指地址,则相减得正整数;若指针1所指地址小于指针2所指地址,则相减得负整数。

③ 指针之间可以使用关系运算符 >、>=、<、<=、==、!= 进行比较,此时是对两个指针所指地址的大小进行比较。

(6) 指针类型可进行强制转换,在实际应用中,转换要合理。

(7) C语言中,数组或者字符串都是连续的存储空间,可以使用指针对其进行操作,只要控制指针前移或者后移便可指向任何存储单元。对于数组,有一个重要的知识点:数组名是地址常量,代表整个数组存储空间的首地址。

(8) 指向数组的指针必须和数组同类型,指针操作数组前,通常将指针指向数组的首地址。如“int a[5], *p;”,执行语句“p=a;”或者“p=&a[0];”均表示将指针 p 指向数组的第一个元素。

(9) 若指针 p 指向数组 a 的首地址,则表示数组元素的地址有 4 种等价形式:

① &a[i]　　② &p[i]　　③ a+i　　④ p+i

其中前两种形式称为“下标法”,后两种形式称为“指针法”。

(10) 若指针 p 指向数组 a 的首地址,则表示数组元素也有 4 种等价形式:

① a[i]　　② p[i]　　③ *(a+i)　　④ *(p+i)

其中前两种形式称为“下标法”,后两种形式称为“指针法”。

(11) 指针对数组的编程,有两种方法:一是利用循环变量 i 的自增,以访问所有数组元素,这时指针无须移动,可以始终指向数组的首地址;二是利用指针变量的自增以访问所有数组元素。

8.8 习　　题

8.8.1 选择题

1. 若有说明语句“double *p,a;”,则能通过 scanf 语句正确给输入项读入数据的程序段是(　　)。

A. *p=&a; scanf("%lf", p);　　B. *p=&a; scanf("%f", p);

C. p=&a; scanf("%lf", *p);　　D. p=&a; scanf("%lf", p);

2. 设已有定义“float x;”,则以下对指针变量 p 进行定义且赋初值的语句中正确的是(　　)。

A. float *p=1024;　　B. int *p=(float)x;

C. float p=&x;　　D. float *p=&x;

3. 若有定义“int x, *pb;”,则正确的赋值表达式是(　　)。

A. pb=&x　　B. pb=x

C. *pb=&x　　D. *pb=*x

4. 以下程序的运行结果是(　　)。

```
#include <stdio.h>
int main()
{
    int k=2,m=4,n,*pk=&k,*pm=&m,*pn=&n;
    *pn=*pk*(*pm);printf("%d\n",n);
    return 0;
}
```

A. 4　　B. 6　　C. 8　　D. 10

5. 假设有定义:int a[5]={10,20,30,40,50}, b, *p=&a[1];

A. 20　　B. 30　　C. 21　　D. 31

① 执行语句 b=*(p++); 后,b 的值是(　　)。

② 执行语句 b=*(++p); 后,b 的值是(　　)。

③ 执行语句 b=++(*p)；后，b 的值是(　　)。

8.8.2 填空题

1. 以下程序段的输出结果是________。

```
int main()
{
    int a=10,b=15;
    printf("%d,%d,",a,b);
    a *=4;
    b=a+20;
    printf("%d,%d\n",a,b);
    return 0;
}
```

2. 以下程序段的输出结果是________。

```
int main()
{
    int arr[ ]={30,25,20,15,10,5}, * p=arr;
    p++;
    printf("%d\n", * (p+3));
    return 0;
}
```

3. 以下程序段的输出结果是________。

```
int main()
{
    int a[10]={2,4,6,8,10,12,14,16,18,20};
    int * p=a;
    printf("%d,", * p++);
    printf("%d,", * p);
    p=a;
    printf("%d,", * ++p);
    p=a;
    printf("%d,",++ * p);
    printf("%d\n", * p);
    return 0;
}
```

4. 以下程序段的输出结果是________。

```
int main()
{
    int a,b,k=4,m=6, * p1=&k, * p2=&m;
```

```
    a=p1==&m;
    b=(*p1)/(*p2)+7;
    printf("a=%d b=%d \n",a,b);
    return 0;
}
```

5. 若有定义：char ch；

(1) 使指针 p 可以指向字符型变量的定义语句是 ① 。

(2) 使指针 p 指向变量 ch 的赋值语句是 ② 。

(3) 通过指针 p 给变量 ch 读入字符的 scanf 函数调用语句是 ③ 。

(4) 通过指针 p 给变量 ch 赋字符 A 的语句是 ④ 。

(5) 通过指针 p 输出 ch 中字符的 printf()函数调用语句是 ⑤ 。

8.8.3 编程题

1. 有 3 个整型变量 x、y、z。设 3 个指针变量 p1、p2、p3 分别指向 x、y、z，然后通过指针变量使 x、y、z 的值轮换，即 x 的值赋给 y，y 的值赋给 z，z 的值赋给 x。

2. 定义一个一维静态数组，通过键盘对每一个下标变量赋值。定义一个指针变量，通过指针变量输出每一个下标变量，分别用下标法与指针法。

3. 一个数列有 20 个整数，要求编写一个函数，它能够对从指定位置开始的 n 个数进行排序，其余的数不变。

例如，数列原为

3, 8, 12, 89, 4, 5, 7, 10, 78, 54, 22, 31, 18, 61, 66, 9, 2, 52, 82, 29

要求从第 6 个数开始的 10 个数排序，得到的新数列为

3, 8, 12, 89, 4, 5, 7, 10, 18, 22, 31, 54, 61, 66, 78, 9, 2, 52, 82, 29

4. 从键盘输入 10 个整数，使用指针编程求它们的平均值及大于平均值的那些数据。

5. 从键盘输入一组字符，以'$'符号作为终止符，使用指针编程逆序存储这组字符并输出。

6. 使用指针编写程序，把数组中所有奇数放在另一个数组中并输出。

7. 使用指针编写程序，把字符数组中的字母按由小到大的顺序排序并输出。

第9章 函　数

C语言是模块化程序设计语言，模块化程序设计的思想是把复杂问题分解为若干小模块，分模块解决问题将使得程序结构分明，令查找问题和维护程序都较为方便。C语言使用函数来实现模块化程序设计。

当人们要解决一个复杂问题时，将有大量的代码，试想，如果仅有一个main()函数，包含着成千上万行的源代码，这是否恰当？这就好比写一篇文章，不可能只有一个段落，文章分段落是必需的，每个段落描述一件事情或阐述一个观点。复杂程序的编写也同样需要分模块，每个模块解决一个特定问题，一个模块就是一个函数。因此C程序是由若干函数组成的，其中有且仅有一个主函数，子函数可以有若干。

本章主要介绍子函数的定义、调用、声明的方法，以及变量的作用范围与存储类别，函数的递归调用，编译预处理命令等知识。

9.1 函数基础

在前面各章，我们认识了两个与函数有关的概念，一是主函数main()，二是标准库函数(例如printf()、scanf()、sqrt()、pow()等)，本章我们学习函数的第3种形式——用户自定义函数，也称为子函数。通过以下例子，我们首先来认识什么是用户自定义函数。

【例9-1】 从键盘输入一个整数，求该数的绝对值。

分析：本题我们使用3种方法解决。方法一仅在主函数中使用简单语句实现求绝对值；方法二是调用标准库函数fabs()实现求绝对值；方法三是定义一个子函数fabsFun()实现求绝对值。请读者比较这3种方法，理解子函数的功能及使用方法。

方法一：

```
#include <stdio.h>
int main()
{
    int x, y;
    printf("请输入一个整数：");
    scanf("%d", &x);
    y= (x >=0) ? x : -x;
```

```
 8.     printf("|%d|=%d\n", x, y);
 9.     return 0;
10. }
```

方法二：

```
 1. #include <stdio.h>
 2. #include <math.h>
 3. int main()
 4. {  int x, y;
 5.     printf("请输入一个整数: ");
 6.     scanf("%d", &x);
 7.     y=fabs(x);
 8.     printf("|%d|=%d\n", x, y);
 9.     return 0;
10. }
```

方法一程序的第 7 行“y=(x >= 0) ? x : -x;”使用条件运算符求出 x 的绝对值并赋值给 y；方法二程序的第 7 行“y=fabs(x);”调用数学函数 fabs()求 x 的绝对值并将函数返回值赋给 y，这两种方法是读者已经掌握并能够理解的。以下方法三将引入子函数的概念，将整个程序的功能分解为两个模块，主函数 main()模块实现数值输入、子函数调用、结果输出的功能；子函数 fabsFun()模块实现求绝对值的功能。调用求绝对值子函数的流程图如图 9-1 所示。

方法三：

```
#include <stdio.h>
int fabsFun(int m)          //子函数定义
{
    int n;
    n= (m>=0) ? m : -m;
    return (n);
}

int main()
{
    int x, y;
    printf("请输入一个整数: ");
    scanf("%d", &x);
    y=fabsFun(x);           //子函数调用
    printf("|%d|=%d\n", x, y);
    return 0;
}
```

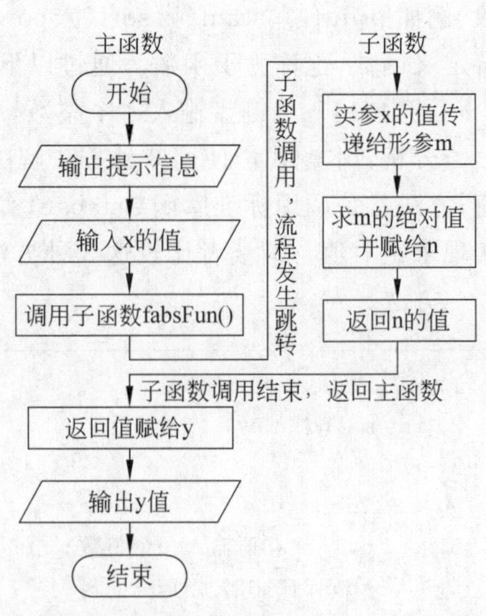

图 9-1 调用求绝对值子函数的流程图

方法三程序的第 2～7 行是子函数 fabsFun()的定义部分，第 14 行“y＝fabsFun(x);”是子函数调用语句。程序从 main()函数开始执行，当执行到 14 行时，跳转至第 2 行，顺序执行到第 6 行时，又返回到第 14 行。以上 3 种方法实现的功能一样，程序运行效果图相同，如图 9-2 所示。

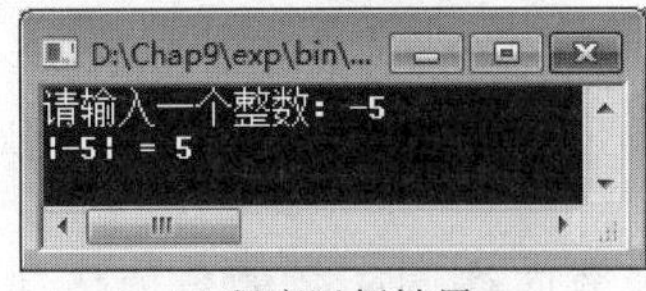

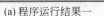

(a) 程序运行结果一

(b) 程序运行结果二

图 9-2　例 9-1 的运行结果

方法三是模块化程序设计的一个实例，数值的输入和结果输出放在主函数模块里完成，求绝对值这一特定功能放在子函数模块里完成。

C 语言模块化程序设计的层次图如图 9-3 所示。从图中可以看出，一个 C 程序可以由若干源文件组成，每个源文件又可以由若干函数组成，函数是组成 C 程序的基本单位。其中有且仅有一个主函数，子函数可以有若干个。每个函数都是由函数首部和函数体构成。

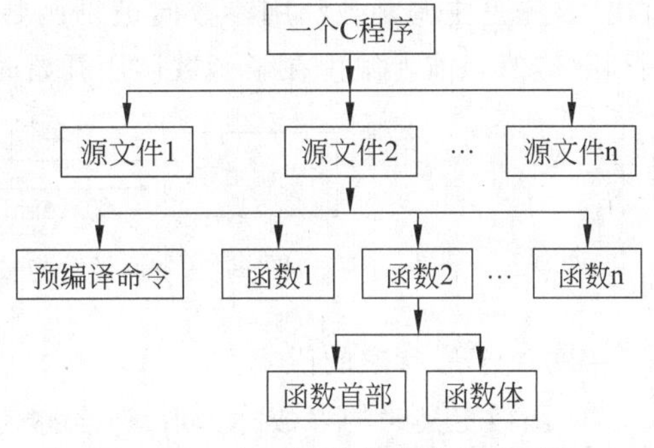

图 9-3　C 程序模块化设计的层次图

9.1.1　函数定义

1. 函数定义的一般格式

“函数定义”是为实现某一特定功能而编写的程序块。从函数定义的角度看，函数可分为库函数和用户自定义函数两种。

注意：未经定义的函数是不能使用的。

函数定义的一般格式如下：

```
函数返回值类型 函数名([类型说明符 形参 1,类型说明符 形参 2,…])
{
    说明语句
    执行语句
    [return;] 或者 [return 表达式;]
}
```

说明：

(1) 函数定义由两部分组成——“函数首部”和“函数体”。

① 函数首部包括 3 个部分：函数返回值类型、函数名、形参表。

以上例 9-1 中的子函数定义格式如下：

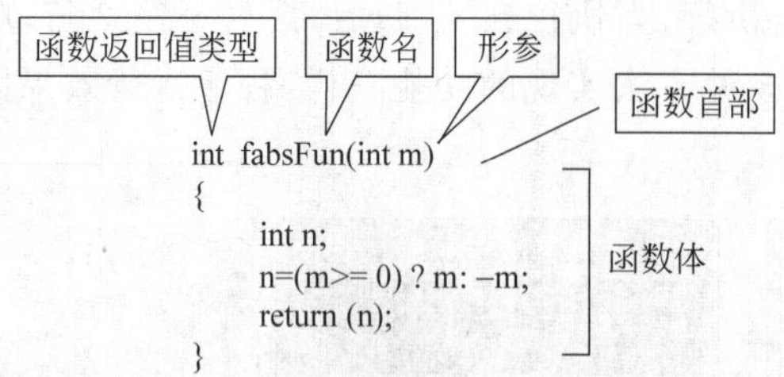

② 形参用一对圆括号括起来,实现主调函数向被调函数的数值传递;函数返回值实现被调函数向主调函数的数值传递。

③ 函数体是由一对花括号{ }括起来的若干语句,在语法上是一个复合语句。

图 9-4 所示为参数与返回值在主调函数和被调函数间传递数值所起作用。由图可以看出,首先是主调函数利用参数向被调函数传值,然后是被调函数通过 return 语句向主调函数传值。前者发生在子函数调用开始时,后者发生在子函数调用结束时。

图 9-4 主调函数与被调函数的数值传递方向

(2) 关于形参表的说明。

① 函数定义时的参数称为形参,全称是形式参数。

② 形参只有当函数发生调用时系统才为之分配临时的存储单元,并将实参的值填入该存储单元。一旦函数调用结束,形参的存储单元将被释放。

③ 形参表是一组变量的说明。形参分为"有参"和"无参"两种情况。

④ 函数有参时,每个形参前面必须有类型说明符,各形参之间用逗号隔开。

⑤ 函数无参时,圆括号为空,或者在小括号内写 void。

(3)关于函数返回值类型的说明。

① 函数名前面的类型说明符表示函数返回值的类型。函数返回值有两种情况：有返回值、无返回值。

② 函数有返回值时,应显式说明返回值的类型。有一种特殊情况,当缺省返回值类型时,系统默认为 int 型。

③ 函数无返回值时,应显式说明返回值类型为 void。

(4)函数返回值类型与函数体内的 return 语句之间的联系。

① 当函数有返回值时,函数体内应有 return 语句,而且是"return (表达式);"的形式。其中表达式值的类型应与函数返回值类型一致。有一种特殊情况,当函数返回值类型与 return 语句表达式的类型不一致时,以返回值类型为准。

② 当函数无返回值时,函数体内可以缺省 return 语句;即使有,也只能写成"return;"的形式。

③ 函数体内可以有多条 return 语句,但只有一条 return 语句被执行,因为一旦执行

了 return 语句，就表示子函数执行到此结束。

(5) 关于函数名的说明。

① 函数名属于用户标识符，应符合用户标识符的命名规则，即由字母、数字、下划线组成，第一个字符不能是数字。

② 函数名本身代表一个地址，即函数的入口地址。

初学者关于"函数定义"的常见错误如下所示。

错误 1：函数形参写错。

错误的写法：

```
void fun(int a, b, c)
{ … }
```

正确的写法：

```
void fun(int a, int b, int c)
{ … }
```

解析：形参表中每个参数前面都必须有类型说明符。

错误 2：函数形参与函数体内的变量重名。

错误的写法：

```
void fun(int a)
{
    int a;
    …
}
```

正确的写法：

```
void fun(int a)
{
    int b;
    …
}
```

解析：该函数的形参是"int a"，函数体内不能再定义与形参同名的变量。

错误 3：函数返回值类型与 return 语句不匹配。

错误的写法：

```
void fun(int x, int y)
{   …
   return (x);
}
```

正确的写法：

```
void fun(int x, int y)
{   …
   return;          //或者缺省 return 语句
}
```

解析：该函数定义返回值类型为 void，即函数无返回值，则函数体内不能有"return (表达式);"形式的语句。此时可缺省 return 语句，即使有，也只能写成"return;"的形式。

错误 4：函数首部后面不能有分号。

错误的写法：

```
void fun(void) ;
{   …   }
```

正确的写法：

```
void fun(void)
{   …   }
```

解析：函数首部后面应紧跟花括号，即函数首部与函数体之间不能有分号。

错误 5：函数定义不能嵌套。

错误的写法：

```
void fun1(void)
{   …
```

正确的写法：

```
void fun1(void)
{   …   }
```

```
    void fun2(void)                    
    {  …  }                             void fun2(void)
}                                       {  …  }
```

解析：不能在一个函数体内嵌套另一个函数的定义，函数定义应各自分开。

2. 函数定义的4种形式

根据函数是否有参数、是否有返回值，函数定义有以下4种形式。

(1) 有参、有返回值形式。函数首部为：返回值类型 函数名(形参表)

(2) 有参、无返回值形式。函数首部为：void 函数名(形参表)

(3) 无参、有返回值形式。函数首部为：返回值类型 函数名(void)

(4) 无参、无返回值形式。函数首部为：void 函数名(void)

9.1.2 函数调用

1. 函数调用的一般格式

"函数调用"是启动对一个函数的执行。当一个函数调用另一个函数时，调用者称为主调函数，被调用者称为被调函数。

发生函数调用时，流程从主调函数跳转至被调函数(如果函数有参数，则伴随着实参对形参的传值)；然后执行被调函数的函数体，当被调函数执行完毕后，流程又从被调函数跳转回主调函数(如果函数有返回值，此时将返回值带回主调函数)。

函数调用的一般格式如下：

```
函数名([实参表])
```

说明：

(1) 函数调用时的参数称为实参，全称是实际参数。初学者应注意区分实参与形参，表9-1是对两者的联系与区别进行比较。

表9-1 实参与形参的比较

比较内容	实　参	形　参
参数的位置	函数调用时的参数称为实参	函数定义时的参数称为形参
参数的本质	实参是表达式	形参是变量
书写要求	实参前面不能有数据类型说明符	每个形参前面必须有数据类型说明符
传值方向	发生函数调用时，实参将数值传递给对应位置的形参。但是形参不能反过来传值给实参，这一性质称为"传值的单向性"	
两者的关系	为保证数值传递的正确性，实参与形参应保持个数一致、类型一致、前后对应位置一致	

(2) 函数调用时，应注意与函数定义的一致性要求。

① 首先是函数名必须保持一致。

② 其次是实参必须与对应位置的形参保持一致。应注意参数的个数、类型、顺序一致性。

③ 最后是返回值的一致性，如果函数定义为无返回值类型，则函数调用只能以独立语句的形式出现。

【例 9-2】 从键盘输入两个整数存入变量 x、y 中，定义一个子函数 powFun()，其功能是求 x 的 y 次方。

分析：根据子函数是否有参数、是否有返回值，本题使用 4 种方法定义子函数。

方法一：子函数有参、有返回值。

```
#include <stdio.h>
int powFun(int x, int y)
{
    int i, z=1;
    for(i=0; i<y; i++)
    {
        z=z*x;
    }
    return z;
}
int main()
{
    int x, y, z;
    printf("请输入两个整数：");
    scanf("%d, %d", &x, &y);
    z=powFun(x, y);
    printf("%d 的%d 次方是%d\n", x, y, z);
    return 0;
}
```

方法二：子函数有参、无返回值。

```
#include <stdio.h>
void powFun(int x, int y)
{
    int i, z=1;
    for(i=0; i<y; i++)
    {
        z=z*x;
    }
    printf("%d 的%d 次方是%d\n", x, y, z);
}
int main()
{
```

```
    int x, y;
    printf("请输入两个整数: ");
    scanf("%d, %d", &x, &y);
    powFun(x, y);
    return 0;
}
```

方法三：子函数无参、有返回值。

```
#include <stdio.h>
int powFun()
{
    int i, x, y, z=1;
    printf("请输入两个整数: ");
    scanf("%d, %d", &x, &y);
    for(i=0; i<y; i++)
    {
        z=z*x;
    }
    printf("%d的%d次方是", x, y);
    return z;
}
int main()
{
    int z;
    z=powFun();
    printf("%d\n", z);
    return 0;
}
```

方法四：子函数无参、无返回值。

```
#include <stdio.h>
void powFun()
{
    int i, x, y, z=1;
    printf("请输入两个整数: ");
    scanf("%d, %d", &x, &y);
    for(i=0; i<y; i++)
    {
        z=z*x;
    }
```

```
    printf("%d 的%d 次方是%d\n",x, y, z);
    return;
}
int main()
{
    powFun();
    return 0;
}
```

程序运行结果如图 9-5 所示。

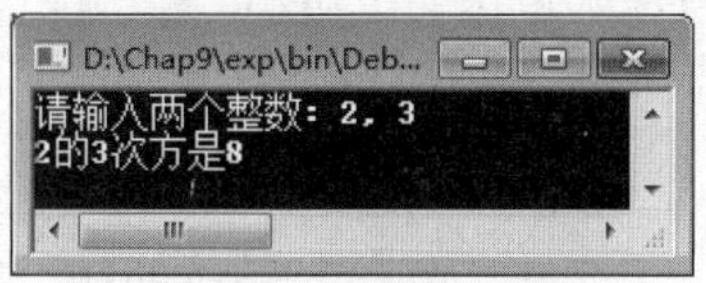

图 9-5　例 9-2 的运行结果

以上 4 种方法中加底纹显示的语句为有区别的地方。通过表 9-2 对这 4 种方法进行比较。

表 9-2　比较 powFun()函数的四种定义方法

比较内容	方法一（有参、有返回值）	方法二（有参、无返回值）	方法三（无参、有返回值）	方法四（无参、无返回值）
子函数首部	int powFun(int x, int y)	void powFun(int x, int y)	int powFun( )	void powFun( )
x、y 值输入	在主函数输入	在主函数输入	在子函数输入	在子函数输入
结果输出	在主函数输出	在子函数输出	在主函数输出	在子函数输出
子函数是否有 return 语句	必须有 return 语句，并且是“return (表达式);”的形式	可以没有 return 语句，或者是“return;”的形式	必须有 return 语句，并且是“return (表达式);”的形式	可以没有 return 语句，或者是“return;”的形式

本题介绍了子函数定义的 4 种方法，在实际应用中，应根据具体需要进行选择。

2. 函数调用的 3 种表现形式

1）函数语句形式

函数语句形式是指函数调用作为一条独立的语句而存在。例如：

```
printf("Hello world!\n");
```

以上调用 printf()库函数，这是一条独立的语句。这种调用形式不需要函数有返回值，因此对函数返回值类型没有限制。

2）函数表达式形式

函数表达式形式是指函数调用作为表达式中的一部分而存在。例如：

```
c=pow(a, 2)+pow(b, 2);
```

以上调用pow()库函数,该函数的调用作为表达式的一部分,其返回值需参与数学运算,因此这种调用形式要求函数必须有返回值。

3) 函数实参形式

函数实参形式是指一个函数的调用作为另外一个函数的实参而存在。例如:

```
printf("|c|=%d\n",fabs(c));
```

以上调用printf()和fabs()库函数,其中fabs()函数的调用作为printf()函数的一个实参,其返回值作为printf()函数输出的数值,因此这种调用形式也要求函数必须有返回值。

初学者关于"函数调用"的常见错误如下所示。

错误1:函数名用错。

错误的写法:

```
void fun()
{ … }
int main()
{  …
   Fun();
}
```

正确的写法:

```
void fun()
{ … }
int main()
{  …
   fun();
}
```

解析:以上定义的子函数名为fun,在主函数里调用此函数时不能更改函数名。

错误2:实参写法错误。

错误的写法:

```
void fun(int x, int y)
{ … }
int main()
{
    int x=10, y=20;
    fun(int x, int y);
    …
}
```

正确的写法:

```
void fun(int x, int y)
{ … }
int main()
{
    int x=10, y=20;
    fun(x, y);
    …
}
```

解析:实参是表达式,前面不能写数据类型说明符。

错误3:实参与形参不一致。

错误的写法:

```
void fun(int x, int y)
{ … }
int main()
{
    double x=10.0;
    fun(x);
    …
```

正确的写法:

```
void fun(int x, int y)
{ … }
int main()
{
    int x=10, y=20;
    fun(x, y);
    …
```

```
}                                    }
```

解析：以上定义的 fun()函数有两个形参“int x, int y;”，函数调用时必须有两个整型实参。

错误 4：函数无返回值，但函数调用处还进行赋值操作。

错误的写法：

```
void fun(int x, int y)
{ … }
int main()
{  int z;
   z=fun(10, 20);
   …
}
```

正确的写法：

```
void fun(int x, int y)
{ … }
int main()
{
    fun(10, 20);
    …
}
```

解析：以上定义的 fun()函数返回类型为 void，则函数调用时不能有赋值的操作。

错误 5：函数定义在函数调用之后，但却未加函数声明。

错误的写法：

```
int main()
{  …
   x=fun(10,20);
   …
}
double fun(int a,int b)
{  …   }
```

正确写法一：

```
double fun(int a,int b)
{  …  }
int main()
{  …
   x=fun(10,20);
   …
}
```

正确写法二：

```
double fun(int a,int b);
int main()
{  …
   x=fun(10,20);
}
double fun(int a,int b)
{  …   }
```

解析：如果子函数定义的位置放在调用之后，编译会报错。解决的方法有两种，一是将子函数定义放在调用之前；二是使用 9.1.3 节的知识，在函数调用之前加函数声明，一般是将函数声明放在源文件的最前面。

9.1.3　函数声明

1. 函数声明的作用

函数声明的作用是在程序编译阶段对函数调用的正确性进行检查，包括对函数的返回值类型、函数名、形参表进行检查。

若函数定义放在函数调用之前，则可以省去函数声明；若函数定义放在函数调用之后，则必须有函数声明。因为编译是根据程序的书写顺序自上而下地检测，如果在函数调用之前，已经检测到函数定义，或检测到函数声明，则不会报错。

2. 函数声明的一般格式

函数声明的一般格式如下：

```
函数返回值类型 函数名([类型说明符 形参 1, 类型说明符 形参 2, …]);
```

或者

```
函数返回值类型 函数名([形参 1 的类型说明符, 形参 2 的类型说明符, …]);
```

说明：函数声明必须与函数定义保持一致，包括返回值类型相同、函数名相同，形参的类型和个数相同。

例如：子函数定义为

```
double fun(int x, char y, double z) { … }
```

则该函数声明可以有以下两种方法。

(1) double fun(int x, char y, double z);

(2) double fun(int, char, double);

3. 函数声明的位置

如果函数声明放在所有函数定义的前面，说明在此之后的所有函数都可以对该函数进行调用，而不需要各自再次声明。

如果函数声明放在某个函数内部，说明只有该函数可以调用被声明的函数。而如果其他函数也需要调用这个被声明的函数，则在其他函数内部需要再次声明。

4. 函数声明的几点说明

C语言中，有以下两种情况可以省略函数声明。

(1) 当函数定义位置放在函数调用之前时，可以省略函数声明。

(2) 对C编译提供的库函数的调用不需要函数声明，但必须把该函数的头文件用#include命令包含在源程序的前面。诸如printf()、scanf()这样的函数声明是放在stdio.h头文件中的，当使用到这些库函数时，需在程序前面加上#include <stdio.h>。

【例 9-3】 在main()中给定一个整数值，定义fun1() 函数，其功能是求该整数的平方值；定义函数fun2()，其功能是求该整数的开方值。在main()函数中调用fun1()和fun2()，并输出结果。

```
#include <stdio.h>
#include <math.h>
int fun1(int a);                                  //声明 fun1()函数
double fun2(int a);                               //声明 fun2()函数
int main()
{
    int x,y;
    double z;
    printf("请输入一个整数: ");
```

```
    scanf("%d",&x);
    y=fun1(x);                          //调用 fun1()函数
    z=fun2(x);                          //调用 fun2()函数
    printf("%d的平方值是: %d\n",x,y);
    printf("%d的开方值是: %.2lf\n",x,z);
    return 0;
}
int fun1(int a)                         //定义 fun1()函数
{
    return(a * a);
}
double fun2(int a)                      //定义 fun2()函数
{
    return(sqrt(a));
}
```

程序运行结果如图 9-6 所示。

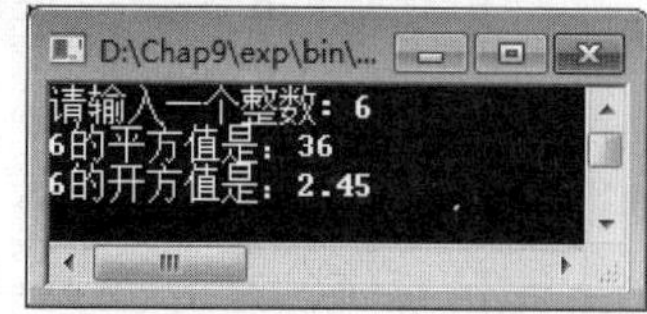

图 9-6　例 9-3 的运行结果

说明 1：函数声明的一种格式是在函数首部末尾加上分号即可。另一种格式是可以省略形参名，但是形参类型不可缺省，如下所示：

```
int fun1(int a);            //格式一
int fun1(int);              //格式二
```

说明 2：该程序中，由于 fun1()、fun2()函数的定义放在函数调用之后，因此在函数调用前面必须加函数声明，而此例的函数声明放在所有函数定义之前，表示如果程序中还有其他函数，则这些函数可以直接调用 fun1()、fun2()函数，而不用再次声明。

说明 3：如果函数声明放在 main()函数内部（如下所示），则说明只有 main()函数可以调用 fun1()、fun2()，其他函数若也要调用 fun1()、fun2()，则需要再次声明。

```
void main()
{
    int fun1(int);              //在主函数内部声明 fun1()函数
    double fun2(int);           //在主函数内部声明 fun2()函数
    ⋮
}
int fun1(int a)
{
    …
}
double fun2(int a)
{
    …
}
```

说明4：函数声明时，函数返回值类型、函数名、各形参的类型必须与函数定义时的函数首部保持一致，否则系统会给出错误提示。

例如，将fun1()函数声明写成“int fun1(double);”，运行将会出错，原因是fun1()函数定义时形参是int型，而此处错误地写成了double型。

再如将fun2()函数声明写成“fun2(int);”，系统将会报错，原因是fun2()函数定义时返回值类型是double型，而此处缺省了返回值类型，系统默认为int型，两者不一致。

说明5：如果函数定义放在函数调用之前，则可以省略函数声明，如下所示：

```
int fun1(int a)                      //定义 fun1()函数
{  ……   }
double fun2(int a)                   //定义 fun2()函数
{  ……    }
int main()
{
    int x=6,y;
    double z;
    printf("请输入一个整数: ");
    scanf("%d",&x);
    y=fun1(x);                       //调用 fun1()函数
    z=fun2(x);                       //调用 fun2()函数
    printf("%d的平方值=%d\n",x,y);
    printf("%d的开方值=%lf\n",x,z);
    return 0;
}
```

9.2 参数的传值与传地址方式

发生函数调用时，如果函数有参数，则参数传递有两种方式：传值方式和传地址方式。

9.2.1 参数的传值方式

实参向形参传值的示意图如图9-7所示。

“传值”方式是指实参为数值，实参可以是整型、字符型、浮点型变量，可以是表达式、也可以是常量等。实参将值传递给对应位置的形参，形参必须是与实参同类型的变量。

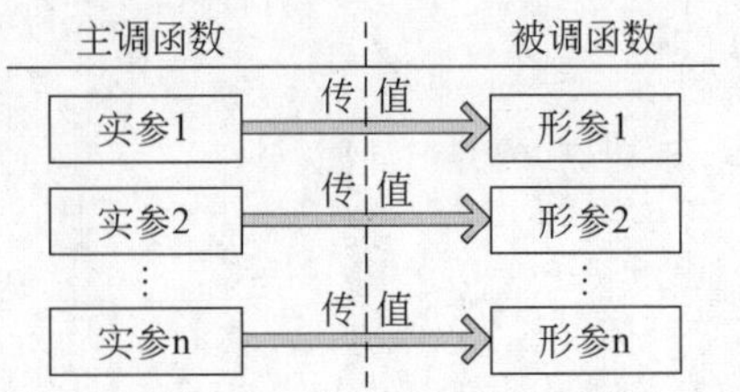

图9-7 实参向形参传值的示意图

C语言规定，只能是实参向形参传值，形参不能反过来向实参传值，即传值是单向的。也就是说，形参的值在子函数里如果发生改变，不会影响实参。值传递过程如下所示。

(1) 发生函数调用时，系统临时创建形参变量。

(2) 实参将其数值复制一份给形参变量。

(3) 函数调用过程中，形参的任何改变只发生在被调函数内部，不会影响实参。

(4) 当被调函数运行结束返回主调函数时，形参的存储空间被自动释放。

【例 9-4】 阅读以下程序，思考程序的运行结果是什么？

```
#include <stdio.h>
void resVal(double r1,double r2,double rp,double rs)
{
    rp=(r1*r2)/(r1+r2);          //执行该语句后，形参 rp 的值为 2.22
    rs=r1+r2;                    //执行该语句后，形参 rs 的值为 9.0
}
int main()
{
    double r1=5,r2=4,rp,rs;
    resVal(r1,r2,rp,rs);
    printf("并联电阻值为：%.2lf\n",rp);
    printf("串联电阻值为：%.2lf\n",rs);
    return 0;
}
```

例 9-4 的运行结果输出随机数。本例属于参数传值方式，执行函数调用语句“resVal(r1, r2, rp, rs);”时，4 个实参 r1、r2、rp、rs 的值依次是“5、4、随机数、随机数”。子函数里执行了两条语句，将形参 rp、rs 的值修改为 2.22、9.0，但是形参的值不会反过来传递给主函数里的实参，因此主函数中 rp、rs 变量的值仍为随机数。

例 9-4 中参数传值方式下实参和形参的关系图如图 9-8 所示。

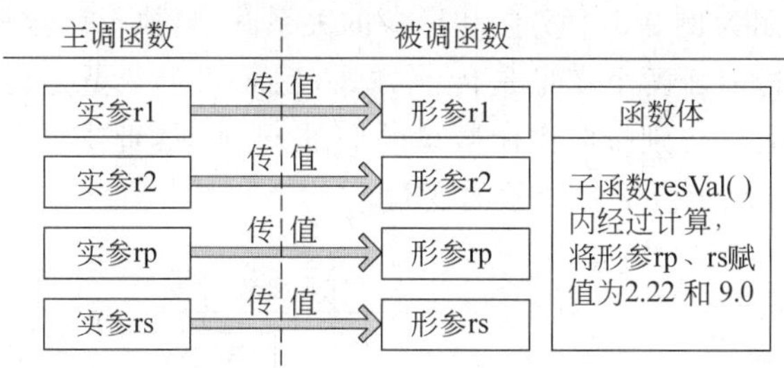

图 9-8　例 9-4 中参数传值方式下实参和形参的关系图

说明：本例中的 4 个实参和对应的所有形参名称相同，这可能会让初学者误以为实参和形参是同一组变量。而实际上不论实参与形参是否同名，它们却是两组不同的存储单元，实参的作用范围在主函数内，形参的作用范围在子函数内。

思考：本程序中子函数调用后，未能将并联电阻值和串联电阻值传回主函数。并且利用 return 语句也无法实现此功能，因为 return 语句仅能返回一个值，而本例需要返回两个值。如何修改程序，以实现此功能？方法是下面即将介绍的“参数传地址方式”。

9.2.2 参数的传地址方式

"传地址"方式是指实参是地址,形参是指针变量。发生函数调用时,实参将其地址复制一份给形参指针变量,形参指针便指向实参对应的存储单元。于是在被调函数中,可以利用形参指针间接地修改主调函数中实参对应存储单元的内容。

【例 9-5】 用参数的传地址方式编程,修改例 9-4 的程序,实现在子函数里计算电阻的并联值和串联值,然后在主函数里输出运算结果的功能。

```
#include <stdio.h>
void resVal(double r1,double r2,double * rp,double * rs)
{
    * rp= (r1 * r2)/(r1+r2);
    * rs=r1+r2;
}
int main()
{
    double r1,r2,rp,rs;
    printf("请输入 2 个电阻值: ");
    scanf("%lf,%lf",&r1,&r2);
    resVal(r1,r2,&rp,&rs);
    printf("并联电阻值为: %.2lf\n",rp);
    printf("串联电阻值为: %.2lf\n",rs);
    return 0;
}
```

程序运行结果如图 9-9 所示。

以下图 9-10 所示为例 9-5 中实参和形参的关系图,当执行函数调用语句"resVal(r1, r2, &rp, &rs);"时,前面两个变量是传值方式,后面两个变量是传地址方式,从图中可以看出,形参指针 rp、rs 分别指向主函数里的变量 rp、rs,因此在子函数里,可以将运算结果通过形参指针间接地赋值给主函数的变量。

图 9-9 例 9-5 的运行结果

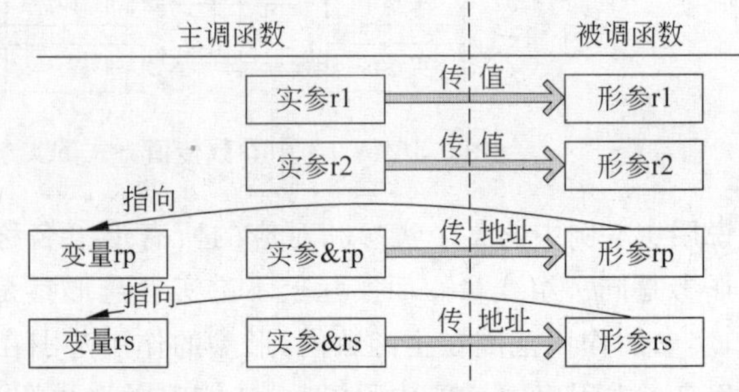

图 9-10 例 9-5 中参数传地址方式下实参和形参的关系图

比较例 9-4 和例 9-5,以及图 9-8 和图 9-10,可以体会传地址方式与传值方式的不同。

9.2.3　参数传值方式与传地址方式的比较

表 9-3 是关于参数的传值方式与传地址方式的比较。

表 9-3　传值方式与传地址方式的比较

比较项目	传 值 方 式	传地址方式
实参	数值	地址
形参	普通变量	指针变量
特点	实参将数值传递给对应的形参变量，形参不能反过来传值给实参，因此即使形参的值在子函数里发生了改变，也不会影响主调函数里的实参	实参将地址传递给对应的形参指针，则形参指针指向主调函数里的变量，因此在子函数里可以利用形参指针间接地修改主调函数中变量的值

请读者仔细阅读以下例 9-6、例 9-7、例 9-8，对比这 3 个程序有什么不同？思考它们各自的运行结果是什么？

【例 9-6】　观察本例的程序，思考调用子函数 swap1()之后，主函数中变量 x、y 的值是否发生了交换？为什么？

```
#include <stdio.h>
void swap1(int a,int b)
{
    int t;
    t=a; a=b; b=t;
}
int main()
{
    int x=2,y=4;
    printf("子函数调用前 x=%d,y=%d\n",x,y);
    swap1(x,y);
    printf("子函数调用后 x=%d,y=%d\n",x,y);
    return 0;
}
```

程序运行结果如图 9-11 所示。

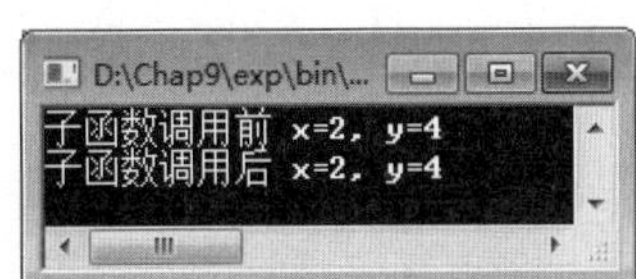

图 9-11　例 9-6 的运行结果

分析：观察运行效果图可知，主函数中变量 x、y 的初值是 2、4，调用“swap1(x, y);”函数后，x、y 的值仍然是 2、4，其值并未发生交换。

注意：子函数里的 3 条语句“t=a; a=b; b=t;”是在交换形参 a、b 的值，根据传值的单向性原则，形参 a、b 的值即使发生改变，也不会影响主函数中实参 x、y 的值。

【例 9-7】　观察本例的程序，思考调用子函数 swap2()之后，主函数中变量 x、y 的值是否发生了交换？为什么？

```
#include <stdio.h>
void swap2(int *px,int *py)
{
    int t;
    t= *px; *px= *py; *py=t;
}
int main()
{
    int x=2,y=4;
    printf("子函数调用前 x=%d,y=%d\n",x,y);
    swap2(&x,&y);
    printf("子函数调用后 x=%d,y=%d\n",x,y);
    return 0;
}
```

程序运行结果如图 9-12 所示。

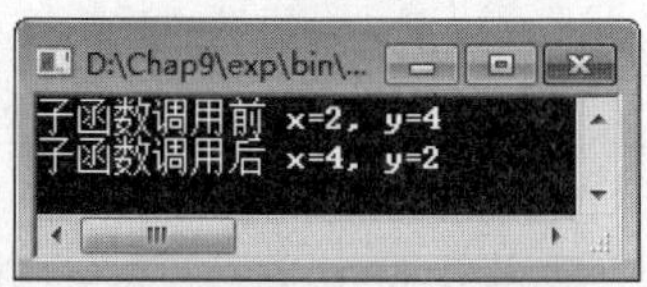

图 9-12　例 9-7 的运行结果

分析：观察运行效果图可知，主函数中变量 x、y 的初值是 2、4，调用 swap2(&x, &y);之后，x、y 的值被交换为 4、2。

注意：子函数里的 3 条语句“t= *px; *px= *py; *py=t;”是在交换形参指针 px、py 所指的值，而 px、py 分别指向主函数里的 x、y 变量，因此这 3 条语句实际上是在借助形参指针交换主函数里 x、y 的值。

【例 9-8】　观察本例的程序，思考调用子函数 swap3()之后，主函数中变量 x、y 的值是否发生了交换？为什么？

```
#include <stdio.h>
void swap3(int *px,int *py)
{
    int *t;
    t=px; px=py; py=t;
}
int main()
{
    int x=2,y=4;
    printf("子函数调用前 x=%d,y=%d\n",x,y);
    swap3(&x,&y);
    printf("子函数调用后 x=%d,y=%d\n",x,y);
    return 0;
}
```

程序运行结果如图 9-13 所示。

图 9-13　例 9-8 的运行结果

分析：观察运行效果图可知，主函数中变量 x、y 的初值是 2、4，调用“swap3(&x, &y);”之后，x、y 的值仍然是 2、4，并未发生交换，这个运行效果与例 9-6 相同。

注意：子函数里的 3 条语句“t=px; px=py; py=t;”是在交换形参指针 px、py 中存储的地址值。交换之前 px 指向主函数里的 x 变量；py 指向主函数里的 y 变量。交换之后，px 指向 y 变量、py 指向 x 变量，但是这个交换过程并不会影响 x、y 的初值。

对初学者来说，例 9-6、例 9-7、例 9-8 很容易混在一起，以下通过表 9-4 对这 3 个例子的异同点进行比较，以帮助初学者更好地理解参数的传值方式与传地址方式。

表 9-4　比较例 9-6、例 9-7、例 9-8

比较项目	例 9-6	例 9-7	例 9-8
子函数调用语句	swap1(x, y);	swap2(&x, &y);	swap3(&x, &y);
参数传递方式	传值	传地址	传地址
子函数内的 3 条交换语句	t = a; a = b; b= t;	t= * px; * px= * py; * py=t;	t=px; px=py; py=t;
特点	子函数 swap1( )中交换了形参变量 a、b 的值，但是不会影响主函数中实参 x、y 的值	子函数 swap2( ) 中交换了形参指针 px、py 所指变量的值，即借助指针 px、py 交换了主函数中 x、y 的值	子函数 swap3( )中交换了形参指针 px、py 的地址值，但是不会影响主函数里变量 x、y 的值

初学者应仔细思考并比较参数传值方式与传地址方式的不同，分清楚它们各自的应用场合。参数传地址方式的应用场合：①当主调函数中变量的值需要利用子函数的调用进行修改，则必须使用传地址方式；②当子函数调用结束后，有多个结果需要返回主调函数，则必须使用传地址方式。

9.2.4　一维数组与函数

在第 7 章的学习过程中，我们知道数组元素是数值，而数组名是地址，因此如果函数实参是数组名，则实现传地址方式；如果实参是数组元素，则实现传值方式。在实际使用中，多数是数组名作为实参的情况。

1. 数组名作为实参

数组名作为实参，属于传地址方式，对应的形参是与数组同类型的指针变量。此时数组的首地址传递给该指针变量，在子函数里可以利用形参指针引用所有数组元素，并对元素的值进行修改。

例如，定义了一个一维数组“int a[5]={10,20,30,40,50};”，以该数组名作为实参的函数调用语句是“fun(a);”，则子函数首部有以下 3 种等价表示方法，其中形参的写法略有不同。

方法一：fun(int *p)

方法二：fun(int p[5])

方法三：fun(int p[])

注意：以上3种方法的形参虽然写法不同，但是含义相同，都必须将形参理解为是指针变量。特别是后面两种写法，不能将形参理解为是数组。

【例9-9】 在主函数里定义一个大小为10的数组并初始化所有数组元素，定义一个子函数output()，其功能是输出所有数组元素。再定义一个子函数reverse()，其功能是逆序排列所有数组元素。

分析：逆序数组元素的方法是依次交换前、后对应位置的数组元素，该数组有10个元素，进行5次交换即可实现数组的逆序。第一次交换第一个和最后一个数组元素，第二次交换第二个和倒数第二个数组元素，……，依此类推。

```
#include <stdio.h>
void output(int *p)
{
    int i;
    for(i=0; i<10; i++)
    {
        printf("%d\t", *(p+i));
    }
}
void reverse(int p[10])
{
    int i,t;
    for(i=0; i<5; i++)
    {
        t=p[i];
        p[i]=p[9-i];
        p[9-i]=t;
    }
}
int main()
{
    int x[10]={1,2,3,4,5,6,7,8,9,10};
    printf("数组元素的初值是:\n");
    output(x);
    reverse(x);
    printf("\n逆序后的数组元素是:\n");
    output(x);
    return 0;
}
```

程序运行结果如图 9-14 所示。

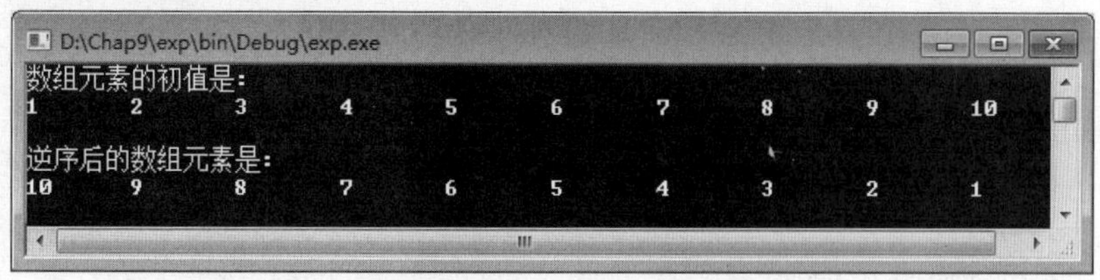

图 9-14　例 9-9 的运行结果

程序第 2～9 行为 output()子函数，第 2 行的“void output(int ＊p)”子函数首部中形参的写法是上述方法一，第 7 行的“printf("%d\t", ＊(p+i));”语句中使用指针法“＊(p+i)”引用数组元素。程序第 10～19 行为 reverse()子函数，第 10 行的“void reverse(int p[10])”子函数首部中形参的写法是上述方法二，第 15 行的“t=p[i];”语句中使用下标法 p[i]引用数组元素。

2. 数组元素作为实参

数组元素作为实参，属于传值方式，对应的形参是与数组元素同类型的普通变量。此时数组元素的值传递给形参变量，根据传值方式的特点，子函数内即使修改了形参的值，也不会影响主函数中数组元素的值。

【例 9-10】　阅读以下程序，思考程序的运行结果是什么？

```
#include <stdio.h>
void output(int *p)
{
    int i;
    for(i=0; i<10; i++)
    {
        printf("%d\t", *(p+i));
    }
}
void addFun(int x0,int x1,int x2)
{
    x0=x0+10;
    x1=x1+10;
    x2=x2+10;
}
int main()
{
    int x[10]={1,2,3,4,5,6,7,8,9,10};
    printf("数组元素的初值是:\n");
    output(x);
```

```
21.     addFun(x[0],x[1],x[2]);
22.     printf("\n子函数调用后数组元素的值是:\n");
23.     output(x);
24.     return 0;
25. }
```

程序运行结果如图9-15所示。

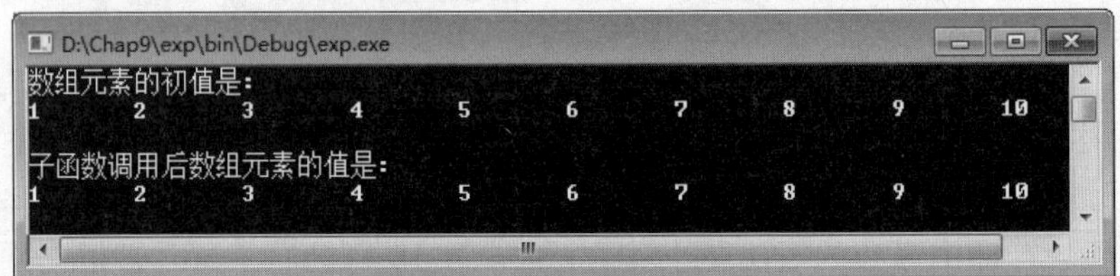

图9-15 例9-10的运行结果

程序第21行"addFun(x[0], x[1], x[2]);"为子函数调用语句,函数的3个实参"x[0], x[1], x[2]"均为数组元素,属于传值方式,对应的形参是"int x0, int x1, int x2"。在子函数内对3个形参都进行了加10的处理,但是形参的改变不会影响实参,因此子函数调用前、后数组元素的值相同。

3. 数组元素的地址作为实参

数组元素的地址作为实参,属于传地址方式,对应的形参是与数组同类型的指针变量。此时形参指针指向对应的数组元素。在子函数里可以利用形参指针引用所有数组元素,并对元素的值进行修改。

【例9-11】 在主函数里定义一个大小为10的数组并初始化所有数组元素,定义一个子函数output(),其功能是输出所有数组元素。再定义一个子函数sort(),其功能是对中间的8个数组元素进行升序排序。

分析:子函数sort()仅对数组中间的8个元素进行排序,首、尾两个元素不动,于是可以将第二个数组元素的地址作为函数实参,则对应的形参指针便指向数组的第二个元素。

```
#include <stdio.h>
void output(int *p)            //形参p指针指向主函数中数组x的第一个元素x[0]
{
    int i;
    for(i=0; i<10; i++)
    {
        printf("%d\t",p[i]); //此处的p[i]相当于主函数里的x[i]
    }
}
```

```
10. void sort(int *q)           //形参 q 指针指向主函数中数组 x 的第二个元素 x[1]
11. {
12.     int i,j,t;
13.     for(i=0; i<7; i++)
14.     {
15.         for(j=0; j<7-i; j++)
16.         {
17.             if(q[j]>q[j+1])  //此处的 q[j]相当于主函数里的 x[j+1]
18.             {
19.                 t=q[j];
20.                 q[j]=q[j+1];
21.                 q[j+1]=t;
22.             }
23.         }
24.     }
25. }
26. int main()
27. {
28.     int x[10]={5,3,1,10,2,8,7,4,6,9};
29.     printf("数组元素的初值是:\n");
30.     output(x);                  //数组名作为实参(传地址)
31.     sort(&x[1]);                //数组元素的地址作为实参(传地址)
32.     printf("\n对中间 8 个元素进行升序排序后的数组元素是:\n");
33.     output(x);
34.     return 0;
35. }
```

程序运行结果如图 9-16 所示。

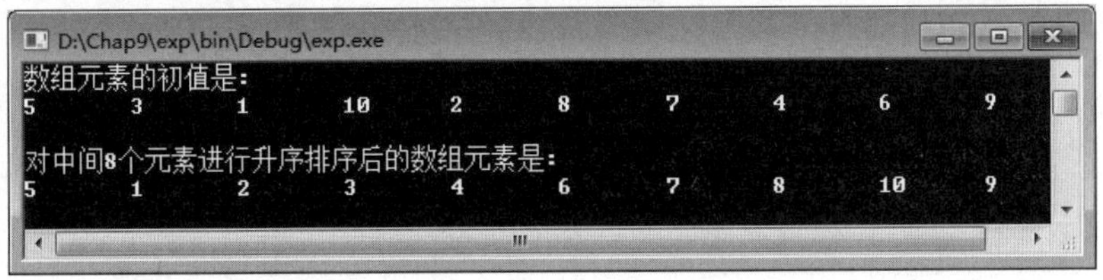

图 9-16　例 9-11 的运行结果

比较两个子函数内对数组元素的引用，由于 output()函数的形参 p 指向第一个数组元素，因此程序第 7 行“printf("%d\t", p[i]);”中的 p[i]相当于原数组元素 a[i]。而 sort()函数的形参 q 指向第二个数组元素，因此程序第 17 行 if(q[j] > q[j+1])中的 q[j]相当于原数组元素 a[j+1]，同理，q[j+1]相当于原数组元素 a[j+2]。

9.3 变量的作用范围与存储类别

9.3.1 变量的作用范围

变量的作用范围是指变量的有效性范围，根据变量作用范围的大小，可分为两类：局部变量和全局变量。

1. 局部变量

局部变量又分为函数体内的局部变量和复合语句内的局部变量。

(1) 函数体内的局部变量定义在函数体最开始的位置，其作用范围仅限于定义该变量的函数体内部。

注意：形参也属于函数体内的局部变量。

(2) 复合语句内的局部变量定义在复合语句最开始的位置，其作用范围仅限于定义该变量的复合语句内。

2. 全局变量

全局变量是定义在函数体外的变量，其作用范围是从该变量定义的位置开始，直到源文件结束。全局变量可以被位于它之后的所有函数引用，当多个函数都需要使用同一个变量时，可以将该变量定义为全局的，以增强各函数间数据的联系。

局部变量和全局变量的作用范围如图9-17所示。

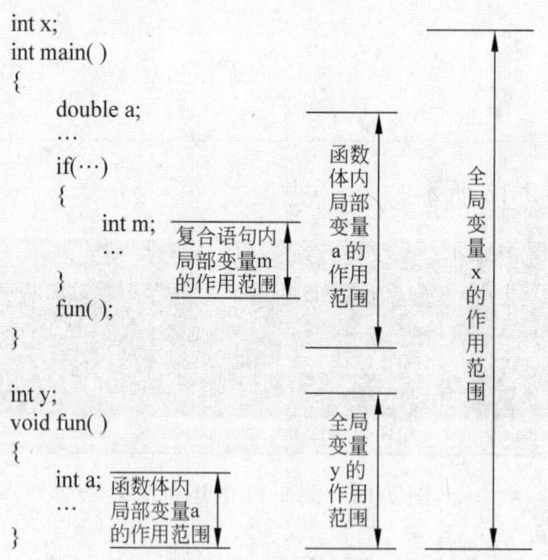

图9-17　局部变量和全局变量的作用范围

注意：当全局变量与局部变量重名时，作用域小的变量自动屏蔽作用域大的变量。

函数之间传递值有3个途径：①函数的参数；②return语句；③全局变量。下面举例说明，从例9-12可以看出，主函数与子函数之间的电阻值传递通过全局变量实现。

【例 9-12】 使用全局变量编写程序，实现与例 9-5 相同的功能（在主函数里输入两个电阻值，调用子函数计算电阻的并联值和串联值，然后在主函数里输出结果）。

```
#include <stdio.h>
double r1,r2,rp,rs;                                    //定义全局变量
void resVal(void)
{
    rp=(r1*r2)/(r1+r2);
    rs=r1+r2;
}
int main()
{
    printf("请输入 2 个电阻值：");
    scanf("%lf,%lf",&r1,&r2);
    resVal();
    printf("并联电阻值为：%.2lf\n",rp);
    printf("串联电阻值为：%.2lf\n",rs);
    return 0;
}
```

程序运行结果如图 9-18 所示。

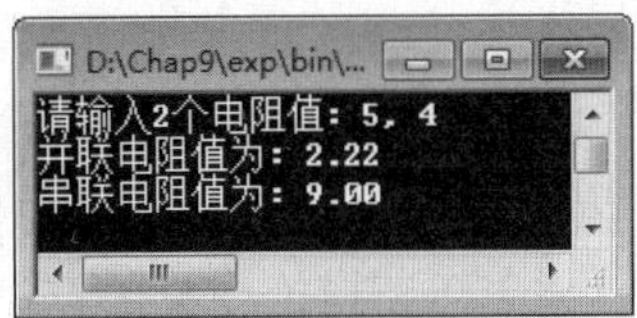

图 9-18　例 9-12 的运行结果

说明：

(1) 与例 9-5 相比，本例的 resVal()函数无参数、无返回值，主函数与子函数的数值传递依靠 4 个全局变量 r1、r2、rp、rs 来实现。

(2) 全局变量看起来使用方便，但是建议初学者谨慎对待，由于多个函数都可以引用并修改全局变量的值，增加了模块间的耦合性，不利于维护程序的稳定性。

【例 9-13】 不同作用域的变量重名的实例。

```
#include <stdio.h>
int x=1;            //定义全局变量 x
void fun()
{
    int x=2;        //定义函数体内的局部变量 x
    printf("(1)函数体内的局部变量 x=%d\n",x);
}

int main()
{
    fun();
    if(x>0)
```

函数体内局部变量 x 的作用域

全局变量 x 的作用域

```
13.     {
14.         int x=3;  //定义复合语句内的局部变量 x
15.         printf("(2)复合语句内的局部变量 x=%d\n",x);
16.     }
17.     printf("(3)全局变量 x=%d\n",x);
18.     return 0;
19. }
```

（第14～16行旁注：复合语句内局部变量 x 的作用域；第13～18行旁注：全局变量 x 的作用域）

程序运行结果如图 9-19 所示。

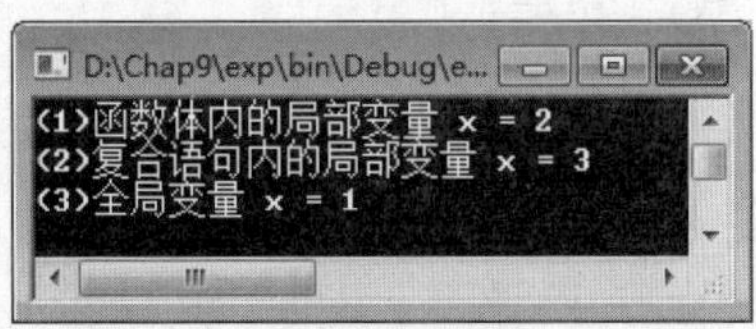

图 9-19　例 9-13 的运行结果

程序第 2、5、14 行分别定义了 3 个名称均为 x 的变量，这 3 个变量的作用域不同。第 2 行定义的 x 是全局变量，第 5 行定义的 x 是函数体内的局部变量，第 14 行定义的 x 是复合语句内的局部变量。在同一段作用域内，若有重名的变量，则作用域小的变量自动屏蔽作用域大的变量。

9.3.2　变量的存储类别

C 语言中，变量是对程序中数据的存储空间的抽象。变量的定义由两方面组成：一是变量的数据类型，二是变量的存储类别。在前面的学习中，我们只接触了变量的数据类型，未涉及变量的存储类别。数据类型决定变量的取值范围，存储类别决定变量在内存中的存储方式，同时决定变量的生存时间。

之所以要讨论变量的存储类别，是因为在程序运行过程中，为了提高运行效率，将用户的存储空间分为 5 类。

(1) **程序区**：存放程序的可执行代码模块。

(2) **静态存储区**：存放所有的全局变量和标识为静态类 static 的局部变量，这部分区域从程序开始执行到结束的整个期间，始终为变量保持已经分配的固定的存储空间。

(3) **动态存储区**(也称为运行栈区 stack)：存放未标识为 static 类的局部变量、函数的形参等数据。这些数据的存储空间将随着函数调用结束而自动释放。

(4) **堆区**(heap)：由程序员通过调用 malloc()等库函数分配的存储空间，这里分配的空间需要程序员调用 free()等库函数来手动释放，系统一般不会自动释放。

(5) **文字常量区**：存放程序中的常量，字符串常量就是放在这里的。程序中常量所占空间在程序结束后由系统释放。

C 语言的变量存储类别分为以下 4 种：①自动变量(auto)；②寄存器类变量(register)；③静态变量(static)；④外部变量(extern)。下面分别对这 4 种存储类别进行说明。

1. 自动变量(auto)

自动变量用关键字 auto 表示，此类变量放在动态存储区里，是 C 语言中使用最广泛的一种类型。函数形参、函数体或复合语句内定义的缺省存储类别的变量都属于自动变

量。自动变量的生存时间较短，定义时常缺省关键字 auto，完整的定义格式如下：

```
[auto] 数据类型说明符　变量名表;
```

例如，int x；等价于 auto int x；

注意：不能在声明形参时使用 auto 关键字。

auto 变量具有以下特点。

（1）自动变量的作用域仅限于定义该变量的函数或复合语句内。

（2）当不同作用域的变量定义为相同名称时，系统并不会将它们混淆在一起，而是遵循“作用域小的变量屏蔽作用域大的同名变量”的原则。

（3）自动变量定义后如果没有赋初值，则变量的初值是随机数。

2. 寄存器变量(register)

寄存器变量用关键字 register 表示，也属于动态变量，它与 auto 变量的区别：register 变量的值存放在 CPU 的寄存器里，auto 变量的值存放在内存里。程序运行时，CPU 访问寄存器的速度比访问内存的速度快，因此标识为 register 型的变量运行速度快。寄存器变量定义的格式如下：

```
register 数据类型说明符　变量名表;
```

例如：

```
register int x;
```

register 变量具有以下特点。

（1）CPU 中寄存器的数量有限，只能将使用频率较高的少数变量设置为 register 型。当没有足够的寄存器来存放指定变量，或编译程序认为指定的变量不适合放在寄存器中，将按 auto 变量来处理。因此，register 说明只是对编译程序的一种建议，不是强制的。

（2）register 型变量没有地址，不能对它进行求地址运算。

（3）寄存器长度一般与机器字长相同，所以数据类型为 float、long、double 的变量通常不能定义为 register 型，只有 int、short、char 型变量可以定义为 register。

【例 9-14】 寄存器变量应用实例，编程求 1＋2＋3＋…＋n 的值。

```
#include <stdio.h>
int main()
{
    int n;
    register int i,sum=0;
    printf("请输入一个整数: ");
    scanf("%d",&n);
    for(i=1; i<=n; i++)
    {
```

```
10.         sum=sum+i;
11.     }
12.     printf("1+2+…+%d=%d\n",n,sum);
13.     return 0;
14. }
```

程序运行结果如图9-20所示。

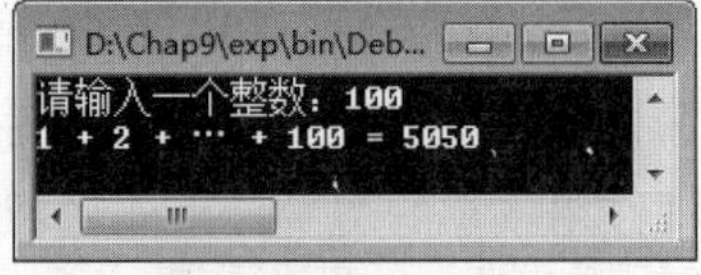

图9-20　例9-14的运行结果

程序第4行的变量n不能定义为register型,因为“scanf("%d", &n);”语句需要对变量n进行求地址运算。第5行的变量i、sum在后续的循环结构中使用频繁,因此定义为register型。

3. 静态变量(static)

静态变量用关键字static表示,此类变量存放在静态存储区里。一旦为其分配了存储单元,在整个程序运行期间,其占用的存储单元将固定存在,不会被系统释放,直到程序运行结束,静态变量生存时间较长,也称为永久变量。静态变量定义格式如下:

```
static 数据类型说明符 变量名表;
```

例如:

```
static int x;
```

静态变量分为两种:**静态局部变量和静态全局变量**。

1) 静态局部变量

静态局部变量的作用范围仅在函数体内,生存时间为定义变量开始直到程序结束。静态局部变量的特点:变量永久存在,函数调用结束后,其存储空间依然存在,后面再次调用函数时,静态局部变量保留上一次退出函数时的值。

2) 静态全局变量

静态全局变量的作用范围仅限于定义该变量的源文件(.c)内部,不能被其他源文件引用。静态全局变量限制了全局变量作用范围的扩展,从而体现信息隐蔽的特点。这对于编写一个具有众多源文件的大型程序是十分有益的,程序员不用担心因全局变量定义重名而引起混乱。表9-5比较了静态变量、动态变量、局部变量、全局变量的不同。

表9-5　比较静态变量、动态变量、局部变量、全局变量

变量类型	作用范围	生存时间	变量的初值
静态局部变量	定义变量的函数体内	生存时间长,直到程序运行结束	0
动态局部变量	定义变量的函数体内	生存时间短,直到函数调用结束	随机数
静态全局变量	定义变量的源文件内	生存时间长,直到程序运行结束	0
动态全局变量	定义变量的源文件以及使用extern进行申明的其他源文件	生存时间长,直到程序运行结束	0

【例 9-15】 阅读以下两个程序，观察它们各自的运行结果，思考是什么原因导致这两个程序的运行结果不同？

程序一：

```
1. #include <stdio.h>
2. int fun()
3. {
4.     int n=0;
5.     n++;
6.     return n;
7. }
8. int main()
9. {
10.     int sum=0, i;
11.     for(i=0; i<10; i++)
12.     {
13.         sum +=fun();
14.     }
15.     printf("sum=%d\n", sum);
16.     return 0;
17.     }
```

程序二：

```
1. #include <stdio.h>
2. int fun()
3. {
4.     static int n=0;
5.     n++;
6.     return n;
7. }
8. int main()
9. {
10.     int sum=0, i;
11.     for(i=0; i<10; i++)
12.     {
13.         sum +=fun();
14.     }
15.     printf("sum=%d\n", sum);
16.     return 0;
17. }
```

例 9-15 的运行结果如图 9-21 所示。

(a) 程序一运行结果

(b) 程序二运行结果

图 9-21　例 9-15 的运行结果

观察以上两个程序，区别仅在第 4 行对变量 n 的定义。程序一定义的 n 是动态局部变量，程序二定义的 n 是静态局部变量。两个程序都是调用了 10 次 fun()函数，程序一中每次调用 fun()函数时 n 的初值都是 0，程序二中每次调用 fun()函数时 n 的初值是前一次调用自增后的值。因而程序一完成的功能是 1+1+1+1+1+1+1+1+1+1，程序二完成的功能是 1+2+3+4+5+6+7+8+9+10。通过此例，初学者应该进一步体会静态局部变量的特点。

4. 外部变量(extern)

外部变量用关键字 extern 声明，关键字 extern 用来扩展全局变量的作用范围。如果某个源文件中定义了动态型的全局变量，其他源文件也需要引用该全局变量，则必须在引用之前用 extern 进行声明。extern 的声明格式如下：

```
extern 数据类型说明符  变量名表;
```

例如,

```
extern int x;
```

需要强调的是,如果全局变量定义为 static 型,则不能用 extern 进行声明。

【例 9-16】 本例有两个源文件 f1.c 和 f2.c。在源文件 f1.c 中定义了动态全局变量 x、y,而在另一个源文件 f2.c 中需要引用这两个全局变量,则在 f2.c 中使用 extern 将变量 x、y 声明为外部变量。

源文件 f1.c 的内容如下:

```
int x,y;              //定义全局变量
void main()
{
    …
}
```

源文件 f2.c 的内容如下:

```
extern int x,y;       //声明外部变量
void fun()
{
    x=x+y;            //引用外部变量
}
```

注意:全局变量的定义和全局变量的声明是不同的。全局变量的定义只能出现一次,其作用是开辟存储空间;而全局变量的声明可以多次出现,当需要引用一个已经定义了的全局变量时,加上关键字 extern 对其进行外部声明即可。

9.4 函数的递归调用

C 语言允许函数进行递归调用,即一个函数可以直接或间接地调用自己。A 函数调用 A 函数自己称为直接递归;A 函数调用 B 函数,B 函数又调用 A 函数称为间接递归。在递归调用中,主调函数又是被调用函数。

一个问题要采用递归方法来解决,必须符合以下条件。

(1) 可以把要解决的问题转化为一个新问题,新问题的解决与原问题的解决方法一样,只是所处理的对象有规律地递增或递减。可以应用这个转化过程使问题得到解决。

(2) 必须有一个明确的结束递归的条件。

【例 9-17】 使用递归法计算 n!。

分析:求 n!可以用以下数学关系表示,可以看出求 n!转化为先求(n-1)!,而求(n-1)!又要转化为先求(n-2)!,……,依此类推,直到求 1!时即表示递归结束。

$$n! = \begin{cases} 1 & (\text{当 } n=0 \text{ 或 } n=1 \text{ 时}) \\ n*(n-1)! & (\text{当 } n>1 \text{ 时}) \end{cases}$$

```
#include <stdio.h>
int fac(int n)
{
    if(n>1)
        return(n*fac(n-1));
```

```
    else
        return(1);
}
int main()
{
    int n,f;
    printf("请输入一个正整数: ");
    scanf("%d",&n);
    f=fac(n);
    printf("%d!=%d\n",n,f);
    return 0;
}
```

程序运行结果如图 9-22 所示。

图 9-22　例 9-17 的运行结果

fac()函数的递归调用过程如下所示(以 n=4 为例):

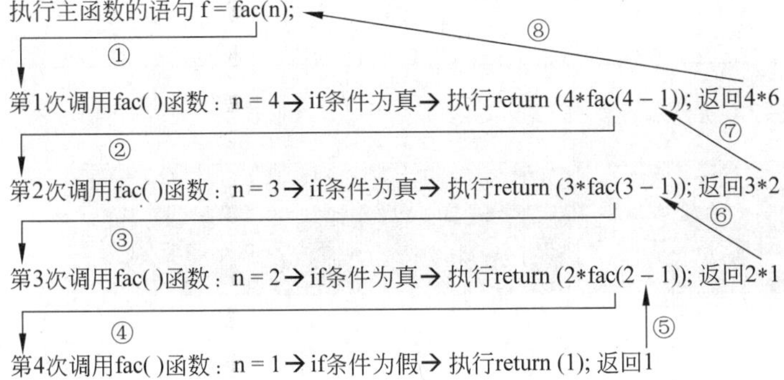

如上所示,当 n 初值为 4 时,fac()函数一共被调用了 4 次,前面 3 次执行 if 分支,最后一次执行 else 分支,递归到此结束。

从以上分析过程可以看出,递归调用的过程是:逐层调用,再逐层返回。本例中 fac()函数被调用了 4 次,也返回了 4 次。

【例 9-18】 利用递归方法,求斐波那契(Fibonacci)数列的前 20 项。斐波那契数列可以用以下数学关系表示:

$$f(n)=\begin{cases}1 & (\text{当 } n=1 \text{ 或 } n=2 \text{ 时})\\ f(n-1)+f(n-2) & (\text{当 } n>2 \text{ 时})\end{cases}$$

分析:教材第 7 章的例 7-4 使用一维数组的方法实现求斐波那契数列,读者可以将这两个例子的程序进行对比学习。根据以上数学关系式,很容易将 n 阶的问题转化为 n−1

阶和 n－2 阶的问题,即 f(n)＝f(n－1)＋f(n－2),递归结束的条件是 n＝1 或者 n＝2。

```
#include <stdio.h>
int fun(int n)
{
    if(n==1 || n==2)
    {
        return(1);
    }
    else
    {
        return(fun(n-1)+fun(n-2));
    }
}
int main()
{
    int i;
    printf("斐波那契数列的前 20 项是: \n");
    for(i=1;i<=20; i++)
    {
        printf("%d\t",fun(i));
    }
    return 0;
}
```

程序运行结果如图 9-23 所示。

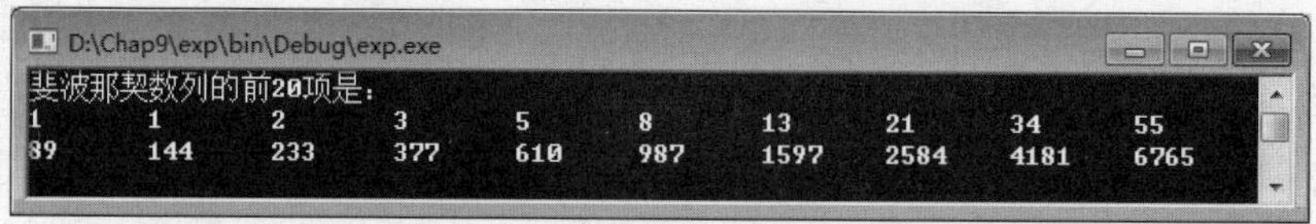

图 9-23　例 9-18 的运行结果

9.5　编译预处理命令

在 C 语言中,凡是以＃号开头的行,都称为编译预处理命令行。“编译预处理”是指向编译系统发布信息或命令,在 C 源程序进行编译之前应做些什么事。

C 语言的预处理命令有＃include、＃define、＃undef、＃if、＃else、＃elif、＃endif、＃ifdef、＃line、＃pragma、＃error 等。

注意:这些预处理命令组成的预处理命令行必须以＃号开头,每行的末尾不得加“;”号。编译预处理命令不占用程序的运行时间。

9.5.1　文件包含

文件包含命令行的一般形式如下：

```
#include <文件名>
```

或

```
#include "文件名"
```

文件包含命令的功能是在一个源文件中包含另一个文件的全部内容，在编译之前，用被包含文件的内容取代该预处理命令，从而把被包含文件和当前源文件连成一个整体。

关于文件包含命令的几点说明如下。

(1) 标准库函数的头文件一般用尖括号<> 括起来，表示先到系统目录下查找该文件。

(2) 用户自己的头文件一般用双引号 " " 括起来，表示先到源文件目录下查找该文件。

(3) 包含文件名可以是.h 头文件，或者.c 源文件。

(4) 有多个文件要包含，需用多个＃include 命令，每个＃include 命令占一行。

(5) 当被包含文件被修改，对包含该文件的源程序必须重新编译链接。

【例 9-19】 有 file1.c 和 file2.c 两个源文件，在 file1.c 文件中有 main()函数，需要调用 file2.c 文件中的函数，现使用文件包含命令将两个源文件拼接在一起。

file1.c 源文件的内容：

```
#include "file2.c"
…
int main()
{
    …
    fun1();
    fun2();
}
```

file2.c 源文件的内容：

```
void fun1()
{
    …
}
void fun2()
{
    …
}
```

观察 file1.c 源文件的代码，有文件包含命令＃include "file2.c"，表示将 file2.c 的内容都包含进来，于是对 file1.c 进行编译时，系统会用 file2.c 的内容替换此文件包含命令，然后再对其进行编译，以达到将两个源文件连接在一起的目的。

9.5.2　宏定义

宏定义有两种：不带参数的宏定义和带参数的宏定义。

宏的作用：在程序中的任何地方都可以直接使用宏名，编译器会先将程序中的宏名用替换文件替换后再进行编译,这个过程称为宏替换,宏替换不进行语法检测。

使用宏的目的:将程序中的常用数值、表达式等定义为宏,以简化程序的书写。

1. 不带参数的宏定义

不带参数的宏定义也称为“无参宏”,其定义的一般形式如下:

```
#define 宏名 替换文本
```

其中#表示这是一条预处理命令。define 是关键字,表示宏定义。“宏名”必须符合标识符命名规则,通常用大写字母。“替换文本”可以是常量、表达式、字符串等。

关于不带参数宏定义的几点说明如下。

(1) 宏名的有效范围是从宏定义命令开始,直到源文件结束,或者遇到宏定义终止命令#undef 为止。

例如:

```
#define E 2.7
#define PI 3.14159
int main( )
{
    …
}
#undef PI
void fun( )
{
```

宏PI的有效范围

宏E的有效范围

【例 9-20】 编写程序求圆的面积。

```
#include <stdio.h>
#define PI 3.1415926
#define RADIUS "圆半径为"
#define AREA "圆面积为"
int main()
{
    double r=2.3,s;
    s=PI*r*r;
    printf("%s: %lf\n",RADIUS,r);
    printf("%s: %lf\n",AREA,s);
    return 0;
}
```

程序运行结果如图 9-24 所示。

说明:本例中定义了两个宏名 PI 和 AREA,在系统对源程序编译之前,先由预处理程序对它们进行宏替换,然后再进行编译。

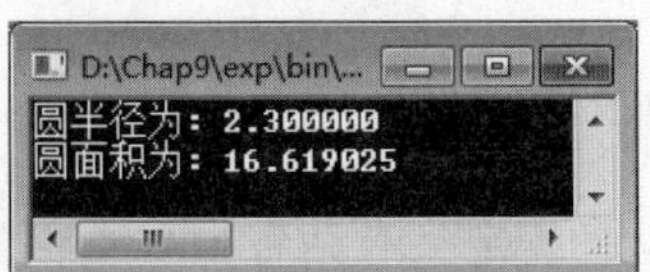

图 9-24 例 9-20 的运行结果

(2) 替换文本中可以包含已经定义过的宏名。例如：

```
#define PI 3.14159
#define ADDPI (PI+1)
#define TWO_ADDPI (2 * ADDPI)
```

程序中若有表达式 x＝TWO_ADDPI/2 则宏替换后为 x＝(2 * (3.14159＋1))/2。如果第二行和第三行中的“替换文本”不加括号，直接写成 PI＋1 和 2 * ADDPI，则以上表达式宏替换为 x＝2 * 3.14159＋1/2。因此，宏定义的替换文本应根据需要添加括号，否则运行结果将与预期有差异。

(3) 当宏定义在一行中写不下，需要换行书写时，需在一行中最后一个字符后面紧接着写一个反斜杠“\”。

2. 带参数的宏定义

带参数的宏定义也称为“有参宏”，其定义的一般形式如下：

```
#define  宏名(形参表)  替换文本
```

带参宏调用的一般形式如下：

```
宏名(实参表)
```

例如：

```
#define MAX(x,y)(x>y)?x:y     //带参宏定义,x 和 y 是形参
int main()
{
    int m;
    m=MAX(5,3);               //带参宏调用,5 和 3 是实参
    …
}
```

以上宏调用时需用实参替换形参，经预处理后的语句为“m＝(5 ＞ 3) ? 5 : 3;”。

关于带参宏定义的几点说明如下。

(1) 宏名和其后的圆括号必须紧挨着，中间不能有空格或其他字符。

(2) 带参宏调用时，一对圆括号不能少，圆括号中实参的个数必须与形参的个数相同，若有多个参数，参数之间用逗号隔开。

(3) 不能混淆带参宏定义与有参函数。第一函数定义时的形参必须指出数据类型，而带参宏的参数没有数据类型；第二函数调用时是将实参的值带入形参，而宏定义的参数只是简单的字符替换；第三函数调用是发生在程序运行过程中，而宏调用是发生在编译预处理阶段，不占用程序运行时间。

(4) 如果宏定义的替换文本中有圆括号，则宏替换时必须加括号；反之不能加括号。

【例 9-21】 阅读以下两个程序，观察其宏定义的不同之处。思考为何运行结果不同？

程序一：

```
1. #include <stdio.h>
2. #define M(x, y, z) (x*y+z)
3. int main()
4. {
5.     int a=1, b=2, c=3, t;
6.     t=M(a+b, b+c, a+c)/2;
7.     printf("t=%d\n", t);
8.     return 0;
9. }
```

程序二：

```
1. #include <stdio.h>
2. #define M(x, y, z) x*y+z
3. int main()
4. {
5.     int a=1, b=2, c=3, t;
6.     t=M(a+b, b+c, a+c)/2;
7.     printf("t=%d\n", t);
8.     return 0;
9. }
```

程序运行结果如图 9-25 所示。

(a) 程序一运行结果

(b) 程序二运行结果

图 9-25 例 9-21 的运行结果

分析：程序一第 6 行的 M(a+b, b+c, a+c)/2 替换为(1+2*2+3+1+3)/2，该表达式值为 6。程序二第 6 行的 M(a+b, b+c, a+c)/2 替换为 1+2*2+3+1+3/2，该表达式值为 10。之所以有如此区别的原因是宏定义时替换文本不一样，读者仔细观察可知，程序一的替换文本有圆括号，程序二的替换文本没有括号。

9.5.3 条件编译命令#ifdef 和#ifndef

1. #ifdef

#ifdef 命令的一般形式如下：

```
#ifdef 宏名
    代码段 1
#else
    代码段 2
#endif
```

当宏名用#define 定义过，则编译代码段 1，否则编译代码段 2。#else 及代码段 2 是允许省略的，省略后，如果宏名未定义过，则不编译#ifdef 与#endif 之间的任何代码段。

【例 9-22】 #ifdef…#else…#endif 条件编译命令实例。

```c
#include <stdio.h>
#define TEACHER
int main()
{
#ifdef Teacher
    printf("Hello,TEACHER!\n");
#else
    printf("Hello,every one!\n");
#endif
    return 0;
}
```

程序运行结果如图 9-26 所示。

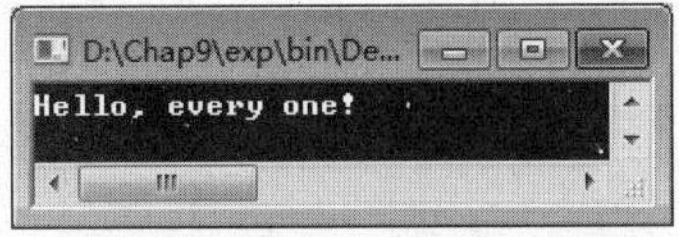

图 9-26　例 9-22 的输出结果

2. ＃ifndef…＃else…＃endif

＃ifndef 命令的一般形式如下：

```
#ifndef 宏名
    代码段 1
#else
    代码段 2
#endif
```

＃ifndef 的用法与＃ifdef 相反，当宏名未用＃define 定义过，就编译代码段 1，否则编译代码段 2。＃else 及代码段 2 是可以省略的，省略后，如果宏名定义过，则不编译＃ifndef 与＃endif 之间的任何代码段。

9.6　函数应用实例

【例 9-23】　编程验证哥德巴赫猜想(即任何一个大于 6 的偶数，均可以分解为两个素数之和，如 6=3+3,8=3+5)。写一个判断素数的函数，如果是素数就返回 1，不是素数就返回 0。在验证哥德巴赫猜想的过程中调用该函数。

编程思路：验证哥德巴赫猜想的方法是将一个给定偶数分解为一个被加数和一个加数，首先判断被加数是否是素数，如果是，接着判断加数是否也是素数，如果两个条件都为真，则输出偶数分解为两个素数之和的过程。

```
#include <stdio.h>
int prime(int x)
{
    int i,flag;                          //约定 flag 为 1 表示 x 是素数,为 0 则不是素数
    if(x>=2)                             //如果 x 大于等于 2,再判断其是否是素数
    {
        flag=1;
        for(i=2; i<x; i++)
        {
            if(x %i==0)
            {
                flag=0;
                break;
            }
        }
        return(flag);
    }
    else                                 //如果 x 小于 2,则说明不是素数,直接返回 0
    {
        return 0;
    }
}
int main()
{
    int x,i,j;
    printf("请输入一个大于 6 的偶数：");
    scanf("%d",&x);
    if(x>=6 && x %2==0)
    {
        for(i=2; i<x; i++)
        {
            if(prime(i)==1)              //判断 x 分解的被加数 i 是素数
            {
                j=x -i;
                if(prime(j)==1)          //判断 x 分解的加数 j 也是素数
                {
                    printf("%d=%d+%d\n",x,i,j);
                }
            }
        }
    }
    else
    {
```

```
        printf("错误的数值!\n");
    }
    return 0;
}
```

程序运行结果如图 9-27 所示。

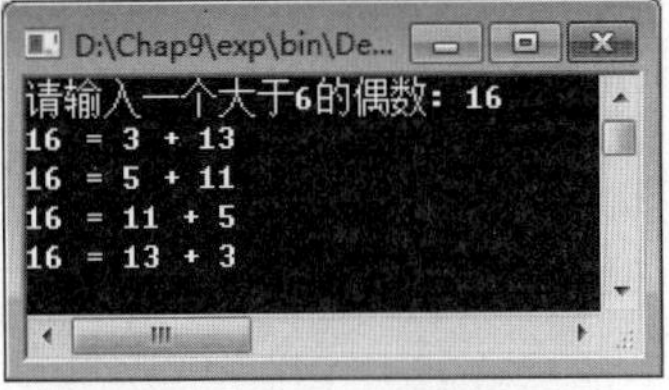

图 9-27　例 9-23 的运行结果

分析：本程序的子函数 prime()定义在前，调用在后，可以缺省函数声明。

【例 9-24】　设计一个管理学生成绩的程序，实现输出成绩、查找最高分、添加新成绩的功能。定义 3 个子函数分别实现以上功能。

```
#include <stdio.h>
#include <stdlib.h>
#define N 20                              //宏定义,指定数组大小
int n=10;                                 //全局变量,保存学生成绩的个数
void output(int *p);                      //输出成绩子函数声明
int find(int *p);                         //查找最高分子函数声明
void add(int *p);                         //添加新成绩子函数声明
int main()
{
    int score[N]={70,92,88,67,85,92,74,78,50,82};
    int option,max;
    printf("----------学生成绩管理系统 ----------\n");
    printf(" 1.输出成绩 2.查找最高分 3.添加成绩\n");
    printf("-------------------------------------\n");
    while(1)
    {
        printf("\n请输入选项值: ");
        scanf("%d",&option);
        switch(option)
        {
        case 1: output(score);
                break;
        case 2: max=find(score);
                printf("最高分是%d\n",max);
                break;
        case 3: add(score);break;
        default: printf("退出程序\n");
                   exit(0);               //退出程序库函数
        }
    }
```

```
31. }
32. /* output()函数：输出学生成绩   形参 p：指向保存学生成绩的数组 */
33. void output(int *p)
34. {
35.     int i;
36.     printf("当前有%d 个学生成绩：",n);
37.     for(i=0; i<n; i++)
38.     {
39.         if(i %5==0)     //控制每行只输出 5 个成绩
40.         {
41.             printf("\n");
42.         }
43.         printf("%d\t",p[i]);
44.     }
45.     printf("\n");
46. }
47. /* find()函数：查找最高分   形参 p：指向保存学生成绩的数组   返回值：最高分 */
48. int find(int *p)
49. {
50.     int i,max;
51.     max=p[0];               //将第一个分数默认为最高分
52.     for(i=1; i<n; i++)
53.     {
54.         if(p[i]>max)    //查找更高的分数
55.         {
56.             max=p[i];
57.         }
58.     }
59.     return max;             //返回最高分
60. }
61. /* output()函数：输出学生成绩   形参 p：指向保存学生成绩的数组 */
62. void add(int *p)
63. {
64.     printf("请输入待添加的成绩：");
65.     scanf("%d",&p[n]);
66.     n++;                    //学生成绩的个数 n 自加 1,n 是全局变量
67. }
```

程序运行结果如图 9-28 所示。

分析：main()函数的前面是宏定义、全局变量定义、函数声明等。main()函数中第 15～19 行是 while(1)无限循环，当输入选项值在 1～3 之间则反复调用 3 个子函数，其余选项值则退出程序，调用库函数 exit(0)退出程序。本程序定义了 output()、find()、add() 3 个子函数分别实现输出学生成绩、查找最高分、添加新成绩的功能。

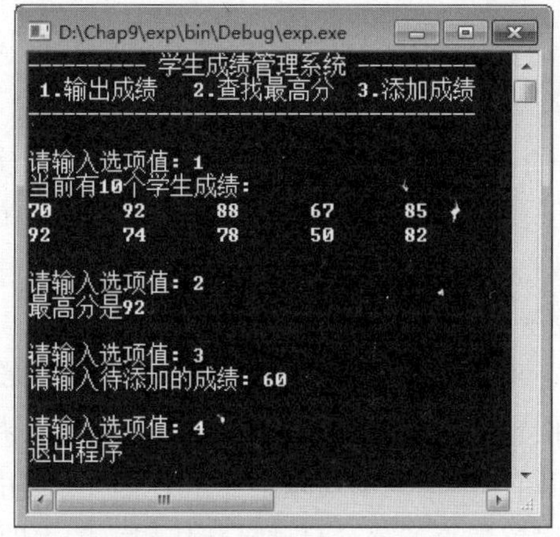

图 9-28　例 9-24 的运行结果

9.7　本章小结

(1) C 语言的模块化程序设计思想是通过函数实现的。一个 C 程序由一个 main()函数和若干子函数组成。main()函数是程序的入口和正常出口，main()函数可以调用其他函数，其他函数之间也可以相互调用。

(2) 函数有 3 个主要概念——函数定义、函数调用、函数声明。函数定义是为实现某一特定功能而编写的程序块；函数调用是启动一个函数的执行，函数必须先定义后调用；函数声明是在程序编译阶段对函数调用的正确性进行检查。

(3) 函数定义由“函数的返回值类型”、“函数名”、“形参表”三部分组成。其中函数的返回值类型确定函数调用结束后返回主调函数处的数据类型；函数名是标识符，应符合标识符的命名规则；形参表在函数调用时实现由主调函数向被调函数的数值传递。

(4) 函数调用有 3 种形式——函数语句形式、函数表达式形式、函数实参形式。函数功能的实现是通过函数调用做到的，主调函数与被调函数之间数据传递最常用的方法就是参数的传递以及函数返回值。

(5) 注意区别函数的实参和形参。函数调用处的参数是实参；函数定义处的参数是形参。只能是实参向形参传值，反过来不行。为了保证传值的正确，形参与实参应保持类型一致、个数一致、顺序一致。

(6) 参数传递分为“传值方式”和“传地址方式”两种。“传值方式”的特点是形参在被调函数中的任何改变都不会影响主调函数中的实参。“传地址方式”的特点是被调函数中的形参指针指向主调函数中的实参对应的存储单元，因此在被调函数中可以利用形参指针间接地修改主调函数中实参存储单元中的数值。

(7) 注意理解函数返回值类型与 return 语句之间的关系。如果函数有返回值，则在函数体内必须有 return 语句，且是“return(表达式)；”的形式，该表达式的类型应该与函数返回值类型一致。如果函数无返回值，则函数体内可以缺省 return 语句，或者写成

"return;"的形式。

(8) 函数声明有两种情况：一是如果函数定义在函数调用之前,可以缺省函数声明；二是如果函数定义在函数调用之后,则必须有函数声明。

(9) 一维数组与函数的参数有3种情况：一是数组名作为实参,传地址,形参指针指向数组的首地址,可以在子函数里利用形参指针引用并修改所有数组元素；二是数组元素的地址作为实参,传地址,此时应注意形参指针指向哪一个数组元素；三是数组元素作为实参,传值,不能在子函数里修改数组元素的值。

(10) 根据变量作用范围的大小,将变量分为全局变量和局部变量。全局变量的作用范围较宽,从变量定义的位置到源文件结束。局部变量又分为函数体内的局部变量和复合语句内的局部变量。相同作用范围的变量不能重名,不同作用范围的变量可以重名,如果发生重名的情况,则作用范围小的变量自动屏蔽作用范围大的同名变量。

(11) 变量生存时间的长短由变量的存储类别决定,变量的存储类别有4种：自动变量(auto)、寄存器变量(register)、静态变量(static)、外部变量(extern)。人们最常用的是自动变量,通常缺省关键字auto,生存时间较短；register型变量速度最快,也属于动态型,仅限于少量的、整型或字符型变量可以定义为寄存器型；static型变量又称为永久变量,其生存期从变量定义时到整个程序结束；extern型变量是当某个源文件需要引用其他源文件定义的动态全局变量时,对变量进行外部声明。

(12) 编译预处理命令是指以＃号开头的命令行,这种命令行不是语句,后面不能加分号。编译预处理命令在编译之前完成,不占用程序的运行时间。常用的预处理命令有"文件包含"、"宏定义"、"条件编译"。

9.8 习　　题

9.8.1 选择题

1. 以下叙述错误的是(　　)。

   A. C程序必须由一个或一个以上的函数组成

   B. 函数调用可以作为一个独立的语句存在

   C. 若函数有返回值,必须通过return语句返回

   D. 函数形参的值也可以传回给对应的实参

2. 设函数fun()的定义形式为void fun(char ch, float x){ … },则以下对函数fun()的调用语句中,正确的是(　　)。

   A. fun("abc", 3.0);　　　　B. t=fun('D', 16.5);

   C. fun('65', 2.8);　　　　D. fun(65, 32.0);

3. 以下函数正确的是(　　)。

   A. void fun() { return (1); }　　　　B. int fun() { return; }

   C. char fun() { return (1.0); }　　　　D. int fun() { return (1); }

4. 以下程序的运行结果是(　　)。

```
#include <stdio.h>
void fun(int * s)
{
    static int j=0;
    do{
        s[j] +=s[j+1];
    }while(++j<2);
}
int main()
{
    int k,a[10]={1,2,3,4,5};
    for(k=1; k<3; k++)
        fun(a);
    for(k=0; k<5; k++)
        printf("%d " ,a[k]);
    return 0;
}
```

A. 3 4 7 5 6　　　B. 2 3 4 4 5　　　C. 3 5 7 4 5　　　D. 1 2 3 4 5

5. 以下程序的输出结果是(　　)。

```
#include <stdio.h>
int fun(int a,int b,int c)
{
    c=a * b;
    return c;
}
int main()
{
    int c;
    c=fun(2,3,c);
    printf("%d\n",c);
    return 0;
}
```

A. 0　　　B. 1　　　C. 6　　　D. 随机数

6. 有函数调用语句“fun((exp1, exp2), (exp3, exp4, exp5));”,此函数调用语句含有的实参个数是(　　)。

A. 1　　　B. 2　　　C. 4　　　D. 5

7. 以下程序的输出结果是(　　)。

```
#include <stdio.h>
int fib(int n)
{
```

```
    if(n>2) return(fib(n-1)+fib(n-2));
    elsereturn(2);
}
int main()
{
    printf("%d\n",fib(6));
    return 0;
}
```

A. 16　　B. 8　　C. 30　　D. 2

8. 以下程序的输出结果是(　　)。

```
#include <stdio.h>
int m=13;
int fun(int x,int y)
{
    int m=3;
    return(x * y -m);
}
int main()
{
    int a=7,b=5;
    printf("%d\n",fun(a,b) / m);
    return 0;
}
```

A. 1　　B. 2　　C. 7　　D. 10

9. 以下程序的输出结果是(　　)。

```
#include <stdio.h>
fun(int a)
{
    int b=0;
    static int c=3;
    a=c++;b++;
    return(a);
}
int main()
{
    int a=2,i,k;
    for(i=0; i<2; i++)k=fun(a++);
    printf("%d\n",k);
    return 0;
}
```

A. 3　　B. 6　　C. 5　　D. 4

10. 以下叙述错误的是(　　)。

A. 一个变量的作用域的开始位置取决于定义语句的位置

B. 全局变量可以在函数以外的任何位置进行定义

C. 局部变量的“生存期”只限于本次函数调用,因此不可能将局部变量的运算结果保存至下一次调用

D. 一个全局变量说明为 static 存储类是为了限制其他编译单位的使用

9.8.2 填空题

1. 某函数 fun()具有两个参数,第一个参数是 int 型数据,第二个参数是 float 型数据,返回值类型是 char 型数据,则该函数的声明语句是________。

2. 以下函数的功能是当参数为偶数时,返回参数值的一半;当参数为奇数时,返回参数的平方,请填空。

```
int fun(int x)
{
    return(________);
}
```

3. 有以下程序,如果从键盘上输入 1234<回车>,则程序的输出结果是________。

```
int fun(int n)
{
    return(n / 10+n %10);
}
int main()
{  int x,y;
   scanf("%d",&x);
   y=fun(fun(x));
   printf("y=%d\n",y);
   return 0;
}
```

4. 以下程序的输出结果是________。

```
#include <stdio.h>
#define M 5
#define N M+M
int main()
{     int k;
      k=N * N * 5;
      printf("%d\n",k);
      return 0;
}
```

9.8.3 编程题

1. 求一元二次方程 $ax^2+bx+c=0$ 的解,写3个函数分别求当 $b^2-4ac>0$、$b^2-4ac=0$、$b^2-4ac<0$ 时的根并输出结果。方程的系数 a、b、c 在主函数中输入。

2. 写一个判断素数的函数,在主函数中调用该函数,统计100以内的正整数中哪些是素数,并输出结果。

3. 编写一个函数输出以下图形,图形的行数以参数的形式给出。

```
    *
   ***
  *****
 *******
*********
```

4. 写几个函数,分别完成以下功能:①输入5个职工的姓名和职工号;②按职工号由小到大排序,姓名也随之排序;③从键盘输入一个职工号,查找该职工的姓名。用主函数调用这些函数。

5. 输入3个学生5门课的成绩,分别用函数求:①每个学生的平均分;②每门课的平均分;③找出最高的分数和对应的学生及课程;④求平均分方差 $\sigma=\frac{1}{n}\sum x_i^2\left[\frac{x_i^2}{n}\right]^2$,$x_i$ 为某一个学生的平均分。

6. 用递归法计算 $1+2+3+\cdots+n$,其中 n 在主函数中由键盘输入。

7. 编写一个函数用递归法求解 f,将 x 和 n 作为形参。在主函数中调用该函数。

$$f(x+n)=\sqrt{n+\sqrt{(n-1)+\sqrt{(n-2)+\cdots+\sqrt{1+\sqrt{x}}}}}$$

8. 使用函数的嵌套调用编程序求表达式 $e=1+x+\frac{x^2}{2!}+\cdots+\frac{x^n}{n!}$ 的值。

要求:

① 定义函数 fun1()求第 i 项,即"$x^i/i!$"(其中 $i=1,2,\cdots,n$)的值。

② 定义函数 fun2()求整个表达式的值。

9. 编写函数,对二维数组对角线上的元素求和,并把结果作为函数返回值。

10. 编写函数,求矩阵的行和列的平均值,行的平均值和列的平均值用动态数组存放。

第10章 指针提高篇

本书第 8 章和第 10 章都是对指针的介绍，第 8 章学习指针的基础知识，仅涉及指针操作普通变量和一维数组，这样的指针属于一级指针。本章将对指针进行深一步的介绍，主要学习二级指针、行指针、指针数组、函数指针、main 函数的参数等知识。

10.1 二级指针

通过第 8 章的学习，我们知道指针变量用于存放地址，指针变量定义时的数据类型称为指针的基础类型，它决定了指针所指存储空间的类型。

假设有定义“char a='A', *p1=&a; int b=10, *p2=&b;”，则指针变量与普通变量的关系如图 10-1 所示。这里的指针变量 p1、p2 是一级指针，在定义时变量前面加一个 * 号。

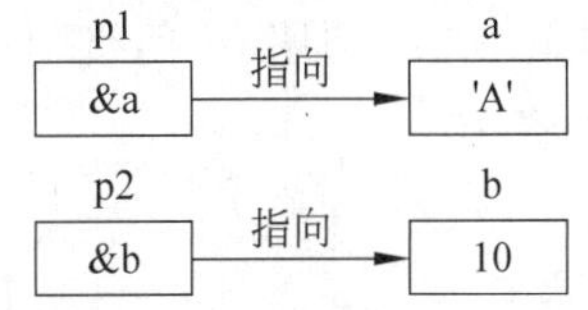

图 10-1 一级指针及其所指存储空间示意图

图 10-1 中的指针 p1 指向变量 a，指针 p2 指向变量 b。p1、p2 都是一级指针变量，各占 4B 的存储空间。p1 的基础类型为 char 型，决定了 p1 应指向一个用于存放字符的 1B 的存储空间。p2 的基础类型为 int 型，决定了 p2 应指向一个用于存放整数的 4B 的存储空间。

如果定义指针变量时，前面有两个 * 号，则属于二级指针变量。二级指针也称为指向指针的指针，其所指存储空间里存放的是地址。二级指针变量的定义格式如下：

```
数据类型 **指针变量名;
```

【例 10-1】 二级指针应用举例。

```
#include <stdio.h>
int main()
{
    int a, * p1, * * p2;
    a=10;
    p1=&a;
    p2=&p1;
    printf("%d  %d  %d\n",a, * p1, * * p2);
```

```
 9.     return 0;
10. }
```

程序运行结果如图 10-2 所示。

程序第 4 行定义了 3 个变量,a 是数值型变量,p1 是一级指针变量,p2 是二级指针变量。第 5～7 行为赋值语句,p1 指针指向变量 a,p2 指针指向变量 p1。其关系如图 10-3 所示。

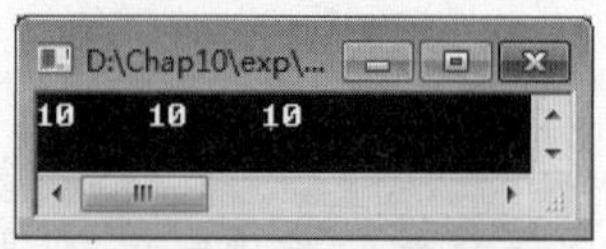

图 10-2　例 10-1 的运行结果

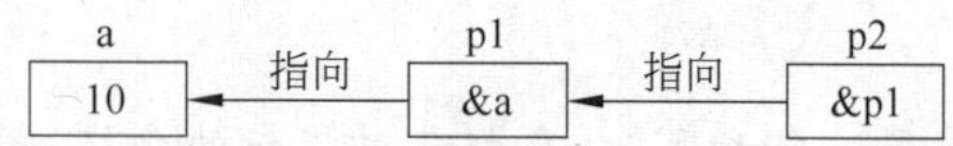

图 10-3　例 10-1 中 3 个变量之间的关系示意图

由图 10-3 可知,一级指针 p1 所指存储空间里存放整数值,二级指针 p2 所指存储空间里存放地址。因此,我们也可以这样理解,指向数值的指针是一级地址,指向地址的指针是二级指针。

程序第 8 行中使用 3 种方法输出整数 10,方法一是 a,即直接引用变量 a;方法二是 * p1,利用 p1 间接引用其所指存储空间里的内容 10;方法三是**p2,分两次间接引用,首先执行 * p2,利用 p2 间接引用其所指存储空间里的内容 &a,然后执行 * &a,取出变量 a 的内容 10。

10.2　指针与二维数组

10.2.1　二维数组中指针的概念

C 语言中,二维数组可以理解为由多个一维数组所组成。

假设有定义

```
int a[3][4]={{1,2,3,4}, {5,6,7,8}, {9,10,11,12}};
```

这是一个 3 行 4 列的二维数组,可以将它看成由 3 个一维数组构成,二维数组中的每一行相当于一个一维数组。

第一行的 4 个元素 a[0][0]、a[0][1]、a[0][2]、a[0][3]构成了第一个一维数组,其数组名是 a[0];第二行的 4 个元素 a[1][0]、a[1][1]、a[1][2]、a[1][3]构成了第二个一维数组,其数组名是 a[1],同理,第 3 个一维数组的数组名是 a[2]。这 3 个一维数组的数组名 a[0]、a[1]、a[2]都是一级指针,分别代表每一行的首地址。

另外,由 a[0]、a[1]、a[2]又构成了一个一维数组,其数组名是 a,该数组中的 3 个元素都是地址,因此 a 是一个二级指针。

需要强调的是,不论是代表二维数组每行首地址的 a[0]、a[1]、a[2],还是二维数组名 a,它们都是地址常量。其中 a[0]、a[1]、a[2]是一级地址常量,a 是二级地址常量。而数组元素 a[0][0]～a[2][3]则是整型变量。初学者应仔细区分二维数组中变量与常量的概念。

图 10-4 所示为二维数组中数组元素 a[i][j]、一级指针 a[i]、二级指针 a 的关系。

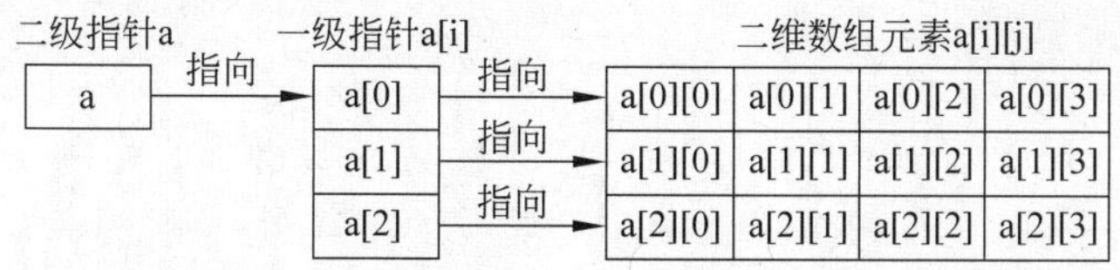

图 10-4　二维数组中二级指针、一级指针、数组元素之间的关系图

由图 10-4 可知，a[i][j]是数组元素，属于整型变量；a[i]指向数组元素 a[i][0]，是一级地址常量，指针 a[i]的基础类型为 1 个 int 型(即 4B)；a 指向 a[0]，是二级地址常量，指针 a 的基础类型为一行 4 个 int 型(即 16B)。

引用二维数组元素有以下几种等价的方法：

方法一：a[i][j]　　　　方法二：*(a[i]+j)

方法三：*(*(a+i)+j)　　　　方法四：(*(a+i))[j]

对于这 4 种方法的理解，首先应该明白 a[i]等价于*(a+i)，表示二维数组第 i 行的首地址，而 a[i]+j 或*(a+i)+j 表示二维数组第 i 行第 j 列元素的地址，于是*(a[i]+j)或*(*(a+i)+j)则表示二维数组第 i 行第 j 列的元素。

10.2.2　行指针与二维数组

由前所述，我们知道，二维数组名是一个二级地址常量，C 语言规定，二维数组名为行指针常量。假设有定义“int a[3][4];”，则数组名 a 是一个基础类型为 4 个 int 型的行指针，执行 a+i 表示在二维数组首地址的基础上后移 i 行元素。因此，操作二维数组可以利用行指针变量来实现。行指针变量的定义格式如下：

数据类型 (*行指针变量名)[常量表达式];

假设有定义“int (*p)[4];”，则 p 为行指针变量，该指针的基础类型为 4 个 int 型。

对于行指针变量 p，可以这样理解：由于定义时有一对圆括号，则 p 首先和*号结合，说明 p 是一个指针变量；其后的“[4]”表示该指针的基础类型为 4 个 int 型，即指针 p 指向一行元素，因此称为行指针。

【例 10-2】　定义一个 3 行 4 列的二维数组并初始化所有元素，再定义一个行指针变量指向二维数组，利用行指针输出二维数组所有元素的值。

```
#include <stdio.h>
int main()
{
    int a[3][4]={{1,2,3,4},{5,6,7,8},{9,10,11,12}};
    int(*p)[4],i,j;
    p=a;
    printf("二维数组元素是:\n");
```

```
 8.     for(i=0; i<3; i++)
 9.     {
10.         for(j=0; j<4; j++)
11.         {
12.             printf("%d\t",p[i][j]);
13.         }
14.         printf("\n");
15.     }
16.     return 0;
17. }
```

程序运行结果如图 10-5 所示。

本题定义了 3 行 4 列的二维数组 a,每行有 4 个 int 型的数据,因此定义指向该二维数组的行指针其基础类型也必须为 4 个 int 型。程序第 6 行的语句"p=a;"表示将行指针 p 指向二维数组 a 的首行,如图 10-6 所示。

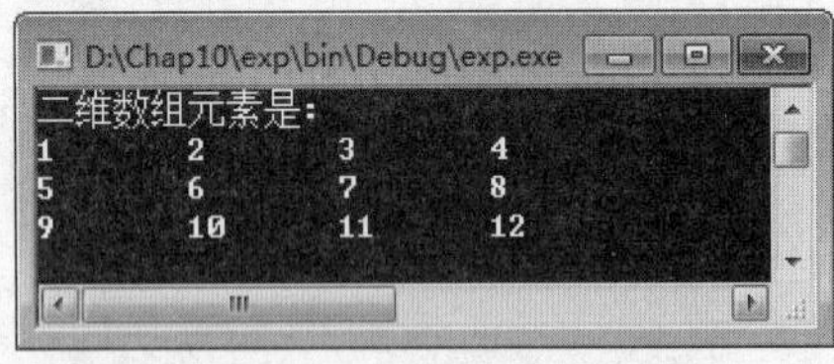

图 10-5 例 10-2 的运行结果

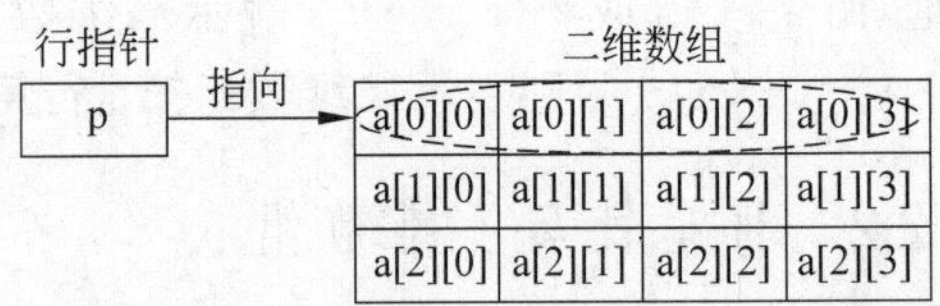

图 10-6 例 10-2 中行指针与二维数组的关系图

对于语句"p=a;",应理解为二维数组名 a 是基础类型为 4 个 int 型的行指针常量,p 是基础类型为 4 个 int 型的行指针变量,同类型的指针常量赋值给指针变量是可行的。

由于行指针 p 指向二维数组 a 的首行,因此程序第 12 行的语句"printf("%d\t",p[i][j]);"中可以使用 p[i][j]引用二维数组元素 a[i][j]。

思考:如果二维数组定义为"int a[3][4]={{1,2,3,4}, {5,6,7,8}, {9,10,11,12}};",行指针变量定义为"int (*p)[3];",能否将这个行指针指向二维数组?

10.2.3 指针数组与二维数组

二维数组可以看成由多个一维数组构成,每行元素视为一个一维数组。一个一维数组可以由一个一级指针指向,当定义多个一级指针,每个指针指向二维数组的一行,这些指针便构成了指针数组。指针数组的定义格式如下:

数据类型 *指针数组名[常量表达式];

假设有定义"int *q[3];",则 q 为指针数组的数组名,该数组中有 3 个数组元素 q[0]~q[2],它们分别是 3 个整型的指针变量。

指针数组的定义方式很容易与行指针相混淆,应注意区分两者。

对于指针数组 q,可以这样理解:q 首先和[3]结合,说明 q 是一个数组,该数组中有 3

个元素；这 3 个元素的类型为 int ＊型，即是 3 个指针变量。

【例 10-3】 定义一个 3 行 4 列的二维数组并初始化所有元素，再定义一个指针数组，编程使用指针数组输出二维数组所有元素的值。

```
1. #include <stdio.h>
2. int main()
3. {
4.     int a[3][4]={{1,2,3,4},{5,6,7,8},{9,10,11,12}};
5.     int *q[3],i,j;
6.     for(i=0; i<3; i++)
7.     {
8.         q[i]=a[i];
9.     }
10.    printf("二维数组元素是:\n");
11.    for(i=0; i<3; i++)
12.    {
13.        for(j=0; j<4; j++)
14.        {
15.            printf("%d\t",q[i][j]);
16.        }
17.        printf("\n");
18.    }
19.    return 0;
20. }
```

程序运行结果如图 10-7 所示。

本题定义了 3 行 4 列的二维数组 a，每行可以用一个指针操作，因此指针数组定义大小为 3。程序第 6～9 行的 for 循环功能是将二维数组三行的首地址 a[0]～a[2]依次赋值给指针数组 q 中的 3 个指针变量 q[0]～q[2]，如图 10-8 所示。

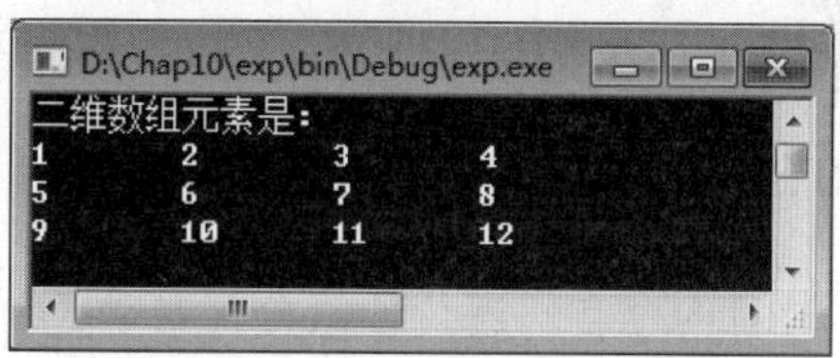

图 10-7 例 10-3 的运行结果

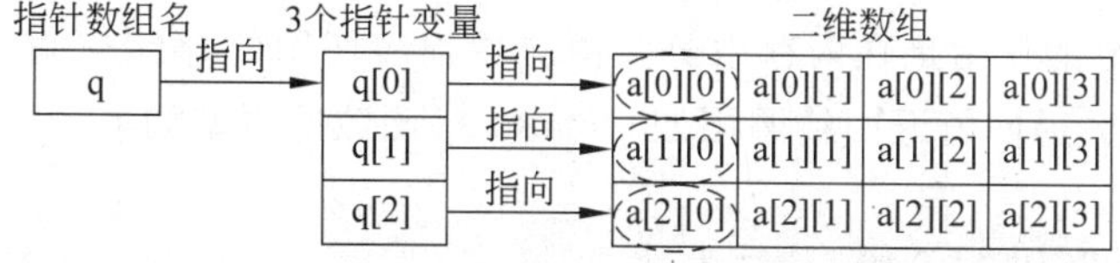

图 10-8 例 10-3 中指针数组与二维数组的关系图

由图 10-8 可知，q[0]～q[2]依次存储二维数组每行的首地址 a[0]～a[2]，因此程序第 15 行的语句“printf("%d\t", q[i][j]);”中可以使用 q[i][j]引用二维数组元素 a[i][j]。

思考：如果二维数组定义为“int a[3][4]={{1,2,3,4},{5,6,7,8},{9,10,11,12}};”，指针数组定义为“int *q[2];”，能否用这个指针数组操作二维数组？

10.3 指针的动态存储分配

思考以下程序段的运行效果是什么？

```
int *p;
*p=10;
printf("%d\n",*p);
```

有读者会认为该程序输出10，该程序编译、链接时没有错误提示，但是程序运行时出错，是何原因呢？这是由于指针p悬空导致的错误。

“指针悬空”是指指针变量定义后没有为之赋有效地址，即指针未指向内存中任何有效的存储空间。于是执行语句“*p=10;”就导致程序崩溃，系统无法将10存到任何有效的存储单元内。如何解决以上错误？我们很容易想到以下解决办法：

```
int a,*p=&a;
*p=10;
printf("%d\n",*p);
```

此方法可行，整数10存入变量a中。以上定义变量a时，系统为a分配4B的存储空间，属于静态分配的形式。这里我们将介绍另一种方法——指针的动态存储分配。

“动态存储分配”是指调用如malloc()、calloc()等库函数向系统动态申请一定大小的存储空间，人们只需将该存储空间的首地址赋给指针变量，便可解决指针悬空的问题。当动态申请的存储空间使用完毕后，可以调用如free()函数释放空间。

10.3.1 动态存储分配与释放

对内存空间进行存储分配与动态释放的标准库函数是malloc()、calloc()、realloc()、free()。使用这些函数必须包含头文件stdlib.h。

1. malloc()函数

malloc()函数的作用是在内存中分配由应用程序使用的存储空间，并将此存储空间的首地址作为函数返回值返回给调用处。malloc()函数的原型如下：

```
void* malloc(unsigned size)
```

形参size用于指定所分配的存储空间大小，单位为字节。函数返回值是void类型指针(地址)，根据需要可以显式转换为其他类型。

【例10-4】 动态分配两个存储空间，分别为字符型、整型，然后用两个指针依次指向这两个存储空间，并向其中存入数值，最后输出存储空间里的内容。

```
1. #include <stdio.h>
2. #include <stdlib.h>
3. int main()
4. {
5.     char * p1;
6.     int * p2;
7.     p1=(char *)malloc(sizeof(char));
8.     p2=(int *)malloc(sizeof(int));
9.     * p1='A';
10.    * p2=65;
11.    printf("p1,p2 所指存储空间的首地址: %u,%u\n",p1,p2);
12.    printf("p1,p2 所指存储空间里的内容: %c,%d\n", * p1, * p2);
13.    return 0;
14. }
```

程序运行结果如图 10-9 所示。

程序第 7 行和第 8 行为动态申请存储空间，指针 p1、p2 所指存储空间分别为 1B、4B；程序第 9 行和第 10 行是向这两个存储空间分别存入字符、整数。观察第 8 行的语句"p2=(int *)malloc(sizeof(int));"，其中"(int *)"是强制类型转换，sizeof(int)是计算需要动态申请的字节数，该语句动态申请了 4B 的存储空间，并将存储空间的首地址赋给指针 p2。以上程序的存储示意图如图 10-10 所示，图中每一个小方框代表 1B。

图 10-9　例 10-4 的运行结果

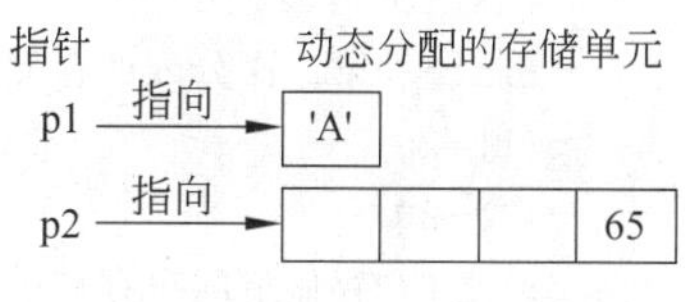

图 10-10　例 10-4 的存储示意图

2. calloc()函数

calloc()函数的作用是在内存中分配由应用程序使用的存储空间，并将此存储空间的首地址作为函数返回值返回给调用处。其功能类似 malloc()函数，calloc()函数的原型如下：

```
void* calloc(unsigned n, unsigned size)
```

形参 n 用于指定所分配的存储空间的存储单元个数；形参 size 用于指定每个存储单元的大小，单位为字节。函数返回值是 void 类型指针（地址），根据需要可以显式地转换为其他类型。

例 10-4 的第 7 行和第 8 行语句也可以替换为 calloc()函数，其调用形式如下：

```
p1=(char *)calloc(1, sizeof(char));
p2=(int *)calloc(1, sizeof(int));
```

3. realloc()函数

realloc()函数使已分配的存储空间改变大小，即重新分配，并将新存储空间的首地址作为函数返回值返回给调用处。realloc()函数的原型如下：

```
void* realloc(void *p, unsigned newsize)
```

形参 p 为原存储空间的地址，形参 newsize 为新分配的存储空间的大小。可以使原来的存储空间扩大，也可以缩小。

【例 10-5】 首先调用 malloc()函数动态申请一个 int 型的存储空间，并存入 10。再调用 realloc()函数扩大存储空间为 3 个 int 型，再向里面存入 20、30。

```
#include <stdio.h>
#include <stdlib.h>
int main()
{
    int *p;
    p=(int *)malloc(sizeof(int));
    printf("第一次分配的存储空间首地址: %u\n",p);
    p[0]=10;
    p=(int*)realloc(p,3*sizeof(int));
    printf("第二次分配的存储空间首地址: %u\n",p);
    p[1]=20;
    p[2]=30;
    printf("存储空间里存放的3个整数: %d,%d,%d\n",p[0],p[1],p[2]);
    free(p);
    return 0;
}
```

程序运行结果如图 10-11 所示。

图 10-11　例 10-5 的运行结果

调用 realloc()函数后，新存储空间的地址与原存储空间的地址可能相同，也可能不相同。因为重新分配空间，存储空间可能会发生移动。调用该函数后，原存储空间中的内容由系统复制到新存储空间里。

4. free()函数

free()函数用来释放由 malloc()、calloc()分配的存储空间或由 realloc()函数重新分配的存储空间。free()函数的原型如下：

```
void free(void * p);
```

其中指针变量 p 必须是指向 malloc()、calloc()、realloc()函数分配的存储空间首地址。该函数的作用是释放由 p 指向的动态分配的存储空间，以便将来重新分配。该函数无返回值。

例 10-5 中第 14 行语句“free(p);”即表示释放指针 p 所指的存储空间。

10.3.2　一维动态数组

假设有定义“int a[5];”，表示系统分配了一个大小为 5 的静态一维数组 a，其存储空间为 20B。利用前面所述的动态分配函数，也可以实现一维动态数组，并将动态数组的首地址赋给指针变量，便可以利用指针变量引用数组元素。

【例 10-6】 调用 malloc()函数动态分配一个一维整型数组，该数组大小为 5，向数组中存入 5 个整数，并输出所有数值。

```
#include <stdio.h>
#include <stdlib.h>
int main()
{
    int *p,i;
    p=(int *)malloc(5*sizeof(int));    //动态分配一大小为 5 个 int 型的存储空间
    p[0]=10; p[1]=20; p[2]=30; p[3]=40; p[4]=50;
    printf("动态一维数组中的值是：\n");
    for(i=0; i<5; i++)
    {
        printf("%d\t",p[i]);
    }
    printf("\n");
    free(p);
    return 0;
}
```

程序运行结果如图 10-12 所示。

例 10-6 中动态分配的存储空间示意图如图 10-13 所示。

图 10-12 例 10-6 的运行结果

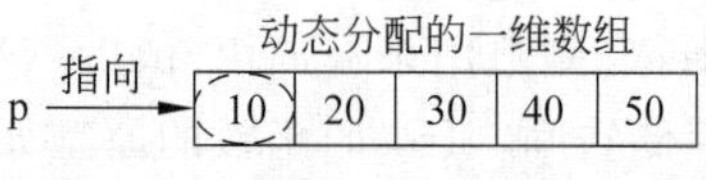

图 10-13 例 10-6 的存储示意图

10.3.3 二维动态数组

假设有定义“int a[3][4];”,表示系统分配了一个 3 行 4 列的静态二维数组 a,其存储空间为 48B。我们也可以调用动态分配函数实现二维动态数组,指向二维动态数组的指针应该是二级指针变量。

【例 10-7】 调用 calloc()函数动态分配一个二维整型数组,该数组为 2 行 3 列,用于存放 2 名学生、每名学生 3 门课的成绩,成绩从键盘输入。

```
#include <stdio.h>
#include <stdlib.h>
#define M 2
#define N 3
int main()
{
    int **pscore, *psum,i,j;
    pscore=(int **)calloc(M,sizeof(int *));
    for(i=0; i<M; i++)
    {
        pscore[i]=(int *)calloc(N,sizeof(int));
        psum=(int *)calloc(M,sizeof(int));
    }
    printf("请输入%d名学生%d门课的成绩:\n",M,N);
    for(i=0; i<M; i++)
    {
        psum[i]=0;
        for(j=0; j<N; j++)
        {
            scanf("%d",&pscore[i][j]);
            psum[i] +=pscore[i][j];
        }
    }
    printf("\n%d名学生的总分:\n",M);
    for(i=0; i<M; i++)
    {
        printf("%d\t",psum[i]);
```

```
    }
    printf("\n");
    return 0;
}
```

程序运行结果如图 10-14 所示。

程序中定义了两个指针变量 pscore 和 psum，其中 pscore 是二级指针，psum 是一级指针。本题中利用 pscore 和 psum 指针实现的动态存储分配如图 10-15 所示。

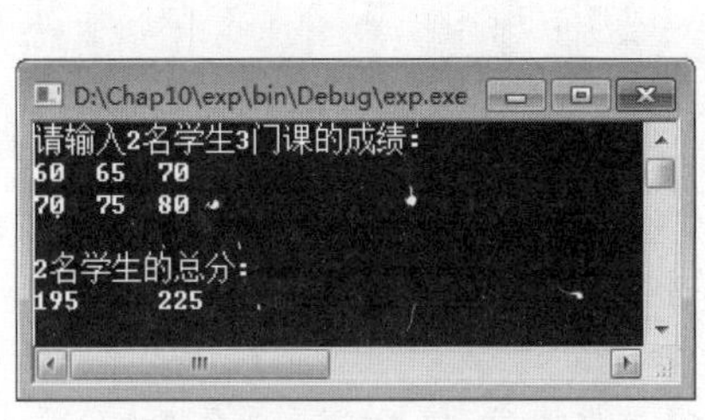

图 10-14　例 10-7 的运行结果

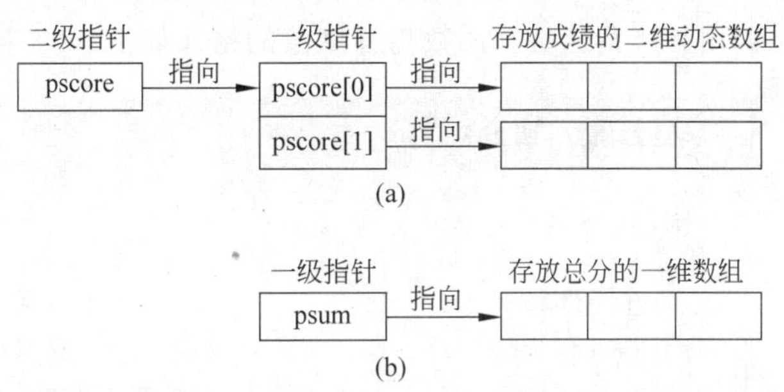

图 10-15　例 10-7 中的动态指针

说明：

(1) 二维动态数组的结构与二维静态数组是不同的，二维静态数组的所有下标变量在内存中是连续存储的，二维动态数组是由 1 个一维指针数组和多个一维数组构成，相邻两行下标变量在内存中一般是不连续的，如图 10-15 所示。

(2) 二维静态数组的数组名是行指针，即“类型（＊行指针名）[m]”类型；而二维动态数组是由二级指针变量构造的，即“类型 ＊＊二级指针”，二级指针不同于行指针。

10.4　函数指针

在 C 语言中，一个函数在内存里占用一段连续的存储区，函数名代表了这段存储区的首地址，称为函数的入口地址。可以把函数的入口首地址（即函数名）赋予一个指针变量，这种指针称为“函数指针”（也称为指向函数的指针变量），然后利用函数指针调用子函数。

1. 函数指针的定义

函数指针的一般定义格式如下：

函数类型 （＊函数指针）(形参类型列表)；

例如，“int（＊fp)(float)；”定义了一个函数指针 fp，该函数指针能够指向返回值为 int 型的函数，函数形参是 float 型。

在定义函数指针时需注意以下几点。

(1) 函数指针定义“int (＊fp)(float);”时，＊fp两侧的圆括号不能省略。如果省略了写成“int ＊fp(float);”，含义就改变了，这表示一个函数声明，被声明的函数名是fp，函数返回值类型为“int ＊”，函数形参是float型。因此有/无圆括号表达的是两种不同的含义。

(2) 函数指针的类型和其所指函数的返回值类型应保持一致。

2. 函数指针的赋值

函数指针在定义之后必须赋值，使它指向一个确定的函数，然后便可以利用函数指针调用其所指函数。函数指针赋值的格式如下：

```
函数指针=函数名;
```

例如，

```
int fun(float x);                //声明一个函数 fun()
int(*fp)(float);                 //定义一个函数指针 fp
fp=fun;                          //将函数名 fun 赋给函数指针 fp,使 fp 指向函数 fun()
```

注意：以下写法是错误的，“fp=fun();”，因为写成“fun()”的形式是表示函数调用。

3. 利用函数指针调用函数

为函数指针赋值函数名后，可以利用函数指针调用子函数。格式如下：

```
函数指针(实参列表);
```

【例10-8】 定义fun()函数，其功能是求表达式1+2+…+n的和，然后定义一个函数指针指向fun()函数，利用函数指针调用该函数。

```
#include <stdio.h>
int fun(int n)
{
    int i,sum=0;
    for(i=1; i<=n; i++)
    {
        sum +=i;
    }
    return(sum);
}
int main()
{
    int n,sum;
    int(*p)();
```

```
15.     printf("请输入一个正整数：");
16.     scanf("%d",&n);
17.     p=fun;
18.     sum=p(n);
19.     printf("1+2+…+%d=%d\n",n,sum);
20.     return 0;
21. }
```

程序运行结果如图 10-16 所示。

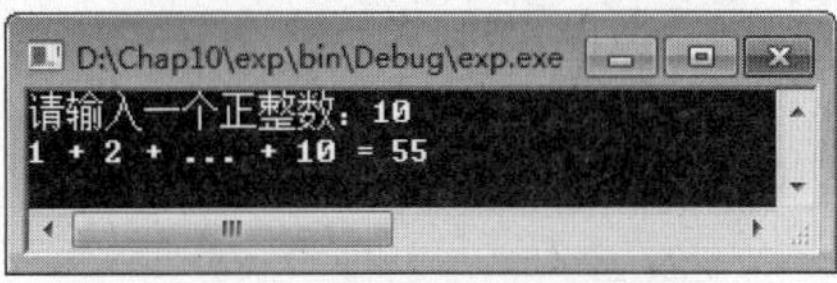

图 10-16 例 10-8 的运行结果

程序第 14 行“int (*p)();”是定义函数指针。第 17 行“p=fun;”是将函数名赋值给函数指针，于是指针 p 指向子函数 fun()。第 18 行“sum=p(n);”是利用函数指针 p 调用子函数 fun()，该语句等价于“sum=fun(n);”，第 18 行还可以写成“sum=(*p)(n);”。

4. 函数名作为实参

函数名可以作为函数实参，由于函数名代表函数的首地址，因此当函数名作为实参时，属于传地址方式，对应的形参是函数指针，在子函数里，可以利用函数指针调用子函数。

【例 10-9】 以下 fun()函数是用函数名作为实参，通过传送不同的函数名，求 tan(x)和 cot(x)的值。

```
#include <stdio.h>
#include <math.h>
double fun(double(*f1)(double),double(*f2)(double),double x)
{
    return(*f1)(x)/(*f2)(x);
}
int main()
{
    double x,v,y;
    printf("请输入角度：");
    scanf("%lf",&x);              //输入角度到 x 中
    v=x*3.14159 / 180.0;          //将角度 x 转换为弧度 v
    y=fun(sin,cos,v);             //求 tan(v)
    printf("tan(%.1lf)=%.3f\n",x,y);
    y=fun(cos,sin,v);             //求 cot(v)
    printf("cot(%.1lf)=%.3f\n",x,y);
    return 0;
}
```

程序运行结果如图10-17所示。

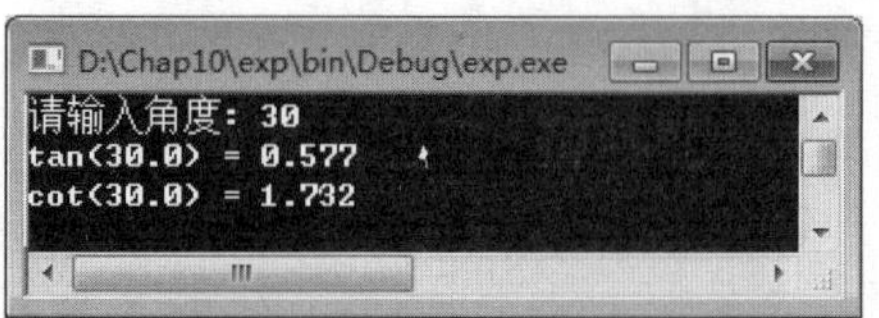

图 10-17　例 10-9 的运行结果

程序第13行"y=fun(sin, cos, v);"和第15行"y=fun(cos, sin, v);"都是子函数调用语句,其中实参sin和cos是求正弦值、余弦值的库函数名。以函数名sin和cos作为实参,对应的形参是函数指针,因此fun()函数的第1、2个形参"double (* f1)(double)"和"double (* f2)(double)"均为函数指针变量。在fun()函数内,可以借助形参指针f1和f2调用库函数sin或cos。

10.5　main函数的参数

在前面编写的程序中,main后面总是跟一对空的圆括号,表示main函数无参。实际上,在运行C程序时,根据需要,main函数是可以有参数的,这些参数可以由操作系统(例如在DOS系统下)通过命令行传递给main,因此main函数的参数也称为命令行参数。

在DOS环境下,执行应用程序是通过命令行方式,如果在DOS命令提示符后面输入可执行程序的文件名,操作系统就会在磁盘上找到该程序并把该程序的文件调入内存,然后开始执行程序。如果在命令行中输入可执行程序文件名的同时,接着再输入若干个字符串,所有这些字符串(包括文件名)便以参数的方式传递给main函数。这里需要说明的是,main函数只有定义为以下形式时,才可以接收命令行参数。系统规定接收命令行参数的main函数必须有两个形参,如下所示:

```
void main(int argc, char * argv[ ])
```

或者

```
void main(int argc, char **argv)
```

说明:

(1) argv和argc是两个参数名,也可以由用户自己命名,但是参数类型固定。

(2) 第一个参数argc必须是整型,它记录从命令行中输入的参数个数,参数是一个或者若干个字符串,根据输入的字符串的个数,系统自动为argc变量赋值。例如,从命令行输入了3个字符串(包括可执行文件名),则系统自动为形参argc赋值为3。

(3) 第二个参数argv必须是一个字符型指针数组或者是二级指针变量,指针数组中含有多个字符型指针变量,分别指向命令行中的每一个字符串。

(4) 从命令行输入字符串时应遵循以下规则:①第一个字符串必须是可执行文件名;②如果有多个字符串,则各个字符串之间用空格隔开。

【例10-10】 新建一个源文件,路径为C:\test\prog.c,在源文件中定义一个带参数的main函数,代码如下,编译链接源文件生成可执行文件prog.exe。然后在Windows自带的DOS模拟器中运行prog.exe文件,方法是在命令提示符后面输入命令行,命令行由若干字符串组成，第一个字符串是"prog. exe"，后续字符串是传递给 main 函数的参数。

```
#include <stdio.h>
int main(int argc,char * argv[ ])
{
    int i;
    printf("main 函数的参数: \n");
    for(i=0; i<argc; i++)      //循环 argc 次,输出 argc 个字符串
    {
        puts(argv[i]);         //每个 argv[i]是一个字符指针,指向一个字符串
    }
    return 0;
}
```

在 DOS 模拟器下运行 prog. exe 文件的结果图如图 10-18 所示。

图 10-18　例 10-10 的运行结果

观察以上两个结果图可知，在 DOS 的命令提示符“C:\test\Debug>”后面输入了 3 个字符串，第一个字符串是被执行文件的文件名 prog. exe 或者 prog，其后是 Hello 和 world，3 个字符串之间以空格隔开，这 3 个字符串都作为参数传递给 main 函数。main 函数的两个参数是“int argc, char * argv[ ]”，其中 argc 记录此时传递的字符串个数为 3，argv 中有 3 个指针 argv[0]、argv[1]、argv[2]，分别指向 3 个字符串的首地址，如图 10-19 所示。

指针数组		main函数的参数								
argv[0]	指向 →	p	r	o	g	.	e	x	e	\0
argv[1]	指向 →	H	e	l	l	o	\0			
argv[2]	指向 →	w	o	r	l	d	\0			

图 10-19　main 函数的参数 argv 与 3 个字符串参数之间的指向关系

10.6　本章小结

(1) 二级指针也称指向指针的指针，其所指存储空间里存放的是地址。

二级指针的定义格式为：

```
数据类型 **指针变量名;
```

(2) 假设定义了二维数组“int a[3][4];”,则二维数组名 a 表示行指针常量;a[i]表示一级指针,代表二维数组第 i 行的首地址;a[i][j]表示数组元素,是 int 型的变量。

(3) 可以定义一个行指针指向二维数组,如

```
int a[3][4], * (p)[4];  p=a;
```

然后可以利用行指针 p 引用二维数组元素。以下方法均可以引用二维数组元素。

① a[i][j]　② (*(a+i))[j]　③ *(*(a+i)+j)　④ *(a[i]+j)

⑤ p[i][j]　⑥ (*(p+i))[j]　⑦ *(*(p+i)+j)　⑧ *(p[i]+j)

(4) 可以定义一个指针数组,让其中的每个指针指向二维数组的一行,例如:

```
int a[3][4], * q[3],i;  for(i=0; i<3; i++){  q[i]=a[i];  }
```

然后可以利用指针数组 q 引用二维数组元素。以下方法均可以引用二维数组元素。

① a[i][j]　② (*(a+i))[j]　③ *(*(a+i)+j)　④ *(a[i]+j)

⑤ q[i][j]　⑥ (*(q+i))[j]　⑦ *(*(q+i)+j)　⑧ *(q[i]+j)

(5) 指针的动态存储分配是指利用库函数 malloc()、calloc()、realloc()向系统动态申请存储单元,并用指针指向被分配的存储单元,它们的使用格式如下:

```
void* malloc(unsigned size)
void* calloc(unsigned n, unsigned size)
void* realloc(void * p, unsigned newsize)
```

例如,分配大小为 40B 的存储空间,该存储空间由 10 个 int 型的单元组成,将该存储空间的首地址赋值给指针 p,有以下方法:

```
int * p;
p=(int *)malloc(10 * sizeof(int));
p=(int *)calloc(10, sizeof(int));
```

若要重新分配大小为 80B 的存储空间,依然用指针 p 指向该存储空间,方法如下:

```
p=(int*)realloc(p, 20 * sizeof(int));
```

当动态分配的存储空间不再使用时,应调用“free(p);”函数释放该存储空间。

(6) 指向函数的指针称为“函数指针”,其定义方法如下:

```
函数类型 (* 函数指针)(形参类型列表);
```

定义了函数指针,应将函数名赋值给函数指针,则函数指针便指向该函数,然后便可以利用函数指针调用该函数。

(7) 通常情况下,main 函数没有参数,但有些实际情况需要 main 函数有参数,这些参数是由操作系统传递给主函数的。带参数的 main 函数首部为 void main(int argc, char * argv[ ])或者 void main(int argc, char * * argv)。其中参数 argc 记录操作系统传递给 main 函数的参数个数;argv 是一个指针数组,该数组中有多个指针,分别指向操作系统传递给 main 函数的各个参数(每个参数是一个字符串)。

10.7　习　　题

10.7.1　选择题

1. 若有定义“int c[4][5],(＊cp)[5];”和语句“cp＝c;”,则能正确引用 c 数组元素的是(　　)。

A. cp＋1　　B. ＊(cp＋3)　　C. ＊(cp＋1)＋3　　D. ＊(＊cp＋2)

2. 若有定义“int a[4][3]＝{1,2,3,4,5,6,7,8,9,10,11,12},(＊p)[3]＝a;”,则能够正确表示数组元素 a[1][2]的表达式是(　　)。

A. ＊((＊p＋1)[2])　　B. ＊(＊(p＋5))

C. (＊p＋1)＋2　　D. ＊(＊(p＋1)＋2)

3. 若有定义和语句:

```
int a[4][3]={1,2,3,4,5,6,7,8,9,10,11,12},(*p)[3]=a,*q[4],i;
for(i=0; i<4; i++)q[i]=a[i];
```

则不能正确表示 a 数组元素的表达式是(　　)。

A. a[4][3]　　B. q[0][0]　　C. p[2][2]　　D. (＊(q＋1))[1]

4. 有以下程序:

```
#include <stdio.h>
int main()
{
    int a[3][4]={{1,3,5,7},{8,11,13,15},{17,19,21,13}},(*p)[4]=a,i,j,k=0;
    for(i=0; i<3; i++)
        for(j=0; j<2; j++)
            k+=*(*(p+i)+j);
    printf("%d\n",k);
    return 0;
}
```

程序的输出结果是(　　)。

A. 59　　B. 68　　C. 99　　D. 108

5. 若有定义语句“int (＊p)[M];”,其中的标识符 p 是(　　)。

A. M 个指向整型变量的指针

B. 指向 M 个整型变量的函数指针

C. 一个行指针,它指向具有 M 个整型元素的一维数组

D. 具有 M 个指针元素的一维指针数组,每个元素都只能指向整型量

6. 设有定义语句“char ＊a[2]＝{"abcd", "ABCD"};”,则以下叙述正确的是(　　)。

A. a 数组元素的值分别是字符串"abcd"和"ABCD"

B. a是指针变量,它指向含有两个数组元素的字符型一维数组

C. a数组的两个元素分别存放的是含有4个字符的一维数组的首地址

D. a数组的两个元素中各自存放了字符'a'和'A'的地址

7. 有以下程序:

```
#include <stdio.h>
int main()
{
    char * a[6]={"ABCD","EFGH","IJKL","MNOP","QRST","UVWX"}, * * p;
    int i;
    p=a;
    for(i=0; i<4; i++)printf("%s",p[i]);
    return 0;
}
```

程序运行后的输出结果是(　　)。

A. ABCDEFGHIJKL

B. ABCDEFGH

C. ABCDEFGHIJKLMNOP

D. AEIM

8. 若指针p已正确定义,要使p指向两个连续的整型动态存储单元,不正确的语句是(　　)。

A. p=2 * (int *)malloc(sizeof(int));

B. p=(int *)malloc(2 * sizeof(int));

C. p=(int *)malloc(2 * 4);

D. p=(int *)calloc(2,sizeof(int));

9. 有以下程序:

```
#include <stdio.h>
#include <stdlib.h>
int main()
{
    char * p, * q;
    p=(char * )malloc(sizeof(char) * 20);
    q=p;
    scanf("%s%s",p,q);
    printf("%s  %s  \n",p,q);
    return 0;
}
```

若从键盘输入:abc def<回车>,则输出结果是(　　)。

A. def def　　　　　B. abc def

C. abc d　　　　　　　　　　D. d d

10. 有以下程序：

```
#include <stdio.h>
#include <string.h>
int main(int argc,char * argv[])
{
    int i,len=0;
    for(i=1; i<argc; i++) len+=strlen(argv[i]);
    printf("%d\n",len);
    return 0;
}
```

程序编译链接后生成的可执行文件是 ex1.exe，若运行时输入带参数的命令行是

```
ex1 abcd efg 10<回车>
```

则运行的结果是(　　)。

A. 22　　　B. 17　　　C. 12　　　D. 9

11. 程序中若有如下说明和定义语句：

```
char fun(char * );
int main()
{  char * s="one",a[5]={0},(* f1)(char * )=fun,ch;
   …
}
```

以下选项中对函数 fun 的正确调用语句是(　　)。

A. (* f1)(a);　　　　　　B. * f1(* s);

C. fun(&a);　　　　　　　D. ch= * f1(s);

12. 有以下程序：

```
int fa(int x)
{  return x * x;  }
int fb(int x)
{  return x * x * x;  }
int f(int(* f1)(),int(* f2)(),int x)
{  return f2(x)-f1(x);  }
int main()
{  int i;
   i=f(fa,fb,2);
   printf("%d\n",i);
   return 0;
}
```

程序运行后的输出结果是(　　)。

A. −4　　B. 1　　C. 4　　D. 8

10.7.2 编程题

1. 利用行指针编程,求任意方阵每行、每列、两对角线上元素之和。

2. 利用指针数组编程,调用随机函数rand()为一个5×5矩阵的各元素赋值100以内的数,输出该矩阵,然后逆置该矩阵。

3. 编写程序,利用malloc()函数开辟动态存储单元,存放输入的3个整数,然后按从小到大的顺序输出这3个数。

第11章 字符串

当人们在程序中处理姓名、身份证号、家庭地址等信息时，使用的是一串字符，这就是字符串。字符串是一种特殊的常量，与整型、字符型、浮点型常量的不同之处在于字符串可长可短，其长度不定。字符串中的所有字符通常作为一个整体加以处理，比如整体输入、整体输出、整体复制等，也可以根据需要仅对其中的某些字符进行单独处理。

字符串在内存中是一个连续存放的序列，可以使用数组或者指针的方法对字符串进行编程。对于本章的学习，应重点掌握数组和指针操作字符串，以及字符串的常用库函数。

11.1 字符串的概念

C语言规定，**字符串**是用一对双引号括起来的字符序列，双引号内有可以有零个或任意多个字符，并且以'\0'作为字符串的结束标志('\0'是转义字符，其ASCII码值是0)。

例如，"Hello world!"、"China"、"123"都是字符串常量，每个字符串由若干字符组成，各字符在内存中连续存放，每个字符串末尾隐含'\0'，字符串中的所有字符包括'\0'都占用一个字节的存储空间。

对于字符串的学习，我们首先要区分另一个容易与之混淆的概念：字符常量。字符串常量和字符常量的比较如表11-1所示。

表11-1 比较字符串常量和字符常量

比较项目	字符串常量	字符常量
书写规则	用双引号括起来	用单引号括起来
字符个数	可以有零个或任意多个字符	有且仅有一个字符
占用的存储单元数	长度不确定，必须以'\0'作为结束标志	固定占用一个字节
存储方式	用字符型数组存放	用字符型变量存放

以下是一些容易混淆的写法，请注意区分。

1. "和""

(1) "是错误的写法，因为单引号里必须有一个字符。

(2) ""表示空字符串,其中隐含\0,占1B。

2. ' '和" "

(1) ' '表示空格字符,占1B。

(2) " " 表示由空格组成的字符串,占2B。

3. 'a'和"a"

(1) 'a'表示字符a,占1B的大小。

(2) "a" 表示由字母a组成的字符串,占2B。

4. 'ab'和"ab"

(1) 'ab'是错误的写法,因为单引号里只能有一个字符。

(2) "ab" 表示由字母a、b组成的字符串,占3B。

5. "abc"和"abc\0def"

"abc"和"abc\0def"都占4B。对于字符串,系统仅识别第一个\0之前的字符。

注意:字符串的长度是指字符串中第一个'\0'之前的字符个数,不包括'\0'在内。而字符串占用的存储单元数需包含'\0'占用的1B。

11.2 字符数组与字符串

字符串由于其长度不定,最短占用1B,最长占用若干字节,那么字符串显然不能使用字符型、整型等普通类型的变量进行存放,我们很容易想到利用数组存放字符串,且必须是char型的数组。需要注意的是,数组应该足够大,必须能够放得下字符串中的所有字符,包括'\0'在内。

11.2.1 为字符数组初始化字符串

定义一维字符数组可以存放单个字符串,例如:

```
char a[10];     //数组a中存放的字符串长度不能超过9
```

1. 字符串整体初始化

① char a[8]="abcde";　　② char b[ ]="abcde";

以上数组a、b初始化的存储示意图如图11-1所示。

观察以上两种方法,整体初始化是将字符串用一对双引号括起来,然后赋值给字符数组。方法①中数组a大小给定为8B,初始化时a[6]、a[7]两个单元未赋值;方法②中数组b的大小由系统根据字符串长度确定为6B。

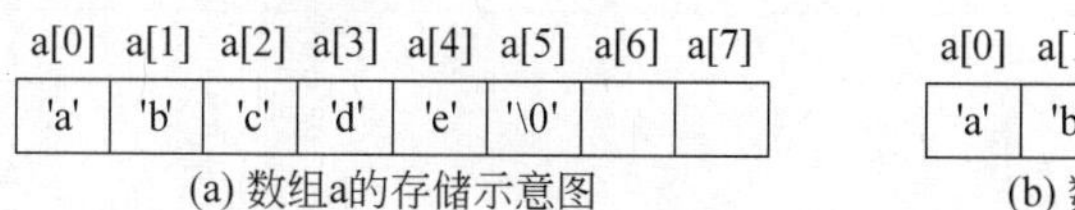

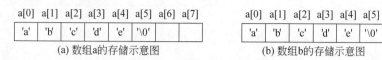

图 11-1　字符数组初始化字符串的存储示意图

2. 单个字符逐一初始化

① char a[8]={'a', 'b', 'c', 'd', 'e', '\0'};

② char b[8]={97, 98, 99, 100, 101, 0};

③ char c[8]={'a', 'b', 'c', 'd', 'e'};

④ char d[8]={97, 98, 99, 100, 101};

比较以上 4 种方法，①、③使用字符方式进行初始化，②、④使用 ASCII 码进行初始化，使用字符初始化和 ASCII 码初始化的效果一样。再看方法①、②初始化的是字符串，因为最后一个元素是字符串结束标志'\0'；而方法③、④初始化的不是字符串，仅仅是若干个独立的字符。

11.2.2　利用字符数组输入、输出字符串

字符串的输入、输出通常以整体实现，可以使用格式化函数 scanf()、printf()的%s 格式输入输出字符串，也可以使用字符串专用函数 gets()、puts()输入输出字符串，下面分别叙述。

1. 字符串输入

方法一：scanf("%s", 地址项)；

方法二：gets(地址项)；

以上函数的功能是将键盘输入的字符串存入从“地址项”开始的存储单元内。“地址项”通常是字符数组的数组名。

2. 字符串输出

方法一：printf("%s", 地址项)；

方法二：puts(地址项)；

以上函数的功能是将从“地址项”开始的字符串输出到屏幕上。“地址项”通常是字符数组的数组名，表示从开头输出整个字符串；也可以是字符串中间的地址，表示输出字符串中的一部分。

【例 11-1】　分别使用 scanf()、printf()函数；gets()、puts()函数输入、输出字符串。

方法一：使用 scanf()、printf()函数。

```
#include <stdio.h>
int main()
{
```

```
    char x[20];
    printf("请输入一个字符串: ");
    scanf("%s", x);
    printf("该字符串是: ");
    printf("%s\n", x);
    return 0;
}
```

方法二：使用 gets()、puts()函数。

```
#include <stdio.h>
int main()
{
    char x[20];
    printf("请输入一个字符串: ");
    gets(x);
    printf("该字符串是: ");
    puts(x);
    return 0;
}
```

方法一程序的运行结果如图 11-2 所示。

方法二程序的运行结果如图 11-3 所示。

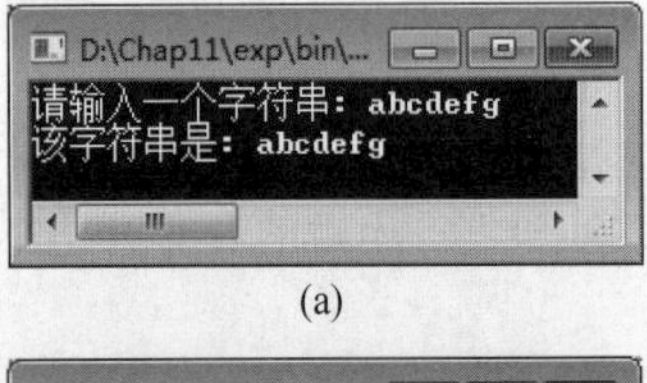

(a)

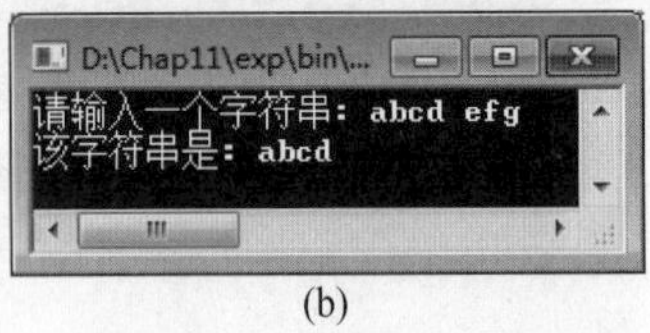

(b)

图 11-2　方法一程序的运行结果

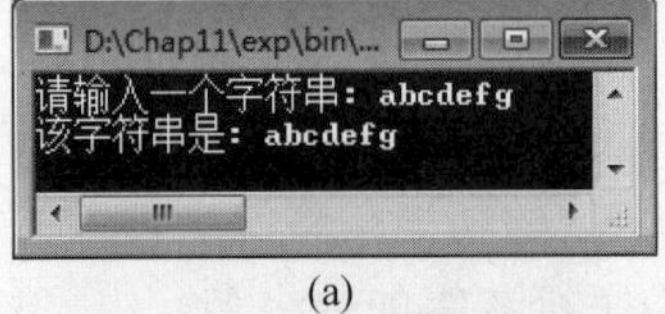

(a)

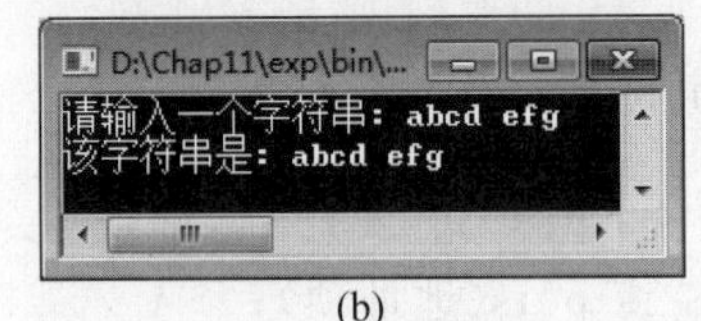

(b)

图 11-3　方法二程序的运行结果

分析：

(1) 使用 scanf()、gets()函数都可以实现字符串的输入，两者略有区别：scanf()函数输入字符串时，将换行符和空格符作为输入结束标志，因此如果字符串中有空格，则丢弃空格及后面的字符；而 gets()函数输入字符串时，只是将换行符作为输入结束标志，空格符依然保留。

(2) 使用 printf()、puts()函数都可以实现字符串的输出，两者也略有区别：printf()函数输出字符串时，不会自动加换行符；而 puts()函数输出字符串时，会自动添加换行符。

初学者关于“字符数组存放字符串”的常见错误如下所示。

错误 1：使用不恰当的存储单元存放字符串。

错误示例 1：char x="abc"；

错误示例 2：int x[10]="abc"；

分析：字符串的存放只能使用字符型数组，不能使用字符型变量或者其他数据类型的数组。

错误 2：字符数组太小，不够存放字符串。

错误示例：char x[5]="abcdefg"；

分析：字符数组大小应足够存放整个字符串，包括'\0'在内。

错误 3：为字符数组名赋值字符串。

错误示例：char x[10]；　x="abcdefg"；

分析：数组名 x 是地址常量，不能被赋值。如果要将字符串"abcdefg"复制到字符数组 x 中，应调用库函数“strcpy(x, "abcdefg")；”，该函数将在 11.5 节中介绍。

错误 4：字符串输入函数使用错误。

错误示例 1：char x[10]；scanf("%c", x)；

错误示例 2：char x[10]；scanf("%s", &x)；

分析：使用 scanf()函数输入字符串时，应使用格式说明符%s。另外，由于数组名 x 本身已经是地址，前面不要再加取地址运算符 &。

11.2.3　基于字符数组的字符串编程举例

字符串存放在字符数组中，对字符串的编程也就是对数组的编程，应使用循环结构。

如果字符串长度不确定，选用 while 语句编程，通过判断'\0'以确定字符串何时结束。如果字符串长度确定，可以选用 for 语句编程。

【例 11-2】　从键盘输入一个由字母构成的字符串，统计该字符串的长度，并且将所有大写字母转换为小写字母，然后输出处理后的字符串。

编程思想：由于键盘输入的字符串长度未知，因此选用 while 语句编程，依次判断字符数组中的字符是否为'\0'，如果不是，说明字符串未结束，继续循环，反之结束循环。在循环中嵌套 if 语句，判断哪个字符是大写字母，如果是，就将其转换为小写字母。

```
#include <stdio.h>
int main()
{
    char x[50];
    int i=0;
    printf("请输入一个由字母构成的字符串：");
    gets(x);
```

```
 8.     while(x[i] !='\0')                      //判断字符串是否结束
 9.     {
10.         if(x[i]>='A' && x[i]<='Z')          //判断字符 x[i]是否是大写字母
11.         {
12.             x[i] +=32;                      //大写字母转换为小写字母
13.         }
14.         i++;                                //统计字符串长度
15.     }
16.     printf("字符串长度是: %d\n",i);
17.     printf("处理后的字符串是: ");
18.     puts(x);
19.     return 0;
20. }
```

程序运行效果如图11-4所示。

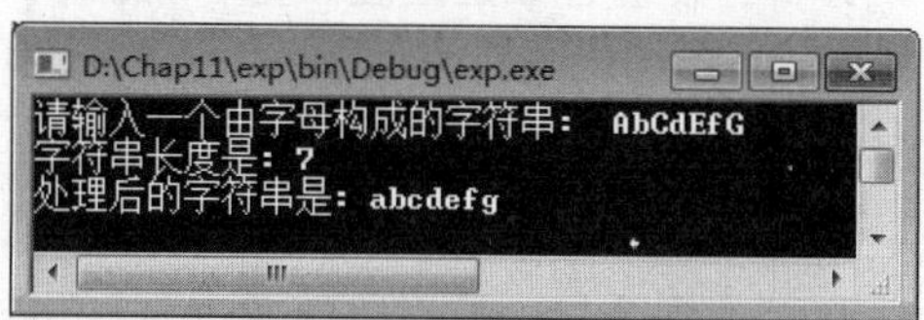

图11-4　例11-2的运行结果

分析：通过该例，可以看出对字符串的编程实际上就是对数组的编程，由于字符串的所有字符存放在数组元素中，因此引用数组元素x[i]也就是引用字符串中的字符。

思考：程序第14行的“i++;”语句能否放到if语句的前面？

11.3　字符指针与字符串

由于字符串在内存中连续存储的特点，可以使用指针进行操作，并且指针必须是字符型的。通常将指针指向字符串的首地址，利用指针的后移可以指向后续字符。

注意区分数组与指针操作字符串的异同，首先操作字符串的数组和指针必须是字符型的；然后需深刻理解的是数组用于存放字符串，而指针用于指向字符串。

11.3.1　字符指针指向字符串的方法

方法一：为字符指针初始化字符串首地址。

例：

```
char *p="I am happy";
```

这里，字符串常量"I am happy"在内存中占用11B的存储空间，以上初始化过程是将这段存储空间的首地址(即第一个字符'I'的地址)赋给字符型指针p，于是我们称指针p指向字符串"I am happy"，存储示意图如图11-5所示。

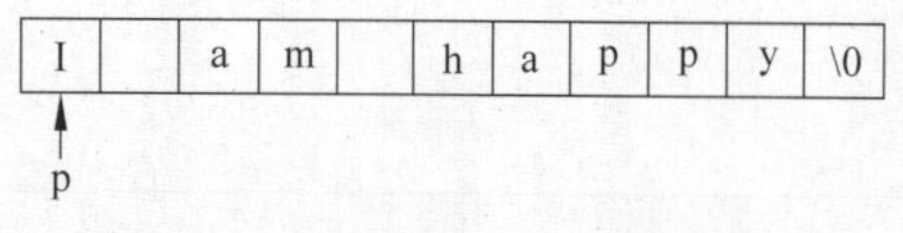

图11-5　指针指向字符串的示意图

注意：初始化过程不能理解为是将字符串赋给指针 p，因为指针只能存地址，不能存数值。

方法二：为字符指针赋值字符串首地址。

例：

```
char *p;
p="I am happy";
```

以上赋值语句“p="I am happy";”是将字符串存储空间的首地址赋给指针 p，然后 p 便指向字符串。注意不是将字符串赋给指针 p。

方法三：让指针指向存放字符串的数组。

例：

```
char a[20]="I am happy", *p=a;
```

以上定义了字符数组 a 并为之初始化字符串"I am happy"，然后定义了字符指针 p，将 p 初始化为指向数组 a 的首地址，即指向了字符串的第一个字符'I'。

初学者关于“指针操作字符串”的常见错误如下所示。

错误 1：使用类型不正确的指针指向字符串。

例：

```
float *p="abcde";
```

分析：指针的类型决定了其所指存储单元的类型，字符串中的每个字符都是 char 型的，因此指向字符串的指针必须是 char 型的。

错误 2：使用悬空的字符指针输入字符串。

例：

```
char *p;
gets(p);
```

分析：以上定义的指针 p 未指向任何有效的存储空间，称为指针悬空，此时 gets()输入的字符串将无处存放，解决的办法是必须将 p 指向已分配的有效存储空间。

11.3.2 比较字符指针与字符数组

利用字符数组和字符指针操作字符串有许多不同之处，通过表 11-2 从字符串的初始化、赋值、键盘输入 3 个方面对两者进行比较。

表 11-2　字符数组与字符指针的比较

比较项目	字符数组与字符串	字符指针与字符串
初始化	char a[10]="abcd"; ——用法正确 含义：系统为数组 a 分配了 10B 的存储空间，将字符串放入该存储空间里	char *p="abcd"; ——用法正确 含义：系统为字符串"abcd"分配了 5B 的存储空间，将该存储空间的首地址赋给 p

续表

比较项目	字符数组与字符串	字符指针与字符串
赋值	char a[10]; a = "abcd"; ——用法错误 错误原因：因为数组名是地址常量，不能被赋值	char *p; p = "abcd"; ——用法正确 含义：系统将字符串"abcd"的首地址赋给p，因为p是变量，可以被赋值
键盘输入	char a[10]; gets(a); ——用法正确 含义：系统为数组a分配了10B的存储空间，将键盘输入的字符串存到数组中	char *p; gets(p); ——用法错误 错误原因：指针p悬空，未指向任何有效的存储空间，键盘输入的字符串将无处存放

11.3.3 基于字符指针的字符串编程举例

【例 11-3】 定义一个字符型指针，让它指向一个字符串，编程输出字符串中所有ASCII码为奇数的字符。

```
#include <stdio.h>
int main()
{
    char *p="Hello Beijing!";
    printf("原字符串是: %s\n",p);
    printf("输出所有 ASCII 码为奇数的字符: ");
    while(*p !='\0')                    //判断字符串是否结束
    {
        if(*p %2==1)                    //判断 p 所指字符的 ASCII 码是否为奇数
         {
             printf("%c", *p);
         }
         p++;                           //指针 p 后移,指向下一个字符
     }
     printf("\n");
     return 0;
}
```

程序运行结果如图 11-6 所示。

图 11-6 例 11-3 的运行结果

分析：本例中指针p初始时指向字符串的首地址，在while循环的执行过程中，p不断后移，直至指向字符串的结束标志'\0'，此时循环结束。指针p在while循环前、后的变化情况示意图如图11-7所示。

【例 11-4】 在主函数中输入一个由字母构成的字符串，定义一个子函数strLength()统计字符串的长度，再定义一个子函数capToLow()将字符串中所有的大写字母转换为小写字母。

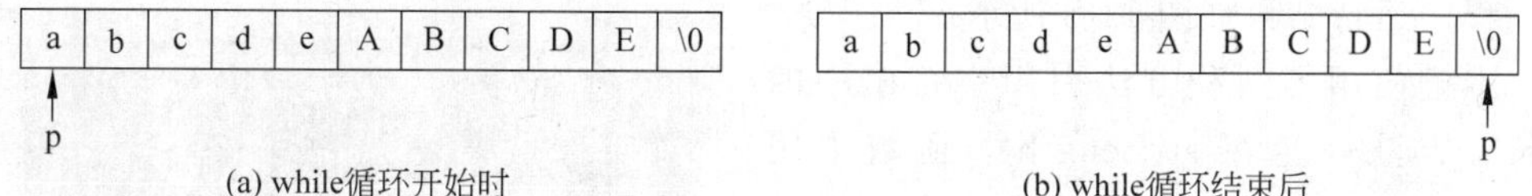

(a) while循环开始时　　(b) while循环结束后

图 11-7　指针 p 在循环前、后的变化过程

```
#include <stdio.h>
//strLen()函数的功能：求字符串的长度
int strLength(char * p)              //strLength()函数的形参是字符指针
{
    int i=0;
    while(p[i] !='\0')               //判断字符串是否结束
    {
        i++;                         //统计字符串的长度
    }
    return i;                        //返回字符串的长度值
}

//capToLow 函数的功能：将字符串中的大写字母转为小写字母
void capToLow(char * p)              //capToLow()函数的形参是字符指针
{
    while(* p !='\0')                //判断字符串是否结束
    {
        if(* p>='A' && * p<='Z')     //判断是否是大写字母
        {
            * p +=32;                //大写字母转化为小写字母
        }
        p++;                         //指针 p 后移
    }
}

int main()
{
    char x[50];
    int len;
    printf("请输入一个由字母构成的字符串：");
    gets(x);
    len=strLength(x);                //strLength()函数的实参是数组名,传地址
    printf("字符串长度是：%d\n",len);
    capToLow(x);                     //capToLow()函数的实参是数组名,传地址
    printf("处理后的字符串是：%s\n",x);
    return 0;
}
```

程序运行结果如图11-8所示。

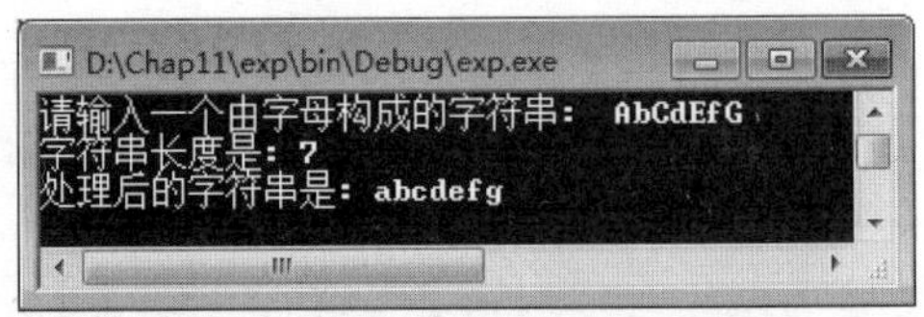

图11-8 例11-4的运行结果

本例使用了两种方法引用字符串中的字符。方法一是在strLength()函数中用p[i](下标法)引用字符,在第6～9行的while循环中通过i自增遍历所有字符;方法二是在capToLow()函数中用*p(指针法)引用字符,在第16～23行的while循环中通过p自增遍历所有字符。

11.4 字符串处理函数

在C语言的库函数中,提供了一些字符串专用处理函数,本节介绍几个常用的字符串处理函数:①求字符串长度函数strlen();②字符串复制函数strcpy();③字符串连接函数strcat();④字符串比较函数strcmp()。这些库函数的函数原型在string.h头文件中说明,调用时,应加入文件包含命令 #include <string.h>。

11.4.1 求字符串长度函数strlen()

1. strlen()函数的调用形式

strlen()函数的调用形式如下:

```
strlen(字符数组名或字符串);
```

strlen()函数的功能:测试字符数组中存储的字符串或者字符串常量的长度值(不包括'\0'占用的字节数)。函数返回字符串中有效字符的个数,即第一个'\0'之前的字符个数。

例:

```
char a[20]="Hello!";
int len;
len=strlen(a);
```

执行以上程序段,strlen()函数计算数组a中字符串的长度是6,并将6返回给变量len。

说明:如果字符串中有多个'\0',strlen()函数仅统计第一个'\0'之前的字符个数。

例:

```
int len;
len=strlen("How\0are\0you!");
```

执行以上程序段,strlen()函数计算字符串"How\0are\0you!"的长度是3,并将3返回给变量len。

注意:strlen()函数返回的字符串长度值正好是'\0'的下标,这一结论在编程时很有用。

对字符串的编程必然使用循环结构，如果在字符串处理之前先调用 strlen()函数求出其长度，则可确定循环次数，于是选用 for 语句编程较为方便。请看例 11-5。

【例 11-5】 调用 strlen()函数先计算字符串长度，然后使用 for 语句编程实现与例 11-4 相同的功能，查找并输出字符串中所有 ASCII 码为奇数的字符。

```
#include <stdio.h>
#include <string.h>
int main()
{
    char a[50];
    int len,i;
    printf("请输入一个字符串：");
    gets(a);
    len=strlen(a);
    printf("所有 ASCII 码为奇数的字符：");
    for(i=0; i<len; i++)
    {
        if(a[i] %2==1)
        {
            printf("%c",a[i]);
        }
    }
    printf("\n");
    return 0;
}
```

程序运行结果如图 11-9 所示。

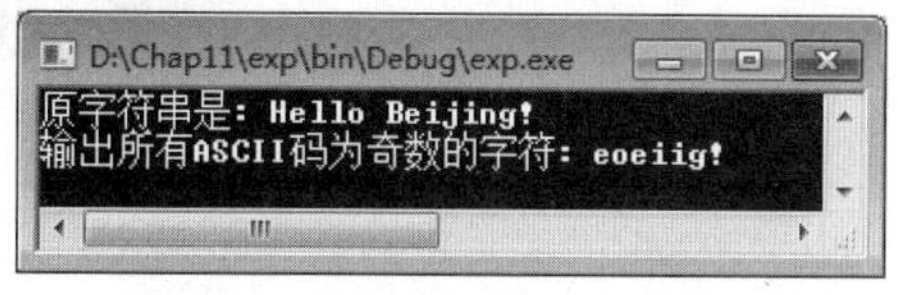

图 11-9　例 11-5 的运行结果

2. 比较 strlen()函数与求字节运算符 sizeof

学习了求字符串长度函数 strlen()，很容易让我们联想到之前学习的求字节运算符 sizeof，两者都是计算字节数，但是它们有很多不同之处，不能将两者混为一谈(见表 11-3)。

表 11-3　比较 strlen()和 sizeof

比较项目	strlen()	sizeof
名称	求字符串长度函数，属于库函数	求字节运算符，属于运算符
用法	strlen(字符数组名或字符串)	sizeof(运算对象)
功能	求字符串的有效长度，即统计字符串中第一个'\0'之前的字符个数	求运算对象在内存中占用的字节数，运算对象可以是变量、常量、数组、指针、结构体等

【例 11-6】 比较求字符串长度函数 strlen()和求字节运算符 sizeof。

```c
#include <stdio.h>
#include <string.h>
int main()
{
    char x[20]="abcde",y[ ]="abcde", * p="abcde";
    int a1,a2,a3,a4,a5,a6,a7,a8;
    a1=strlen(x);             //计算数组 x 中字符串的长度,并赋值给 a1
    a2=sizeof(x);             //计算数组 x 在内存中占用的字节数,并赋值给 a2
    printf("(1)a1=%d,a2=%d\n",a1,a2);
    a3=strlen(y);             //计算数组 y 中字符串的长度,并赋值给 a3
    a4=sizeof(y);             //计算数组 y 在内存中占用的字节数,并赋值给 a4
    printf("(2)a3=%d,a4=%d\n",a3,a4);
    a5=strlen(p);             //计算指针 p 所指字符串的长度,并赋值给 a5
    a6=sizeof(p);             //计算指针 p 在内存中占用的字节数,并赋值给 a6
    printf("(3)a5=%d,a6=%d\n",a5,a6);
    a7=strlen("abcde");       //计算字符串"abcde"的长度,并赋值给 a7
    a8=sizeof("abcde");       //计算字符串"abcde"在内存中占用的字节数,并赋值给 a8
    printf("(4)a7=%d,a8=%d\n",a7,a8);
    return 0;
}
```

程序运行结果如图 11-10 所示。

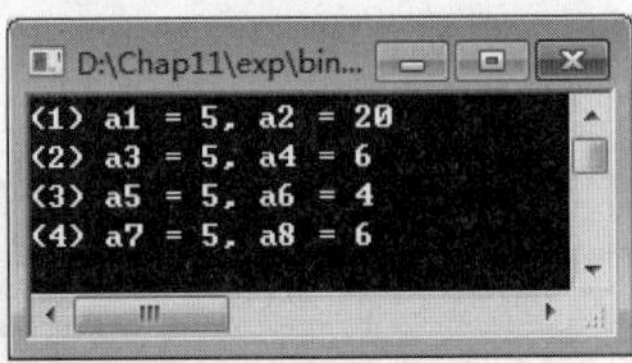

图 11-10 例 11-6 的运行结果

11.4.2 字符串复制函数 strcpy()

strcpy()函数的调用形式如下：

```
strcpy(字符数组 1, 字符数组 2 或字符串);
```

strcpy()函数的功能：将字符数组 2 中存储的字符串或者一个给定的字符串常量复制到字符数组 1 中。

例：

```c
char a1[10]="abcdefg",a2[10]="ABC";
strcpy(a1,a2);
```

执行以上程序段，数组 a2 中的字符串"ABC"被复制到数组 a1 中，覆盖 a1 中的原有字符串。图 11-11 是 strcpy()函数调用前、后数组 a1、a2 中的存储示意图。

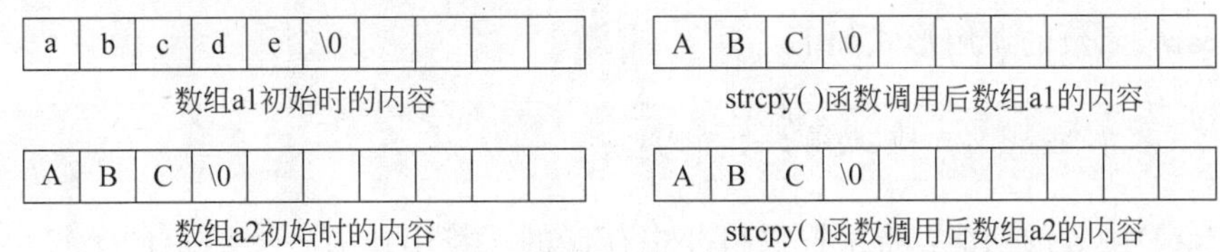

图 11-11 strcpy()函数调用前、后数组的存储示意图

观察图 11-11 可以看出，strcpy()函数调用后仅会对字符数组 1 产生影响，字符数组 2 中的字符串不会发生任何改变。使用 strcpy()函数时应注意字符数组 1 的长度要能够容纳被复制的整个字符串，包括'\0'在内。

注意：字符串的复制不能使用赋值运算符＝，必须调用库函数 strcpy()来实现。请看例 11-7。

【例 11-7】 从键盘输入两个字符串放到两个字符数组中，编程交换这两个字符串。

编程思路：交换两个字符串的方法和交换两个数值的方法相同，都要使用 3 条语句，交换的过程中需要一个中间暂存区，本例是交换字符串，因此中间暂存区定义为数组 t。

```
1. #include <stdio.h>
2. #include <string.h>
3. int main()
4. {
5.     char a1[20],a2[20],t[20];
6.     printf("请输入第一个字符串：");
7.     gets(a1);
8.     printf("请输入第二个字符串：");
9.     gets(a2);
10.    strcpy(t,a1);             //这 3 条语句实现两个字符串的交换
11.    strcpy(a1,a2);
12.    strcpy(a2,t);
13.    printf("\n 字符串交换之后\n");
14.    printf("第一个字符串：%s\n",a1);
15.    printf("第二个字符串：%s\n",a2);
16.    return 0;
17. }
```

程序运行结果如图 11-12 所示。

注意：不能将程序第 10～12 行的 3 条语句写成"t=a1; a1=a2; a2=t;"，如此赋值属于语法错误，因为 a1、a2、t 都是数组名，而数组名是常量不能赋值。

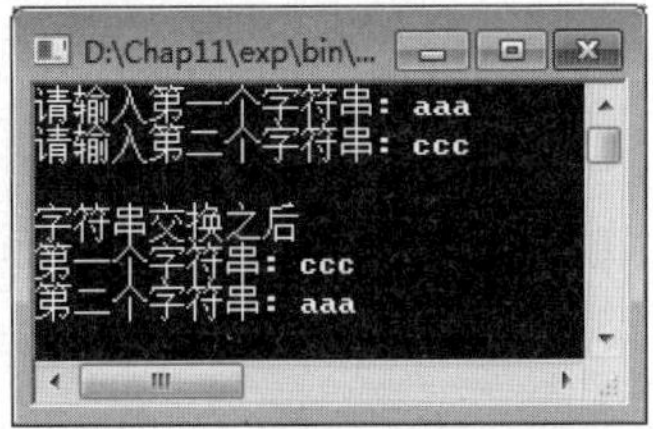

图 11-12 例 11-7 的运行结果

11.4.3 字符串连接函数 strcat()

strcat()函数的调用形式如下：

```
strcat(字符数组 1, 字符数组 2 或字符串);
```

strcat()函数的功能：将字符数组 2 中存储的字符串或者一个给定的字符串常量连接到字符数组 1 中字符串的末尾。

例：

```
char a1[10]="abcdefg",a2[10]="ABC";
strcat(a1,a2);
```

执行以上程序段，数组 a2 中的字符串"ABC"被连接到数组 a1 中的字符串末尾，形成一个新字符串。图 11-13 是 strcat()函数调用前、后数组 a1、a2 中的存储示意图。

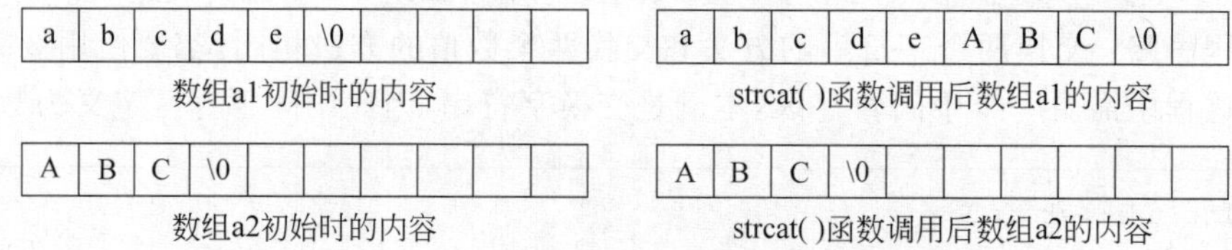

图 11-13　strcat()函数调用前、后数组的存储示意图

观察图 11-13 可以看出，strcat()函数调用后仅会对字符数组 1 产生影响，连接后的新字符串存在数组 1 中。使用 strcat()函数时应注意字符数组 1 的长度应足够大，能够容纳两个字符串的总长度，包括'\0'在内。

【例 11-8】 定义两个字符数组，从键盘输入两个字符串放到两个数组中，编程将这两个字符串连接为一个新字符串。

```
#include <stdio.h>
#include <string.h>
int main()
{
    char a1[20],a2[20];
    printf("请输入省份：");
    gets(a1);
    printf("请输入市区：");
    gets(a2);
    strcat(a1,a2);
    printf("\n 该地址是：%s\n",a1);
    return 0;
}
```

程序运行结果如图 11-14 所示。

图 11-14　例 11-8 的运行结果

11.4.4　字符串比较函数 strcmp()

strcmp()函数的调用形式如下：

```
strcmp(字符数组 1 或字符串 1, 字符数组 2 或字符串 2);
```

strcmp()函数的功能：将两个字符串自左向右逐个比较对应位置的字符(按 ASCII 码值大小比较)，直到出现不同字符或遇到其中一个字符串结束为止，函数返回值为一个整数，如下所示：

$$\text{strcmp()函数返回值}=\begin{cases}-1 & \text{(当字符串 1 小于字符串 2 时)}\\ 0 & \text{(当字符串 1 等于字符串 2 时)}\\ 1 & \text{(当字符串 1 大于字符串 2 时)}\end{cases}$$

例：

```
char a1[10]="dog",a2[10]="door";  int x;
x=strcmp(a1,a2);
```

执行以上程序段，对字符串"dog"和"door"进行大小比较，当比到二者的第三个字符时，'g'的 ASCII 码值小于'o'的 ASCII 码值，比较结束，函数返回−1，并将−1 赋值给 x。

注意：字符串的比较不能使用关系运算符>、>=、<、<=、==、!=，必须调用库函数 strcmp()。请看例 11-9。

【例 11-9】 从键盘输入两个字符串放到两个字符数组中，编程输出其中较大的字符串。

```
#include <stdio.h>
#include <string.h>
int main()
{
    char a1[20],a2[20];
    int x;
    printf("请输入第一个字符串：");
    gets(a1);
    printf("请输入第二个字符串：");
    gets(a2);
```

```
    x=strcmp(a1,a2);
    printf("\nASCII码值较大的字符串是:");
    if(x>=0)
    {
        puts(a1);
    }
    else
    {
        puts(a2);
    }
    return 0;
}
```

程序运行结果如图 11-15 所示。

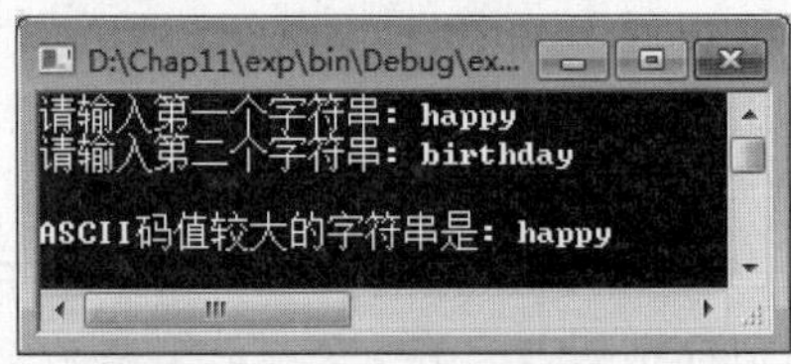

图 11-15　例 11-9 的运行结果

11.5　字符串数组

字符串数组是指由多个字符串构成的集合。例如,现在有 7 个英文单词"Monday"、"Tuesday"、"Wednesday"、"Thursday"、"Friday"、"Saturday"、"Sunday",它们中的每一个都是字符串,放在一起便构成了字符串数组。

我们在前面的学习中知道,操作单个字符串可以通过字符数组或者字符指针两种方法,与之类似,操作字符串数组可以使用二维数组和指针数组两种方法,下面分别进行介绍。

11.5.1　利用字符型二维数组构造字符串数组

定义一个二维字符数组,为之初始化若干个字符串,可以构造字符串数组,如下所示:

```
char week[7][10]={"Monday","Tuesday","Wednesday","Thursday","Friday",
                  "Saturday","Sunday"};
```

以上定义了一个 7 行 10 列的二维数组 week,可以存放 7 个字符串,每个字符串的长度不能超过 9,每个字符串占用一行元素,其存储示意图如图 11-16 所示。

如图 11-16 所示,二维数组的一行存放一个字符串,week[i]是二维数组某行第 1 个元素的地址,也是某个字符串的首地址,week[i][j]是二维数组的某个元素,其中存放了

week[0]	M	o	n	d	a	y	\0			
week[1]	T	u	e	s	d	a	y	\0		
week[2]	W	e	d	n	e	s	d	a	y	\0
week[3]	T	h	u	r	s	d	a	y	\0	
week[4]	F	r	i	d	a	y	\0			
week[5]	S	a	t	u	r	d	a	y	\0	
week[6]	S	u	n	d	a	y	\0			

图 11-16　二维数组构造字符串数组

一个字符。

【例 11-10】　从键盘输入一个 1～7 之间的整数，输出其对应的星期几的英文单词。

```
1. #include <stdio.h>
2. int main()
3. {
4.     char week[7][10]={"Monday","Tuesday","Wednesday","Thursday",
       "Friday","Saturday","Sunday"};
5.     int day;
6.     printf("请输入一个 1~7 之间的整数：");
7.     scanf("%d",&day);
8.     if(day>=1 && day<=7)
9.     {
10.        printf("星期%d 的英文单词是：",day);
11.        puts(week[day-1]);
12.    }
13.    else
14.    {
15.        printf("无效的数值\n");
16.    }
17.    return 0;
18. }
```

程序运行结果如图 11-17 所示。

程序第 11 行"puts(week[day-1]);"中的 week[day-1]是一个地址，代表二维数组某一行的首地址，通过它可以引用字符串。

图 11-17　例 11-10 的运行结果

11.5.2　利用字符型指针数组构造字符串数组

构造字符串数组的另外一种方法是通过指针数组，如下所示：

```
char *week[7]={"Monday","Tuesday","Wednesday","Thursday","Friday",
               "Saturday", "Sunday"};
```

以上定义了一个大小为7的指针数组 week，该数组中有7个 char * 型的指针，分别指向7个字符串的首地址，其存储示意图如图 11-18 所示。

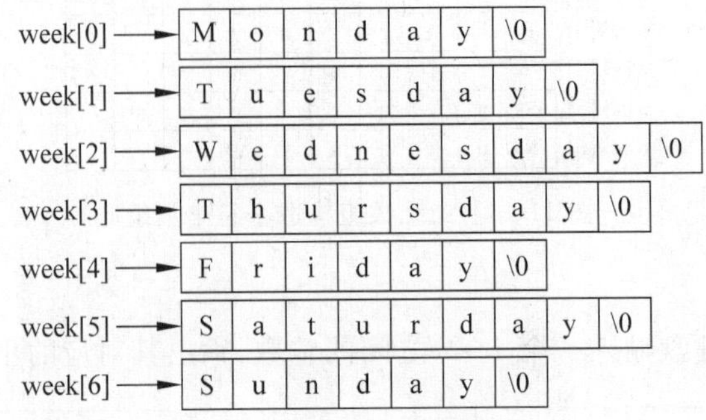

图 11-18　指针数组构造字符串数组

【例 11-11】 利用指针数组构造字符串数组，完成与例 11-10 相同的功能。

```
#include <stdio.h>
int main()
{
    char * week[7]={"Monday","Tuesday","Wednesday","Thursday","Friday",
                    "Saturday","Sunday"};
    int day;
    printf("请输入一个 1~7 之间的整数: ");
    scanf("%d",&day);
    if(day>=1 && day<=7)
    {
        printf("星期%d 的英文单词是: ",day);
        puts(week[day-1]);
    }
    else
    {
        printf("无效的数值\n");
    }
    return 0;
}
```

程序运行结果如图 11-19 所示。

图 11-19　例 11-11 的运行结果

11.5.3　比较二维数组和指针数组构造字符串数组

“二维数组”和“指针数组”都可以构造字符串数组，两者有许多不同点，如表 11-4 所示。

表 11-4　比较二维数组和指针数组构造字符串数组的不同点

比较项目	二维数组构造字符串数组	指针数组构造字符串数组
构造格式	例如 char a[4][5]={"a", "bb", "ccc", "dddd"};	例如 char *a[4]={"a", "bb", "ccc", "dddd"};
存储形式	系统为二维数组 a 分配 20B 连续的存储空间,每行固定有 5B,在每一行内放入一个字符串	系统为每个字符串分配相应的存储空间,这些存储空间不一定连续,然后将 4 个字符串的首地址依次赋给指针 a[0]～a[3]
存储单元是否有空闲	二维数组每行中未被字符串占用的存储单元空闲	各字符串的存储空间由系统根据其实际长度分配,因此没有空闲的存储单元
a[i]的含义	a[i]是一级地址常量,代表二维数组第 i 行的首地址,也是该行所存字符串的首地址	a[i]是一级指针变量,分别指向每个字符串的首地址

11.6　字符串应用实例

【例 11-12】 从键盘输入一个字符串,判断它是否为回文串(回文串指正读、反读都一样的字符串,如字符串"abcdcba")。

编程思路:回文串的判断过程是以字符串的中间字符为界限,依次比较字符串前后对应位置的字符。首先比较第一个和最后一个字符,然后比较第二个和倒数第二个字符,……,依此类推,如果所有前后对应位置的字符都相同,则是回文串;否则,若发现一组对应位置的字符不相同,就不是回文串。如果字符串长度为 len,则比较次数最多为 len/2 次。

本题使用 3 种方法编程,方法一使用 for 语句编程,方法二使用 while 语句编程,方法三定义一个子函数判断字符串是否为回文串。

方法一:使用 for 语句编程。

```
#include <stdio.h>
#include <string.h>
int main()
{
    char a[50];
    int i,len,flag=1;           //约定 flag 为 1 表示是回文串,为 0 不是回文串
    printf("请输入一个字符串: ");
    gets(a);
    len=strlen(a);              //计算字符串长度,以确定循环次数
    for(i=0; i<len / 2; i++)    //循环次数最多为 len/2 次
    {
        if(a[i] !=a[len -1 -i]) //a[i]和 a[len-1-i]是前后对应位置的字符,如果两者
        {                       //不相同,则提前结束循环,说明不是回文串
            flag=0;             //flag 置 0 表示不是回文串
            break;              //提前结束循环
```

```
        }
    }
    if(flag==1)          //判断 flag 为 1 还是为 0,以确定是否是回文串
    {
        printf("字符串 %s 是回文串\n",a);
    }
    else
    {
        printf("字符串 %s 不是回文串\n",a);
    }
    return 0;
}
```

方法一的运行结果如图 11-20 所示。

(a) 程序运行结果一

(b) 程序运行结果二

图 11-20　方法一的运行结果

分析：方法一中使用了标记变量 flag,它为 1 表示字符串是回文串,为 0 表示不是回文串。初始时默认输入的字符串是回文串,置 flag＝1,在 for 循环过程中,如果条件 if(a[i] !＝a[len － 1 － i])为真,说明前后对应位置的字符不相同,则置 flag＝0,并且调用“break;”语句提前结束循环。

方法二：使用 while 语句编程。

```
#include <stdio.h>
#include <string.h>
int main()
{
    char a[50], *p1, *p2;
    int i, len, flag=1;
    printf("请输入一个字符串：");
    gets(a);
    len=strlen(a);
    p1=a;                  //步骤 1:将 p1 指针指向字符串的第一个字符
    p2=a+len-1;            //将 p2 指针指向字符串的末尾字符
    while(p1<=p2)          //步骤 2: 将 p2 指针指向'\0'前面的最末一个有效字符
    {
        if(*p1==*p2)       //如果 *p1 的字符和 *p2 的字符相同,继续循环
        {
```

```
            p1++;       //p1 向后移
            p2--;       //p2 向前移
        }
        else            //如果 * p1 的字符和 * p2 的字符不同,就结束循环
        {
            break;
        }
    }
    if(p1>p2)           //步骤 3: 根据 p1、p2 指针的位置,判断字符串是否是回文串
    {
        printf("字符串 %s 是回文串\n", a);
    }
    else
    {
        printf("字符串 %s 不是回文串\n", a);
    }
    return 0;
}
```

分析：方法二的编程思想不同于方法一,方法二中使用了两个指针 p1、p2,利用它们分别指向字符串中前后对应位置的字符,在 while 循环过程中,判断 while(* p1== * p2)是否为真,如果为真,说明前后对应位置的字符相同,循环继续,且将 p1 指针后移,p2 指针前移;如果为假,说明前后对应位置的字符不同,循环结束。while 循环结束后,判断 p1、p2 指针的位置以确定字符串是否为回文串。p1、p2 指针的移动过程如图 11-21 所示。

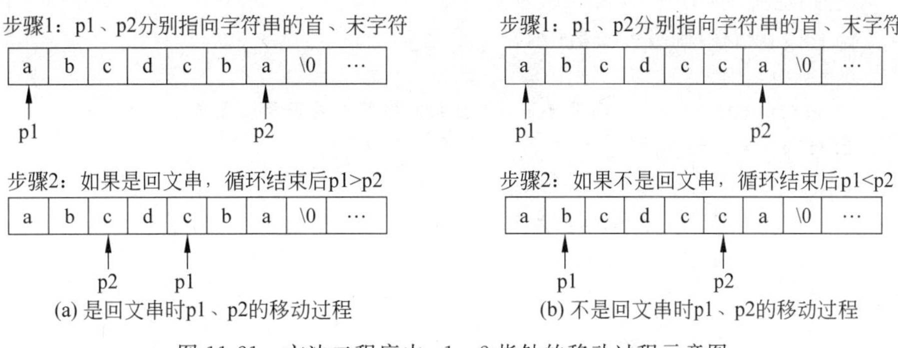

图 11-21　方法二程序中 p1、p2 指针的移动过程示意图

从图 11-21(a)可以看出,如果循环结束后,p1 指针在 p2 指针的后面,说明所有字符都被比较过,从而判断字符串是回文串。从图 11-21(b)可以看出,如果循环结束后,p1 指针仍在 p2 指针的前面,说明字符比较到中途循环就结束了,从而判断字符串不是回文串。

方法三：定义子函数判断字符串是否是回文串。

```
#include <stdio.h>
#include <string.h>
```

```
int fun(char * p)
{
    int i,len;
    len=strlen(p);
    for(i=0; i<len / 2; i++)
    {
        if(p[i] !=p[len -1 -i])  //p[i]和 p[len-1-i]是前后对应位置的字符,如果两者
        {                        //不相同,则提前结束循环
            break;
        }
    }
    if(i==len / 2)     //循环结束后,如果循环变量 i 等于循环终值 len/2,说明所有
    {                  //字符都被比较过,则字符串是回文串,返回 1
        return 1;
    }
    else               //如果循环变量 i 小于循环终值 len/2,说明字符比较到中途循
    {                  //环就结束了,则字符串不是回文串,返回 0
        return 0;
    }
}

int main()
{
    char a[50];
    int flag;
    printf("请输入一个字符串: ");
    gets(a);
    flag=fun(a);       //调用 fun()函数判断字符串是否是回文串
    if(flag==1)
    {
        printf("字符串 %s 是回文串\n",a);
    }
    else
    {
        printf("字符串 %s 不是回文串\n",a);
    }
    return 0;
}
```

分析:方法三的编程思路与前两种方法不同,fun()函数的功能是判断字符串是否为回文串,如果是就返回 1,不是就返回 0。在 fun()函数里,回文的判断是在 for 语句后面,通过比较循环变量 i 与循环终值 len/2 之间的大小关系,以确定 for 循环是正常结束的还是提前结束的,如果正常结束说明字符串是回文串,反之不是回文串。

11.7　本章小结

(1) 字符串是用双引号括起来的字符序列，规定以'\0'作为结束符，字符序列中可以有零个或任意多个字符。C 语言中只有字符串常量，没有字符串变量。

(2) 由于字符串长度可变，最短为一个字节，最长为若干个字节，因此不能用任何一种基本类型的变量存储字符串，只能选用字符型数组进行存放，且数组大小必须能够存放整个字符串，包括'\0'在内。

(3) 字符串是一段连续存放的字符序列，因此很容易想到利用指针操作字符串，通过指针的前移、后移便可引用字符串中的任何一个字符。

(4) 对字符串的编程与对数组的编程相同，都必须使用循环结构。有两种常见的编程方法：一是如果字符串长度未知，则循环次数不确定，选用 while 语句编程；二是如果已知了字符串长度，则循环次数确定，选用 for 语句编程。

(5) 定义了字符数组后，可以通过初始化的方法，键盘输入的方法将字符串存入数组中。而定义了字符指针后，可以通过初始化的方法，赋值语句的方法让指针指向字符串。要注意字符数组和字符指针在操作字符串时的一些差别。

(6) 字符串的输入有两种方法：一是通过 scanf()函数的%s 格式；二是通过 gets()函数。二者的区别是，scanf()函数读取的字符串中不能包含空格，它将空格符和换行符都视为字符串输入结束标志，而 gets()函数读取的字符串中可以包含空格，它只是将换行符视为字符串输入结束标志。

(7) 字符串的输出有两种方法：一是通过 printf()函数的%s 格式；二是通过 puts()函数。两者的区别是，printf()函数输出字符串时不会自动在末尾加换行符，而 puts()函数输出字符串时会自动在末尾加换行符。

(8) C 语言提供了一些字符串处理复制函数，本章介绍了 4 个较常用的库函数，它们是求字符串长度函数 strlen()、字符串复制函数 strcpy()、字符串连接函数 strcat()、字符串比较函数 strcmp()。这些库函数的原型在 string. h 头文件中说明，因此调用它们时，需加入文件包含命令＃include <string. h>。

(9) 多个字符串放在一起便构成了字符串数组。有两种方法可以构造字符串数组：一是通过二维字符数组构造；二是通过指针数组构造。两者在本质上是不同的，要注意理解它们的差别。

11.8　习　　题

11.8.1　选择题

1. 已有定义"char a[]＝"xyz", b[ ]＝{'x', 'y', 'z'};"，以下叙述中正确的是(　　)。

A. 数组 a 和 b 的长度相同　　B. 数组 a 的长度小于数组 b 的长度

C. 数组 a 的长度大于数组 b 的长度　　D. 上述说法都不对

2. 以下程序的运行结果是(　　)。

```
#include <stdio.h>
#include <string.h>
int main()
{
    char a[7]="a0\0a0\0";
    int i,j;
    i=sizeof(a);
    j=strlen(a);
    printf("%d %d\n",i,j);
    return 0;
}
```

A. 2　2　　B. 7　6　　C. 7　2　　D. 6　2

3. 以下语句或语句组中,能正确进行字符串赋值的是(　　)。

A. char *p; *p="right!";

B. char s[10]; s="right!";

C. char s[10]; *s="right!";

D. char *p="right!";

4. 如果从键盘输入:OPEN the DOOR,则以下程序的输出结果是(　　)。

```
#include <stdio.h>
int main()
{
    char a[20],i=0;
    gets(a);
    while(a[i])
     {
        if(a[i]>='A' && a[i]<='Z')
            a[i] +=32;
        i++;
     }
    puts(a);
    return 0;
}
```

A. OPEN the DOOR　　B. Open tEH dOOR

C. OPEN THE DOOR　　D. open the door

5. 以下程序的运行结果是(　　)。

```
#include <stdio.h>
int main()
{
    char s[ ]={"ABCD"}, *p;
```

```
    for(p=s; p<s+4; p++)  printf("%s\n",p);
    return 0;
}
```

A. ABCD
BCD
CD
D　　B. A
B
C
D　　C. D
C
B
A　　D. ABCD
ABC
AB
A

6. 库函数 strcpy 用以复制字符串，若有定义和语句：

```
char str1[ ]="string",str2[8], * str3, * str4="string ";
```

则以下语句错误的是(　　)。

A. strcpy(str1, "HELLO");　　B. strcpy(str2, "HELLO");

C. strcpy(str3, "HELLO");　　D. strcpy(str4, "HELLO");

7. 若要求从键盘读入含有空格字符的字符串，应使用函数(　　)。

A. getc()　　B. gets()　　C. getchar()　　D. scanf()

8. s1 和 s2 已正确定义并分别指向两个字符串。若要求：当 s1 所指串大于 s2 所指串时，执行语句 S；则以下选项中正确的是(　　)。

A. if(s1>s2) S;　　B. if(strcmp(s1, s2)) S;

C. if(strcmp(s2, s1)>0) S;　　D. if(strcmp(s1, s2) > 0) S;

11.8.2 填空题

1. 以下程序的输出结果是________。

```
#include <stdio.h>
int main()
{
    char a[ ]={'\1','\2','\3','\4','\0'};
    printf("%d %d\n",sizeof(a),strlen(a));
    return 0;
}
```

2. 以下函数的功能是计算输入字符串的长度，请填空。

```
int fun(char * p)
{
    int i=0;
    if(p==NULL)  return 0;
    while(________)
        i++;
    return(i);
}
```

3. 以下程序的运行结果是________。

```
#include <stdio.h>
int fun(char * s,char c)
{
    int i=0;
    while(* s)
        if(* s++==c)
            i++;
    return(i);
}
int main()
{
    char s[]="ababcabcdabcde";
    printf("%d\n",fun(s,'b'));
    return 0;
}
```

4. 以下程序的输出结果是________。

```
#include <stdio.h>
#include <string.h>
int main()
{
    char a[]={"1234\0abc"},b[10]={"ABC"};
    strcat(a,b);
    printf("%s\n",a);
    return 0;
}
```

5. 以下程序的输出结果是________。

```
#include <stdio.h>
#include <string.h>
char * fun(char * t)
{
    char * p=t;
    return(p+strlen(t)/ 2);
}
int main()
{
    char * str="abcdefgh";
    str=fun(str);
    puts(str);
    return 0;
}
```

11.8.3　编程题

1. 从键盘输入一个字符串，统计其中大写字母、小写字母、数字字符、其他字符的个数。

2. 输入一个四位数，要求用字符串的形式输出这个四位数，并且每两个数字字符间加一个空格。例如，输入 2008，应输出"2 □0 □0 □8"。

3. 编写一个函数 fun(char *s)，该函数的功能是将一个字符串逆序输出。例如，原始字符串是"abcdef"，调用完该函数后，字符串变为"fedcba"。

4. 输入一个字符序列，规定该字符序列只包含字母和空格，以空格作为单词之间的分隔符，找出字符序列中最长的单词，并统计该单词字母的个数。

5. 编写一个函数 fun(char c, char *s)，其中包含两个参数，一个是字符型，一个是字符串，该函数返回一个整数。函数的功能是统计该字符在字符串中出现的次数，并将次数作为函数返回值，编写主函数调用该函数。

6. 编写一个函数 fun(char c1, char c2, char *s)，其中包含 3 个参数，两个是字符型，一个是字符串，该函数返回一个整数。函数的功能是查找字符 c1 是否在字符串中出现，如果出现，则用字符 c2 取代 c1，并统计字符 c1 出现的次数，然后将次数作为函数返回值。编写主函数调用该函数。

7. 编写一个函数 fun(char *s1, char *s2, char *s3)，其中包含 3 个参数，都是字符串，该函数返回一个整数。函数的功能将在第一个字符串 s1 中出现的但在第二个字符串 s2 中没有出现的字符存放在第三个字符串 s3 中。函数返回第三个字符串的长度。允许第三个字符串有重复的字符，例如，第一个字符串是"abcdabcdabc"，第二个字符串是"bcd"，则第三个字符串是"aaa"。编写主函数调用该函数。

8. 编写函数 mystrlen(char *s)，其功能与库函数 strlen()的功能相同。

9. 编写函数 mystrcpy(char *s1, char *s2)，其功能与库函数 strcpy()的功能相同。

10. 编写函数 mystrcmp(char *s1, char *s2)，其功能与库函数 strcmp()的功能相同。

第12章 结构体和共用体

在实际应用中，有些数据之间具有一定关的关联性，例如，当描述一名学生时，可以用学号、姓名、性别、年龄、成绩等属性对其进行描述，如果定义不同的变量或者数组来存放这些属性，则无法体现它们之间的联系。若能将它们作为一个整体进行处理，则既能增加程序的可读性，又能提高编程效率。C 语言提供了一种构造类型——“结构体(structure)”，用户可以根据自己的需求，将各种不同类型但有关联的变量、数组、指针等进行组合，构造一个新的复杂类型。于是，我们可以构造一种描述学生信息的学生结构体类型，该类型由保存学号、姓名、性别、年龄、成绩等信息的各种成员组成。

12.1 声明结构体类型

12.1.1 声明结构体类型的一般方法

声明结构体类型就是命名一个结构体并说明它的组成情况。其目的是让 C 编译系统知道，在程序或函数中存在这样的一种组合数据类型，并可以用它来定义与之相关的数据变量。声明结构体类型的一般形式如下：

```
struct<结构体名>
{
    数据类型 1 成员名 1;
        ⋮
    数据类型 n 成员名 n;
 };——→注意此分号不能遗漏
```

结构体类型名由关键字 struct 和“结构体名”组成，struct 表示声明一个结构体类型，“结构体名”必须符合标识符的命名规则。

一对花括号中是组成该结构体类型的诸多成员项，每个成员项由数据类型、成员名组成，以分号结束。一个结构体中成员项的多少、顺序没有限制。

说明：

(1) 结构体名可以缺省，但是关键字 struct 不能缺省。

(2) 结构体类型是一个整体，在程序中作为一个语句出现，因此括住诸成员项的一对花括号和最后的分号不能遗漏，否则将引起错误。

(3) 声明结构体类型既可以放在函数体外，也可以放在函数体内。通常放在函数体外。

注意：以上声明结构体类型仅是描述了一个“模型”或“组成”，或者说只是定义了一种名为“struct 结构体名”的复杂数据类型，C 编译程序并不会给这样的数据类型分配相应的内存空间，因此它不是一个实在的数据实体，而只是一种形式定义。以定义“int x;”为例，系统不是为 int 类型分配存储空间，而是为该类型的变量 x 分配存储空间。

以下举例结构体类型的声明，从中可以看出结构体是一种复杂的数据类型，由数目固定、类型不同的若干成员组成。

例 1：声明日期结构体类型。

方法一

```
struct date
{
    int year;       //年
    int month;      //月
    int day;        //日
};
```

方法二

```
struct
{
    int year;
    int month;
    int day;
};
```

以上两种方法都是声明日期结构体类型，该结构体类型包含 3 个成员，分别表示年、月、日。方法二与方法一的区别仅是缺省了结构体名。

例 2：声明学生结构体类型。

```
struct student
{
    char num[20];               //学号
    char name[20];              //姓名
    struct date birthday;       //生日
    char sex;                   //性别
    float score[3];             //3 门课成绩
};
```

以上声明了名为 struct student 的学生结构体类型，包含 5 个成员，其中第三个成员表示生日，是 struct date 类型。这说明在声明结构体类型时，可以嵌套已有的其他结构体类型。

12.1.2　使用 typedef 命名结构体类型

以上声明了日期结构体类型和学生结构体类型，其类型名分别为 struct date、struct student，描述起来较为复杂，于是 C 语言提供了一个可以将已有数据类型重命名的关键字 typedef，使用它可以将复杂的结构体类型名命一个简单的名称，其使用格式如下：

```
typedef 已有类型名 新类型名;
```

例如"typedef int INT;",即表示为已有类型int命了一个新名称INT,于是INT等价于int。则"int x;"和"INT x;"这两种定义方式效果一样。

说明:typedef并不是定义一种新类型,而是将已有的数据类型命一个新名称。于是我们可以利用typedef将复杂的结构体类型名命一个简单易记的新名称。

方法一:

```
typedef struct date
{
    int year;
    int month;
    int day;
}DATE;
```

方法二:

```
struct date
{   int year;
    int month;
    int day;
};
typedef struct date DATE;
```

以上两种方法等价,方法一是在声明结构体类型struct date的同时,使用typedef将该类型命了一个新名称DATE;方法二是先声明结构体类型struct date,再使用typedef将struct date类型命了一个新名称DATE。

12.2 定义结构体变量和结构体指针

以上声明结构体类型时已经提到,结构体类型仅是一种模型,系统并不会在定义这种模型时为之分配存储空间。我们知道,当定义了"int x;"时,系统为变量x分配了4B的存储空间,存储空间的容量是由数据类型int决定的。于是,当我们声明了结构体类型后,还需定义该类型对应的变量或指针,系统才能为变量或指针分配存储空间。

12.2.1 定义结构体变量

定义结构体变量的方法有以下几种,可以先声明结构体类型,再定义结构体变量;也可以在声明结构体类型的同时就定义结构体变量。下面以定义学生结构体型变量为例。

方法一:先声明结构体类型struct student,再定义两个结构体变量boy和girl。

```
struct student
{
    char num[10];          //学号
    char name[20];         //姓名
    char sex;              //性别
    float score;           //分数
};
struct student boy,girl;
```

以上定义了两个类型为struct student的结构体变量boy和girl。理论上,系统为这两个结构体变量各自分配了35B的存储空间。这35B是由所有成员的类型之和决定的,其中学号成员占10B,姓名成员占20B,性别成员占1B,分数成员占4B。结构体变量boy

的存储结构如图 12-1 所示。

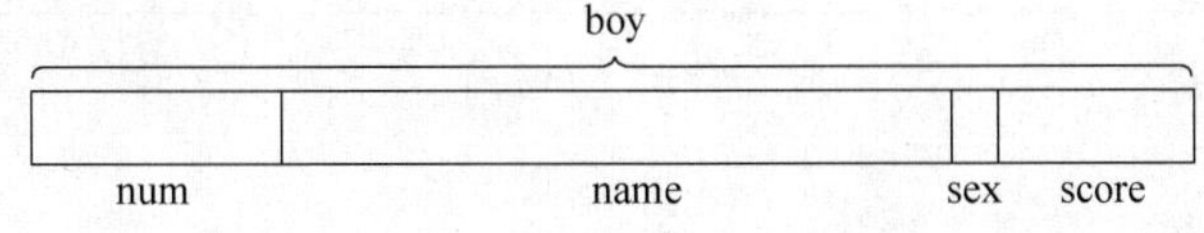

图 12-1　结构体变量 boy 的存储示意图

方法二：第一步声明结构体类型 struct student，第二步用 typedef 为结构体类型命新名称 STU，第三步用新名称定义结构体变量 boy 和 girl。

```
struct student
{
    char num[10];
    char name[20];
    char sex;
    float score;
};
typedef struct student STU;
STU boy,girl;
```

方法三：在声明结构体类型 struct student 的同时使用 typedef 为结构体命新名称 STU，然后使用新名称定义结构体变量 boy 和 girl。

```
typedef struct student
{
    char num[10];
    char name[20];
    char sex;
    float score;
}STU;
STU boy,girl;
```

方法四：声明结构体类型 struct student 的同时就定义结构体变量 boy 和 girl。

```
struct student
{
    char num[10];
    char name[20];
    char sex;
    float score;
}boy,girl;
```

方法五:声明结构体类型的同时就定义结构体变量 boy 和 girl,且省略结构体名。

```
struct
{
    char num[10];
    char name[20];
    char sex;
    float score;
}boy,girl;
```

对比以上各种方法,读者应仔细分区分结构体类型名、结构体类型的新名称、结构体成员名、结构体变量名等基本概念。另外,还应分清楚结构体类型右侧花括号"}"的后面什么情况下是结构体类型的新名称?什么情况下是结构体变量名?

12.2.2 定义结构体指针

有了结构体类型,除了可以声明结构体类型的变量,还可以声明结构体类型的指针、结构体类型的数组等。对于结构体类型的指针,正确理解其基础类型是关键。

例如:

```
struct student
{
    char num[10];
    char name[20];
    char sex;
    float score;
} boy, * p;
```

以上在声明 struct student 结构体类型的同时定义了结构体变量 boy 和结构体指针 p,指针 p 的基础类型是 struct student 型,与变量 boy 同类型,则执行语句"p=&boy;"便可以将 p 指向 boy,如图 12-2 所示。

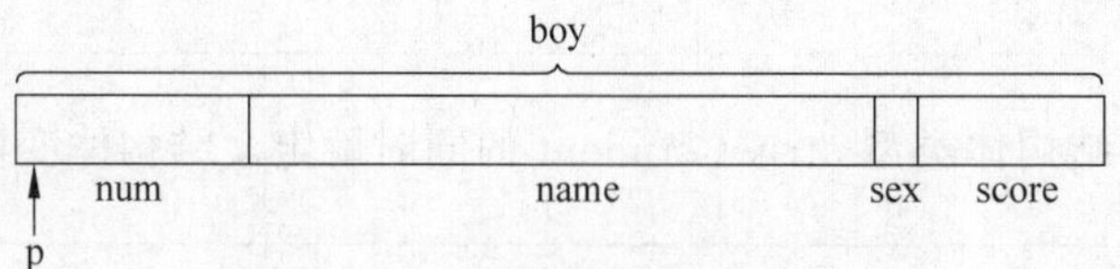

图 12-2 结构体指针指向结构体变量

图 12-2 中,指针 p 指向结构体变量 boy 所占存储空间的起始地址,指针 p 的基础类型是 struct student 型,如果 p 加 1,则 p 指针将会跳过结构体变量 boy 所占的存储空间(理论上是 35B),指向与之相邻的下一个 struct student 型存储空间。

12.3　引用结构体成员

如图 12-1 所示，结构体变量 boy 包含 num、name、sex、score 4 个成员，也可以说 num、name、sex、score 均属于 boy，于是引用它们中的任何一个都需借助 boy 实现。又如图 12-2 所示，引用 num、name、sex、score 这 4 个成员也可以利用指针变量 p 实现。打个比方，当我们提及学号、姓名、性别、分数时，总是针对某一名学生而言，因此这些元素并不是孤立的，而是某名学生具有的属性，引用这些属性便是引用结构体成员。

12.3.1　结构体成员的引用

1. 结构体成员引用的一般方法

声明了结构体类型，其中包含的成员不能直接引用，必须通过结构体变量或者结构体指针来引用。

方法一：

```
结构体变量.成员名
```

方法二：

```
结构体指针->成员名
```

方法三：

```
(*结构体指针).成员名
```

其中，“.”是成员运算符，－＞是指向运算符，它们都是优先级最高的运算符之一。

【例 12-1】　声明一个学生结构体类型，再定义该类型的结构体变量和结构体指针，编程为结构体变量的各成员赋初值，并输出各成员的值。

```
#include <stdio.h>
#include <string.h>
typedef struct student
{
    char num[10];
    char name[20];
    char sex;
    int age;
    float score[2];
}STU;

```

```
12. int main()
13. {
14.     STU boy, * p;                          //定义结构体变量和结构体指针
15.     strcpy(boy.num,"2014001");             //为学号赋初值
16.     strcpy(boy.name,"LiYang");             //为姓名赋初值
17.     boy.sex='M';                           //为性别赋初值
18.     boy.age=18;                            //为年龄赋初值
19.     boy.score[0]=85.0;                     //为两门课成绩赋初值
20.     boy.score[1]=78.5;
21.     p=&boy;
22.     printf("学号: %s\n",p->num);
23.     printf("姓名: %s\n",p->name);
24.     printf("性别: %c\n",p->sex);
25.     printf("年龄: %d\n",p->age);
26.     printf("成绩: %.2f,%.2f\n",(*p).score[0],(*p).score[1]);
27.     return 0;
28. }
```

程序运行结果如图 12-3 所示。

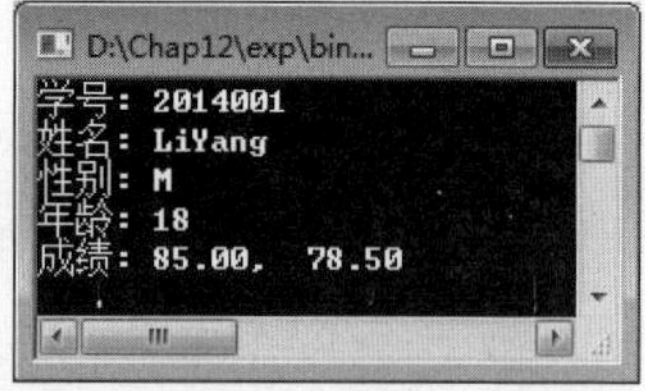

图 12-3　例 12-1 的运行结果

以上声明的学生结构体类型,成员的类型各不相同,有字符型数组 num 和 name、数值型数组 score、字符型成员 sex、数值型成员 age,对于不同类别的成员,赋值时要注意使用正确的方法。

程序第 15～20 行利用结构体变量 boy 引用成员,使用方法一"结构体变量.成员名";程序第 22～25 行利用结构体指针 p 引用成员,使用方法二"结构体指针－>成员名";程序第 26 行利用结构体指针 p 引用成员,使用方法三"(*结构体指针).成员名"。

初学者关于"结构体成员赋值"的常见错误如下所示。

错误 1:直接使用结构体成员(假设有例 12-1 声明的学生结构体类型)。

例如:

```
sex='M';    age=18;
```

以上两条语句错误,因为 sex 和 age 是 STU 结构体型的成员,不能对其直接赋值,只能利用结构体变量或结构体指针进行引用。

错误 2:使用赋值号(＝)进行字符串成员的赋值。

例如:

```
boy.num="2014001";    boy.name="LiYang"
```

以上两条语句错误,因为 boy.num 和 boy.name 引用的成员是数组名,而数组名是

常量，不能赋值。对于字符串的赋值，不能使用赋值号=，只能使用库函数 strcpy()。

2. 结构体成员的逐层引用

在声明结构体类型时，如果嵌套使用了已声明的其他结构体类型，则引用成员时要逐层引用。例如：

```
struct date                     //声明日期结构体类型
{
    int year;
    int month;
    int day;
};
struct student                  //声明学生结构体类型
{
    char num[20];
    char name[20];
    struct date birthday;
};
struct student boy;             //定义结构体变量
```

对于 boy 变量的成员 birthday，可以这样引用：

```
boy.birthday.year=2014;
boy.birthday.month=10;
boy.birthday.day=1;
```

注意：不能用 boy.birthday 来引用成员 birthday，因为 birthday 本身是一个结构体变量。

12.3.2　结构体成员的初始化

定义结构体变量时就为其赋初值称为结构体成员的初始化。

【例 12-2】　声明一个学生结构体类型和该类型的变量，对结构体变量的各成员进行初始化，并输出各成员的值。

```
#include <stdio.h>
typedef struct student
{
    char num[10];
    char name[20];
    char sex;
    int age;
    float score[2];
}STU;
```

```
10. int main()
11. {
12.     STU x={"2014001","LiYang",'M',18,{85.0,78.5}},y;
13.     y=x;
14.     printf("学号: %s\n",y.num);
15.     printf("姓名: %s\n",y.name);
16.     printf("性别: %c\n",y.sex);
17.     printf("年龄: %d\n",y.age);
18.     printf("成绩: %.2f,%.2f\n",y.score[0],y.score[1]);
19.     return 0;
20. }
```

程序运行结果如图 12-4 所示。

程序第 12 行定义了 2 个结构体变量 x 和 y,并对 x 的各成员进行了初始化。程序第 13 行“y=x;”是结构体变量的赋值,其结果是 x 所有成员的值都赋给了 y 对应的成员。程序第 14～18 行输出变量 y 所有成员的值。

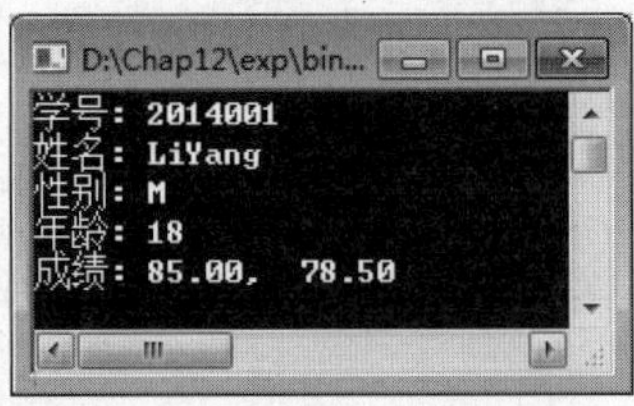

图 12-4　例 12-2 的运行结果

12.4　结构体数组

12.4.1　定义结构体数组

```
typedef struct stu
{
    int num;
    char *name;
    float score;
}STU;
STU boy[4];
```

定义了一个结构体数组 boy,共有 4 个元素 boy[0]～boy[3]可用于保存 4 名学生的信息。每个数组元素都是 STU 结构体类型。每个数组元素占 12B,整个数组 boy 占 48B。

12.4.2　结构体数组的初始化

在定义结构体数组的同时就为各数组元素赋初值,称为数组的初始化。例如:

```
struct stu
{
```

```
    int num;
    char * name;
    float score;
} boy[4]={{101,"LiPing",75},   {102,"ZhangLin",62.5},
          {103,"HeFan",92.5},  {104,"ChengJin",87}};
```

也可以先声明结构体类型,再定义结构体数组并进行初始化。例如:

```
typedef struct stu
{
    int num;
    char * name;
    float score;
}STU;
STU boy[4]={{101,"LiPing",75},  {102,"ZhangLin",62.5},
            {103,"HeFan",92.5}, {104,"ChengJin",87}};
```

12.4.3 结构体数组与指针

对于结构体数组,常可以使用指针操作。需要注意的是,指向结构体数组的指针必须和结构体数组同类型。结构体数组的各元素在计算机内存里连续分配,因此可以利用结构体指针的移动以指向所有数组元素。

【例 12-3】 声明一个学生结构体类型,再定义一个大小为 5 的结构体数组以存放 5 名学生的数据,利用结构体指针指向数组输出所有学生的信息。

```
#include <stdio.h>
typedef struct student
{
    int num;
    char name[12];
    int score;
}STU;
STU stu[6]={{101,"LiPing",75},{102,"ZhangYing",62},
            {103,"HeFang",92},{104,"ChenLing",87},
            {105,"SuQing",72},{106,"YaoHuan",67}};
int main()
{
    int i;
    STU * p;
    p=stu;        //结构体指针 p 指向结构体数组 stu
    printf("6 名学生的信息是: \n");
```

```
17.     printf("%-8s%-12s%-5s\n","学号","姓名","成绩");
18.     for(i=0; i<6; i++)
19.     {
20.         printf("%-8d%-12s%-5d\n",p->num,p->name,p->score);
21.         p++;        //指针p后移,指向下一名学生
22.     }
23.     return 0;
24. }
```

程序运行结果如图 12-5 所示。

本例中,结构体指针 p 和结构体数组 stu 同为 STU 型,于是可以将 p 指向数组 stu,然后利用 p 的后移操作以指向所有学生。程序执行到第 15 行时的效果图如图 12-6 所示。

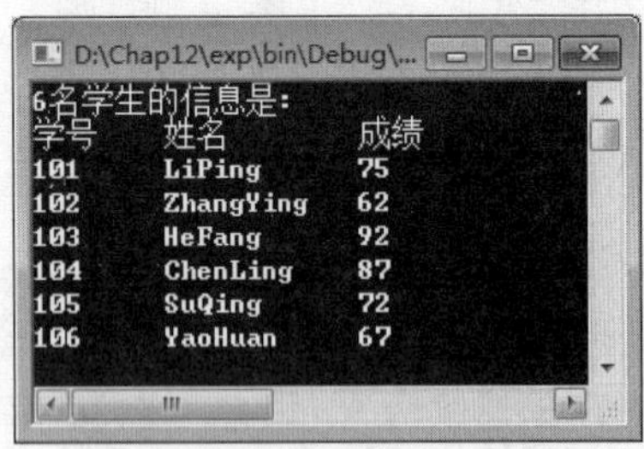

图 12-5 例 12-3 的运行结果

	num	name	score
p → stu[0]	101	LiPing	75
stu[1]	102	ZhangYing	62
stu[2]	103	HeFang	92
stu[3]	104	ChenLing	87
stu[4]	105	SuQing	72
stu[5]	106	YaoHuan	67

图 12-6 结构体指针 p 指向结构体数组 stu

12.4.4 结构体数组应用举例

【例 12-4】 对候选人得票进行统计。假设有 3 个候选人,有 10 个选民,每个选民输入一个候选人的编号,统计各候选人的得票数并输出结果。

```
#include <stdio.h>
typedef struct candidate                        //声明候选人结构体类型
{
    int num;                                    //候选人编号
    char name[20];                              //候选人姓名
    int count;                                  //候选人得票数
}CAND;
int main()
{
    int i,j,n;
    CAND candidates[3]={{1,"LiYan",0},{2,"ZhangXia",0},{3,"WangKai",0}};
    for(i=0; i<10; i++)
```

```
    {
        printf("请输入候选人编号: ");
        scanf("%d",&n);
        for(j=0; j<3; j++)
        {
            if(n==candidates[j].num)
            {
                (candidates[j].count)++;
            }
        }
    }
    printf("\n选票结果为: \n");
    for(i=0; i<3; i++)
    {
        printf("%s: %d\n",candidates[i].name,candidates[i].count);
    }
    return 0;
}
```

程序运行结果如图 12-7 所示。

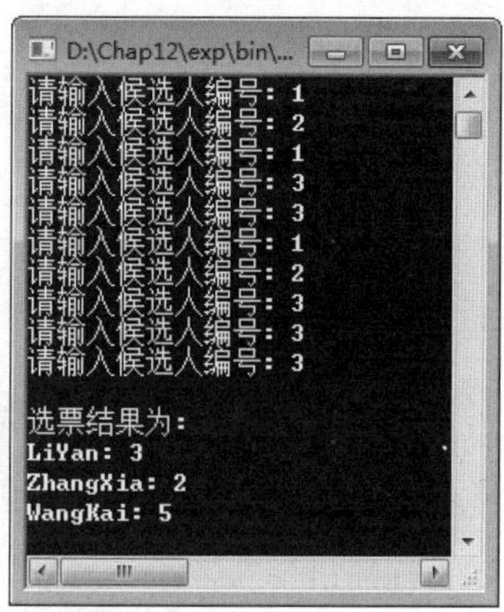

图 12-7　例 12-4 的运行结果

12.5　结构体与函数

结构体与函数主要涉及以下几方面的知识点。

1. 结构体变量作为函数实参

结构体变量作为函数实参，属于传值方式，对应的形参是结构体变量。在子函数内只能引用而不能修改实参的值。

2. 结构体变量的地址作为函数实参

结构体变量的地址作为函数实参,属于传地址方式,对应的形参是结构体指针。在子函数内可以利用形参指针引用并修改实参存储空间里的值。

【例 12-5】 阅读以下 3 个程序,根据运行结果,思考 3 个程序中的不同点。

程序一:

```
 1. #include <stdio.h>
 2. typedef struct student
 3. {   int num; char * name; int score;
 4. }STU;
 5. void fun(STU x);
 6. int main()
 7. {
 8.     STU x={101,"LiLin",75};
 9.     printf("                    学号\t 姓名\t 成绩\n");
10.     printf("子函数调用前: %d\t%s\t%d\n",x.num,x.name,x.score);
11.     fun(x);       //结构体变量 x 作实参,传值
12.     printf("子函数调用后: %d\t%s\t%d\n",x.num,x.name,x.score);
13.     return 0;
14. }
15. void fun(STU x)
16. {
17.     STU y={102,"ZhaoYi",62};
18.     x=y;
19. }
```

程序运行结果如图 12-8 所示。

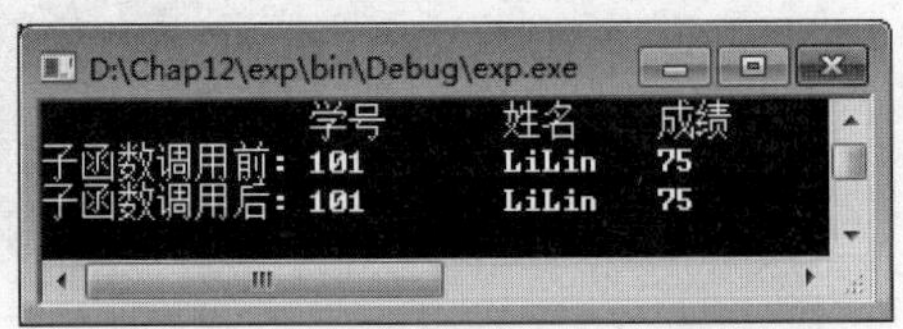

图 12-8 程序一的运行结果

程序一中子函数原型为"void fun(STU x)",此函数的参数属于传值形式,且函数无返回值。初学者可能会被程序第 18 行的语句"x=y;"迷惑,误以为结构体变量 y 的值赋给形参 x 后会影响主函数里结构体变量 x 的值。其实不然,遵循参数传递的单向性原则,形参的改变并不会反过来影响实参。

程序二:

```
#include <stdio.h>
typedef struct student
{ int num; char * name; int score;
}STU;
void fun(STU * x);
```

```
6. int main()
7. {
8.     STU x={101,"LiLin",75};
9.     printf("                学号\t 姓名\t 成绩\n");
10.    printf("子函数调用前: %d\t%s\t%d\n",x.num,x.name,x.score);
11.    fun(&x);    //结构体变量的地址 &x 作实参,传地址
12.    printf("子函数调用后: %d\t%s\t%d\n",x.num,x.name,x.score);
13.    return 0;
14. }
15. void fun(STU * x)
16. {
17.    STU y={102,"ZhaoYi",62};
18.    * x=y;
19. }
```

程序运行结果如图 12-9 所示。

图 12-9 程序二的运行结果

程序二中子函数原型为“void fun(STU * x)”,此函数的参数属于传地址形式,函数无返回值。程序第 18 行的语句“ * x=y;”是借助形参指针 x,将结构体变量 y 的值赋给主函数里的结构体变量 x。注意,子函数里的指针 x 是形参,它指向主函数里的变量 x。传地址方式的特点是,可以借助形参指针引用并修改主函数里变量的值。

程序三:

```
#include <stdio.h>
typedef struct student
{    int num;  char * name;  int score;
}STU;
STU fun(STU x);
int main()
{
    STU x={101,"LiLin",75};
    printf("                学号\t 姓名\t 成绩\n");
    printf("子函数调用前: %d\t%s\t%d\n",x.num,x.name,x.score);
    x=fun(x);    //结构体变量 x 作实参,函数返回值再返回 x
    printf("子函数调用后: %d\t%s\t%d\n",x.num,x.name,x.score);
    return 0;
}
STU fun(STU x)
{
```

```
17.     STU y={102,"ZhaoYi",62};
18.     x=y;
19.     return x;
20. }
```

程序运行结果如图 12-10 所示。

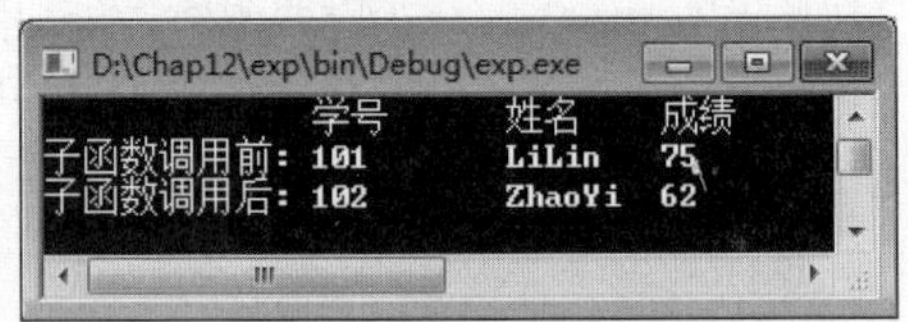

图 12-10 程序三的运行结果

程序三中子函数原型为"STU fun(STU x)",此函数的参数属于传值形式,函数有返回值。程序第 18 行的语句"x=y;"是将结构体变量 y 的值赋给形参变量 x,然后再执行第 19 行的语句"return x;"将 x 的值返回给主函数。

观察以上 3 个程序,程序二与程序三的运行结果相同,子函数调用前,结构体变量 x 的初值是"101, "LiLin", 75",子函数调用后,x 的值修改为"102, "ZhaoYi", 62"。但是两个程序实现的机制不同,程序二是通过形参指针返回修改的值,程序三是通过 return 语句返回修改的值。

3. 结构体成员作为函数实参

结构体成员作为实参,若成员是数值,则属于传值方式;若成员是地址,则属于传地址方式。

【例 12-6】 阅读以下程序,思考为何在子函数调用后,有的结构体成员值发生了改变,而有的结构体成员值并未发生改变。

```
#include <stdio.h>
typedef struct student
{
    int num; char name[10];int score;
}STU;
void fun(int num,char * name,int score)
{
    STU y={102,"ZhaoYi",62};
    num=y.num;
    strcpy(name,y.name);
    score=y.score;
}
int main()
{
    STU x={101,"LiLin",75};
    printf("                学号\t姓名\t成绩\n");
    printf("子函数调用前: %d\t%s\t%d\n",x.num,x.name,x.score);
    fun(x.num,x.name,x.score);        //结构体成员作为实参
```

```
19.     printf("子函数调用后：%d\t%s\t%d\n",x.num,x.name,x.score);
20.     return 0;
21. }
```

程序运行结果如图 12-11 所示。

图 12-11　例 12-6 的运行结果

本程序子函数原型为“void fun(int num, char * name, int score)”，有 3 个参数，其中 num 和 score 是普通变量，name 是指针变量。对应的子函数调用语句是程序第 18 行“fun(x. num, x. name, x. score);”，其中 3 个实参均为结构体成员，x. num 和 x. score 成员是数值，属于传值方式，而 x. name 成员是数组名，属于传地址方式。

观察程序运行结果图可知，子函数调用后，学号、成绩这两个成员的值并未修改，而姓名成员被修改了。究其原因，子函数中第 9 行和第 11 行语句“num=y. num;”和“score=y. score;”仅仅修改了形参变量，此修改并不会影响实参。而第 10 行“strcpy(name, y. name);”便是借助形参指针 name 对姓名进行了修改。

4. 结构体数组名作为函数实参

结构体数组名作为实参，属于传地址方式，对应的形参应是结构体指针。在子函数里，可以借助结构体指针，引用并修改结构体数组元素的值。

【例 12-7】　声明一个学生结构体类型，在主函数里定义一个大小为 4 的结构体数组，并初始化 4 名学生的信息，调用子函数，计算每个学生的平均分，并输出所有学生的数据。

```
#include <stdio.h>
typedef struct stu
{
    int num;
    char * name;
    int score[3];
    double aver;
}STU;
void fun(STU * p)
{
    int i;
    printf("%-8s%-12s%-15s%-10s\n","学号","姓名","成绩","平均分");
    for(i=0; i<4; i++)
    {
        p[i].aver= (p[i].score[0]+p[i].score[1]+p[i].score[2])/ 3.0;     //计算平均分
        printf("%-8d%-12s%d,%d,%d%10.2lf\n",p[i].num,p[i].name,p[i].score[0],
  p[i].score[1],p[i].score[2],p[i].aver);                                //输出学生信息
```

```
17.     }
18. }
19. int main()
20. {
21.     STU x[4]={{101,"LiPing",{75,79,82}}, {102,"ZhangLin",{62,67,72}},
22.               {103,"HeFan",{91,89,85}},  {104,"ChengJin",{73,70,66}}};
23.     fun(x);                                   //结构体数组名作为实参,传地址
24.     return 0;
25. }
```

程序运行结果如图 12-12 所示。

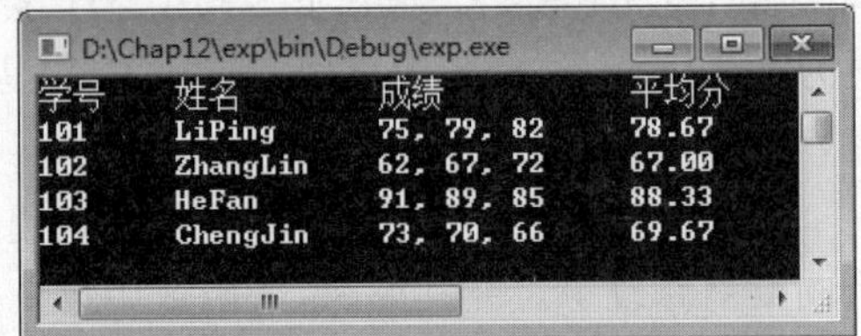

图 12-12　例 12-7 的运行结果

程序第 23 行“fun(x);”是子函数调用语句,实参 x 是结构体数组名,传地址。子函数首部为“void fun(STU ＊p)”,形参是结构体指针。形参指针 p 指向主函数中的结构体数组 x,因此在子函数里,可以利用指针 p 引用所有数组元素,并计算每名学生的平均分,然后放入每个数组元素的平均分成员 aver 中。

12.6　链　表

链表是一种常见的数据结构,它的特点是动态存储分配。在前面的介绍中已知:用数组存放数据时,必须事先固定数组的长度。假如定义了一个大小为 100 的数组用于存放学生信息,而班级只有 70 人,则数组中便有 30 个元素的存储空间是空闲的。当我们事先无法确定一个班级人数时,就必须把数组定义得足够大,以便能存放任何学生的数据,这显然会浪费存储空间。链表则解决了这一问题,链表是根据实际需要开辟内存单元,不会造成存储空间的浪费。

12.6.1　链表概述

链表是由若干“结点”组成的,结点是根据实际需要在内存里动态分配的存储空间,每个结点在内存中的地址通常不连续,但是又需要将它们串接在一起,于是利用指针来实现结点之间的联系。这种将若干动态分配的结点使用指针联系在一起的数据结构称为链表,链表就如同一条一环扣一环的链子。

单向链表是一种较为简单且常用的链表结构,如图 12-13 所示。单向链表由头结点、若干数据结点组成,其中最后一个数据结点也称为末尾结点。每个结点由两部分组成,一部分称为“数据域”,用于存放数值;另一部分称为“指针域”,用于存放下一个结点的地址。

由图 12-13 可知,设置头结点的目的是标识一个链表的开始,头结点中无须存放数值,因此头结点的数据域为空,指针域中存放了第一个数据结点的地址。设置末尾结点的

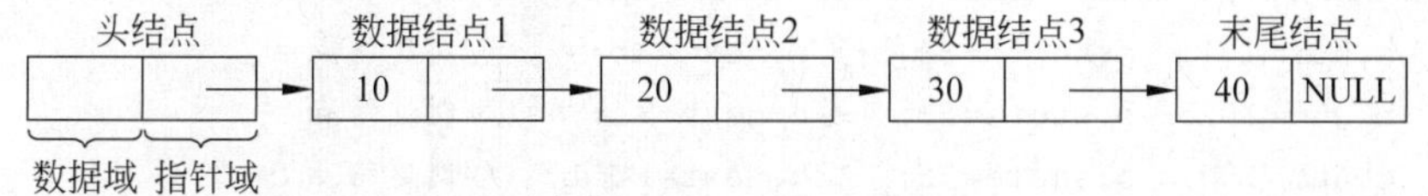

图 12-13　带头结点的单向链表结构图

目的是标识一个链表的结束，末尾结点之后再没有其他结点，因此末尾结点的指针域为空(NULL)。

结点是链表的组成元素，因此定义结点的数据结构便是创建链表的关键。结点定义为结构体型，数据域部分的成员用于存放数值；指针域部分的成员用于存放地址。例如：

```
struct node                         //声明链表结点的结构体类型
{
    int data;                       //数据域成员
    struct node * next;             //指针域成员
};
typedef struct node NODE;
```

以上声明了一个链表结点的结构体类型 NODE，其中 data 成员用于存放数值，next 成员用于存放下一个结点的地址。

注意：next 指针的类型与声明的结构体类型相同，这是为什么？因为指针要和其所指存储单元同类型，指针 next 中存放下一个数据结点的地址，数据结点都是 struct node 类型，因此指针也应该是 struct node 类型。

12.6.2　链表的建立和输出

1. 建立静态链表

静态链表是指所有结点都是事先定义好的，无须动态分配，用完之后也不需要释放，这种链表称为"静态链表"。

【例 12-8】　建立一个存放 3 名学生数据的静态链表，每名学生的数据存放在一个结点中，将这 3 个结点串接在一起形成一个静态链表，并输出所有结点中的数据。

```
#include <stdio.h>
typedef struct node
{
    int num;
    double score;
    struct node * next;
}NODE;
void display(NODE * head);
int main()
{
    NODE a,b,c;
```

```
12.     a.num=101;  a.score=89.5;  a.next=&b;     //创建结点 a
13.     b.num=102;  b.score=83;    b.next=&c;     //创建结点 b
14.     c.num=103;  c.score=75;    c.next=NULL;   //创建结点 c
15.     display(&a);                              //输出链表
16.     return 0;
17. }
18. void display(NODE * head)
19. {
20.     NODE * p=head;                  //将指针 p 指向链表的第一个结点 a
21.     while(p !=NULL)                 //判断链表是否结束
22.     {
23.         printf("%d,%.2lf ->",p->num,p->score);
24.         p=p->next;                  //使 p 指向下一个结点
25.     }
26.     printf("NULL\n");
27. }
```

程序运行结果如图 12-14 所示。

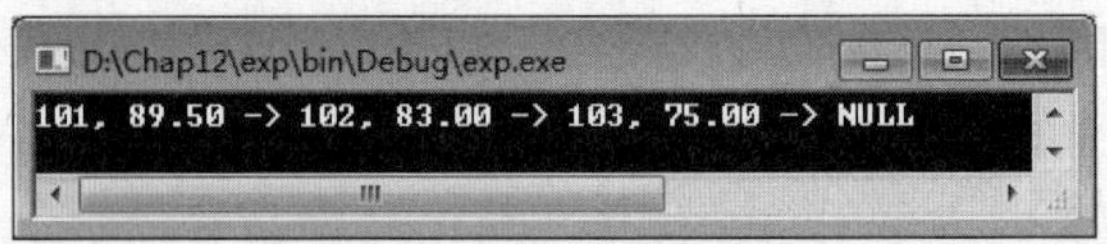

图 12-14　例 12-8 的运行结果

本程序建立的静态链表如图 12-15 所示。

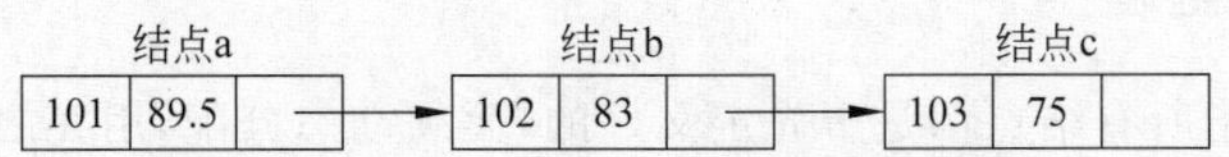

图 12-15　建立由结点 a、b、c 组成的静态链表

程序第 2~7 行为声明一个链表结点的结构体类型，其中成员 num 和 score 属于数据域，用于存放学生的学号和成绩，成员 next 是指针域，用于存放下一个结点的地址。程序第 11 行定义了 3 个结构体变量 a、b、c，这 3 个变量构成了静态链表的 3 个结点。程序第 12~14 行中的若干条语句是向结点 a、b、c 中各存入一名学生的学号、成绩，并在指针域中存入下一个结点的地址。静态链表由于使用不灵活，因此不常用。

2. 建立动态链表

动态链表中的结点不是事先定义的，而是根据实际需要，动态地依次创建，每创建一个新结点，就将它连接到链表的末尾。

动态链表的创建过程：首先创建头结点，然后创建第一个数据结点，并连接到头结点后面；如果再有新的数据，就创建第二个数据结点，并连接到第一个数据结点后面；依以类推。

需要特别说明如下几点。

(1) 动态链表的长度不定，为了标识链表在哪里结束，总是将链表最后一个结点的指针域置为 NULL。

(2) 创建新结点时需使用动态分配库函数 malloc()或 calloc()。

【例 12-9】 建立一个动态链表，存放从键盘输入的若干正整数，当输入−1 时表示链表创建结束。每输入一个正整数，就创建一个新结点，并将整数值放入结点的数据域中。

```
#include <stdio.h>
#include <stdlib.h>
typedef struct node
{
    int num;
    struct node * next;
}NODE;
NODE * creatList(int * a,int n)           //creatList()函数用于创建链表
{
    NODE * head, * p1, * p2;
    int i;
    head=(NODE * )malloc(sizeof(NODE));
    p1=head;
    for(i=0; i<4; i++)
    {
        p2=(NODE * )malloc(sizeof(NODE));
        p2->num=a[i];
        p1->next=p2;
        p1=p2;
    }
    p1->next=NULL;
    return(head);
}
void outputList(NODE * head)              //outputList()函数用于输出链表
{
    NODE * p;
    p=head->next;
    printf("head ->");
    while(p !=NULL)
    {
        printf("%d ->",p->num);
        p=p->next;
    }
    printf("NULL\n");
}
```

```
36. int main()
37. {
38.     int a[10]={10,20,30,40},i;
39.     NODE * head;
40.     printf("数组的初值是:\n");
41.     for(i=0; i<4; i++)
42.     {
43.         printf("%d\t",a[i]);
44.     }
45.     head=creatList(a,4);
46.     printf("\n\n用数组元素创建的动态链表是:\n");
47.     outputList(head);
48.     return 0;
49. }
```

程序运行结果如图 12-16 所示。

图 12-16 例 12-9 的运行结果

creatList()函数中使用了 3 个指针 head、p1、p2 创建链表,其中 head 指向链表的头结点,head 通常被称为头指针;p1 总是指向当前链表的末尾结点;p2 指向新创建的结点。增加新结点时,是将 p2 赋值给 p1 所指结点的指针域。

outputList()函数中使用了两个指针 head、p 输出链表,其中 head 指向链表的头结点,p 依次指向链表的各个结点。

本题中动态链表的创建过程如图 12-17 所示。第一步是创建头结点,对应程序第 12 行和第 13 行;第二步是创建新结点并向数据域中存入数值,对应程序第 16 行和第 17 行;第三步是将新结点连接到链表中,对应程序第 18 行;依此类推,每输入一个正整数值,就

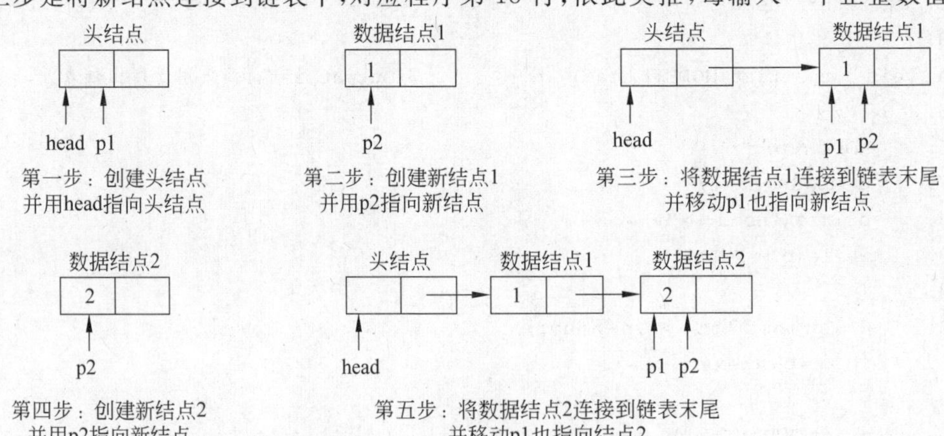

图 12-17 动态链表的创建过程

创建一个新结点，并将新结点连接到链表末尾。

12.6.3　链表的插入

链表的插入操作是指将一个新结点插入到链表中的指定位置。

【例 12-10】 假设有一个链表，各结点数据域中的值已按升序排序，从键盘输入一个整数，将该数插入到链表中，使链表所有结点数据域中的值仍保持升序排序。如图 12-18 所示，假设链表初始时各结点的值依次是 10、20、30、40，待插入结点的值是 26，如要保持链表仍为升序排序，则 26 应插在数据结点 2 和数据结点 3 之间。

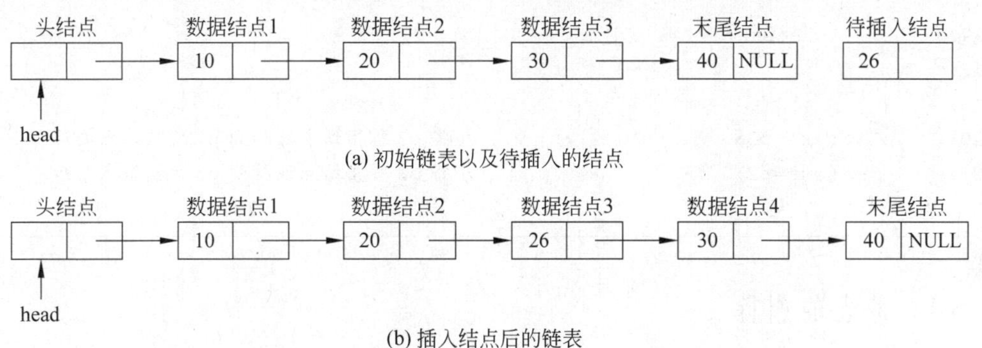

图 12-18　链表插入结点前、后的示意图

分析：为实现链表的插入操作，应设置 3 个指针 p1、p2、p3，让 p1 指向数据结点 2，p2 指向数据结点 3，p3 指向新结点。然后将 p1 的指针域赋值为 p3，p3 的指针域赋值为 p2，即可把 p3 所指新结点插入到 p1、p2 所指结点的中间，如图 12-19 所示。

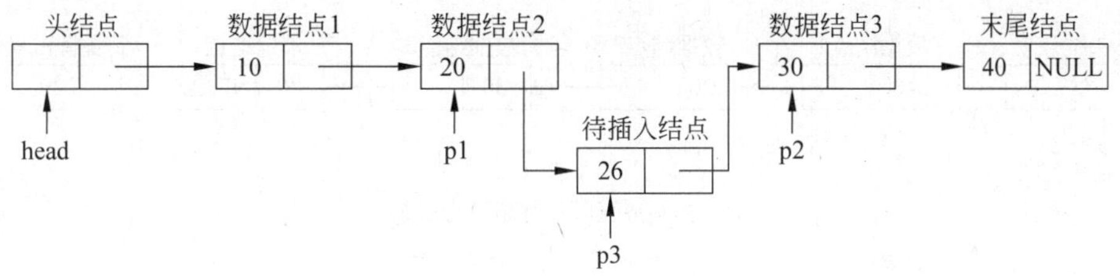

图 12-19　链表插入结点示意图

下面仅给出实现链表插入操作的子函数 insertList()，其中形参 head 指针指向链表的头结点，x 代表待插入的整数值。假设该链表中所有结点的值已按升序排序。

```
void insertList(NODE * head,int x)
{
    NODE * p1, * p2, * p3;
    p3=(NODE * )malloc(sizeof(NODE));  //创建新结点,用 p3 指针指向新结点
    p3->num=x;                         //将整数值 x 放入新结点的数据域中
    p1=head;                           //p1 指向头结点
```

```
    p2=p1->next;                          //p2 指向 p1 后面的结点
    while(p2 !=NULL)                      //判断链表是否结束
    {
        if(p3->num>p2->num)               //判断新结点的值是否大于 p2 所指结点的值
        {
            p1=p2;                        //移动 p1 使其和 p2 重合
            p2=p2->next;                  //移动 p2 使其指向后面的结点
        }
        else                     //判断如果新结点的值小于 p2 所指结点的值,就跳出循环
        {
            break;
        }
    }
    p1->next=p3;                          //将 p3 所指结点连接到 p1 所指结点之后
    p3->next=p2;                          //将 p2 所指结点连接到 p3 所指结点之后
}
```

12.6.4 链表的删除

链表的删除操作是指删除链表中某个指定结点,且删除操作并不会导致链表断开。

【例 12-11】 假设已建立一个链表,各结点数据域中的值已按升序排序,再从键盘输入一个整数,查找该整数值是否与链表某结点数据域中的值相同,如果相同,就删除该结点,链表仍保持连续。如图 12-20 所示,假设初始链表各结点的值依次是 10、20、30、40,从键盘输入 20,则删除链表中的数据结点 2。

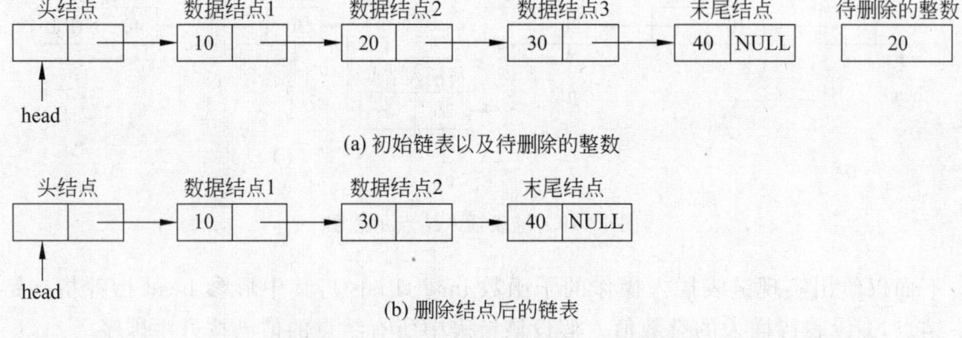

(a) 初始链表以及待删除的整数

(b) 删除结点后的链表

图 12-20 链表删除结点前、后的效果图

分析:为实现链表的删除操作,应设置两个指针 p1、p2,为了删除数据结点 2,应将 p1 指向数据结点 1,p2 指向数据结点 2。然后将 p2 所指结点的指针域(即数据结点 3 的地址)赋到 p1 所指结点的指针域中,这样便可将 p2 所指结点从链表中删除掉,如图 12-21 所示。

下面仅给出实现链表删除操作的子函数 deleteList(),其中形参 head 指针指向链表的头结点,x 代表待删除结点的数据域值,删除结点后链表仍保持连续。

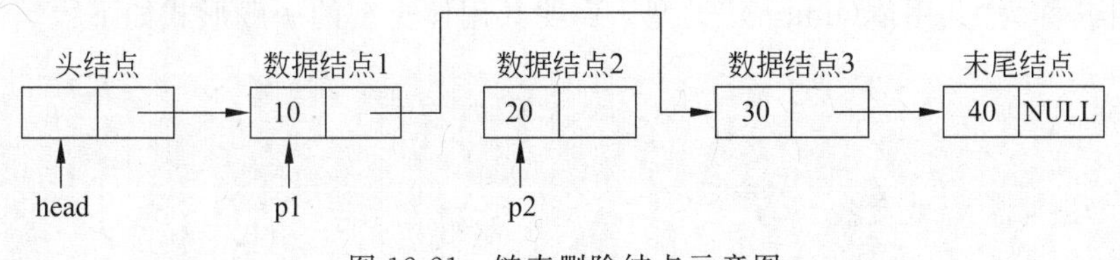

图 12-21 链表删除结点示意图

```
1. void deleteList(NODE * head,int x)
2. {
3.     NODE * p1, * p2;
4.     int flag=0;          //flag是标记变量,约定 flag 为 0 表示未找到与 x 值相等的结点
5.     p1=head;                    //p1 指向头结点
6.     p2=p1->next;                //p2 指向 p1 后面的结点
7.     while(p2 !=NULL)            //判断链表是否结束
8.     {
9.         if(p2->num==x)          //判断 p2 所指结点的数据域是否等于 x
10.        {
11.            flag=1;             //flag=1 表示找到了与 x 值相等的结点,该结点即将删除
12.            break;              //找到了与 x 值相同的结点,则结束循环
13.        }
14.        p1=p2;                  //移动 p1 使其和 p2 重合
15.        p2=p2->next;            //移动 p2 使其指向后面的结点
16.    }
17.    if(flag==1)                 //判断如果 flag 为 1 表示找到了待删除的结点
18.    {
19.        p1->next=p2->next;      //删除 p2 所指结点
20.    }
21. }
```

以上 deleteList()函数中使用了标记变量 flag,若键盘输入的整数值 x 在链表所有结点的数据域中均找不到,则置 flag 为 0;反之,若某结点的数据域值与 x 值相同,则置 flag 为 1,并且该结点将从链表中被删除。在进行删除结点操作前,先判断 flag 的值是否为 1,若是,就执行第 19 行的语句删除指定结点。

12.7 共 用 体

12.7.1 声明共用体类型

有时需要使几种不同类型的变量存放到同一段内存单元中,使它们共用同一段内存空间。例如,可以把一个整型变量、一个字符型变量、一个浮点型变量放在同一个地址开始的内存单元中。以上 3 个变量在内存中所占的字节数不同,但都从同一地址开始存放,任一时刻,该内存单元只能存放其中一个变量的值。这种使几个不同的变量共占同一段

内存的结构,称为"共用体(union)"类型。声明共用体类型的一般形式如下:

```
union 共用体名
{
    数据类型 1  成员名 1;
        ⋮
    数据类型 n  成员名 n;
};——→注意此分号不能遗漏
```

共用体类型名由关键字 union 和"共用体名"组成,union 表示声明一个共用体类型的开始,"共用体名"必须符合标识符的命名规则。

一对花括号中是组成该共用体类型的诸多成员项,每个成员项由数据类型、成员名组成。一个共用体中成员项的多少、顺序没有限制。

说明:

(1) 共用体名可以缺省,但是关键字 union 不能缺省。

(2) 共用体中各成员同占一段内存空间,内存空间的字节数取决于最大容量的成员。

下面是共用体类型声明的几种方法,与结构体类型声明相似。

方法一:

```
union data
{
    char a;
    int b;
    double c;
};
```

方法二:

```
union data
{  char a;
   int b;
   double c;
}DATA;
typedef union data DATA;
```

方法三:

```
typedef union data
{
    char a;
    int b;
    double c;
}DATA;
```

以上 3 种方法均声明了名为 union data 的共用体类型,由 3 个成员组成,该共用体类型对应的内存单元字节数取决于成员 c,因为成员 c 占 8B,是容量最大的成员。

12.7.2 定义共用体变量

与结构体类型一样,声明了共用体类型仅仅是通知编译系统这种模型的存在,而不能在计算机内存中占用存储空间,只有定义了共用体类型的变量后,编译系统才为变量分配存储单元。下面是共用体变量定义的几种方法。

方法一:

```
union data
{
    char a;
    int b;
    double c;
}x;
```

方法二:

```
union
{
    char a;
    int b;
    double c;
}x;
```

方法三:

```
union data
{
    char a;
    int b;
    double c;
};
union data x;
```

方法四：

```
union data
{  char a;
   int b;
   double c;
}DATA;
typedef union data DATA;
DATA x;
```

方法五：

```
typedef union data
{
    char a;
    int b;
    double c;
}DATA;
DATA x;
```

以上 5 种方法都实现了声明共用体类型，并定义共用体变量。读者应注意区分以下基本概念：union data 是共用体类型名，DATA 是共用体类型的新名称，x 是共用体变量，a、b、c 是共用体成员。

【例 12-12】　比较结构体类型和共用体类型及其变量对应存储单元的字节数。

```
#include <stdio.h>
struct data1                    //声明结构体类型
{
    int a;
    double b;
};
union data2                     //声明共用体类型
{
    int c;
    double d;
};
int main()
{
    struct data1 x;             //定义结构体变量 x
    union data2 y;              //定义共用体变量 y
    printf("结构体：%-8d%-8d\n",sizeof(struct data1),sizeof(x));
    printf("共用体：%-8d%-8d\n",sizeof(union data2),sizeof(y));
    return 0;
}
```

程序运行结果如图 12-22 所示。

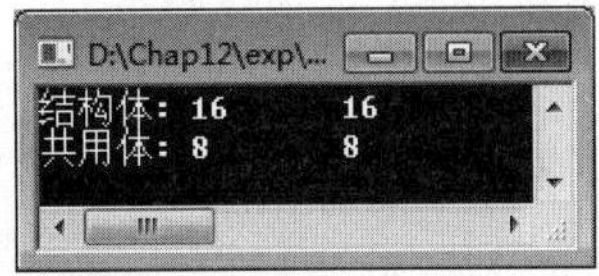

图 12-22　例 12-12 的运行结果

程序中声明了结构体类型 struct data1 和共用体类型 union data2，并且定义了结构体变量 x 和共用体变量 y。从运行效果图可以看出，结构体变量 x 所占存储空间是 16B，源于两个成员的存储单元字节数之和；而共用体变量 y 所占存储空间是 8B，仅以其中容量较大的成员 b 的字节数为准。

这里需要特别说明的是，对于结构体变量 x，理论上其存储空间应是 12B，由成员 a 的

4B加上成员b的8B所得。但为何运行效果图显示是16B?这是因为编译系统对成员a的起始地址做了“对齐”处理,目的是为了提高CPU的存储速度。成员a本应占用4B的存储单元,但是系统对a的存储单元进行了扩充,自动填充了4B,使之达到8B,于是成员a和b均各占8B,加起来就是16B。

12.7.3 引用共用体成员

例12-12中,定义了共用体变量y,则y拥有成员c和d。值得注意的是,成员c、d不是变量,它们属于y,因此对成员c、d的引用必须借助共用体变量y实现。当然也可以借助共用体指针实现。

方法一:

```
共用体变量.成员名
```

方法二:

```
共用体指针->成员名
```

方法三:

```
(*共用体指针).成员名
```

其中,“.”是成员运算符,->是指向运算符,它们都是优先级最高的运算符之一。假设有定义:

```
union data
{  int a;  double b;  } x, *p=&x;
```

以上定义了共用体变量x和共用体指针p,则引用成员a的方法有以下3种:

方法一:x.a

方法二:p->a

方法三:(*p).a

【例12-13】 比较结构体各成员和共用体各成员中存放的数值。

```
#include <stdio.h>
struct data1
{
    int a;
    int b;
    int c;
};
union data2
{
```

```
10.     int d;
11.     int e;
12.     int f;
13. };
14. int main()
15. {
16.     struct data1 x;
17.     union data2 y;
18.     x.a=10; x.b=20; x.c=30;
19.     y.d=10; y.e=20; y.f=30;
20.     printf("结构体各成员的值: %-8d%-8d%-8d\n",x.a,x.b,x.c);
21.     printf("共用体各成员的值: %-8d%-8d%-8d\n",y.d,y.e,y.f);
22.     return 0;
23. }
```

程序运行结果如图 12-23 所示。

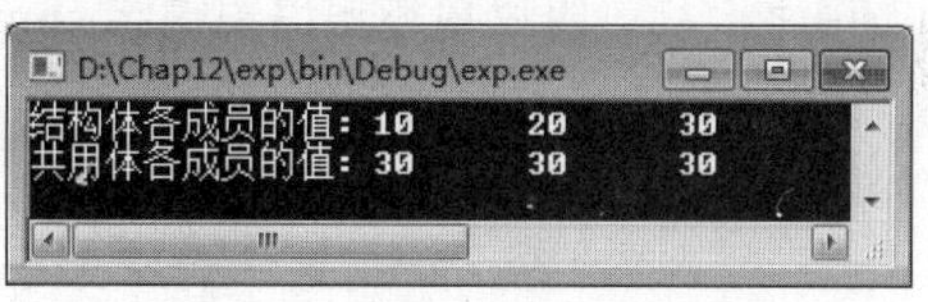

图 12-23　例 12-13 的运行结果

结构体变量 x 的 3 个成员 x. a、x. b、x. c 各占 4B 的存储单元，程序第 18 行的 3 条语句便是向各自的存储单元中分别存入 10、20、30。而共用体变量 y 的 3 个成员 y. d，y. e，y. f 同占 4B 的存储单元，程序第 19 行的 3 条语句是向同一个存储单元依次赋值 10、20、30，于是后面的值覆盖前面的值，该存储单元的最终值为 30。

12.7.4　共用体类型数据的特点

在使用共用体类型时要注意以下一些特点。

(1) 同一个内存段可以用来存放几种不同类型的成员，但在每一瞬间只能存放其中一种，而不是同时存放几种。

(2) 共用体变量中起作用的成员是最后一次存放的成员。

① 如果各成员是 char 型或 int 型，则后面赋值成员的值覆盖前面赋值成员的值。如例 12-13 所示为这种情况，成员 d、e、f 均为 int 型，则它们之间可以相互覆盖。

② 如果有的成员是 char 型或 int 型，而有的成员是 float 型或 double 型，则实型成员存入数值后，字符型和整型成员的值就失去作用。例如有以下语句：

```
union data
{  char a;  int b;    float c;}x;
x.a='A';    x.b=10;   x.c=1.52;
```

在完成以上 3 条赋值语句后，只有 x. c 是有效的，x. a 和 x. b 就已经不存在了。此时想用“printf("%c　%d", x. a, x. b);”语句来输出 x. a 和 x. b 的值是错误的。因此在使用共用体变量时应注意当前存放在共用体变量中的究竟是哪一个成员。

(3) 共用体变量的地址和它各成员的起始地址相同。例如,&x、&x.a、&x.b、&x.c都表示同一起始地址。

(4) 两个类型相同的共用体变量之间可以相互赋值。例如:

```
union data
{int a;  int b;  }ud1,ud2;
ud1.a=5;ud2=ud1;  printf(" %d" ,ud2.a);
```

则输出的值为5。

12.8 枚举类型

枚举类型是ANSI C标准新增加的。如果一个变量只有几种可能的取值,则可以定义为枚举类型。"枚举"是指将变量的值一一列举出来,变量的取值只限于列举出来的值的范围之内。声明枚举类型以关键字enum开头。格式如下:

```
enum 枚举名
{ 枚举成员 };
```

例如:

```
enum weekday
{ Monday, Tuesday, Wednesday, Thursday, Friday, Saturday, Sunday };
```

以上语句声明了一个枚举类型enum weekday,该类型包含7个成员,其中Monday代表数值0,Tuesday代表数值1,……,Sunday代表数值6。

可以用此枚举类型来定义枚举变量。例如"enum weekday workday, playday;",变量workday和playday是枚举变量,它们的取值只能是Monday到Sunday之一。例如执行以下语句:

```
workday=Monday; playday=Thursday; printf("%d  %d\n",x,y);
```

则输出0 3。

枚举类型中的成员称为枚举常量,它们是用户自定义的标识符。

说明:

(1) C的编译器对枚举常量的处理是,在定义时使它们的值默认从0开始递增。在上面的声明中,Monday的值为0,Tuesday的值为1,依此类推。

(2) 枚举常量代表的值不一定从0开始,可以根据需要设定。例如:

```
enum weekday
{ Monday=1,Tuesday,Wednesday,Thursday,Friday,Saturday,Sunday };
```

以上定义的枚举类型中,Monday的值被定义为1,则Tuesday的值为2,依此类推。

(3) 枚举值可以用来做判断比较。例如：

```
if(workday==Monday){ …}
if(workday<Saturday){…}
```

12.9　本章小结

(1) C 语言中的数据类型分为基本类型和构造类型。构造类型是用户根据自己需要声明的类型，最常用的有结构体类型、共用体类型和枚举类型。

(2) 结构体类型声明的格式为：

```
struct 结构体名{ 结构体成员列表 };
```

其中 struct 是关键字，必不可少。结构体名必须符合标识符的命名规则。一对花括号中是组成该结构体类型的诸多成员项，每个成员项由数据类型、成员名组成，以分号结束。

(3) 结构体类型名是"struct 结构体名"，书写和描述起来都显得较为冗长，通常用关键字 typedef 将其命名为一个较为简洁的新名称，格式如下：

```
typedef   结构体类型名   新名称;
```

(4) 声明了结构体类型，仅是通知编译系统一种数据模型的存在，系统并不会为结构体类型分配存储单元，只有定义了该类型的变量、指针、数组等，系统才会为它们分配存储单元。系统为结构体变量分配的存储单元字节数是各成员占用字节数之和。

(5) 结构体类型的成员不能直接引用，必须通过结构体变量或者结构体指针进行引用。有以下 3 种方法：

① 结构体变量.成员。

② 结构体指针－＞成员。

③ (*结构体指针).成员。

(6) 同类型的结构体变量之间可以相互赋值。

(7) 结构体变量作实参，属于传值方式。结构体数组名作实参，属于传地址方式。结构体成员作实参，要看成员是数值还是地址，如果成员是数值就属于传值方式，如果成员是地址就属于传地址方式。

(8) 链表是一种动态存储的数据结构，由若干地址离散的结点组成，各结点之间通过指针串接在一起，链表如同一条一环扣一环的链子。

(9) 链表中的每个结点由"数据域"和"指针域"构成，数据域用于存放数值，指针域用于存放下一个结点的地址。

(10) 比较简单且常用的是单向链表，单向链表通常由头结点和若干数据结点构成。头结点的数据域通常为空，最后一个数据结点也称为末尾结点，由于其后面再没有其他结点，因此末尾结点的指针域置为 NULL。

(11) 共用体类型声明的格式为：

```
union 共用体名{ 公用体成员列表 };
```

(12) 共用体与结构体的不同之处在于,共用体中各成员共用同一段存储空间,存储空间的大小取决于容量最大的成员。而结构体各成员使用各自的存储空间。

(13) 枚举类型声明的格式为"enum 枚举名{ 枚举成员列表 };",枚举类型是把可能的值一一列举出来,枚举类型中的成员也称为枚举常量,它们是用户自定义的标识符。由枚举类型可以定义枚举变量,枚举变量的取值只能是各枚举常量中的一个。

12.10 习　题

12.10.1 选择题

1. 以下结构体类型说明和变量定义中正确的是(　　)。

A. typedef struct
{ int n; char c; }REC;
REC t1, t2;

B. struct REC;
{ int n; char c; };
REC t1,t2;

C. typedef struct REC ;
{ int n=0; char c='A'; }t1, t2;

D. struct
{ int n; char c; }REC t1, t2;

2. 有以下程序段:

```
struct st
{   int x; int *y;  } *pt;
int a[]={1,2},b[]={3,4};
struct st c[2]={10,a,20,b};
pt=c;
```

以下选项中表达式的值为 11 的是(　　)。

A. *pt->y　　B. pt->x　　C. ++(pt->x)　　D. (pt++)->x

3. 有以下程序:

```
#include <stdio.h>
#include <string.h>
typedef struct { char name[9]; char sex; float score[2]; } STU;
void f( STU a)
{
    STU b={"Zhao" ,'m',85.0,90.0} ; int i;
    strcpy(a.name,b.name);
    a.sex=b.sex;
    for(i=0; i<2; i++) a.score[i]=b.score[i];
}
int main()
{
    STU c={"Qian",'p',95.0,92.0};
    f(c);
    printf("%s,%c,%2.0f,%2.0f\n",c.name,c.sex,c.score[0],c.score[1]);
```

```
    return 0;
}
```

程序的运行结果是(　　)。

A. Qian,p,95,92　　B. Qian,m,85,90

C. Zhao,p,95,92　　D. Zhao,m,85,90

4. 设有以下定义：

```
union data
{   int d1;  float d2;   }demo;
```

则下面叙述中错误的是(　　)。

A. 变量 demo 与成员 d2 所占的内存字节数相同

B. 变量 demo 中各成员的地址相同

C. 变量 demo 和各成员的地址相同

D. 若给 demo. d1 赋 99 后，demo. d2 中的值是 99.0

5. 在 32 位编译系统中,若有下面的说明和定义：

```
struct test
{
    int ml;char m2;float m3;
    union uu{ char ul[5]; int u2[2]; }ua;
}myaa;
int main()
{
    printf("%d\n",sizeof(struct test));
    return 0;
}
```

则输出结果是(　　)。

A. 12　　B. 20　　C. 14　　D. 9

12.10.2　填空题

1. 设有说明

```
struct DATE{ int year; int month; int day; };
```

请写出一条定义语句,该语句定义 d 为上述结构体变量,并同时为其成员 year、month、day 依次赋初值 2016、10、1。________。

2. 设有说明

```
struct student{ int num; char name[10]; float score; };
```

以下语句完成开辟一个用于存放 struct student 数据的内存空间,并让 p 指向该空间,请填空：

```
struct student *p=(_______)malloc(sizeof(struct student));
```

3. 以下 mymin 函数的功能是：在带有头结点的单向链表中，查找结点数据域的最小值作为函数值返回。请填空。

```
#include <stdio.h>
typedef struct node              /*链表结点结构*/
{  int data;
   struct node *next;
}NODE;
int mymin(NODE *first)
{
    NODE *p; int m;
    p=first->next;m=p->data;
    for(p=p->next; p !=NULL; __①__)
        if(__②__) m=p->data;
    return m;
}
```

4. 以下 creat 函数用来建立一个带头结点的单向链表，新产生的结点总是插在链表的末尾，单向链表的头指针作为函数返回值，请填空。

```
typedef struct node
{
    char data;
    struct node *next;
}NODE;
NODE *creat()
{
    NODE *h,*p1,*p2;char x;
    h=__①__ malloc(sizeof(__②__));
    p1=p2=h;
    scanf("%c",&x);
    while(x !='#')
    {
        p1=__③__ malloc(sizeof(__④__));
        p1->data=x;  p2->next=p1;  p2=p1;
        scanf("%c",&x);
    }
    p1->next=NULL
    __⑤__;
}
```

12.10.3 编程题

1. 编写程序，定义一个保存学生记录的结构体数组，该数组中有 5 个学生的数据记录，每个记录包括学号、姓名和三门课程的成绩。要求学生数据记录的输入和输出分别使用不同的函数来实现。

2. 在第 1 题的基础上，在学生记录中新增加一个数据域：平均分。要求输出 3 门课程的总平均成绩，以及最高分的学生的数据。

3. 请编写程序生成一个单链表，链表结点中存储学生信息，要求生成的单链表按学号升序排序。

4. 在第 3 题的基础上，编写程序实现单链表的插入和删除，要求插入后和删除后的单链表仍然保持按学号升序排序。

5. 已知 head 指向一个带有头结点的单向链表，链表中每个结点包含数据域和指针域，数据域为整型。请分别编写函数，在链表中查找数据域值最大的结点。

(1) 由函数值返回找到的最大值；

(2) 由函数值返回最大值所在结点的编号。

第13章 文件

文件(file)是程序设计中一个重要的概念,C语言中的文件是对存储在外部介质上的数据集合的一种抽象,它提供了对文件进行打开、读写操作的相关函数,可以简单、高效和安全地访问文件中的数据。文件使得数据能够长期保存,并方便其他程序使用。通过本章的学习,可以掌握C语言对文件的操作方法。

13.1 C语言文件系统概述

13.1.1 C文件概述

"文件"一般指存在外部介质上数据的集合。C语言把文件看成一个字节序列,即由一连串的字符组成,称为"流(stream)",以字节为单位访问,没有记录的界限。输入输出字符流的开始和结束只由程序控制而不受物理符号(如回车符)的控制。因此也把这种文件称为"流式文件"。

按文件中数据的组织形式来分,可分为文本文件(即ASCII码文件)和二进制文件。

1. 文本文件

文本文件的每一个字节存放一个ASCII码,代表一个字符。文本文件的输入输出与字符一一对应,一个字节代表一个字符,便于对字符进行逐个处理,也便于输出字符。

文本文件由文本行组成,每行中可以有0个或多个字符,并以换行符'\n'结尾,文本文件结束标志是0x1A。

2. 二进制文件

二进制文件是把数据按其在内存中的存储形式原样存放在磁盘上,一个字节并不对应一个字符,不能直接输出字符形式。

3. 文本文件与二进制文件的差异

由于一个字符在内存中的形式和在文件中的形式是相同的,都是ASCII码,因此如果以单个字符为单位(1B)对文件进行读写,使用二进制文件和使用文本文件效果相同,如字符A,内存中的形式是01000001,文件中的形式也是01000001,我们用记事本打开

文件看到字符 A 是因为记事本根据 ASCII 显示出字符。

但对于某些数据，如整数 100000，如果将其转换为二进制形式，在内存中存储的是 00000000 00000001 10000110 10100000；如果以文本形式存储，是 6 个字符：'1'、'0'、'0'、'0'、'0'、'0'。因此，整数 100000 在二进制文件中仅占用 4B，而在文本文件中占用 6B。在实际应用中，往往根据需要和存储目标来决定使用文本文件还是二进制文件。

按照文件的存取方式及其组成结构来分可以分为两种类型：顺序文件和随机文件。

1. 顺序文件

顺序文件结构较简单，文件中的记录一个接一个地存放。在这种文件中，只知道第一个记录的存放位置，其他记录的位置无从知道。当要查找某个数据时，只能从文件头开始，一条记录一条记录地顺序读取，直到找到为止。这种类型的文件组织比较简单，占空间少，容易使用，但维护困难，适用于有一定规律且不经常修改的数据。

2. 随机文件

随机文件又称为直接存取文件，简称随机文件或直接文件。随机文件的每个记录都有一个记录号，在写入数据时只要指定记录号，就可以把数据直接存入指定位置。而在读取数据时，只要给出记录号，就可直接读取。在记录文件中，可以同时进行读、写操作，所以能快速地查找和修改每个记录，不必为修改某个记录而像顺序文件那样，对整个文件进行读、写操作。其优点是数据存取较为灵活、方便，速度快，容易修改，主要缺点是占空间较大，数据组织复杂。

说明：任何文件本质上都是顺序文件，在存储介质上都是按字节顺序依次存储的，随机文件是用户存储了数据组织方面的信息而得到的，根据这些信息用户可以定位到某个需要的位置，以便直接读写该位置之后的数据。

13.1.2　缓冲文件系统

C 语言使用的文件系统分为缓冲文件系统（标准 I/O）和非缓冲文件系统（系统 I/O）。ANSI C 标准不再采用非缓冲文件系统。本章主要介绍缓冲文件系统中文件的操作。

缓冲文件系统的特点是在内存开辟一个“缓冲区”，供程序中的每一个文件使用，如图 13-1 所示。当执行读文件的操作时，从磁盘文件中将数据先读入内存“缓冲区”，装满后再从内存“缓冲区”依次读入到接收的变量。执行写文件的操作时，先将数据写入内存“缓冲区”，等内存“缓冲区”装满后再写入文件。由此可以看出，内存“缓冲区”的大小，影响实际操作外存的次数，内存“缓冲区”越大，则操作外存的次数就少，执行速度就越快效率越高。一般来说，文件“缓冲区”的大小随计算机系统情况而定。

13.1.3　非缓冲文件系统

非缓冲文件系统依赖于操作系统，操作系统不开辟读写缓冲区，通过操作系统的功能对文件进行读写，是系统级的输入输出。它不设文件结构体指针，只能读写二进制文件，

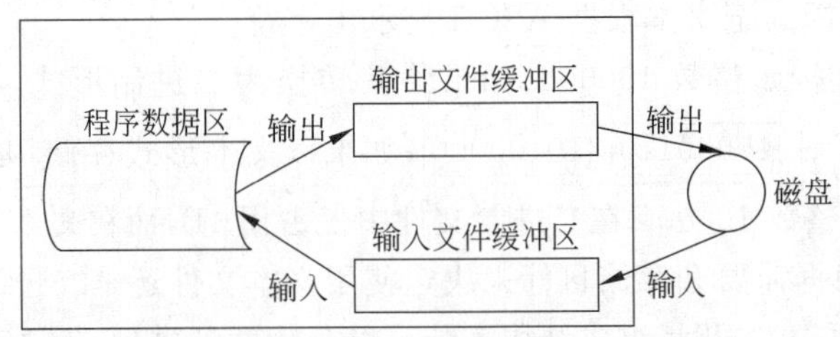

图 13-1　缓冲文件系统示意图

但效率高、速度快,由于 ANSI C 标准不再包括非缓冲文件系统,因此建议读者最好不要选择它,本书也不做介绍。

13.2　文件类型指针

在操作文件时,通常关心文件的属性,如文件名、文件状态和文件当前读写位置等信息。ANSI C 为每个被使用的文件在内存开辟一块小区域,利用一个结构体类型的变量存放上述信息。该变量的结构体类型由系统取名为 FILE,在头文件 stdio.h 中定义如下:

```
#ifndef _FILE_DEFINED
struct _iobuf
{
    char * _ptr;                //文件当前读写位置
    int    _cnt;                //缓冲区中剩下的字符数
    char * _base;               //文件缓冲区的起始位置
    int    _flag;               //文件状态标志
    int    _file;               //文件的有效性验证
    int    _charbuf;            //检查缓冲区状况,如果无缓冲区就不读取
    int    _bufsiz;             //文件缓冲区的大小
    char * _tmpfname;           //临时文件名指针
};
typedef struct _iobuf FILE;
#define _FILE_DEFINED
#endif
```

在 C 语言中,用一个指针变量指向一个文件,其实是指向存放该文件信息的结构体类型变量,这个指针称为文件指针。通过文件指针就可对它所指的文件进行各种操作。定义文件指针的一般形式如下:

```
FILE * 文件指针变量名;
```

其中,FILE 必须大写,表示由系统定义的一个文件结构。例如"FILE * fp;",定义 fp 是指向 FILE 结构的指针变量,通过 fp 可以找到存放某个文件信息的结构体变量,然后按结构体变量提供的信息找到该文件,实施对文件的操作。

C 语言中通过文件指针变量，对文件进行打开、读、写及关闭等操作。因为文件指针类型及对文件进行的操作函数都是原型说明，都存放在 stdio. h 头文件中，因此对文件操作的程序，在程序最前面应写一行文件头包含命令：＃include <stdio. h>。

13.3　文件的打开与关闭

对磁盘文件的操作必须“先打开，后读写，最后关闭”。任何一个文件在进行读写操作之前要先打开，使用完毕要关闭。

所谓打开文件，实际上是建立文件的各种有关信息，并使文件指针指向该文件，以便进行其他操作。关闭文件则断开指针与文件之间的联系，也就禁止再对该文件进行操作。

13.3.1　文件打开函数 fopen()

fopen()函数的功能是以某种使用方式打开文件，其函数原型以及调用形式如下：

```
函数原型：FILE * fopen(char * fp,char * type);
调用形式：文件指针变量名=fopen(文件名,文件使用方式);
```

其中，“文件指针变量名”必须是被说明为 FILE 类型的指针变量，“文件名”是指被打开文件的文件名，是字符串常量或字符数组名。“文件使用方式”是指文件的类型和操作要求。

例如：

```
FILE * fp;
fp=fopen("file1.dat","r");
```

表示以只读的方式(第二个参数"r"表示 read，即只读)打开名为 file1. dat 的文件。如果成功打开，则返回一个指向该文件的文件信息区的起始地址的指针，并赋值给指针变量 fp。如果打开失败，则返回一个空指针 NULL，赋值给 fp。

第一个参数为文件名，可以包含路径和文件名两部分。写路径时注意斜杠问题，若路径和文件名为 C:\tc\file1. dat，则应写成：“C:\\tc\\source. dat”，因为在 C 语言中，转义字符以反斜杠开头，\\表示一个反斜杠。文件的打开方式如表 13-1 所示。

表 13-1　文件打开方式

文件类别	打开方式	含义及说明
文本文件	"r"	以只读方式打开一个文本文件，只允许读数据
	"w"	以只写方式打开或建立一个文本文件，只允许写数据
	"a"	以追加方式打开一个文本文件，并允许在文件末尾写数据
	"r+"	以读写方式打开一个文本文件，允许读和写
	"w+"	以读写方式打开或建立一个文本文件，允许读写
	"a+"	以读写方式打开一个文本文件，允许读，或在文件末追加数据

续表

文件类别	打开方式	含义及说明
二进制文件	"rb"	以只读方式打开一个二进制文件,只允许读数据
	"wb"	以只写方式打开或建立一个二进制文件,只允许写数据
	"ab"	以追加方式打开一个二进制文件,并允许在文件末尾写数据
	"rb+"	以读写方式打开一个二进制文件,允许读和写
	"wb+"	以读写方式打开或建立一个二进制文件,允许读和写
	"ab+"	以读写方式打开一个二进制文件,允许读,或在文件末追加数据

说明:

(1) 用"r"方式打开的文件,只能用于"读",即可把文件的数据作为输入,读到程序里,但不能把程序中产生的数据写到文件中。"r"方式只能打开一个已经存在的文件。

(2) 用"w"方式打开的文件,只能用于"写",即不能读出文件中的数据,只能把程序中的数据写到文件中。如果指定的文件不存在,则新建一个文件,如果文件存在,则把原来的文件删除,再重新建立一个空白的文件。

(3) 用"a"方式打开的文件,如果文件存在,则向文件末尾添加新的数据,并保留该文件原有的数据;如果文件不存在,则创建一个新文件,在文件不存在的情况下,"a"与"w"没有什么区别。

(4) 打开方式带上"b"表示是对二进制文件进行操作。带上+表示既可以读,又可以写,而对文件存在与否的不同处理则按照"r"、"w"和"a"各自的规定进行。

(5) 如果在打开文件时发生错误,即打开失败,不论是以何种方式打开文件的,fopen都返回一个空指针NULL。

文件打开可能出现的错误如下。

① 试图以"读"方式(带"r"的方式)打开一个并不存在的文件。

② 新建一个文件,而磁盘上没有足够的剩余空间或磁盘被写保护。

③ 试图以"写"方式(带"w"或"a"的方式,"r+"或"rb+"方式)打开被设置为"只读"属性的文件。

为避免因上述原因的出错,造成对文件读写操作出错,常用以下的方法来打开一个文件,以确保对文件读写操作的正确性:

```
if((fp=fopen("C:\\myfile.dat","w+"))==NULL)
{
    printf("Cannot open the file ! ");
    exit(0);            //退出程序
}
⋮                       //此处编写打开文件后,对文件读、写的代码
```

上面的例子,是以"w+"的方式打开C盘根目录中的myfile.dat文件,并把返回的指针赋值给变量fp,若返回的是空指针NULL(即打开操作失败),则提示文件不能打开并

退出应用程序；否则，才对指向文件的指针 fp 进行操作。这样可以确保在对文件进行读/写操作时，文件一定是成功打开的。

初学者关于“文件打开”的常见错误如下所示。

错误 1：只写文件名，不写文件的存储路径。

```
if((fp=fopen("myfile.dat","w+"))==NULL)
{
    printf("Cannot open the file ! ");
    exit(0);
}
```

导致打开错误的原因是操作系统默认的当前盘和当前路径不是一成不变的，如果当前盘和当前路径发生改变时就无法打开文件。上面这段程序只能打开程序所在目录下的 myfile.dat 文件。

错误 2：写错文件所在的盘符和路径。

```
if((fp=fopen("D:\file\myfile.dat","w+"))==NULL)
{
    printf("Cannot open the file ! ");
    exit(0);
}
```

由于字符串中的字符\被解释为转义字符，所以上下层目录间的分隔符要用\\，正确的写法如下：

```
if((fp=fopen("D:\\file\\myfile.dat","w+"))==NULL)
{
    printf("Cannot open the file ! ");
    exit(0);
}
```

13.3.2　文件关闭函数 fclose()

文件使用完后，为确保文件中的数据不丢失，应使用 fclose()函数关闭已打开的文件，其函数原型及调用形式如下：

函数原型：**fclose(FILE * fp);**
调用形式：**fclose(文件指针变量);**

例如：

```
fclose(fp);
```

在前面的例子中，把 fopen()函数返回的指针赋值给 fp，现在用 fclose()函数使文件指针 fp 与文件脱离，同时刷新文件输入输出缓冲区。

13.4 文件的读写

打开文件后都会返回该文件的一个文件类型指针,程序中就是通过这个指针执行对文件的读和写。在C语言中提供了多种文件的读写函数。

① 格式化读写函数:fscanf()和 fprintf()。

② 字符读写函数:fgetc()和 fputc()。

③ 字符串读写函数:fgets()和 fputs()。

④ 数据块读写函数:fread()和 fwrite()。

使用 fopen()函数打开文件成功后,就会有一个属于该文件的文件位置指针,表示文件内部当前读写的位置。上面的文件读写函数均是指顺序读写,即读或写一个单元数据后,文件位置指针自动指向下一个读写单元。也就是说,随着读和写字节数的增大,文件位置指针也增大,读多少个字节,文件位置指针也相应地向后移动多少个字节。

需要说明的是,以"r"或"w"方式打开文件后,该文件位置指针指向文件开头;以"a"方式打开文件后,该文件位置指针指向文件末尾。

通常,根据文本文件和二进制文件的不同性质,可采用不同的读写函数。对文本文件来说,可以按字符读写或按字符串读写;对二进制文件来说,可进行成块的读写或格式化的读写。

13.4.1 格式化读写函数 fscanf()和 fprintf()

fscanf()函数和 fprintf()函数是文件格式化输入和格式化输出函数,前者是将文件中的数据按指定格式读出来,后者是将数据按指定格式写入到文件中。

1. 格式化输入函数 fscanf()

fscanf()函数与前面学习的 scanf()函数功能相似,都是格式化输入。两者的区别在于 fscanf()函数输入的对象是磁盘文件,而 scanf()函数输入的对象是键盘。

fscanf()函数的原型及调用形式如下:

```
函数原型: int fscanf(FILE * fp, char * format, &arg1, &arg2, …, &argn);
调用形式: fscanf(文件指针变量, 格式控制串, 输入项地址表列);
```

该函数的返回值如果为 EOF,表明读数据错误;否则读数据成功。

例如:

```
int i; float x; fscanf(fp ,"%d%f ",&i,&x);
```

【例 13-1】 在 D:\test\exp13_1.txt 的文件里存有一个学生的信息(包括学号、姓名、性别、年龄、三门课成绩),编写程序读取该学生的数据并输出到显示屏上。

```
1. #include <stdio.h>
2. #include <stdlib.h>
3. int main()
4. {
5.     FILE * fp;
6.     char num[20],name[20],sex;
7.     int age;
8.     float score[3];
9.     if((fp=fopen("D:\\test\\exp13_1.txt","r"))==NULL)     //以只读方式打开文本文件,
10.    {                                                     //并判断文件打开是否异常
11.        printf("无法打开文件!\n");
12.        exit(0);
13.    }
14.    fscanf(fp,"%s %s %c %d %f %f %f",num,name,&sex,&age,&score[0],
       &score[1],&score[2]);                                 //格式化读文件
15.    printf("%-15s%-10s%-8s%-8s%s\n","学号","姓名","性别","年龄","三门课成绩");
16.    printf("%-15s%-10s%-8c%-8d%-8.2f%-8.2f%-8.2f\n",num,name,sex,age,score
       [0],score[1],score[2]);
17.    fclose(fp);                                           //关闭文件
18.    return 0;
19. }
```

exp13_1. txt 文件中的内容如图 13-2 所示。

图 13-2　exp13_1. txt 文件中的内容

程序运行结果如图 13-3 所示。

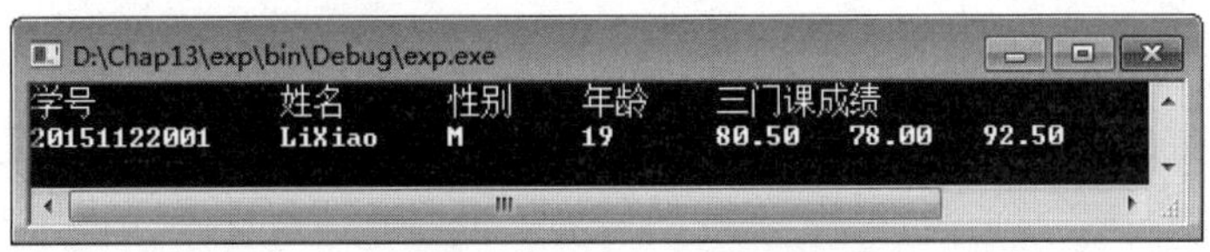

图 13-3　例 13-1 的运行结果

程序第 14 行使用格式化输入函数 fscanf()从文件依次读取的信息是学号(字符串)、姓名(字符串)、性别(字符)、年龄(整数)、三门课成绩(单精度浮点数)。

2. 格式化输出函数 fprintf()

fprintf()函数与前面学习的 printf()函数功能相似,都是格式化输出。两者的区别在于 fprintf()函数输出的对象是磁盘文件,而 printf ()函数输出的对象是显示屏。

fprintf()函数的原型及调用形式如下：

```
函数原型：int fprintf(FILE * fp, char * format, arg1, arg2, …, argn);
调用形式：fprintf(文件指针，格式控制串，输出项列表);
```

其返回值为实际写入文件中的字节数；如果写错误，则返回一个负数。

例如：

```
float a=1.23; int b=10; fprintf(fp,"a=%f,b=%d\n",a,b);
```

【例 13-2】 随机产生 20 个 1～50 的整数，输出到文本文件 D:\test\exp13_2.txt 中。

```
#include <stdio.h>
#include <stdlib.h>
int main()
{
    FILE * fp;
    int a[20],i;
    printf("随机产生的 20 个 1~50 之间的数是: \n");
    for(i=0; i<20; i++)
    {
        a[i]=rand()%50;                    //产生 1~50 之间的随机数
        printf("%d\t",a[i]);
    }
    if((fp=fopen("D:\\test\\exp13_2.txt","w"))==NULL)   //以只写方式打开文本文件
    {
        printf("无法打开文件!\n");
        exit(0);
    }
    for(i=0; i<20; i++)
    {
        fprintf(fp,"%d ",a[i]);            //格式化写文件,数据之间加空格
    }
    fclose(fp);                            //关闭文件
    return 0;
}
```

程序运行结果如图 13-4 所示。

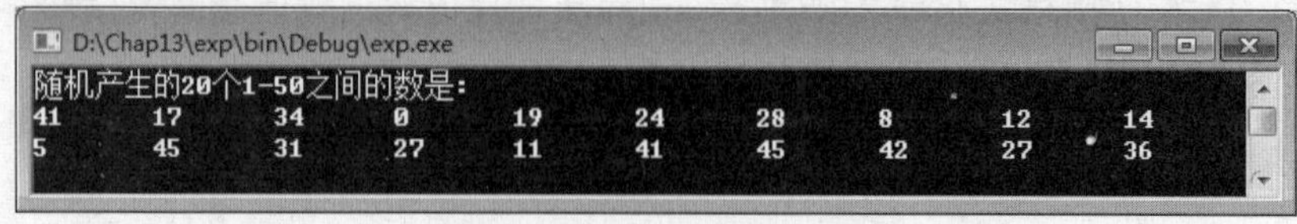

图 13-4 例 13-2 的运行结果

exp13_2. txt 文件中的内容如图 13-5 所示。

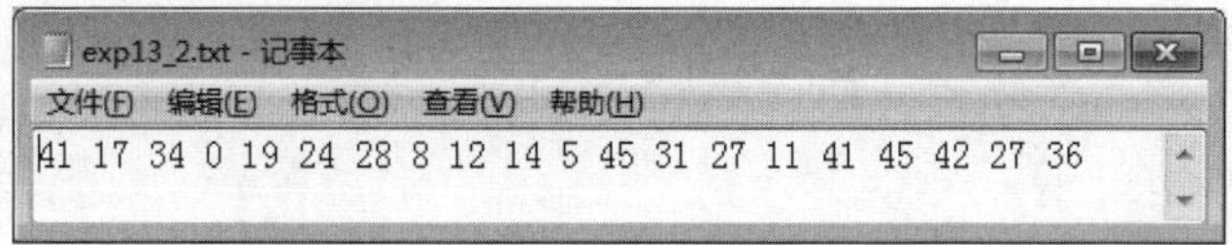

图 13-5　exp13_2. txt 文件中的内容

13.4.2　字符读写函数 fgetc()和 fputc()

1. 字符输入函数 fgetc()

fgetc()函数与前面学习的 getchar()函数功能相似，都是输入字符。两者的区别在于 fgetc()函数输入的对象是磁盘文件，而 getchar()函数输入的对象是键盘。

fgetc()函数的原型及调用形式如下：

```
函数原型：int fgetc(FILE * fp);
调用形式：字符变量=fgetc(文件指针变量);
```

如果读取成功返回文件当前位置的一个字符；读错误时返回 EOF。

例如：

```
char ch; ch=fgetc(fp);
```

其功能是从打开的文件中读取一个字符，然后将字符存入 ch 变量中。

【例 13-3】 读取文本文件 D:\test\exp13_3. txt 中的字符串并输出到显示屏上。

```
#include <stdio.h>
#include <stdlib.h>
int main()
{
    FILE * fp;
    char ch;
    if((fp=fopen("D:\\test\\exp13_3.txt","r"))==NULL)   //以只读方式打开文本文件
    {
        printf("无法打开文件!");
        exit(0);                          //退出程序
    }
    printf("从文件读入的若干字符是: \n");
    ch=fgetc(fp);                         //从文件读取一个字符到 ch 变量中
    while(ch !=EOF)                       //判断读取的字符是否是文件末尾
    {
        putchar(ch);                      //将 ch 中的字符输出到显示屏
        ch=fgetc(fp);                     //从文件读取下一个字符
```

```
18.     }
19.     fclose(fp);
20.     printf("\n");
21.     return 0;
22. }
```

exp13_3.txt 文件的内容如图 13-6 所示。

程序运行结果如图 13-7 所示。

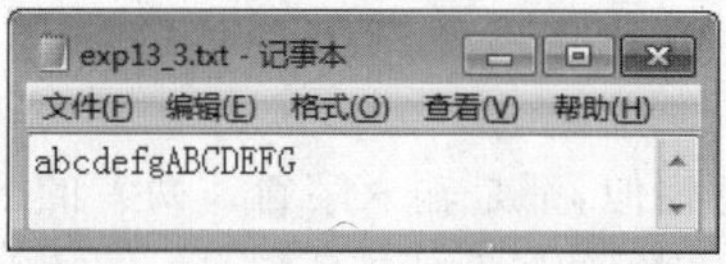

图 13-6　exp13_3.txt 文件中的内容

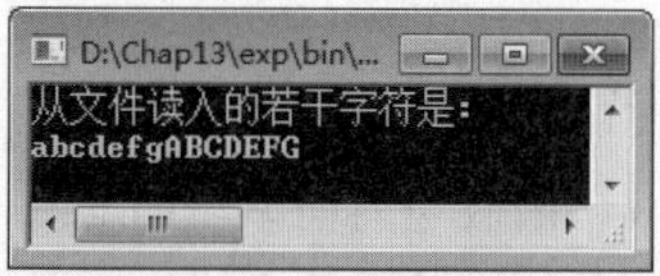

图 13-7　例 13-3 的运行结果

程序第 13～18 行的 while 语句是从文件依次读取若干字符，并且输出到显示屏上，一直读到文件结束(文件结束标志为 EOF)。每读取一个字符，文件内部的位置指针向后移动一个字符，文件结束时，位置指针指向 EOF。

2. 字符输出函数 fputc()

fputc()函数与前面学习的 putchar()函数功能相似，都是输出字符。两者的区别在于 fputc()函数输出的对象是磁盘文件，而 putchar()函数输出的对象是显示屏。

fputc()函数的原型及调用形式如下：

```
函数原型：char fputc(char ch, FILE * fp);
调用形式：fputc(字符, 文件指针变量);
```

fputc()函数也有返回值，若写操作成功，则返回值就是向文件所写的字符；否则返回 EOF(文件结束标志，其值为－1，在 stdio.h 中定义)，表示写操作失败。

例如：

```
char ch='A'; fputc(ch, fp);
```

其功能是将 ch 变量中的字符写到 fp 所指文件中。

【例 13-4】 从键盘输入一个字符串，将其写到文本文件 D:\test\exp13_4.txt 中。

```
#include <stdio.h>
#include <stdlib.h>
int main()
{
    FILE * fp;                                  //定义文件指针
    char ch[80];
    int i=0;
```

```
8.     if((fp=fopen("D:\\test\\exp13_4.txt","w"))==NULL)   //以只写方式打开文本文件
9.     {
10.        printf("无法打开文件!");
11.        exit(0);                                        //退出程序
12.    }
13.    printf("请输入一行字符：\n");
14.    gets(ch);                                           //从键盘输入一个字符串
15.    while(ch[i] !='\0')                                 //将字符逐个写入文件
16.    {
17.        fputc(ch[i],fp);
18.        i++;
19.    }
20.    fclose(fp);                                         //关闭文件
21.    return 0;
22. }
```

exp13_4. txt 文件中的内容如图 13-8 所示。

程序运行结果如图 13-9 所示。

图 13-8　exp13_4. txt 文件中的内容

图 13-9　例 13-4 的运行结果

程序第 15～19 行的 while 语句是将键盘输入的字符串中的若干字符依次存入文件中。

13.4.3 字符串读写函数 fgets()和 fputs()

1. 字符串输入函数 fgets()

fgets()函数与前面学习的 gets()函数功能相似，都是输入字符串。两者的区别在于 fgets()函数输入的对象是磁盘文件，而 gets()函数输入的对象是键盘。

fgets()函数的原型及调用形式如下：

函数原型：char * fgets(char * string, int n, FILE * fp);
调用形式：fgets(字符数组名或字符指针变量, n, 文件指针变量);

其中，n 是一个正整数，表示从文件中读出的字符串不超过 n−1 个字符，后面加上串结束标志'\0'。函数读成功返回 string 指针；失败则返回一个空指针 NULL。

注意：fgets()函数从文件中读取字符直到遇见回车符或 EOF 为止，或直到读入了所限定的字符数(至多 n−1 个字符)为止。

例如：

```
char str[50]; fgets(str, n, fp);
```

表示从 fp 所指文件中读出 n－1 个字符并存入字符数组 str 中，在最后加上'\0'字符。

2. 字符串输出函数 fputs()

fputs()函数与前面学习的 puts()函数功能相似，都是输出字符串。两者的区别在于 fputs()函数输出的对象是磁盘文件，而 puts()函数输出的对象是显示屏。

fputs()函数的原型及调用形式如下：

```
函数原型：int fputs(char * string, FILE * fp);
调用形式：fputs(字符数组名或字符指针变量，文件指针变量);
```

若写入成功，函数返回一个非负数；若出错，函数返回 EOF。

例如：

```
fputs("China", fp);
```

表示将字符串"China"输出到 fp 所指文件中。

【例 13-5】 从键盘输入一个字符串，存到 D:\test\exp13_5.txt 文件中。再从该文件中读取字符串，并输出到显示屏。

```
#include <stdio.h>
#include <stdlib.h>
#include <string.h>
int main()
{
    char a[50],b[50];
    FILE * fp;
    int len;
    printf("请输入一个字符串：\n");
    gets(a);                          //从键盘输入字符串,存在数组 a 中
    len=strlen(a);
    if((fp=fopen("D:\\test\\exp13_5.txt","w"))==NULL)   //以只写方式打开文本文件
    {
        printf("无法打开文件!");
        exit(0);
    }
    fputs(a,fp);                      //将数组 a 的字符串写到文件中
    fclose(fp);                       //关闭文件

    if((fp=fopen("D:\\test\\exp13_5.txt","r"))==NULL)  //再次以只读方式打开文本文件
    {
```

```
22.          printf("无法打开文件!");
23.          exit(0);
24.      }
25.      fgets(b,len+1,fp);                          //从文件读取字符串,存在数组 b 中
26.      fclose(fp);
27.      printf("\n 从文件读入的字符串是: \n");
28.      puts(b);                                    //显示读取的字符串
29.      return 0;
30. }
```

程序运行结果如图 13-10 所示。

exp13_5.txt 文件中的内容如图 13-11 所示。

图 13-10　例 13-5 的运行结果

图 13-11　exp13_5.txt 文件中的内容

程序第 12～18 行为以只写方式打开文件,并向文件中写入字符串。程序第 20～26 行为以只读方式再次打开文件,并从文件中读出字符串。

13.4.4　数据块读写函数 fread()和 fwrite()

C 语言还提供了用于整块数据读写的函数 fread()和 fwrite()。可以用来读或写一组数据,例如一个数组、一个结构变量的值等。

fread()函数的原型及调用形式如下:

```
函数原型: fread(void * pt, unsigned size, unsigned n, FILE * fp);
调用形式: fread(buffer, size, count, fp);
```

fwrite()函数的原型及调用形式如下:

```
函数原型: fwrite(void * pt, unsigned size, unsigned n, FILE * fp);
调用形式: fwrite(buffer, size, count, fp);
```

其中,buffer 是一个指针,对于 fread 来说,它表示存放读入数据的首地址;对于 fwrite 来说,它表示存放输出数据的首地址。

size 表示数据块的字节数。

count 表示要读写的数据块数。

fp 表示文件指针。

说明：fread()和 fwrite()函数常常用于对二进制文件的读写操作。

【例 13-6】 定义一个学生结构体类型(包含学号、姓名、三门课成绩的信息)，在主函数里定义一个能够存放 5 名学生数据的结构体数组 a，将数组 a 中的数据写入 D:\test\exp13_6. dat 文件中。再从该文件读入 5 名学生的数据到结构体数组 b 中并输出到显示屏上。

```
#include <stdio.h>
#include <stdlib.h>
#define N 5
typedef struct student
{
    char num[20];
    char name[20];
    int score[3];
}STU;
int main()
{
    STU a[N]={{"10001","ZhangKai",95,80,88},{"10002","LiXiang",85,70,78},
              {"10003","CaoJia",75,60,88},  {"10004","FangYuan",90,82,87},
              {"10005","MaChao",91,92,77}},b[N];
    FILE * fp;
    int i;
    if((fp=fopen("D:\\test\\exp13_6.dat","wb+"))==NULL)
                                                  //以读写方式打开二进制文件
    {
        printf("无法打开文件!");
        exit(0);
    }
    fwrite(a,sizeof(STU),N,fp);                   //向文件写数据块
    fread(b,sizeof(STU),N,fp);                    //从文件读数据块
    printf("从文件读入 5 名学生的数据是: \n");
    printf("%-10s%-10s%s\n","学号","姓名","三门课成绩");
    for(i=0; i<5; i++)
    {
        printf("%-10s%-10s%-5d%-5d%-5d\n",a[i].num,a[i].name,a[i].score[0],
  a[i].score[1],a[i].score[2]);
    }
    return 0;
}
```

程序运行结果如图 13-12 所示。

```
D:\Chap13\exp\bin\Debug\exp....
从文件读入5名学生的数据是:
学号        姓名        三门课成绩
10001      ZhangKai    95    80    88
10002      LiXiang     85    70    78
10003      CaoJia      75    60    88
10004      FangYuan    90    82    87
10005      MaChao      91    92    77
```

图 13-12　例 13-6 的运行结果

程序第 22 行“fwrite(a, sizeof(STU), N, fp);”表示向 fp 所指文件写入 N 个大小为 sizeof(STU)的数据块,这些数据已经放在数组 a 中。

程序第 23 行“fread(b, sizeof(STU), N, fp);”表示从 fp 所指文件读取 N 个大小为 sizeof(STU)的数据块,并将这些数据块放到数组 b 中。

说明：本题创建的 D:\test\exp13_6.dat 文件为二进制文件,用记事本打开后无法看懂文件里存储的信息,因此这里不对文件内容进行截图,读者可自行运行程序以查看结果。

13.4.5　判断文件结束函数 feof()

文本文件的结束标志是 EOF,但是二进制文件没有 EOF 的结束标志,因此,对于二进制文件,只能使用系统提供的 feof()函数来判断文件是否结束。

feof()函数的原型及调用形式如下：

```
函数原型: int feof(FILE * fp);
调用形式: feof(文件指针变量);
```

如果文件读取结束则返回非 0 值;如果文件没有结束则返回 0。

对于二进制文件,判断读写是否结束的方法如下：

```
while(!feof(fp))
{
    ⋮           //此处写入读写操作语句
}
```

说明：文本文件也可按照上面的形式使用 feof()函数来判断是否读取结束。

13.5　文件的定位

上面介绍的文件读写函数都是以顺序的方式操作的。有时用户想直接读取文件中间某位置的信息,若按照文件的顺序读写方法,必须从文件头开始读,直到要读写的位置再读,这显然不方便。C 语言提供了一组文件的随机读写函数,可以将文件位置指针定位在所要读写的地方,从而实现随机读写。

这里提到一个“文件位置指针”的概念,注意和前面介绍的“文件指针”是两个完全不同的概念。文件指针是用 FILE 类型定义的一个指针变量,通过 fopen()函数调用使得文件指针和某个文件建立联系。而文件位置指针只是一个形象化的概念,用来表示文件读写的当前位置。

对文件的随机读写是指在文件内部任意位置对文件内容进行访问,这就需要对文件位置指针进行定位,只有定位准确,才能实现对文件的随机访问。

13.5.1 定位函数 fseek()

fseek()函数的作用是将文件位置指针设置到指定位置,一般用于对二进制文件进行操作。fseek()函数的原型及调用形式如下:

```
函数原型: int fseek(FILE * fp, long offset, int base);
调用形式: fseek(fp, offset, base);
```

函数操作成功时返回0;失败时返回非0。其中,fp是文件指针变量;offset是位移量,要求必须是长整型数据(如果是正数表示向后移动文件位置指针,如果是负数表示向前移动文件位置指针);base是位移的起始点,它有以下取值。

① SEEK_SET(或数值0):表示文件开头。

② SEEK_CUR(或数值1):表示文件位置指针的当前位置。

③ SEEK_END(或数值2):表示文件末尾。

如下面几个例子:

```
fseek(fp,50L,SEEK_SET);     //将文件位置指针定位到距离文件开头向后50B的位置
fseek(fp,2L,SEEK_CUR);      //将文件位置指针定位到距离当前位置向后2B的位置
fseek(fp,-2L,SEEK_END);     //将文件位置指针定位到距离文件末尾向前2B的位置
```

其中,数字后加L表示位移量是long型。

13.5.2 获取位置函数 ftell()

ftell()函数返回文件位置指针的当前值,这个值是从文件开头算起,到当前读写位置的字节数,返回值为长整数。当返回−1时,表示出现错误。ftell()函数的原型及调用形式如下:

```
函数原型: long ftell(FILE * fp);
调用形式: ftell(文件指针变量);
```

【例13-7】 读取D:\test\exp13-7.txt文件中的第一个字符和倒数第二个字符,并显示每次读取字符后的文件位置指针的当前位置。

```
#include <stdio.h>
#include <stdlib.h>
int main()
{
    FILE * fp;
    char ch1,ch2;
    long t1,t2;
    if((fp=fopen("D:\\test\\exp13_7.txt","r"))==NULL)        //以只读方式打开文本文件
```

```
 9.     {
10.         printf("无法打开文件!");
11.         exit(0);
12.     }
13.     ch1=fgetc(fp);              //读取文件中的第一个字符
14.     t1=ftell(fp);               //获取文件位置指针当前位置
15.     fseek(fp,-2L,SEEK_END);     //将文件位置指针定位到距离文件末尾 2 个字节的位置
16.     ch2=fgetc(fp);              //读取文件中的倒数第二个字符
17.     t2=ftell(fp);               //获取文件位置指针当前位置
18.     fclose(fp);                 //关闭文件
19.     printf("读取的字符: %c %c\n",ch1,ch2);
20.     printf("文件位置指针: %ld %ld\n",t1,t2);
21.     return 0;
22. }
```

exp13_7.txt 文件中的内容如图 13-13 所示。

程序运行结果如图 13-14 所示。

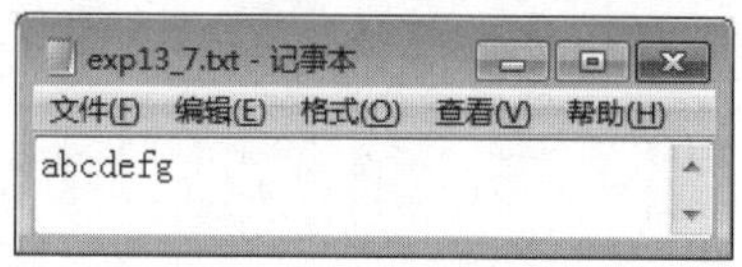

图 13-13 exp13_7.txt 文件中的内容

图 13-14 例 13-7 的运行结果

程序第 13 行“ch1=fgetc(fp);”语句执行时是从文件开头读取第一个字符'a',读取之后文件位置指针自动后移一个字节。程序第 15 行“fseek(fp,-2L, SEEK_END);”是将文件位置指针定位到距离文件末尾向前 2 个字节的位置,也就是字母'f'的位置,程序第 16 行“ch2=fgetc(fp);”语句执行时读取字符'f',然后文件位置指针又自动后移一个字节。

13.5.3 反绕函数 rewind()

rewind()函数用于把文件位置指针定位到文件的开头,这个函数又称为反绕函数。

rewind()函数的原型及调用形式如下:

> **函数原型: void rewind(FILE * fp);**
> **调用形式: rewind(文件指针变量);**

【例 13-8】 假设在 D:\exp13_8.txt 文件中保存了字符串"Beijing Shanghai",比较以下两个程序的执行结果,以理解 rewind()函数的作用。

程序一:

```
#include <stdio.h>
int main()
{
```

```
    FILE * fp;
    char a[10], b[10];
    fp=fopen("D:\\exp13_8.txt","r");
    fgets(a, 9, fp);
    fgets(b, 9, fp);
    fclose(fp);
    puts(a);
    puts(b);
    return 0;
}
```

程序二：

```
#include <stdio.h>
int main()
{
    FILE * fp;
    char a[10], b[10];
    fp=fopen("D:\\exp13_8.txt ","r");
    fgets(a, 9, fp);
    rewind(fp);                //反绕函数
    fgets(b, 9, fp);
    fclose(fp);
    puts(a);
    puts(b);
    return 0;
}
```

程序一运行结果如图13-15所示。

程序二运行结果如图13-16所示。

图13-15 程序一运行结果

图13-16 程序二运行结果

13.6 出错检测

13.6.1 ferror()函数

在调用各种输入输出函数(如putc、getc、fread、fwrite等)时，如果出现错误，除了函数返回值有所反映外，还可以用 ferror()函数检查。它的函数原型和调用形式如下：

```
函数原型：ferror(FILE * fp);
调用形式：ferror(文件指针变量);
```

功能：检查文件在用各种输入输出函数进行读写时是否出错。如 ferror 返回值为 0 表示未出错，返回值为非 0 表示有错。

应该注意，对同一个文件每一次调用输入输出函数，均产生一个新的 ferror()函数值，因此，应当在调用一个输入输出函数后立即检查 ferror 函数的值，否则信息会丢失。在执行 fopen()函数时，ferror()函数的初始值自动置为 0。

13.6.2　clearerr()函数

clearerr()函数的作用是使文件出错标志和文件结束标志置 0。它的函数原型和调用形式如下：

```
函数原型：clearerr(FILE * fp);
调用形式：clearerr(文件指针变量);
```

假设在调用一个输入输出函数时出现错误，ferror()函数值为一个非零值。在调用 clearerr()后，ferror()的值变成 0。只要出现错误标志，就一直保留，直到对同一个文件调用 clearerr()函数或 rewind()函数，或其他任何一个输入输出函数。

13.7　文件应用实例

【例 13-9】　设计一个对指定文件进行加密和解密的程序，密码和文件名由用户输入。

加密方法：以二进制打开文件，将密码中每个字符的 ASCII 码值与文件的每个字节进行异或运算，然后写回原文件原位置即可。这种加密方法是可逆的，即对明文进行加密到密文，用相同的密码对密文进行解密就得到明文。此方法适合各种类型的文件加密、解密。

分析：由于涉及文件的读和写，采用从原文件中逐个字节读出，加密后写入一个新建的临时文件，最后，删除原文件，把临时文件改名为原文件名，完成操作。程序代码如下：

```
#include <stdio.h>
int main()
{
    FILE * fp1, * fp2;
    char pwd[10],ch,file[50],temp[50]="temp.txt";
    int i,len;
    printf("请输入文件的路径及文件名：\n");
    gets(file);
```

```
    if((fp1=fopen(file,"r"))==0 ||(fp2=fopen(temp,"w"))==0)
    {
        printf("无法打开文件\n");
        exit(0);
    }
    printf("\n请输入密码: ");
    gets(pwd);                      //从键盘输入字符串作为密码
    len=strlen(pwd);
    i=0;
    ch=fgetc(fp1);
    while(ch !=EOF)                 //依次读取文件中的字符进行加密
    {
        ch=ch ^ pwd[i++];           //将文件中的字符和密码的字符依次进行异或操作
        if(i==len)                  //如果取到密码字符串的末尾,则从头开始
        {
            i=0;
        }
        fputc(ch,fp2);              //将加密后的字符写到 fp2 所指的临时文件
        ch=fgetc(fp1);
    }
    fclose(fp1);
    fclose(fp2);
    remove(file);                   //删除原文件
    rename(temp,file);              //用将加密后的文件名更名为原文件名
    printf("\n加密完成\n");
    return 0;
}
```

加密前的原文件内容如图 13-17 所示。

程序运行结果如图 13-18 所示。

加密后的文件内容如图 13-19 所示。

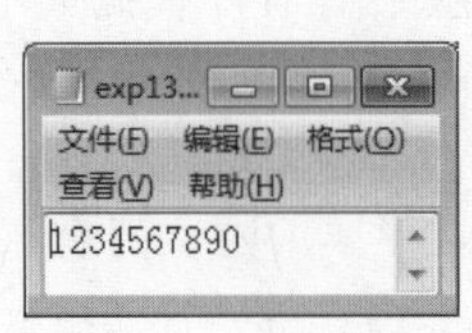

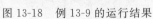

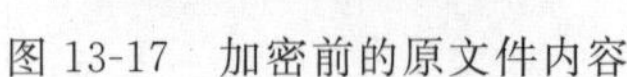
图 13-17 加密前的原文件内容

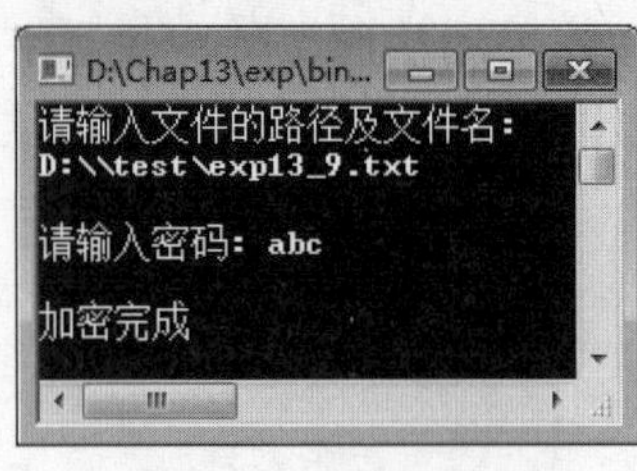

图 13-18 例 13-9 的运行结果

图 13-19 加密后的文件内容

本题进行加密的是 data. txt 文件,文件原有内容为"1234567890",从键盘输入密码 abc,用原文件中的字符和密码中的字符依次进行异或操作,即'a'^'1'、'b'^'2'、'c'^'3'、'a'^'4'、'b'^'5'、'c'^'6'、'a'^'7'、'b'^'8'、'c'^'9'、'a'^'0',异或之后的内容为"PPPUWUVZZQ",将新内容存

放在临时文件 temp.txt 中。然后删除原文件 data.txt，同时将临时文件 temp.txt 更名为 data.txt，至此文件加密完成。

【例 13-10】 定义一个保存学生数据的结构体，成员包括学号、姓名、性别、班级、三门课成绩。现有两个二进制文件 dataMale.dat 和 dataFemale.dat，前者记录了 6 名男生的数据，后者记录了 4 名女生的数据。编程读取两个文件里的男生和女生数据并显示，然后将这 10 个学生数据按学号进行升序排序，再把排序后的 10 名学生数据存到二进制文件 data.dat 中。

```
#include <stdio.h>
#include <stdlib.h>
#include <string.h>
typedef struct student
{
    char num[10];
    char name[20];
    char sex;
    char className[20];
    int score[3];
}STU;

//readMale()函数的功能是从 dataMale.dat 文件读男生数据，并显示男生数据
void readMale(STU *male)
{
    FILE *fp;
    int i;
    if((fp=fopen("D:\\dataMale.dat","rb"))==NULL)
    {
        printf("无法打开文件\n");
        exit(0);
    }
    fread(male,sizeof(STU),6,fp);
    fclose(fp);
    printf("从%s 文件读取的男生信息是:\n","D:\\dataMale.dat");
    printf("%-15s%-15s%-8s%-18s%-s\n","学号","姓名","性别","班级","三门课成绩");
    for(i=0; i<6; i++)
    {
        printf("%-15s%-15s%-8c%-18s%-5d%-5d%-5d\n",male[i].num,male[i].name,male[i].sex,male[i].className,male[i].score[0],male[i].score[1],male[i].score[2]);
    }
}

```

```
//readFemale()函数的功能是从 dataFemale.dat 文件读女生数据,并显示女生数据
void readFemale(STU * female)
{
    FILE * fp;
    int i;
    if((fp=fopen("D:\\dataFemale.dat","rb"))==NULL)
    {
        printf("无法打开文件\n");
        exit(0);
    }
    fread(female,sizeof(STU),4,fp);
    fclose(fp);
    printf("\n从%s 文件读取的女生信息是:\n","D:\\dataFemale.dat");
    printf("%-15s%-15s%-8s%-18s%-s\n","学号","姓名","性别","班级","三门课成绩");
    for(i=0; i<4; i++)
    {
        printf("%-15s%-15s%-8c%-18s%-5d%-5d%-5d\n",female[i].num,female[i].name,female[i].sex,female[i].className,female[i].score[0],female[i].score[1],female[i].score[2]);
    }
}

//mergeStu()函数的功能是合并男、女生数据,并对所有学生按学号进行升序排序
void mergeStu(STU * male,STU * female,STU * data)
{
    int i,j;
    STU t;
    for(i=0; i<6; i++)
    {
        data[i]=male[i];
    }
    for(i=0; i<4; i++)
    {
        data[6+i]=female[i];
    }
    for(i=0; i<9; i++)
    {
        for(j=i+1; j<10; j++)
        {
            if(strcmp(data[i].num,data[j].num)>0)
            {
                t=data[i];data[i]=data[j];data[j]=t;
```

```
            }
        }
    }
    printf("\n按学号升序排序后的所有学生信息是:\n");
    printf("%-15s%-15s%-8s%-18s%-s\n","学号","姓名","性别","班级","三门课成绩");
    for(i=0; i<10; i++)
    {
        printf("%-15s%-15s%-8c%-18s%-5d%-5d%-5d\n",data[i].num,data[i].name,data[i].sex,data[i].className,data[i].score[0],data[i].score[1],data[i].score[2]);
    }
}

//writeStu()函数的功能是将全部学生数据写入 data.dat 文件中
void writeStu(STU * data)
{
    FILE * fp;
    if((fp=fopen("D:\\data.dat","wb"))==NULL)
    {
        printf("无法打开文件\n");
        exit(0);
    }
    fwrite(data,sizeof(STU),10,fp);
    fclose(fp);
}

int main()
{
    STU male[6],female[4],data[10];
    //第一步:从 D:\dataMale.dat 文件读取 6 名男生信息到数组 male 中,并显示
    readMale(male);

    //第二步:从 D:\dataFemale.dat 文件读取 4 名女生信息数组 female 中,并显示
    readFemale(female);

    //第三步:将男生和女生信息合并到数组 data 中,然后按学号进行升序排序
    mergeStu(male,female,data);

    //第四步:将数组 data 中存放的排序后的 10 名学生信息写到 D:\data.dat 文件中
    writeStu(data);
    return 0;
}
```

程序运行结果如图 13-20 所示。

图 13-20　例 13-10 的运行结果

13.8　本章小结

(1) 本章主要学习了表 13-2 中的多个文件处理函数。

表 13-2　常用的文件系统函数

分　类	函　数　名	功　　能
打开文件	fopen()	打开文件
关闭文件	fclose()	关闭文件
文件定位	fseek()	改变文件位置指针的位置
	rewind()	使文件位置指针重新置于文件开头
	ftell()	返回文件位置指针的当前值
文件读写	fscanf()、fprintf()	格式化读取、写入函数
	fgetc()、fputc()	读取、写入字符函数
	fgets()、fputs()	读取、写入字符串函数
	fread()、fwrite()	读取、写入数据块函数
文件状态	feof()	若文件的位置指针指到文件末尾,函数值为“真”(非 0)
	ferror()	若对文件操作出错,函数值为“真”(非 0)
	clearerr()	使 ferror()和 feof()函数值置零

(2) 计算机处理的所有数据项最终都是 0 和 1 的组合。

(3) C 语言把每个文件都当作一个有序的字节流，按字节进行处理。

(4) FILE 是定义在头文件 stdio.h 中的结构类型，打开文件时返回一个 FILE 结构的指针。

(5) 文件可按只读、只写、读写和追加 4 种操作方式打开，同时还必须指定文件的类型是二进制还是文本文件。

(6) 养成良好的程序设计习惯：保证用正确的文件指针调用文件处理函数；明确地关闭程序中不再引用的文件；如果不修改文件的内容就以只读方式打开它。

(7) FILE 结构与操作系统有关，FILE 结构的成员随系统对其文件处理方式的不同而不同。

13.9 习　　题

13.9.1 选择题

1. 关于文件的打开方式，下列说法正确的是(　　)。
   A. 以"r+"方式打开的文件只能用于读
   B. 不能试图以"w"方式打开一个不存在的文件
   C. 若以"a"方式打开一个不存在的文件，则会新建一个文件
   D. 以"w"或"a"的方式打开文件时，可以对该文件进行写操作
2. 要在 C:\MyDir 目录下新建一个 MyFile.txt 文件用于写，正确的 C 语句是(　　)。
   A. FILE *fp=fopen("C:\MyDir\Myfile.txt", "w");
   B. FILE *fp; fp=fopen("C:\\MyDir\\MyFile.txt", "w");
   C. FILE *fp; fp=fopen("C:\MyDir\MyFile.txt", "w");
   D. FILE *fp=fopen("C:\\MyDir\\MyFile.txt", "r");
3. C 语言中，下列说法不正确的是(　　)。
   A. 顺序读写中，读多少个字节，文件读写位置指针相应也向后移动多少个字节
   B. 要实现随机读写，必须借助文件定位函数，把文件读写位置指针定位到指定的位置，再进行读写
   C. fputc()函数可以从指定的文件读入一个字符，fgetc()函数可以把一个字符写到指定的文件中
   D. 格式化写函数 fprintf()中格式化的规定与 printf()函数相同，所不同的只是 fprintf()函数是向文件中写入，而 printf()函数是向屏幕输出
4. 下列可以将 fp 所指文件中的内容全部读出的是(　　)。
   A. ch=fgetc(fp);
      while(ch == EOF) ch=fgetc(fp);
   B. while(!feof(fp)) ch=fgetc(fp);
   C. while(ch != EOF) ch=fgetc(fp);

D. while(feof(fp)) ch=fgetc(fp);

5. 以下与函数 fseek(fp,0L,SEEK_SET)有相同作用的是(　　)。

A. feof(fp)　　B. ftell(fp)　　C. fgetc(fp)　　D. rewind(fp)

6. 以下程序执行后,abc.dat 文件中的内容是(　　)。

```
#include <stdio.h>
int main()
{  FILE * pf;
   char * s1="China", * s2="Beijing";
   pf=fopen("abc.dat","wb+");
   fwrite(s2,7,1,pf);
   rewind(pf);                          /* 文件位置指针回到文件开头 */
   fwrite(s1,5,1,pf);
   fclose(pf);
   return 0;
}
```

A. China　　B. Chinang　　C. ChinaBeijing　　D. BeijingChina

7. 下面程序运行后的结果是(　　)。

```
#include <stdio.h>
int main()
{
    FILE * fp;
    int i,m=9;
    fp=fopen("D:\\test.txt","w");
    for(i=1; i<5; i++)fprintf(fp,"%d",i);
    fclose(fp);
    fp=fopen("D:\\test.txt","r");
    fscanf(fp,"%d",&m);
    fclose(fp);
    printf("m=%d\n",m);
    return 0;
}
```

A. m=1　　B. m=9　　C. m=1234　　D. m=12345

8. 若 fp 是指向某文件的指针,且已读到此文件末尾,则库函数 feof(fp)的返回值是(　　)。

A. EOF　　B. 0　　C. 非零值　　D. NULL

9.

```
#include<stdio.h>
int main()
{
    FILE * f;
```

```
    f=fopen("filea.txt","w");
    fprintf(f,"%s","abc");
    fclose(f);
    return 0;
}
```

若文本文件 filea. txt 中原有内容为 hello，运行以上程序后，文件 filea. txt 的内容为(　　)。

A. helloabc　　B. abclo　　C. abc　　D. abchello

13.9.2　编程题

1. 声明一个结构体类型，其中包含姓名和生日两个成员(都是字符串)。从键盘上输入 3 位家人的姓名和生日，调用 fwrite 函数，将这些信息写入到二进制文件 D:\my\family. dat 中。调用 fread 函数，读取文件中的记录，并显示到终端屏幕上。

2. 修改二进制文件 D:\my\family. dat 的第三条记录，再通过 fread 函数读取文件的全部记录，并显示在终端屏幕上。

3. 通过文本编辑器(如记事本)在 D 盘根目录下建立一个文件，并写入一串大小写英文字母，调用相关函数，读取文件内容，并显示在终端屏幕上。

第14章 位运算

计算机处理的各种信息包括数据、文字、声音、图像等都是以二进制形式存储的，计算机处理信息的基本单位是字节，一个字节(B)是8位二进制位(b)。C语言支持位运算即实现了对计算机硬件的直接操作，使读者近一步体会到C语言既具有高级语言的特点，又具有低级语言的功能。

例如，在实际运用的数据传输过程中，计算机A要将一个字节的二进制数"10101110"以串行方式传送给计算机B，计算机B收到数据时，如何检测该数据是否正确？这就要引入校验机制，一种简单的校验机制是奇偶校验法，即计算机A在传输"10101110"的同时添加1b的校验位一起传送，该校验位是将"10101110"中的每一个二进制位相异或后得到的值。计算机B接收到数据后也在内部用相同的方法计算一个校验位，然后将自行计算的校验位与接收到的校验位进行比较，看是否吻合，如果吻合则表示数据传输正确，否则表示错误。那么产生校验位的异或运算是如何实现的？对二进制数还有哪些运算？带着这些问题，我们进行本章的学习。

14.1 位运算符

位运算是指对二进制位进行的运算。在计算机进行检测和控制的领域里，经常要对二进制位进行处理。C语言提供位运算的功能，与其他高级语言相比，它显然具有很大的优越性。

C语言提供6种位运算符，如表14-1所示。

表14-1 C语言提供的位运算符

类　型	位运算符	含　义
位逻辑运算符	&	按位与
	|	按位或
	^	按位异或
	~	按位取反
移位运算符	<<	按位左移
	>>	按位右移

说明：

(1) C 语言的位运算对象只能是整型或字符型数据，不能是其他类型的数据。

(2) 在这 6 种位运算符中，按位取反“～”是单目运算符，只有一个运算对象，其他均为双目运算符，有两个运算对象。

(3) 6 种运算符的优先级由高到低依次为取反、左移和右移、按位与、按位异或、按位或。

(4) 两个不同长度的数据进行位运算时，系统会将两者按右端对齐。

以上各双目位运算符与赋值运算符结合组成复合赋值运算符，如表 14-2 所示。

表 14-2 扩展的复合赋值运算符

复合赋值运算符	表达式举例	等价的表达式
&=	a &= b	a = a & b
|=	a |= b	a = a | b
^=	a ^= b	a = a ^ b
<<=	a <<= n	a = a << n
>>=	a >>= n	a = a >> n

下面对 6 种位运算符分别进行介绍。

14.1.1 按位与运算符

“按位与”运算符是双目运算符。它的运算规则：进行按位与运算时，如果两个运算对象都为 1，则结果位为 1；如果两个运算对象有一个为 0，则结果为 0，如下所示：

0 & 0=0	0 & 1=0	1 & 0=0	1 & 1=1

利用“按位与”运算符可以实现以下功能。

(1) 将数据中的指定位清零。

(2) 保留数据中指定的位。

例如，

```
    0 0 0 0 1 1 0 1  (十六进制 0x0d)
&   1 1 0 0 0 0 1 1  (十六进制 0xc3)
    0 0 0 0 0 0 0 1  (十六进制 0x01)
```

【例 14-1】 将二进制数 00111111(十六进制数 0x3f)中的高 4 位保留，低 4 位清零。

分析：该例子既用到了 & 运算符将指定位清零的功能，也用到了将指定位保留的功能。完成该操作需要用该数与一个特定数做按位与操作，这个特定数是 11110000(即十六进制数 0xf0)。设置该特定数的规则是：对需要清零的位置为 0，对需要保留的位置为 1。

```
#include <stdio.h>
int main()
```

```
3. {
4.     unsigned char a=0x3f,b=0xf0,c;      //变量 a、b 的初值是十六进制数
5.     c=a & b;
6.     printf("将%#x 的高 4 位保留,低 4 位清零\n",a);
7.     printf("%#x & %#x=%#x\n",a,b,c);
8.     return 0;
9. }
```

程序运行结果如图 14-1 所示。

图 14-1 例 14-1 的运行结果

程序第 5 行"c=a & b;"的执行过程为

```
  0 0 1 1 1 1 1 1
& 1 1 1 1 0 0 0 0
  0 0 1 1 0 0 0 0
```

14.1.2 按位或运算符

"按位或"运算符是双目运算符。它的运算规则：进行按位或运算时，如果两个运算对象有一个为 1，则结果位为 1；如果两个运算对象都为 0，则结果位为 0，如下所示：

0 | 0=0	0 | 1=1	1 | 0=1	1 | 1=1

利用"按位或"运算可以实现将数据中的指定位置 1。

例如，

```
  0 0 0 0 1 1 0 1  (十六进制 0x0d)
| 1 1 0 0 0 0 1 1  (十六进制 0xc3)
  1 1 0 0 1 1 1 1  (十六进制 0xcf)
```

【例 14-2】 编写程序将数组中的所有整数转换为不小于它的最小奇数。

分析：将某数转换为不小于它的最小奇数，只需要将该数的二进制表示法的最低位置为 1 即可，即将该数与十进制数 1 做按位或的操作。

```
#include <stdio.h>
int main()
{
    unsigned char i,a[10]={23,14,24,31,46,55,33,68,27,40};
    printf("转换前的数组元素是: ");
    for(i=0; i<10; i++)
    {
        printf("%d ",a[i]);
    }
    printf("\n");
    for(i=0; i<10; i++)
    {
        a[i]=a[i] | 0x01;      //将该数转换为不小于它的最小奇数,即把最低一位置"1"
```

```
14.     }
15.     printf("转换后的数组元素是：");
16.     for(i=0; i<10; i++)
17.     {
18.         printf("%d ",a[i]);
19.     }
20.     printf("\n");
21.     return 0;
22. }
```

程序运行结果如图 14-2 所示。

图 14-2　例 14-2 的运行结果

当 a[1]＝14，程序第 13 行“a[1]＝a[1] | 0x01;”的执行过程为

```
  0 0 0 0 1 1 0 0
| 0 0 0 0 0 0 0 1
-----------------
  0 0 0 0 1 1 0 1
```

14.1.3　按位异或运算符

“按位异或”运算符是双目运算符。它的运算规则：进行按位异或运算时，当两个运算对象的值相异时，结果位为 1；如果两个运算对象的值相同时，结果位为 0，如下所示：

0 ^ 0=0	1 ^ 1=0	0 ^ 1=1	1 ^ 0=1

利用“按位异或”运算符可以实现以下功能。

(1) 使数据中的指定位翻转。

(2) 保留数据中的指定位。

(3) 可以交换两个变量的值，而不使用中间变量。

(4) 将一个数清零。

例如，

```
  0 0 1 1 1 1 0 1   (十六进制 0x3d)
^ 0 0 1 1 1 1 0 1   (十六进制 0x3d)
-----------------
  0 0 0 0 0 0 0 0   (十六进制 0x00)
```

【例 14-3】　将二进制数 00111100(即十六进制数 0x3c)中的高 4 位保留，低 4 位翻转。

分析：该例子既用到了^运算符来实现保留指定位的功能，又用到了将指定位翻转的功能。完成该操作需要用该数与一个特定数做按位异或的操作，这个特定数是 00001111

(即十六进制数 0x0f)。该特定数设置的规则：对于需要保留的位，如果该位是 0，则特定数对应的位也为 0；如果该位是 1，则特定数对应的位为 0。对于需要翻转的位，如果该位是 0，则特定数对应的位为 1；如果该位是 1，则特定数对应的位为 0。

```
1. #include <stdio.h>
2. int main()
3. {
4.     unsigned char a=0x3c,b=0x0f,c;
5.     c=a ^ b;
6.     printf("%#x 高 4 位保留,低 4 位翻转\n",a);
7.     printf("%#x ^ %#x=%#x\n",a,b,c);
8.     return 0;
9. }
```

程序运行结果如图 14-3 所示。

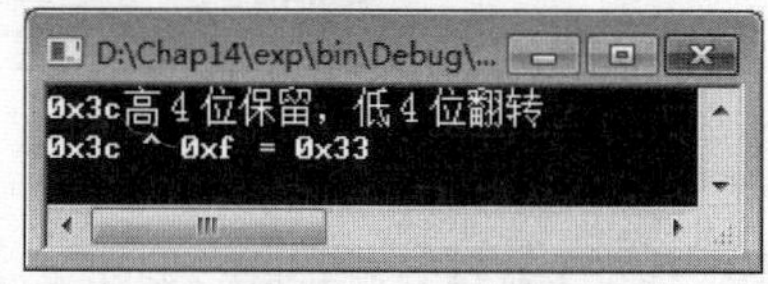

图 14-3　例 14-3 的运行结果

程序第 5 行“c=a ^ b;”的执行过程为

```
  0 0 1 1 1 1 0 0
^ 0 0 0 0 1 1 1 1
-----------------
  0 0 1 1 0 0 1 1
```

【例 14-4】 设有整型数 x=5,y=9。编写程序利用位运算，将 x 和 y 的值互换。

分析：程序中，通过顺序使用“x=x ^ y; y=y ^ x; x=x ^ y;”3 条赋值语句将两变量 x、y 的值互换。具体计算过程如下。

第一步：x　　　　00000101
　　　　y　　　　00001001
　　　　x=x ^ y　00001100

第二步：x　　　　00001100
　　　　y　　　　00001001
　　　　y=x ^ y　00000101 (y 的值变为 5)

第三步：x　　　　00001100
　　　　y　　　　00000101
　　　　x=x ^ y　00001001 (x 的值变为 9)

```
#include <stdio.h>
int main()
{
    unsigned char x=5,y=9;
    printf("变量的初值: x=%u,y=%u\n",x,y);
    x=x ^ y;
    y=y ^ x;
    x=x ^ y;
```

```
    printf("交换后的值: x=%u,y=%u\n",x,y);
    return 0;
}
```

程序运行结果如图 14-4 所示。

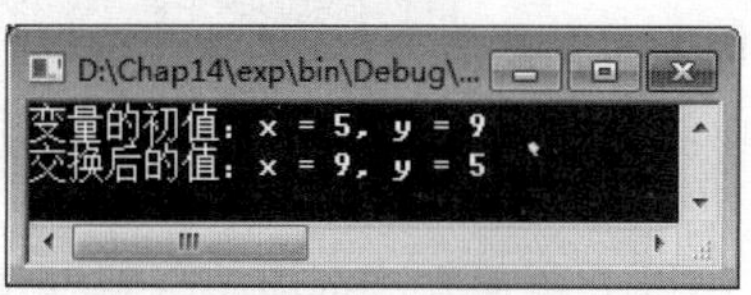

图 14-4　例 14-4 的运行结果

14.1.4　按位取反运算符

"按位取反"运算符是单目运算符。它的运算规则是 0 取反得 1,1 取反得 0,如下所示：

～0=1	～1=0

例如,

$$\begin{array}{rl} \sim\ 00001101 & (\text{十六进制 } 0x0d) \\ \hline 11110010 & (\text{十六进制 } 0xf2) \end{array}$$

适当地使用"取反"运算符可增加程序的可移植性。例如,要将整数 x 的最低位置为 0,人们通常采用语句"x=x & (～1);"来完成,因为这样做不管 x 是 8 位、16 位还是 32 位数均能办到。

14.1.5　按位左移运算符

"按位左移"运算符是双目运算符。它的运算规则：把<<左侧运算数的各二进位全部左移若干位,移动的位数由<<右边的数指定,高位丢弃,低位补 0。

例如,a<<2 是把 a 的各二进位向左移动 2 位。假如 a=3(二进制数为 00000011),将 a 的值左移 2 位后得 12(二进制数为 00001100)。

利用"左移"运算符可以实现乘法的功能：左移 1 位相当于该数乘以 2;左移 n 位相当于该数乘以 2^n。但此结论只适用于该数左移时被溢出舍弃的高位中不包含 1 的情况。左移比乘法运算快得多,有的 C 编译系统自动将乘 2 运算用左移一位来实现。

【例 14-5】　编程将一个整数值乘以 4。

方法一：

```
#include <stdio.h>
int main()
{
    unsigned char x=6, n=2, y;
    y=x <<n;
    printf("%u <<%u=%u\n",x,n,y);
    return 0;
}
```

方法二：

```
#include <stdio.h>
int main()
{
    unsigned char x=6, n=4, y;
    y=x * n;
    printf("%u * %u=%u\n",x,n,y);
    return 0;
}
```

方法一运行结果如图14-5所示。

方法二运行结果如图14-6所示。

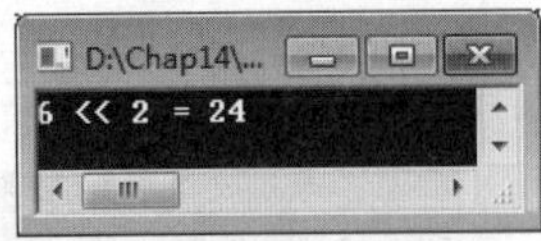

图14-5　方法一的运行结果

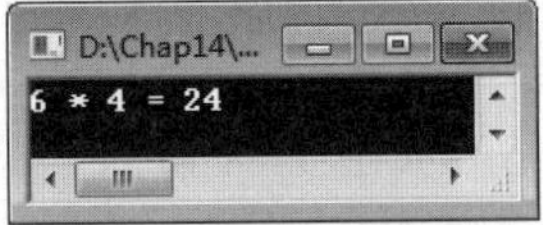

图14-6　方法二的运行结果

以上两种方法都能实现将变量x的值乘以4,但是方法一的执行效率高,因为按位左移运算符<<的运算速度比乘运算符*快许多。

14.1.6　按位右移运算符

“按位右移”运算符是双目运算符。它的运算规则是把>>左侧运算数的各二进位全部右移若干位,移动的位数由>>右边的数指定。

利用“右移”运算符可以实现除法的功能,即右移1位相当于该数除以2;右移n位相当于该数除以2^n。右移比除法运算快得多。

【例14-6】　编程将一个整数值整除4。

方法一:

```
#include <stdio.h>
int main()
{
    unsigned char x=12, n=2, y;
    y=x >>n;
    printf("%u >> %u= %u\n",x,n,y );
    return 0;
}
```

方法二:

```
#include <stdio.h>
int main()
{
    unsigned char x=12, n=4, y;
    y=x/n;
    printf("%u/%u=%u\n",x,n, y);
    return 0;
}
```

方法一运行结果如图14-7所示。

方法二运行结果如图14-8所示。

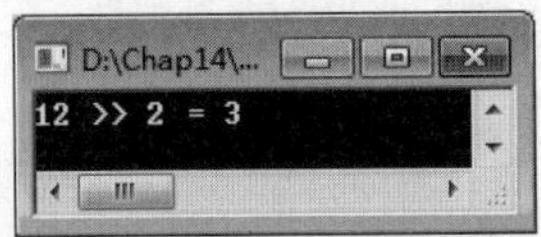

图14-7　方法一的运行结果

图14-8　方法二的运行结果

对于无符号数,在右移时,最高位补0。

对于有符号数,在右移时,符号位将随同移动。如果是正数,符号位为0,则最高位补0;如果是负数,符号位为1,则最高位补0还是补1取决于计算机系统的规定。移入0的称为“逻辑右移”;移入1的称为“算术右移”。我们可以通过编写程序来验证所使用的系统是采用“逻辑右移”还是“算术右移”。很多系统规定为补1,即“算术右移”。

14.2　位运算应用实例

【例 14-7】 以下是一个加密和解密的简单小程序，在加密和解密过程中用到了按位异或功能。

加密过程：将字符串“C 语言程序设计”与字符串“1234561234561”相异或。得到一个加密后的字符串。

解密过程：用加密后的字符串与字符串“1234561234561”相异或，即可得到原始字符串"C 语言程序设计"。

```
#include <stdio.h>
//password()为加密函数,其功能是将 s 中的字符依次与 pwd 中的字符相异或
void password(char s[])
{
    char pwd[]="123456";
    int i=0,j=0;
    while(s[i] !=0)、
    {
        s[i]=s[i] ^ pwd[j];
        i++;
        j++;
        if(j==6)
        {
            j=0;
        }
    }
}

//open_password()为解密函数,其功能是将 s 中的字符依次与 pwd 中的字符相异或
void open_password(char s[])
{
    char pwd[]="123456";
    int i=0,j=0;
    while(s[i] !=0)
    {
        s[i]=s[i] ^ pwd[j];
        i++;
        j++;
        if(j==6)
        {
            j=0;
        }
```

```
    }
}

int main()
{
    char s[]="C语言程序设计";
    printf("原始字符串是：%s\n",s);
    password(s);              //调用加密函数
    printf("加密后的字符串是：%s\n",s);
    open_password(s);         //调用解密函数
    printf("解密后的字符串是：%s\n",s);
    return 0;
}
```

程序运行结果如图14-9所示。

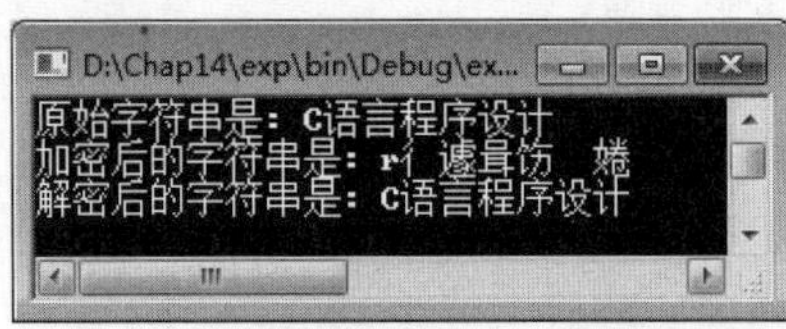

图14-9　例14-7的运行结果

14.3 本章小结

(1) 位运算就是指对二进制位进行的运算。C语言提供的位运算功能，使得它除了具有高级语言的特性外，还具有低级语言的特性，可以直接操作硬件。C语言提供6种位运算符。

(2) 按位与运算符&是双目运算符。它的运算规则：进行按位与运算时，如果两个运算对象都为1，则结果位为1；如果两个运算对象有一个为0，则结果为0。

(3) 按位或运算符|是双目运算符。它的运算规则：进行按位或运算时，如果两个运算对象有一个为1，则结果位为1；如果两个运算对象都为0，则结果位为0。

(4) 按位异或运算符^是双目运算符。它的运算规则：进行按位异或运算时，当两个运算对象的值相异时，结果位为1；如果两个运算对象的值相同时，结果位为0。

(5) 按位取反运算符～是单目运算符。它的运算规则：0取反得1，1取反得0。

(6) 按位左移运算符<<是双目运算符。它的运算规则：把<<左侧运算数的各二进位全部左移若干位，移动的位数由<<右边的数指定，高位丢弃，低位补0。

(7) 按位右移运算符>>是双目运算符。它的运算规则：把>>左侧运算数的各二进位全部右移若干位，移动的位数由>>右边的数指定。

14.4　习　　题

14.4.1　选择题

1. 整型变量 x 和 y 的值相等且为非 0 值,则以下选项中,结果为零的表达式是(　　)。

A. x || y　　B. x | y　　C. x & y　　D. x ^ y

2. 以下程序运行后的输出结果是(　　)。

```
int main()
{
    int x=3,y=2,z=1;
    printf("%d\n",x/y&~z);
    return 0;
}
```

A. 3　　B. 2　　C. 1　　D. 0

3. 以下程序执行后输出结果是(　　)。

```
int main()
{
    unsigned char a,b;
    a=4 | 3;
    b=4 & 3;
    printf("%d %d\n",a,b);
    return 0;
}
```

A. 7 0　　B. 0 7　　C. 1 1　　D. 43 0

4. 设 char 型变量 x 中的值为二进制 10100111,则表达式(2+x)^(~3)的值是(　　)。

A. 10101001　　B. 10101000　　C. 11111101　　D. 01010101

5. 以下程序的输出结果是(　　)。

```
int main()
{
    char x=040;
    printf("%o\n",x<<1);
    return 0;
}
```

A. 100　　B. 80　　C. 64　　D. 32

6. 以下程序运行后的输出结果是(　　)。

```
int main()
{
    unsigned char a,b,c;
```

```
    a=0x3;
    b=a | 0x8;
    c=b<<1;
    printf("%d %d\n",b,c);
    return 0;
}
```

A. −11 12 B. −6 −13 C. 12 24 D. 11 22

14.4.2 编程题

1. 编写一程序,对一个32位的数取出它的奇数位(从最右边起第1、3、5、…、31位),即奇数位保留原值,偶数位清零。

2. 写一个函数用来实现左右循环移位。函数名为fun(),调用方法为"fun(value, n, dire);",其中value是要循环移位的数,n是从第几位开始移动,dire表示循环移位的方向,如dire<0表示循环左移,dire>0表示循环右移。

附录A 常用字符及ASCII码表

美国信息交换标准码(American Standard Code for Information Interchange,ASCII)是美国信息交换标准委员会制定的7位二进制码,共有128个字符,其中包括32个通用控制字符、10个十进制数码、52个英文大小写字母、34个专用符号(如$、%、+等)。除了32个控制字符不打印外,其余96个字符全部可以打印(见表A-1)。

表A-1 ASCII码

ASCII码	字符	ASCII码	字符	ASCII码	字符	ASCII码	字符	ASCII码	字符	ASCII码	字符
000	NUL	019	DC3	038	&	057	9	076	L	095	_
001	SOH	020	DC4	039	'	058	:	077	M	096	`
002	STX	021	NAK	040	(	059	;	078	N	097	a
003	ETX	022	SYN	041	)	060	<	079	O	098	b
004	EOT	023	ETB	042	*	061	=	080	P	099	c
005	EDQ	024	CAN	043	+	062	>	081	Q	100	d
006	ACL	025	EM	044	,	063	?	082	R	101	e
007	BEL	026	SUB	045	-	064	@	083	S	102	f
008	BS	027	ESC	046	.	065	A	084	T	103	g
009	HT	028	FS	047	/	066	B	085	U	104	h
010	LF	029	GS	048	0	067	C	086	V	105	i
011	VT	030	RS	049	1	068	D	087	W	106	j
012	FF	031	US	050	2	069	E	088	X	107	k
013	CR	032	Space	051	3	070	F	089	Y	108	l
014	SO	033	!	052	4	071	G	090	Z	109	m
015	SI	034	"	053	5	072	H	091	[	110	n
016	DLE	035	#	054	6	073	I	092	\	111	o
017	DC1	036	$	055	7	074	J	093	]	112	p
018	DC2	037	%	056	8	075	K	094	^	113	q

续表

ASCII码	字符	ASCII码	字符	ASCII码	字符	ASCII码	字符	ASCII码	字符	ASCII码	字符
114	r	117	u	120	x	123	{	126	～		
115	s	118	v	121	y	124	|	127	del		
116	t	119	w	122	z	125	}				

注：

NUL——空字符；
SOH——标题开始；
STX——文件开始；
ETX——文件结束；
EOT——传送结束；
ENQ——询问；
ACK——回答；
BEL——报警；
LF——换行；
VT——纵向制表；
FF——换页键；
CR——回车；
SO——移出；
SI——移入；
DEL——删除；
DC1——设备控制1；
DC2——设备控制2；
NAK——否定回答；
SYN——同步空转；
ETB——信息组传送结束；
CAN——作废；
EM——记录媒体结束；
SUB——代替；
ESC——脱离；
FS——字段分隔；
GS——字组分隔。

附录B C语言关键字

C 语言关键字如表 B-1 所示。

表 B-1 C 语言关键字

关 键 字	说 明	用 途
char	字符型,数据占一个字节	数据类型
short	短整型	
int	整型	
long	长整型	
float	单精度实型	
double	双精度实型	
void	空类型,用它定义的对象不具有任何值	
unsigned	无符号类型,最高位不作符号位	
signed	有符号类型,最高位作符号位	
struct	用于定义结构体类型的关键字	
union	用于定义共用体类型的关键字	
enum	定义枚举类型的关键字	
const	表明这个量在程序执行过程中不变	
volatile	表明这个量在程序执行过程中可被隐含地改变	
typedef	用于定义同义数据类型	存储类别
static	静态变量	
auto	自动变量	
extern	外部变量声明,外部函数声明	
register	寄存器变量	
if	语句的条件部分	流程控制
else	指明条件不成立时执行的部分	
for	用于构成 for 循环结构	

续表

关 键 字	说 明	用 途
while	用于构成 while 循环结构	流程控制
do	用于构成 do…while 循环结构	
switch	用于构成多分支选择	
case	用于表示多分支中的一个分支	
default	在多分支中表示其余情况	
break	退出直接包含它的循环或 switch 语句	
continue	跳到一下轮循环	
return	返回到调用函数	
goto	转移到标号指定的地方	
sizeof	计算数据类型或变量在内存中所占的字节数	运算符
inline	内联函数	C99 新增的五个关键字
restrict	限制	
_Bool	布尔类型	
_Complex	复数	
_Imaginary	虚数	

附录C C语言运算符优先级和结合性

C 语言运算符优先级和结合性如表 C-1 所示。

表 C-1　C 语言运算符优先级和结合性

优先级	运　算　符	含　　义	结合性	类　　别
16(最高)	[]	数组下标	从左到右	
	( )	函数调用		
	.	成员选择运算		
	－＞	间接成员选择运算		
	(类型名){值列表}	(C99)复合字面值		
15	＋＋　－－	自增、自减	从右到左	单目运算符
	&	求地址运算		
	*	间接访问		
	＋	求原值		
	－	求负值		
	～	求按位反值		
	!	逻辑非		
	sizeof	求长度		
14	(类型名)	转换值类型	从右到左	单目运算符
13	/　%　*	除、求余、乘	从左到右	双目运算符
12	＋　－	加、减	从左到右	双目运算符
11	<<　>>	左移、右移	从左到右	双目运算符
10	<　<=　>　>=	小于、小于等于、大于、大于等于	从左到右	双目运算符
9	==　!=	等于、不等于	从左到右	双目运算符
8	&	按位与	从左到右	双目运算符
7	^	按位异或	从左到右	双目运算符
6	|	按位或	从左到右	双目运算符

续表

优先级	运算符	含义	结合性	类别
5	&&	逻辑与	从左到右	双目运算符
4	||	逻辑或	从左到右	双目运算符
3	?:	条件运算	从右到左	三目运算符
2	= += -= *= /= %= <<= >>= &= ^= |=	赋值	从右到左	双目运算符
1(最低)	,	顺序求值	从左到右	双目运算符

说明：相同优先级的运算次序由结合方向决定。例如，*号和/号优先级相同，其结合方向为自左至右，因此3*5/4的运算次序是先乘后除。单目运算符++和--具有同一优先级，因此表达式--i++相当于--(i++)。

附录D

C语言常用库函数

1. 数学函数

使用数学函数时应包含头文件 math. h,数学函数如表 D-1 所示。

表 D-1 数学函数

函数名	函数原型	功能	返回值	说明
abs	int abs(int x);	求整数 x 的绝对值	计算结果	
acos	double acos(double x);	计算 $\cos^{-1}(x)$的值	计算结果	x 在−1～1 范围内
asin	double asin(double x);	计算 $\sin^{-1}(x)$的值	计算结果	x 在−1～1 范围内
atan	double atan(double x);	计算 $\tan^{-1}(x)$的值	计算结果	
atan2	double atan(double x, double y);	计算 $\tan^{-1}(x/y)$的值	计算结果	
cos	double cos(double x);	计算 cos(x)的值	计算结果	x 的单位为弧度
cosh	double cosh(double x);	计算双曲余弦 cosh(x)的值	计算结果	
exp	double exp(double x);	计算 e^x 的值	计算结果	
fabs	double fabs(double x);	计算 x 的绝对值	计算结果	
floor	double floor(double x);	计算不大于 x 的双精度最大整数		
fmod	double fmod(double x, double y);	计算 x/y 整除后的双精度余数		
log	double log(double x);	计算 lnx 的值	计算结果	x>0
log10	double log10(double x);	计算 $\log_{10}x$ 的值	计算结果	x>0
modf	double modf(double val, double *ip);	把双精度数 val 分解成整数和小数部分,整数部分放在 ip 所指变量中	返回小数部分	
pow	double pow(double x, double y);	计算 x^y 的值	计算结果	
sin	double sin(double x);	计算 sin(x)的值	计算结果	x 的单位为弧度
sinh	double sinh(double x);	计算 x 的双曲正弦函数 sinh(x)的值	计算结果	

续表

函数名	函数原型	功能	返回值	说明
sqrt	double sqrt(double x);	计算x的开方值	计算结果	x>=0
tan	double tan(double x);	计算tan(x)的值	计算结果	
tanh	double tanh(double x);	计算x的双曲正切函数tanh(x)的值	计算结果	

2. 字符函数

使用字符函数时应包含头文件ctype.h,字符函数如表D-2所示。

表D-2 字符函数

函数名	函数原型	功能	返回值
isalnum	int isalnum(int ch);	检查ch是否为字母或数字	是,返回1;否,返回0
isalpha	int isalpha(int ch);	检查ch是否为字母	是,返回1;否,返回0
iscntrl	int iscntrl(int ch);	检查ch是否为控制字符	是,返回1;否,返回0
isdigit	int isdigit(int ch);	检查ch是否为数字	是,返回1;否,返回0
isgraph	int isgraph(int ch);	检查ch是否为ASCII码值在0x21~0x7e之间的可打印字符	是,返回1;否,返回0
islower	int islower(int ch);	检查ch是否为小写字母	是,返回1;否,返回0
isprint	int isprint(int ch);	检查ch是否为包括空格在内的可打印字符	是,返回1;否,返回0
ispunct	int ispunct(int ch);	检查ch是否为除了空格、字母、数字之外的可打印字符	是,返回1;否,返回0
isspace	int isspace(int ch);	检查ch是否为空格、制表符或换行符	是,返回1;否,返回0
isupper	int isupper(int ch);	检查ch是否为大写字母	是,返回1;否,返回0
isxdigit	int isxdigit(int ch);	检查ch是否为十六进制数字	是,返回1;否,返回0
tolower	int tolower(int ch);	把ch中的字母转换成小写字母	返回对应的小写字母
toupper	int toupper(int ch);	把ch中的字母转换成大写字母	返回对应的大写字母

3. 字符串函数

使用字符串函数时应包含头文件string.h,字符串函数如表D-3所示。

表D-3 字符串函数

函数名	函数原型	功能	返回值
strcat	char *strcat(char *s1, char *s2);	把字符串s2连接到s1后面	s1所指地址
strchr	char *strchr(char *s1, int ch);	在s所指字符串中,找到第一次出现字符ch的位置	字符ch的地址,找不到返回NULL

续表

函数名	函数原型	功　能	返　回　值
strcmp	char strcmp(char * s1, char * s2);	比较字符串 s1 和 s2	s1＜s2 返回负数;s1＝＝s2 返回零;s1＞s2 返回正数
strcpy	char * strcat(char * s1, char * s2);	把字符串 s2 复制到 s1 所指的空间里	s1 所指地址
strlen	unsigned strlen(char * s);	求字符串 s 的长度	返回字符中字符的个数(不含'\0')
strstr	char * strstr(char * s1, char * s2);	在 s1 所指字符串中,找到字符串 s2 第一次出现的位置	返回找到的字符串的地址,找不到返回 NULL

4. 输入输出函数

使用输入输出函数时应包含头文件 stdio. h 和 conio. h,输入输出函数如表 D-4 所示。

表 D-4　输入输出函数

函数名	函数原型	功　能	说　明
clearer	void clearer(FILE * fp);	清除文件出错标志和文件结束标志	调用该函数后,ferror 及 eof 函数都将返回 0
close	int close(int fp);	关闭文件	关闭成功返回 0,不成功返回－1
creat	int creat(char * filename, int mode);	以 mode 指定的方式建立文件	成功返回正数,否则返回－1
feof	int feof(int fp);	检测文件结束	文件结束返回 1,文件未结束返回 0
fclose	int fclose(FILE * fp);	关闭文件	关闭成功返回 0,不成功返回－1
ferror	int ferror(FILE * fp);	检测 fp 指向的文件读写错误	返回 0 表示读写文件不出错,返回非 0 表示读写文件出错
fgetc	int fgetc(FILE * fp);	从 fp 指定的文件中取得下一个字符	成功返回 0,出错或遇文件结束返回 EOF
fgets	int fgets(char * buf ,int n, FILE * fp);	从 fp 指定的文件中读取 n－1 个字符(遇换行符中止)存入起始地址为 buf 的空间,并补充字符串结束符	成功返回地址 buf,出错或遇文件结束返回空
fopen	FILE * fopen(char * filename, char * mode);	以 mode 指定的方式打开文件	成功返回一个新的文件指针,否则返回 0
fprintf	int fprintf(FILE * fp,char * format, args,…);	把 args 的值以 format 指定的格式输出到 fp 指向的文件	返回实际输出的字符数
fputc	int fputc(char ch, FILE * fp);	把字符 ch 输出到 fp 指向的文件	成功返回该字符,否则返回 EOF

续表

函数名	函 数 原 型	功 能	说 明
fputs	int fputs(char * s, FILE * fp);	把s指向的字符串输出到fp指向的文件,不加换行符,不复制空字符	成功返回0,否则返回EOF
fread	int fread(char * buf, unsigned size, unsigned n, FILE * fp);	从fp所指向的文件中读取长度为size的n个数据项,存到buf所指向的空间	成功返回所读的数据项个数(不是字节数),如出错返回0
fscanf	int fscanf(FILE * fp, char * format, args,…);	从fp指向的文件中按format指定的格式把输入数据送到args指向的空间中	返回实际输入的数据个数
fseek	int fseek(FILE * fp, long offset,int base);	把fp指向的文件的位置指针移到以base为基准、以offset为位移量的位置	成功返回0,否则返回非0
ftell	long ftell(FILE * fp);	返回fp指向的文件的读写位置	返回值为当前的读写位置距离文件起始位置的字节数
fwrite	int fwrite(char * buf, unsigned size, unsigned n, FILE * fp);	把buf指向的空间中的n * size个字节输出到fp所指向的文件	返回实际输出的数据项个数
getc	int getc(FILE * fp);	从fp指向的文件中读一个字符	返回所读的字符,若文件结束或出错则返回EOF
getchar	int getchar( );	从标准输入流中读一个字符	返回所读字符,遇文件结束符Ctrl+z或出错返回EOF
gets	char * gets(char * s);	从标准输入流中读一个字符串,放入s指向的字符数组中	成功返回地址s,失败返回NULL
getw	int getw(FILE * fp);	从fp指向的文件中读一个整数(即一个字)	返回读取的整数,出错返回EOF
open	int open(char * filename, int mode);	以mode指出的方式打开已存在的文件	返回文件号,出错返回−1
printf	int printf(char * format, args,…);	把输出列表args的值按format中的格式输出	返回输出的字符个数,出错返回负数
putc	int putc(int ch, FILE * fp);	把一个字符输出到fp指向的文件中	返回输出的字符ch,出错返回EOF
putchar	int putchar(char ch);	把字符ch输出到标准输出设备	返回输出的字符ch,出错返回EOF
puts	int puts(char * s);	把s指向的字符串输出到标准输出设备,并加上换行符	返回字符串结束符符号错误,出错返回EOF
putw	int putw(int w,FILE * fp);	把一个整数(即一个字)以二进制方式输出到fp指向的文件中	返回输入的整数,出错返回EOF
read	int read(int handle, char * buf,unsigned n);	从Handle标识的文件中读n个字节到由buf指向的存储空间中	返回实际读的字节数。遇文件结束返回0,出错返回EOF

续表

函数名	函数原型	功　　能	说　　明
rename	int rename(char * oldname, char * newname);	把由 oldname 指向的文件名，改为由 newname 指向的文件名	成功返回 0，出错返回－1
rewind	void rewind(FILE * fp);	把 fp 指向的文件的位置指针置于文件开始位置(0)。清除文件出错标志和文件结束标志	
scanf	int scanf(char * format, args,…);	从标准输入缓冲区中按 format 中的格式输入数据到 args 所指向的单元中	返回输入的数据个数，遇文件结束符返回 EOF，出错返回 0
write	int write(int handle, char * buf, int n);	从 buf 指向的存储空间输出 n 个字节到 handle 标识的文件中	返回实际输出的字节数，出错返回－1

5. 动态存储分配函数等

使用动态存储分配函数、随机函数等以下常用函数(见表 D-5)时应包含头文件 stdlib. h。

表 D-5　动态存储分配函数和其他函数

函数名	函数原型	功　　能	说　　明
calloc	void * calloc(unsigned n, unsigned size);	分配 n 个数据项的内存连续空间，每个数据项的大小为 size 字节	成功返回分配内存单元的起始地址，不成功返回 0
free	void free(void * p);	释放 p 指向的内存区	
malloc	void * malloc(unsigned n);	分配 n 个字节的存储区	成功返回分配内存单元的起始地址，不成功返回 0
realloc	void * realloc(void * p, unsigned n);	把 p 指向的已分配的内存区的大小改为 n 字节	返回新的内存区地址
atof	double atof(char * s);	把 s 指向的字符串转换成一个 double 数	返回转换成的 double 数
atoi	int atoi(char * s);	把 s 指向的字符串转换成一个 int 数	返回转换成的 int 数
atol	int atol(char * s);	把 s 指向的字符串转换成一个 long 数	返回转换成的 long 数
exit	void exit(int status);	使程序立即正常终止，status 传给调用程序	
rand	int rand();	返回一个 0 到 RAND_MAX 之间的随机整数，RAND_MAX 是在头文件 stdlib. h 中定义的	

附录E 部分习题参考答案

第1章　程序设计入门

1.6.1　选择题

1. A　2. C　3. C　4. A　5. D　6. B　7. B　8. D　9. A

1.6.2　填空题

1. ①机器语言　②汇编语言　③高级语言
2. 就是把高级语言编写的程序变成计算机可以识别的二进制语言的过程
3. ①. c　②. obj　③. exe
4. ①链接错误　②运行错误

第3章　C语言预备知识

3.7.1　选择题

1. A　2. C　3. A　4. B　5. A　6. D　7. C　8. A　9. B
10. B　11. D　12. B　13. C　14. A　15. B　16. A　17. B　18. C
19. A　20. D　21. A　22. D　23. D

3.7.2　填空题

1. 3.5　2. 3　3. 不确定　4. 7、2、3
5. sqrt((double)(x * x+y * y)/(x * y))　6. 出错　7. 1.0/a/b 或 1.0/(a * b)
8. 1
9. ①x<z || y<z　②(x<0 && y<0) || (x<0 && z<0) || (y<0 && z<0)
   ③y % 2 != 0
10. ①63　②73　③41　④171

第4章　顺序结构程序设计

4.8.1　选择题

1. A　2. B　3. A　4. C　5. D　6. C　7. A　8. D　9. D

10. A

4.8.2 填空题

1. 67，F　2. E，101　3. 123，173　4. 使用了不正确的运算符“^”

第5章 选择结构程序设计

5.8.1 选择题

1. A　2. B　3. C　4. D　5. D　6. C　7. C　8. C　9. C
10. D　11. C　12. D　13. A　14. C　15. D

第6章 循环结构程序设计

6.10.1 选择题

1. C　2. A　3. A　4. B　5. B

6.10.2 填空题

1. a=8　2. Abc123DEF　3. ①i<10　②j%3!=0
4. m=1，n=3，k=2

第7章 数　组

7.5.1 选择题

1. C　2. C　3. C　4. B　5. D　6. D　7. D　8. A　9. B

7.5.2 填空题

1. 0　2. 4　3. ①i=1　②x[i-1]　4. 30

第8章 指针基础

8.8.1 选择题

1. D　2. D　3. A　4. C　5. ①A　②B　③C

8.8.2 填空题

1. 10，15，40，60　2. 10　3. 2，4，4，3，3　4. a=0，b=7
5. ①char *p;　②p=&ch;　③scanf("%c", p);　④*p='A';
⑤printf("%c", *p);

第9章 函　数

9.8.1 选择题

1. D　2. D　3. D　4. C　5. C　6. B　7. A　8. B　9. D
10. C

9.8.2 填空题

1. char fun(int, float);　2. (x % 2 == 0)?(x / 2) : (x * x)　3. y=19
4. 55

第10章 指针提高篇

10.7.1 选择题

1. D　2. D　3. A　4. A　5. C　6. D　7. C　8. A　9. A
10. D　11. A　12. C

第11章 字　符　串

11.8.1 选择题

1. C　2. C　3. D　4. D　5. A　6. C　7. B　8. D

11.8.2 填空题

1. 5　4　2. *p != NULL　3. 4　4. 1234ABC　5. efgh

第12章 结构体和共用体

12.10.1 选择题

1. A　2. C　3. A　4. D　5. B

12.10.2 填空题

1. struct DATE d={2016, 10, 1};　2. struct student *
3. ①p=p->next　②m > p->data
4. ①(NODE *)　②NODE　③(NODE *)　④NODE　⑤return h;

第13章 文　件

13.9.1 选择题

1. D　2. B　3. C　4. B　5. D　6. B　7. C　8. C　9. C

第14章 位 运 算

14.4.1 选择题

1. D　2. D　3. A　4. D　5. A　6. D

参考文献

[1] 赵家刚,李俊萩. C语言程序设计[M]. 成都:西南交通大学出版社,2010.

[2] 薛非. 抛弃C程序设计中的谬误与恶习[M]. 北京:清华大学出版社,2012.

[3] 李丽娟. C语言程序设计教程[M].4版. 北京:人民邮电出版社,2013.

[4] K. N. King. C语言程序设计现代方法[M].2版. 吕秀锋,黄倩译. 北京:人民邮电出版社,2010.

[5] 汪小林,罗英伟,李文新. 计算概论——程序设计阅读题解[M]. 北京:清华大学出版社,2011.

[6] 教育部考试中心. 全国计算机等级考试二级教程——C语言程序设计[M]. 北京:高等教育出版社,2013.